新材料领域普通高等教育系列教材

新能源材料与器件教学丛书

科学出版社“十四五”普通高等教育本科规划教材

可再生能源导论

李 丽 吴 锋 主编

科 学 出 版 社

北 京

内 容 简 介

本教材结合可再生能源利用技术与应用发展趋势，基于能量转换基础知识，主要介绍了太阳能、生物质能、风能、地热能、水能等可再生能源及其物理与电化学储能技术，对其基本理论和主要利用技术与应用进行了系统阐述，同时涉及可再生能源储能科学与技术、资源状况、发展现状和前景、经济环境特性等。通过本教材的学习，可为新能源材料与器件、储能科学与工程等专业学生学习后续课程及从事专业工作奠定初步的理论基础。

本教材适用于高等学校新能源材料与器件、储能科学与工程、环境工程、化学、化学工程与工艺、冶金等专业的本科生，也可作为可再生能源及新能源企业和相关科研人员的参考书。

图书在版编目（CIP）数据

可再生能源导论 / 李丽，吴锋主编. —北京：科学出版社，2024.9

（新能源材料与器件教学丛书）

新材料领域普通高等教育系列教材 科学出版社“十四五”普通高等教育本科规划教材

ISBN 978-7-03-077643-3

Ⅰ. ①可… Ⅱ. ①李… ②吴… Ⅲ. ①再生能源–高等学校–教材 Ⅳ. ①TK01

中国国家版本馆 CIP 数据核字（2024）第 015941 号

责任编辑：侯晓敏 李丽娇 / 责任校对：杨 赛

责任印制：张 伟 / 封面设计：无极书装

科学出版社 出版

北京东黄城根北街 16 号

邮政编码：100717

http://www.sciencep.com

三河市骏杰印刷有限公司印刷

科学出版社发行 各地新华书店经销

*

2024 年 9 月第 一 版 开本：787×1092 1/16

2024 年 9 月第一次印刷 印张：19 1/2

字数：475 000

定价：78.00 元

（如有印装质量问题，我社负责调换）

“新材料领域普通高等教育系列教材”
编写委员会

作 者 简 介

李 丽 北京理工大学材料学院教授、博士生导师、英国皇家化学学会会士。现任电动汽车动力蓄电池循环利用战略联盟技术专家委员会副主任，北京资源强制回收环保产业技术创新战略联盟专家委员会副主任委员，IEEE PES 中国区技术委员会常务理事，《储能科学与技术》、《防化研究》、*Batteries* 期刊编委，*Journal of Power Sources*、*iScience* 等期刊客座编辑等。作为项目负责人，主持了国家高技术研究发展计划（简称 863 计划）、国家重点基础研究发展计划（简称 973 计划）、国家自然科学基金项目等 30 多个项目。发表 SCI 论文 200 余篇，获国家发明专利 30 余项、软件著作权 5 项；在国内外学术会议上做特邀报告 100 余次。主编学术著作 2 部，参编 6 部。入选教育部长江学者特聘教授、教育部新世纪优秀人才、北京市优秀人才和北京市科技新星。作为第一完成人，获中国有色金属工业科学技术奖一等奖、青山科技奖；作为主要完成人，获省部级科学技术奖一等奖 3 项。

吴 锋 北京理工大学杰出教授、博士生导师、求是书院院长，中国工程院院士，国际欧亚科学院院士，亚太材料科学院院士，北京电动车辆协同创新中心首席科学家兼清洁能源领域主任。兼任中国电池工业协会副理事长，中国化学与物理电源行业协会副理事长，工业和信息化部新能源汽车准入专家委员会委员，连续三期被科学技术部评聘为 973 新型二次电池项目首席科学家。作为第一完成人，获国家技术发明奖二等奖、国家科学技术进步奖二等奖各 1 项，获国际奖 4 项和省部级科学技术奖 12 项；获何梁何利基金科学与技术进步奖，是中国电池行业特殊贡献专家；获国际电池材料学会（IBA）科研成就奖、国际车用锂电池协会（IALB）首次颁发的杰出基础与应用研究奖、美国电化学学会（ECS）电池技术成就奖。发表 SCI 论文 600 余篇，主编学术著作 2 部，参编多部；获得国家发明专利授权 100 余项。

丛 书 序

材料是人类社会发展的里程碑和现代化的先导，见证了从石器时代到信息时代的跨越。进入新时代以来，新材料领域的发展可谓日新月异、波澜壮阔，低维、高熵、量子、拓扑、异构、超结构等新概念层出不穷，飞秒、增材、三维原子探针、双球差等加工与表征手段迅速普及，超轻、超强、高韧、轻质耐热、高温超导等高新性能不断涌现，为相关领域的科技创新注入了源源不断的活力。

在此背景下，为满足新材料领域对于立德树人的“新”要求，我们精心编撰了这套“新材料领域普通高等教育系列教材”，内容涵盖了“纳米材料”“功能材料”“新能源材料”以及“材料设计与评价”等板块，旨在为高端装备关键核心材料、信息能源功能材料领域的广大学子和材料工作者提供一套体现时代精神、融汇产学共识、凸显数字赋能的专业教材。

我们邀请了来自南京理工大学、北京理工大学、北京科技大学、中南大学、东南大学等多所高校的知名学者组成了优势教研团队，依托虚拟教研室平台，共同参与编写。他们不仅具有深厚的学术造诣、先进的教育理念，还对新材料产业的发展保持着敏锐的洞察力，在解决新材料领域“卡脖子”难题方面有着成功的经验。不同学科学者的参与，使得本系列教材融合了材料学、物理学、化学、工程学、计算科学等多个学科的理论与实践，能够为读者提供更加深厚的学科底蕴和更加宽广的学术视野。

我们希望，本系列教材能助力广大学子探索新材料领域的广阔天地，为推动我国新材料领域的研究与新材料产业的发展贡献一份力量。

陈光

2024 年 8 月于南京

序

当今世界，人们对于清洁、可持续和可靠的能源供应需求日益增长。传统能源资源如煤炭、石油和天然气等不仅会产生污染物排放，还存在储量有限的问题，因此需要寻求更加环保和可再生的能源。可再生能源指可以通过自然过程得到恢复或补充的能源，如太阳能、风能、水能、地热能等。这些能源具有资源丰富、低碳排放以及对环境友好等特点，对于减少温室气体排放、提高空气质量以及推动社会和经济发展具有重要意义。

能源攸关国计民生和国家安全，为力争如期实现碳达峰碳中和目标，加快构建现代清洁能源体系势在必行。我国是世界上最大的能源消费国之一，近年来已采取了一系列措施促进清洁能源的发展、减少对传统化石燃料的依赖，并提高能源利用效率。国家发展改革委等部委发布的《“十四五”可再生能源发展规划》和《“十四五”现代能源体系规划》表明，我国的可再生能源发展处于世界前列，具备加快能源转型发展的基础和优势。近五年来可再生能源提供了全球新增发电量的 60%左右，为加速推进能源结构低碳化转型提供了重要支撑。同时，在发展目标中指出 2035 年基本建成清洁低碳、安全高效的能源体系，使可再生能源发电迈入主体电源的行列。

本教材在阐述基本理论知识的同时，广泛吸纳了最新国内外文献，并突出可再生能源的实际应用，体现了该领域的前沿领先技术，涉及太阳能光电转换技术，生物质能利用技术，风能利用技术，地热能利用技术，水能、潮汐能与海洋能利用技术以及新型电化学储能体系先进技术等。本教材既有对可再生能源相关原理的深入讲解，又有大量实例和案例分析，还包含了对国内外最新研究进展和未来发展趋势的介绍，可以帮助读者了解和把握可再生能源领域的动态变化。作为一名长期从事可再生能源领域研究的科研工作者，我衷心希望本教材能够有助于增强相关专业领域学生和工作人员对可再生能源的深入认知，促进社会对可再生能源的关注和支持。希望本教材能够激发更多年轻人关注和支持可再生能源的发展，共同构建一个清洁、低碳和可持续发展的未来！

2024 年 1 月

前　言

当前社会的快速发展带来了严重的能源短缺和环境污染问题。为应对世界范围内的能源危机和气候变化，可再生能源及其先进储能技术的研发迫在眉睫。因此，可再生能源及其储存技术是人类社会可持续发展的基础，可以推动新时代的发展，是以能量转换与存储材料及其器件设计、制备工程技术为培养特色的新兴方向，也是新能源材料与器件研究领域的专业技术人才必须掌握的知识。

“可再生能源导论”是新能源材料与器件专业的基础必修课程，以化学、物理、材料等为基础。本教材涵盖可再生能源利用与储存的基本概念、技术原理、存储体系和国内外可再生能源技术的最新发展趋势和前沿技术。通过学习本教材内容，学生能够理解可再生能源利用与储存的基础知识和主要利用技术，了解可再生能源技术及应用课题中的具体应用实施方案，具备新能源材料与器件专业本科生的专业知识与基本技能，培养创新意识和创新能力，为学习后续课程及从事专业工作奠定理论基础。此外，本教材也为从事可再生能源领域相关工作的专业技术人员、管理人员提供技术参考，帮助他们掌握可再生能源发展的动态和前景。

我们结合北京理工大学新能源材料与器件专业的特色，基于能量转换基础知识，总结多年的教学经验，编写了本教材。在编写过程中，尽可能使基本概念清楚、内容系统全面、理论与案例分析相结合，易于读者理解。本教材具有以下三个特点：

（1）理论知识与实际应用案例相结合，深入浅出、通俗易懂。

（2）紧跟国内外科技前沿，将基础知识与科技前沿相结合，充分体现前瞻性。

（3）每章有科学之窗、文献导读、知识拓展等，兼具科学性与趣味性。

本教材由北京理工大学一线授课教师结合多年的教学经验编写而成，具体分工为：第 1 章由吴锋执笔，第 2～8 章由李丽执笔，全书由李丽、范二莎统稿。

感谢课题组张喜雪、林娇、张晓东、徐李倩昀、黄清荣、吕晓伟、刘子欣、方迪凡等博士研究生的辛勤付出，感谢吴姝蒙、马苏、王玥、张祺悦、燕乔一、罗荣杰、曾翰林等硕士研究生为本书整理资料；感谢国家自然科学基金面上项目（52374410）、北京市自然科学基金重点研究专题项目（Z220021）、北京理工大学“十四五”规划教材项目、北京高等学校卓越青年科学家计划项目（BJJWZYJH01201910007023）对本书的资助。最后，感谢科学出版社侯晓敏编辑对本书提出的宝贵意见及对出版付出的努力。

由于作者理论水平和经验有限，书中难免存在不妥之处，敬请读者批评指正。

李丽

2024 年 1 月

目　　录

第1章 走进能源世界

当第一缕太阳光照下，地面感受到了热量，开始蓄积能量；当月球周期性地靠近地球，海水汹涌，潮起潮落；当深埋在地底的动植物经历了百万年的高温高压磨炼，石油、煤炭应运而生；当深底的地下热水在涌动，蒸汽在流动，原子核能在地壳内潜伏。能源无处不在又无所不能，以热能、电能、光能、机械能和化学能的形式向人类提供着满足日常生活的能量。

人类对大自然中未知事物的好奇心是科学发展的动力。从传统农作物秸秆的燃烧产热，到化石能源等不可再生能源的挖掘，再到清洁可再生能源的探索，人类正逐步拓展能源渠道，努力实现可持续发展。

科学之窗

北京2022年冬奥会——奥运历史上首次实现全部场馆百分之百清洁能源供应。

绿色办奥是北京冬奥会和冬残奥会四大办奥理念之一。在国务院新闻办公室2022年1月13日举行的新闻发布会上，北京2022年冬奥会和冬残奥会组织委员会（简称北京冬奥组委）负责人表示，绿色办奥理念落实在了筹办工作的全过程，所有场馆在冬奥会期间均将采用绿电供应，这是奥运历史上首次实现全部场馆百分之百清洁能源供应。

北京冬奥组委规划建设部部长介绍，从2019年6月第一笔绿电交易开始，到2022年冬残奥会结束，北京、延庆、张家口3个赛区的场馆预计使用绿电4亿千瓦时，可减少燃烧标准煤12.8万吨，减排二氧化碳32万吨。

绿电即绿色电力，是指由可再生能源转化成的电能。冬奥会期间绿电的实现主要得益于三个方面：

（1）从清洁能源分布情况看，在北京冬奥会的三个赛区中，张家口赛区和延庆赛区都有丰富的清洁能源储备。2008年官厅水库风力发电场首次实现了北京市风力发电“零”的突破。根据测算，张家口可开发风能资源储备量达到4000万千瓦以上，太阳能可开发量达到3000万千瓦。

（2）从基础设施一体化的程度来看，京津冀地区的500 kV柔性直流电网是目前世界上电压等级最高、输送容量最大的直流电网，该电网可以把张北的绿色电力以极小的损耗输送到三个赛区的所有场馆。

（3）在运行过程中实现了多能互补协同运行，直流电网上富余的电可以被输送到国家电网建设的丰宁抽水蓄能电站，当场馆的电力需求较大时，丰宁抽水蓄能电站也可以将储存的电力送上电网，通过能源互补协同工作，能够保障冬奥场馆的电力安全运行。

1.1 能源的基本概念

能源既是人类社会赖以生存的物质基础，也是人类社会进步和经济可持续发展的根本动力。能源与材料和信息共同成为当今社会的三大支柱，能源的开发和有效利用程度以及人均消耗量是生产技术和生活水平的重要标志[1]。自能源危机以来，各国都在寻求能源转型，能源清洁化、低碳化成为全球能源发展的重要特征。开发利用新能源和可再生能源，走可持续发展道路已经成为人类的共识[2]。

1.1.1 能源的定义和分类

能源，也称能量资源或能源资源。世界各国对于“能源”一词的定义不尽相同。我国的《能源百科全书》中提到：能源是可以直接或经转换提供人类所需的光、热、动力等任一形式能量的载能体资源；在《日本大百科全书》中提到：在各种生产活动中，人们利用热能、机械能、光能、电能等来做功，可以用来作为这些能量源泉的自然界中的各种载体，称为能源；《不列颠百科全书》中提到：能源是一个包括所有燃料、流水、阳光和风的术语，人类用适当的转换手段便可让它为自己提供所需的能量；《科学技术百科全书》中提到：能源是可从其获得热、光和动力之类能量的资源。简言之，能源是自然界中能为人类提供某种形式能量的资源。

能源种类繁多，而且经过人类不断的开发与研究，越来越多的新型能源出现在人类社会的生产与生活中。根据不同的划分方式，能源可以分为不同的类型，见表 1-1～表 1-3。

表 1-1　能源按原有的存在形式分类

能源分类	定义	举例	
一次能源	即天然能源，指在自然界现成存在的能源	可再生能源	风能、水能、海洋能、潮汐能、太阳能、地热能和生物质能等
		非可再生能源	煤、石油、天然气、油页岩、核能等
二次能源	是指由一次能源直接或间接转换成其他种类和形式的能量资源	电力、煤气、汽油、蒸汽和沼气等	

表 1-2　能源按来源分类

能源来源	具体类型
地球本身的能量	通常指与地球内部的热能有关的能源（如地下热水、地下蒸汽、干热岩）和与原子核反应有关的能源（如地壳内铀、钍等核燃料所蕴藏的原子核能）
太阳辐射的能源	包括直接来自太阳的能源（如热辐射能）和间接来自太阳的能源（如煤炭、石油、天然气、油页岩等可燃矿物及薪材等生物质能、水能和风能等）
地球和其他天体相互作用而产生的能量	如月球和太阳等天体对地球的引力产生的潮汐能等

可再生能源（renewable energy）是指风能、太阳能、水能、生物质能、地热能等可以再生的非化石能源，属于清洁能源。

可再生能源在短周期时间范围内能够得到补充或可陆续获得，而非可再生能源在自然界中经过亿万年形成，短期内无法恢复。可再生能源在我国储量丰富，其发电过程不产生二氧化碳、二氧化硫和一氧化碳等有害气体。与非可再生能源相比，可再生能源具有取之不尽、绿色清洁和可持续的优点。

表 1-3 能源按使用类型分类

类别	含义	举例
常规能源	早期被人类大规模生产、使用技术成熟、广泛利用的能源，也称传统能源	如煤炭、石油、天然气和水能等
非常规能源	被人类利用时间晚，或者技术上不够成熟等造成的使用范围有限的能源，也称新型能源	如太阳能、地热能、风能、海洋能、生物质能、氢能、核能、非常规油气、天然气等

新型能源由于能量密度较小，或有间歇性，或按已有的技术条件转换利用的经济性尚差等，还处于研究、发展阶段，只能因地制宜地开发和利用；但新能源大多数是再生能源，资源丰富、分布广阔，是未来的主要能源之一。

1.1.2 能源的形式与转换

能量是物质运动转换做功本领的量度，简称“能”。世界万物是不断运动的，在物质的一切属性中，运动是最基本的属性，其他属性都是运动的具体表现。对应于物质的各种运动形式，能量作为物质的一种形态，它的表现形式呈现出多样化。不同能源所具有的能量形式主要有机械能、光能、热能、化学能、电能、磁能、核能等。

机械能：机械能是动能与势能（分为重力势能和弹性势能）的总和。一泻千里的瀑布、扬帆的海风等，它们所做的运动都属于机械运动。做机械运动或有运动趋势的物体具有机械能。

光能：以光子运动的形式呈现，是由太阳、蜡烛等发光物体所释放出的一种能量形式，是一种可再生能源。

热能：人类取暖、烹饪食物等活动需要能量，而这些能量都是通过热能的形式传播。

化学能：化学能是一种很隐蔽的能量，它不能直接用来做功，只有在发生化学变化时才可以释放出来，变成热能或者其他形式的能量。例如，石油和煤的燃烧、炸药爆炸以及人吃的食物在体内发生化学变化时所放出的能量，都属于化学能。

电能：是指使用电以各种形式做功的能力。电能是一种经济、实用、清洁且容易控制和转换的能源形态，被广泛应用在动力、照明、化学、纺织、通信、广播等各个领域，是科学技术发展和人民经济飞跃的主要动力。

磁能：泛指与磁相联系的能量。飞驰的磁悬浮列车、指南针等都是磁能的具体应用。

核能：即原子核发生变化时释放的能量，如重核裂变和轻核聚变时所释放的巨大能量。核能常被用来发电，具有清洁的特点，但如果核能在事故中释放到外界环境，会对生态及民众造成巨大伤害。此外，放射性同位素放出的射线在医疗卫生、食品保鲜等方面的应用也是核能应用的重要方面。

各种形式的能量之间是可以相互转化的。在一次能源中，风、水、洋流和波浪等是以机械能（动能和势能）的形式提供能量，可以利用各种风力机械（如风力机）和水力机械（如水轮机）转换为动力或电力。煤、石油和天然气等常规能源一般是通过燃烧将燃料化学能转化为热能。热能可以直接利用，但更多的是将热能通过各种类型的热力机械（如内燃机、汽轮机和燃气轮机等）转换为动力，带动各类机械和交通运输工具工作；或是带动发电机送出电力，满足人们生活和工农业生产的需要。然而，不同种能量之间进行转换时需要遵循能量守恒定律。能量守恒定律表明能量不会凭空产生，也不会凭空消失，只能从一种形式转化为另一种形式，而能量的总量保持不变。例如，在摩擦生热的现象中，克服摩擦力做多少功，就有多少机械能转化成等量的热力学能。

1.1.3 能源的效率与标识

1995 年，世界能源委员会将“能源效率”（energy efficiency）定义为“减少提供同等能源服务的能源投入”。能源效率从物理观点来讲，是指在利用能源资源的各项活动（从开采到终端利用）中，所得到的起作用的能量与实际消费的能量之比；而从消费的观点而论，能源效率是指为终端用户提供的能源服务与所消费的能量之比。能源效率是指主要依靠技术手段来提高能源资源的利用效率，而节能则侧重于能源生产利用的经济效益。中间环节效率与终端利用效率的乘积称为“能源效率”。能源效率意味着使用更少的能源执行相同的任务，即消除能源浪费。

提高能源效率带来了多种好处，如减少温室气体的排放，减少对能源进口的需求，并降低人们在家庭和经济层面的成本。虽然可再生能源技术也有助于实现这些目标，但提高能源效率是减少化石燃料使用的最经济且通常是最直接的方法。无论是建筑、交通、工业还是能源生产，经济的每个部门都存在很多方面来提高能源效率。一个国家的综合能源效率指标是增加单位 GDP 的能源需求，即单位产值能耗。

提升能源使用效率，需要从提升数字化智能化水平入手，推动能源技术与信息通信技术体系融合，鼓励能量管理技术、能源大数据等新兴技术在新基建方面的发展和应用，促进能源数字化转型发展。同时还要鼓励向综合能源服务方向发展，建设新型综合能源系统[3]。

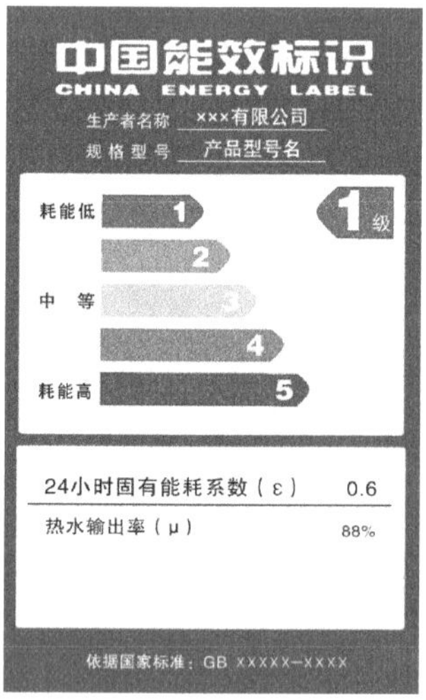

图 1-1 中国能效标识示例

能效等级（energy efficiency index）即家用电器产品能效高低差别的分级方法。按照国家标准相关规定，目前中国的能效标识将能效分为五个等级：

等级 1 表示产品达到国际先进水平，最节电，即耗能最低；

等级 2 表示比较节电；

等级 3 表示产品的能源效率为我国市场的平均水平；

等级 4 表示产品能源效率低于市场平均水平；

等级 5 是市场准入指标，低于该等级要求的产品不允许生产和销售。

中国能效标识为蓝白背景的彩色标识（图 1-1），能效标识为背部有黏性的、顶部标有“中国能效标识”（CHINA ENERGY LABEL）字样的彩色标签，一般粘贴在产品的正面面板上。电冰箱能效标识的信息内容包括：产品的生产者、型号、能源效率等级、24小时耗电量、各间室容积和依据的国家标准号。空调能效标识的信息包括：产品的生产者、型号、能源效率等级、能效比、输入功率、制冷量和依据的国家标准号。

1.2 能源、经济与生态环境

1.2.1 能源利用与经济发展的关系

能源作为经济发展的主要动力，持续不断地推动着经济的发展，并对经济发展的规模和速度起举足轻重的作用。经济的快速发展极大地带动了能源消费，必然面临源源不断的能源需求，长此以往将会导致能源稀缺问题的出现。因此，正确认识和处理能源利用与经济增长之间的关系，寻求二者科学发展的途径尤为重要。

能源是经济发展的重要物质基础。在工业化快速发展的阶段，经济发展与能源消费变化趋势基本保持一致，任何社会生产都需要投入一定的能源生产要素，没有能源就不可能形成强大的生产力。在现代化生产中，人们的衣食住行等日常活动、各个行业的生存与发展都与能源密不可分。工业中各种产品的制造加工都需要以能源为基础，农业生产的机械化、水利化、化学化和电气化均与能源消费息息相关，交通运输、商业和服务业的发展更是与能源密不可分。

能源是推动技术进步的主要因素。翻开世界各国的经济发展史，任何一次重大的技术进步都与能源的推动作用辅车相依。能源不仅是经济发展不可或缺的燃料和动力，而且能源本身的生产与迭代也促进了新产业、新技术的诞生和发展。如图 1-2 所示，人类社会的进步伴随着能源从木柴到煤炭、从煤炭到油气、从油气到新能源的转型，该能源转型是一种趋势，也是人类生产力进步和社会发展的必要进程[4]。煤炭的启用催生人类文明进入“蒸汽时代”；石油和天然气的大规模利用保障人类文明进入“电气时代”和“信息时代”；新能源的使用将推动人类文明进入“智能时代”。科学创新和技术进步引领世界能源转型，人类对能源的需求牵引并促进着能源技术的革新与革命。如今，人类已经进入以大数据、物联网、人工智能为核心的前沿信息技术快速崛起的新一轮科技革命，数字化技术、智能化技术与新能源技术有效融合成为必然趋势，建设数字化、智能化的能源系统，创新能源生

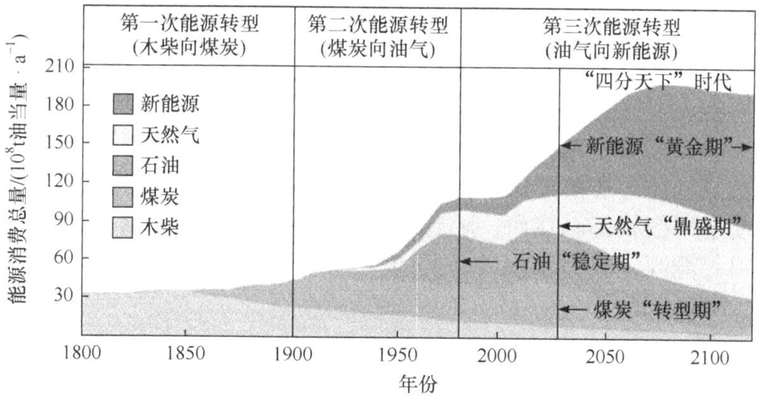

图 1-2 世界能源消费结构发展趋势[4]

产和消费的新模式，向清洁、无碳、智能和高效的“新能源＋智能源”世界能源新体系发展成为人类共同奋斗的目标。

经济发展推动能源的开发与利用。首先，经济的增长和能源的需求量之间存在一定的同步关系。改革开放以来，我国经济保持持续快速的增长态势，综合国力明显增强，人民生活水平显著提高，这一切发展都是以能源消耗为基础的，经济的发展必然导致能源需求量的上升。其次，我国的经济发展对能源结构提出了更高的要求，主要表现在能源品种的需求方面。虽然在短期内无法改变我国以煤炭为主的能源消费结构，但是煤炭消费比重将有降低的趋势，而石油、天然气则会相应提高，同时，风能、太阳能等可再生能源的开发和使用力度也会不断加大，整个社会正在迈向清洁型、环境友好型的能源发展之路。此外，受自然因素的影响，各种能源的质量存在显著的差异，优质高效的能源是提高能源效率的根本保证。

综上所述，经济和能源之间相互依赖、相互依存。一方面，经济发展是以能源消耗为基础的，能源促进国民经济的发展；另一方面，能源发展是以经济发展为前提的，能源特别是新能源和可再生能源的大规模开发和利用要依靠经济技术的有力支持。

1.2.2 能源开发与环境保护

能源是经济和社会发展的重要物质基础，是提高人民生活水平的先决条件。现代社会生产的不断发展对能源的需求量越来越大。我国目前已成为世界第一大能源生产国和消费国，二氧化碳排放量居世界首位，由于我国能源结构不合理，能源利用率低，造成严重的资源浪费，同时在传统能源开发利用过程中导致严重的生态环境恶化。煤炭、石油等化石燃料的燃烧产生大量的二氧化碳和二氧化硫等有害气体，直接排放至大气中将产生温室效应、雾霾、酸雨等环境问题，严重危害了地球生态环境和人类身体健康。此外，人类在对海洋能源资源的开采与利用过程中，由于环境保护意识薄弱致使海洋生态环境遭受严重损害，引起严重的海洋污染等问题。因此，人类需要爱护地球、保护家园，促进能源开发与环境保护的协调发展。

1. 温室效应

大气层中存在的水汽、二氧化碳等强烈吸收红外线的气体成分对红外辐射的吸收作用，造成地球表面从太阳辐射获得的热量相对较多，而散失到大气层以外的热量相对较少，使得地球表面的温度得以维持，这就是大气的温室效应，这些气体就是温室气体[5]。温室气体主要包括二氧化碳、甲烷、氧化亚氮和氟烃化合物等气体，当大气中这些气体的浓度增加时，大气的温室效应就会加剧。自然界本身就会产生并排放各种温室气体，同时也在不断地吸收和分解这些气体，在地球生态环境长期的演化过程中，各类温室气体的产生和吸收分解基本保持动态平衡状态。然而，随着人类活动的强度和范围不断增加，工业技术不断进步，化石燃料等能源资源大量使用，人为产生的温室气体排放量剧增，严重破坏了地球生态环境的动态平衡。

联合国政府间气候变化专门委员会（Intergovernmental Panel on Climate Change，IPCC）经过研究并预测，到 2030 年，二氧化碳浓度将达到 560～600 $\mu mol \cdot mol^{-1}$，如图 1-3 所示[5]。显然，二氧化碳等温室气体的急剧增加势必引起全球范围内的温室效应日益严重，会导致全球气候变暖。全球气候变暖会导致海平面上升；危及海洋生物生存；恶化作物的生长环境，影响农、林、牧业生产，威胁人类食品安全；加剧气象灾害；丧失生物多样性；危害人类健康等。减缓和控制全球气候变暖已经引起各国政府和民众的强烈关注。

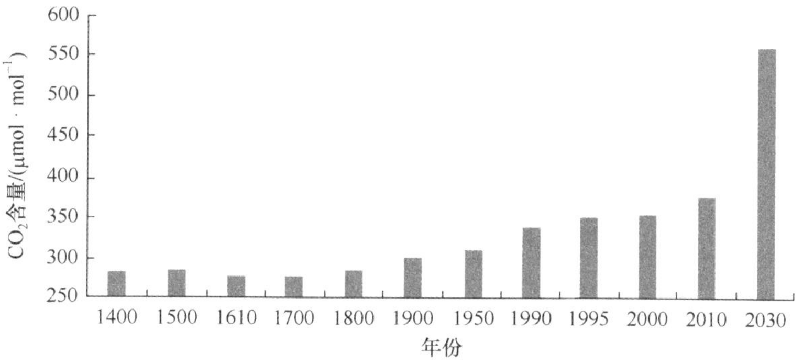

图 1-3　大气中 CO_2 含量变化[5]

2. 雾霾

雾霾天气是指一种污染严重的灾害性天气，当大气湿度介于 80%～90%时，雾和霾的混合物共同作用，导致空气的透明度降低、可见度降低。雾霾天气的形成需要两方面的条件：一是在暖湿气流的影响下，近地面的水蒸气不断上升引起空气湿度逐渐增大，形成雾；二是工业生产排放的废气、汽车尾气、道路扬尘、建筑施工尘埃等细小颗粒大量混入，形成霾。雾霾天气对人类最常见的危害就是引发哮喘、鼻炎、支气管炎等呼吸系统疾病；雾霾的出现还会削弱紫外线的辐射，导致空气中传染性病菌的活性增强，增加传染病的发生概率；同时雾霾天气还能降低室外的可见度，容易造成交通堵塞，引发交通事故；长期的雾霾天气还会影响人们的心理健康，让人感觉沉闷、压抑、心理抑郁。现阶段，随着城市化和工业化的不断发展，尤其是化石能源等的大量使用，空气质量越来越差，雾霾天气出现的频率越来越高，给人类带来的危害越来越严重[6]。

3. 酸雨

酸雨（acid rain）是指 pH 小于 5.60 的雨水、冻雨、雪、雹、露等大气降水，它是人类活动或自然灾害等原因导致区域降水酸化的一种污染现象[7]，其形成过程如图 1-4 所示。自然因素释放的酸性气体主要是湖泊、湿地、大陆架等湿地单元，通过微生物的分解作用排放 H_2S 等酸性气体，这些酸性气体在大气中经氧化反应生成 SO_2，且火山爆发、森林火灾等自然灾害也能产生大量酸性气体。人为因素产生的酸性气体主要是，在人类工业生产活动中大量的煤炭、石油、天然气等化石燃料排放大量的 SO_2、NO_x 等酸性物质。

我国以煤炭为主要能源供应，二氧化硫的排放量跃居世界前列，是继北美、欧洲之后的世界第三大酸雨区，属于典型的硫酸型酸雨。酸雨不仅会破坏生态系统，还会危害人类健康和损坏建筑物等：酸雨可使水体中浮游生物的种类减少、鱼类等水生生物的生存受到威胁；使土壤板结、透气性下降，影响植物的生长；人类的皮肤接触到酸雨也更容易

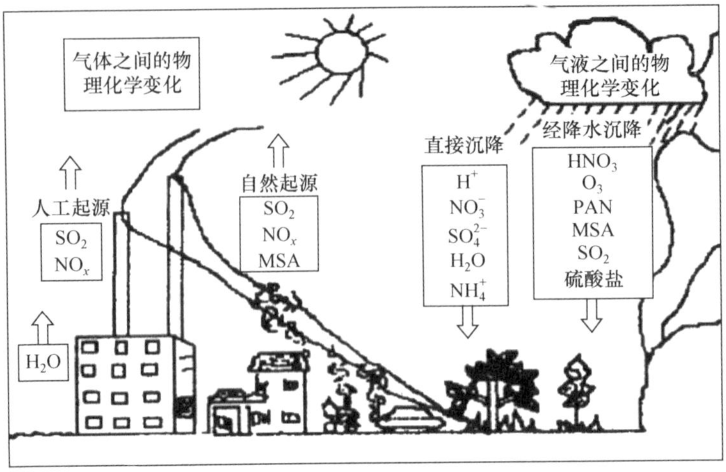

图 1-4 酸雨的形成示意图[8]

诱发皮肤病；对眼角膜和呼吸道有很明显的刺激作用，会导致患红眼病和支气管炎等；对金属、石材、木材和水泥等建筑材料有很强大的腐蚀性，从而加快了房屋、桥梁、历史文物、珍贵艺术品、雕像等的腐蚀和损坏。

4. 海洋污染

海洋面积约占地球表面的 71%，海水占地球表面总水量的 97%以上，海洋拥有地球上最丰富的生物资源、矿物资源、化学资源和动力资源，为人类的生产生活提供了丰厚的物质基础，人类目前对海洋的开发利用尚未达到 1%。但是海洋污染已经成为一个不容忽视的全球性问题，这给海洋生态和人类的生活带来严重的危害[9]。其中，海洋油田的勘探和生产、海域油井的意外泄漏等都会对海洋造成污染，是海洋污染的一个重要方面。

海洋污染的危害和影响具有跨区域性和全球性，对人类的生产生活影响深远。首先，海洋污染给渔业的发展带来了一定的阻力，沿海水质受到污染会影响海洋生物的生长发育，破坏水产养殖业；同时，海洋污染物还会通过食物链进入人体，直接危害人类身体健康；并且，海洋污染还会破坏海洋生态环境，海面上漂浮着的各类污染物降低了旅游价值，降低了人类生活环境的品质。

因此，为了防止地球环境的进一步恶化，避免社会进步过程中出现能源危机，人类必须加快研发健康环保的新型能源体系，以保障全球经济社会的健康发展。

1.2.3 能源、经济与环境协调发展策略

能源是人类赖以生存以及实现经济可持续发展的重要保障，而环境作为能源的载体，不仅为经济发展提供能源，同时还为人类提供生存空间。而能源带来的环境污染已成为制约经济、社会发展，危及人类生存的重要因素之一，经济的发展必须与能源、环境统筹考虑。因此，为了适应新时代高质量发展的要求，加之客观上受制于能源资源和生态环境的约束，走以“绿色、循环、低碳”为特征，以节能减排为主要目标的绿色经济发展之路已成为必然而又急迫的选择。

"绿色经济"这一概念由英国经济学家皮尔斯在 1989 年的《绿色经济蓝皮书》中首次提出。绿色经济与传统产业经济的区别在于：传统产业经济是以破坏生态平衡、大量消耗能源与资源、损害人体健康为特征的经济，是一种损耗式经济；绿色经济则是以维护人类生存环境、合理保护资源与能源、有益于人体健康为特征的经济，是一种平衡式经济。2002 年，联合国开发计划署在《2002 年中国人类发展报告：让绿色发展成为一种选择》中首次提出绿色经济发展。我国经济社会高速发展，但资源的消耗、环境的污染以及人民群众对良好环境的向往形成了矛盾。我国对这些矛盾作出了积极的反应：走绿色经济发展道路。2015 年，中国共产党第十八届中央委员会第五次全体会议首次把绿色经济发展作为五大发展模式之一，我国成为全球首个明确政策支持"绿色金融体系"建设的国家。此后，"十三五"规划进一步提升了"绿色经济发展"在我国战略规划中的位置，将其定位为"发展理念"之一，认为绿色经济发展将成为未来我国发展的新引擎，推动我国经济持续增长，高质量地增长。

碳达峰碳中和发展目标要求经济结构与能源结构实现绿色转型。从经济结构上看，要从现有的"高消耗、高排放、高污染"的经济体系向用绿色农业替代高碳农业、用绿色工业体系替代高碳工业体系转变，走"低消耗、低排放、低污染"的经济发展道路。从能源结构上看，要以可再生能源替代化石能源，大力发展清洁能源，加快可再生能源产业的研究、开发与利用，构建新型能源体系。随着全球绿色经济发展趋势的增强，作为主导能源的化石能源，其生产消费的环境压力不断显现。考虑到我国的能源结构，对传统化石能源实行节能减排大有可为。

在我国经济转型发展的背景下，政府高度重视能源问题和生态环境问题，并提出了保护生态环境和资源节约的基本国策，有关能源（energy）、环境（environment）和经济（economy）协调发展的"3E"原则逐渐受到社会广泛关注。如何使能源的开采与利用符合"3E"的协调发展，成为亟待解决的问题。首先，需要提高现有能源的利用效率，如采用洁净煤技术，提高煤炭利用效率，改善环境污染问题。其次，必须积极推进经济增长方式的转变，要积极采用先进适用技术装备，逐步淘汰落后设备；严格禁止能源消耗大、原材料浪费多、污染严重的产品生产，大力发展节能型产品，关闭一些能耗高、污染严重的小厂。此外，积极开发利用清洁与可再生能源。加快开发水电，大力发展核电，积极开发太阳能、风能、生物质能等能源。同时，还要积极发展节能新技术，如电力电子调节补偿技术、高效节能照明技术、高效加热技术、高效风机、高效水泵、高效压缩机、高效电机、热泵、热管技术、蓄冷调节技术以及蒸汽管网系统优化等。

1.3　国内外可再生能源开发及利用概况

1.3.1　传统能源消耗与危机

能源是人类社会赖以生存和发展的重要物质基础。能源的开发利用极大地推动了世界经济和人类社会的发展，世界经济和人类社会的发展也在不断推动能源的改革与创新。纵观人类社会发展的历史，人类文明的每一次重大进步都伴随着能源的改进和更替。

1. 化石能源

1）化石能源现状

虽然可再生能源的成本有所降低且化石燃料回收与使用导致的环境成本越来越高，但就目前的经济现状、基础设施和国际政策而言，世界能源体系仍然由化石燃料主导[10]。

截至 2023 年年底，全球国家级能源机构公布：已探明石油储量达到 17546 亿桶，比前一年的 17468 亿桶有所增加。同样，全球已探明的天然气储量已升至 7506 万亿立方英尺，而上年度为 7454.8 万亿立方英尺。

根据英国能源研究所发布的《世界能源统计年鉴 2024》，2023 年美国石油消费为 1898 万桶/日（占比 18%），石油生产为 1936 万桶/日（占比 20%），均居世界第一。天然气消费为 8870 亿立方米（占比 22%），生产为 10350 亿立方米（占比 26%），也均居全球首位。2023 年，美国的石油和天然气生产分别增长了 8.5%和 4.2%。此外，美国石油出口增长 6.5%，达 911 万桶/日，居世界首位。从 2023 年欧盟的能源消费类别来看，石油、天然气和煤炭分别减少 1.9%、7.1%和 20.1%，去煤化进展加快。

在我国工业发展、社会进步的过程中，我国的资源禀赋着“富煤、贫油、少气”的特征，同时我国又处于自然资源短缺与地区分布不均衡的状态。中国是世界上煤炭资源最丰富的国家之一，化石能源特别是煤炭长期占据能源消费的主体地位。英国能源研究所发布的《世界能源统计年鉴 2024》中显示，作为全球最大的能源消费国，中国在 2023 年的一次能源消费为 170.7 EJ，同比增长 6.5%，占全球消费总量的 28%。煤炭占其一次能源消费的 54%，其次是石油占 19%，可再生能源和天然气占比各为 9%。尽管煤炭的比重有所下降，但其在发电结构中仍占 61%，可再生能源发电量占比为 18%。在一次能源中，可再生能源的增长率高达 20.7%，而煤炭、石油和天然气的增长率分别为 4.7%、10.9%和 7.2%。煤炭生产比上一年度增加 20%。从全球供需占比来看，中国煤炭生产占比高达 52%，煤炭消费占比高达 56%。与此同时，可再生能源占比占全球的 32%，居世界第一位。

2）化石能源的缺少与危害

化石能源作为全球的主要能源，为世界发展提供源源不断的动力。但因其具有不可再生的特性，无法迎合可持续发展的政策。按照当前的储产比与迅猛发展的工业发展现状，不可再生的化石能源将在百年内逐渐枯竭，世界经济与人类发展的步伐将严重受限。不仅如此，化石能源作为矿石燃料，是烃或烃衍生物的混合物，在燃烧过程中产生的各种气体及固体废物和发电时的余热会造成严重的环境污染。

3）化石能源清洁化

为了减少碳排放和提供可依靠的能源，世界需要更多的化石能源。但世界发展不能只是简单缩小化石能源与可再生能源之间的结构、数量差距，还要更清洁地使用化石能源。

在以煤炭为主的能源消费结构下，立足我国的资源禀赋，同时考虑国家能源安全和经济稳定发展的底线，煤炭的主体能源地位在短期内无法发生根本性变化，因此煤炭清洁高效利用成为能源转型的关键，需要通过落后产能淘汰、现役机组改造、技术变革升级，加快形成技术密集型的清洁高效煤炭产业。随着西方发达国家逐步退出燃煤发电，我国应利用既有的优势，提升煤炭产业整体竞争力，成为世界煤炭高效清洁开发利用技术的引领者。在大力推动煤炭清洁高效开发利用的同时，还需要加快治理散煤燃烧，逐步减少至禁止散煤燃烧，推动煤炭、石油、天然气和可再生能源的有序接替，确保能源转型的稳健性和风险的可控性。

针对化石燃料燃烧对环境的污染，现阶段已有较为成熟的应对方式。例如，化石燃料燃烧时采取脱硫措施，能够减少二氧化硫的排放，防止酸雨的形成。又如，碳捕获和封存（carbon capture and storage，CCS）已经被提出并在商业规模上进行了论证，但目前CCS的二氧化碳储存量非常小，没有大规模的实际途径控制化石燃料能源燃烧产生的二氧化碳等废气。

在全球能源低碳转型的进程中，化石能源不应被简单排斥，而应被创新性地应用，特别是最清洁的化石能源——天然气。美国剑桥能源研究会主席丹尼尔·耶金认为人类社会能源转型的现实需求是更多地使用天然气。

天然气作为传统化石能源的清洁代表，凭借其碳排放量少和储量丰富的优点，已经在相当多的用能领域中开始替代煤炭、石油等一次能源，能源过渡的转接作用凸显，在未来10年乃至20年时间内将对全世界能源转型起十分重要的支撑作用。但是，在建造天然气储运设施的过程中却伴随产生了大量的碳排放，会造成环境污染，其生产过程中产出的甲烷更是一种比二氧化碳更强的温室气体。这种“伴生污染”使得天然气发展成为能源支柱有待考量。

2. 水力

水力发电是将水的势能转变成机械能，再转变成电能的过程（图1-5）。水能是一种取之不尽、用之不竭、可再生的清洁能源，水力发电对环境冲击较小。除可提供廉价电力外，还可以控制洪水泛滥、提供灌溉用水、改善河流航运，特别是还可以发展旅游业及水产养殖。但水力发电也存在缺点，主要是受地形地貌制约，装机容量小，且投资很大。

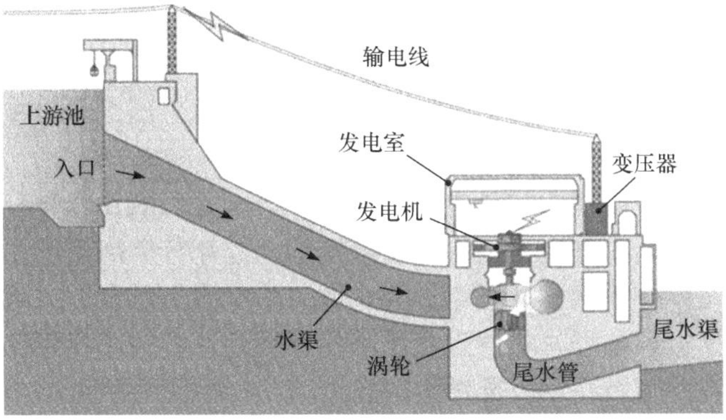

图1-5 水力发电原理图

当前是全球能源治理体系加速重构和可再生能源蓬勃发展的重要历史时期，水电开发作为清洁可再生能源电力和具有防洪、航运、灌溉、供水和生态保护功能的水电工程，迎来快速发展。《世界能源统计年鉴 2024》数据显示，2023年全球水力发电量总计为42401.97亿千瓦时，低于创纪录的2020年的43590亿千瓦时，其中2013年至2023年平均增长1.1%。

2021年6月30日，总部位于法国巴黎的国际能源署发布《水力发电市场报告》，预测全球水力发电量将在2021～2030年间增长17%，并将主要由中国、印度、土耳其与埃塞俄比亚来带动。报告指出，从目前的政策环境来看，到2030年中国仍将保持全球最大的水电市场地位，占全球水力发电增长的40%。此外，预计未来十年内，在非洲、东南亚及拉丁美洲有超过半数的水电增长将来源于中国的投资[11-12]。

国际能源署指出，在各国通过清洁能源转型来实现气候目标的过程中，水力发电可以起到关键作用。这不仅因为水力发电可以产出大量的低碳电能，还在于其无可比拟的灵活性和储能优势，尤其能有效抵消风电与太阳能发电的产能波动带来的影响。

3. 生物质能

生物质燃料（biomass fuel）是指将生物质材料燃烧作为燃料，一般是农林废弃物，如秸秆、锯末、甘蔗渣、稻糠等，见图1-6。

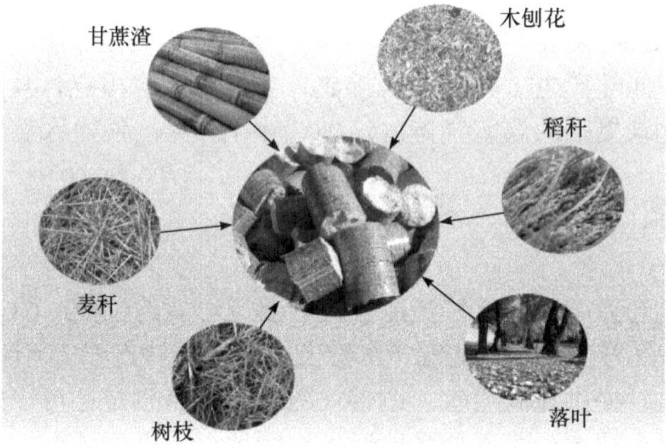

图1-6　生物质燃料

20世纪90年代以来，以燃料乙醇和生物柴油为代表的第一代生物质能得以发展。目前，美国为第一大燃料乙醇生产国，巴西位居第二，欧盟各国则是最主要的生物柴油生产地，其他国家也都在积极发展生物质能。

目前较为推崇的环保使用方式是生物质热电联产，是以农作物秸秆和林木废弃物为原料，进行简单预处理，然后输送至生物质发电锅炉，经充分燃烧后产生蒸汽推动汽轮发电机发电，并充分利用末段抽汽和低真空循环水供热的能源高效利用方式。燃烧产生的灰粉可以加工成钾肥返田，该过程将农业生产原本的开环产业链转变成可循环的闭环产业链，是典型的资源综合利用和循环经济发展模式。

欧盟先后出台《2020年气候和能源一揽子计划》《气候与能源2030政策框架》，制定可再生能源使用比例升高、化石能源消耗量降低、温室气体排放量降低等具体目标，持续推进可再生能源应用。目前，生物质能已成为欧盟最重要的可再生能源之一，占欧盟终端能源需求的12%。此外，欧洲议会和欧洲联盟理事会通过修订版《可再生能源指令》《生物能源可持续性影响评估》，进一步推进欧盟生产与利用生物质能。

生物质能的发展会带来粮食种植结构偏重玉米、粮食供应总量下降、粮食（油料）价格振荡上升、粮食危机引发动荡等一系列问题。因此，开发第二代、第三代生物质燃料（非粮生物质燃料）成为世界各国关注的重要课题。但由于麦秆、草和木材等农林废弃物为主要原料（第二代生物质燃料）的技术成本较高，真正商业化的项目较少，而第三代生物质燃料是以微藻为原料。生物质燃料的油脂很难提炼，从海藻中提炼生物质燃料的研究正处于实验室阶段，距离商业化阶段还比较远。因此，第一代生物质能短期内不会被第二代、第三代生物质燃料所替代，第二代、第三代生物质能将是人类的理性选择，也是生物质燃料必然的发展方向[13]。

1.3.2 可再生能源需求分析

随着人类社会的不断进步，对能源的需求也日益提高。不合理的能源结构及化石能源的滥用和枯竭所带来的能源危机及环境污染，给人类社会的发展带来了诸多问题，发展绿色、清洁、低碳、可持续的能源已经成为整个社会的共识。

可再生能源作为一种绿色低碳能源，已经成为世界各国优先发展的能源之一，但由于资源分布不均和各国发展程度不同，对能源的依赖程度也有所不同，能源对于经济发展有着举足轻重的影响，但总的来说，当前世界能源主要还是以化石能源为主。

随着环境保护的观念深入人心，全球的化石能源消耗逐渐趋于平缓，尤其是煤炭，根据相关机构的预测，煤炭在2040年一次能源的消费占比将下降至21%，达到自工业革命以来的最低值，天然气将作为第二大能源代替煤炭在能源系统中的地位。为实现碳中和的目标，发展清洁的可再生能源已经成为世界各国的共识。

我国作为全球最大的发展中国家，一直以来都是一个能源消耗大国，尤其是进入21世纪以后，我国进入了高速发展期，同时伴随着能源强度的快速上升，经济发展深受能源问题的影响。众所周知，我国是煤炭资源丰富的国家，煤炭资源在我国的能源结构中占有举足轻重的地位，尤其是在电力行业，火力发电常年占全国发电总量的一半以上，给应对环境问题和气候变化带来了很大的负担。在这种情况下，降低化石能源的占比，发展可再生能源就显得极为重要。近年来，我国政府对此也极为重视，为改善能源结构，保护生态环境，应对气候变化，实现经济社会的可持续发展，出台多项措施助力可再生能源代替化石能源。目前，可再生能源已经变成我国多轮驱动能源供应体系的重要组成部分，对我国未来的产业布局和经济发展有深远影响。

随着碳中和概念的提出，世界各国对能源的要求也越来越严格，为了达成碳达峰目标，必须要将以传统化石能源为主的能源结构向以可再生能源为主的能源结构转变。就中国而言，未来能源发展将分成三个阶段：到2030年，能源消耗主要来源于化石燃料，其次是新能源和可再生能源；到2050年，可再生能源和化石燃料消耗持平；2050年后，能源消耗主要来自可再生能源，其次是化石能源。分步实施的做法虽然耗时较长，却更为经济且合乎实情。可再生能源和天然气等清洁的化石能源的互补式发展，是当下更为务实的选择。

国际能源署2023年对2023～2025年全球电力市场发展情况做出预测。可再生能源和核能将在满足全球电力需求增长方面占主导地位，满足90%以上的增量电力需求。全球天然气发电量和燃煤发电量将大致保持平稳。可再生能源在全球电力结构中的占比将从2022年的29%上升到2025年的35%。因此，全球与发电相关的碳排放量在2023～2025年间将趋于平稳，并在未来逐步下降[14]。

在宣布要实现碳中和的目标后，世界各国发布的能源领域相关发展战略和政策措施主要集中在以下四个方面：

（1）聚焦碳中和，定调绿色发展战略。多国设立碳中和目标，并不断完善促进碳减排的相关市场化机制。

（2）推出疫情后的绿色复苏计划。将清洁能源作为恢复经济的引擎，推动风电、光伏等可再生能源高速发展，部分国家还将核电作为能源结构转型的重要力量。

（3）战略扶持新兴产业发展。多国密集发布促进氢能、储能、地热等新兴产业发展的配套政策。

（4）推进脱碳进程，加速化石燃料退出。多国加速弃煤，削减化石燃料补贴及政策支持，同时积极推进交通领域减排。

以市场化为例，各国完善碳中和市场机制主要以推进碳排放权交易和推广碳税制度为主。推进碳排放权交易使得碳定价机制在全球得到快速推广。世界银行发布的《2024 年碳定价发展现状与未来趋势》年度报告显示，2023 年全球碳定价收入达到 1040 亿美元的历史新高，这表明碳定价机制在全球范围内正逐渐成为推动减排的重要工具。截至 2024 年 5 月，全球共有 76 个碳定价机制在运行。

碳税是以减少二氧化碳排放为目的，对化石燃料按其碳含量或碳排放量征收的一种税。碳税制度不同于碳排放权交易机制，是对能源消费征收的税费。世界银行发布的《2024 年碳定价现况和趋势》报告指出，各国 2023 年向企业与单位征收的碳税/碳费达到 1040 亿美元（7539 亿元人民币），超过一半的收入用于资助气候和自然相关项目。

以促进能源转型、发展清洁能源为重点的经济刺激计划也开始在各国相继出台，对发展可再生能源主要起到以下三方面的激励作用：①对相关企业提供补贴+降低税率；②对可再生能源领域提供科研和资本投入；③制定统一标准，促进全球合作。可再生能源开发利用作为全球电力发展的重要战略选择已经得到了广泛认同，可再生能源的发展已经是大势所趋，加快能源结构转型，提高可再生能源的占比成为各国发展的必经之路[15]。

能源安全、环境问题和气候变化，三大问题相互作用，彼此牵连，共同影响世界经济的可持续发展，成为 21 世纪面临的最严峻挑战之一。相较于传统化石能源，可再生能源具有得天独厚的优势，未来世界的能源格局必定会向可再生能源倾斜。可再生能源的可再生、低成本、无污染的特性，符合可持续发展理念的要求。推广可再生能源，不仅可以满足当代的能源需求，还可以福荫后人，是“功在千秋，利于万代”的举措。

1.3.3 可再生能源开发及利用

目前，新一轮世界能源系统转型是向以新型能源种类、新型能源技术和利用方式为支撑的低碳能源系统方向转型[16]。能源转型的最终目的是实现能源供给侧的结构均衡，通过不断的技术优化，推动人类社会发展、资源储量和自然生态三元动态平衡。

如今主要发达国家和经济体都已将可再生能源替代战略上升为国家战略，以各国的国家需求导向为引领进行了差异化战略布局，根据国情选择了各自不同的能源转型路径。通过调研各主要经济体自 2015 年开始出台的各项能源科技战略、规划、路线图等文献，总结梳理出各国战略布局存在以下共性特点[17]：

（1）各国竞相提出碳中和的目标，不断推进绿色技术革命和低碳产业变革，构建绿色低碳系统产业，并以可再生能源为突破口找寻新经济增长点，部分发达国家力图引领能源革命，抢占新时代全球气候治理体系和国际规则制定的主导权。

（2）优先发展可再生能源技术，提高碳资源的转化利用效率以实现低碳排放。能源科技发展以绿色化、低碳化为导向，各国在现有核能利用方面以安全为首位，追求高效利用的同时不断提高可再生能源配额。

（3）利用智慧能源、信息能源，融合大数据、人工智能、物联网、区块链等数字智能技术不断改造能源的各项要素，将各能源流、物质流进行不断的智能并网、科学梯次利用，以系统、整体的视角部署能源建设，集智攻关以提高终端利用效率和电气化水平。

世界各国和经济体对于可再生能源的开发和利用各具特点，简述如下。

1. 欧盟

作为气候政策的先锋之一，欧盟积极构建可持续的、前瞻性的能源气候战略框架，推动能源体系进行绿色低碳转型。2007 年 3 月，欧洲联盟理事会提出《2020 年气候和能源一揽子计划》，确定欧盟 2020 年气候和能源发展目标，即著名的“20-20-20”一揽子目标：将欧盟温室气体排放量在 1990 年的基础上降低 20%，将可再生能源在终端能源消费中的比重增至 20%，将能源效率提高 20%。在此背景下，欧盟 28 个成员国制定了其各自的国内目标以及行动计划，根据欧盟统计局（Eurostat）发布的数据，截至 2017 年，共计 11 国已经实现 2020 年可再生能源目标（图 1-7）。2019 年底，欧盟发布《欧洲绿色协议》，提出其将在 2050 年成为全球首个碳中和地区；全面实施欧洲能源联盟战略，建立安全、可持续和有竞争力的低碳能源体系[18]。

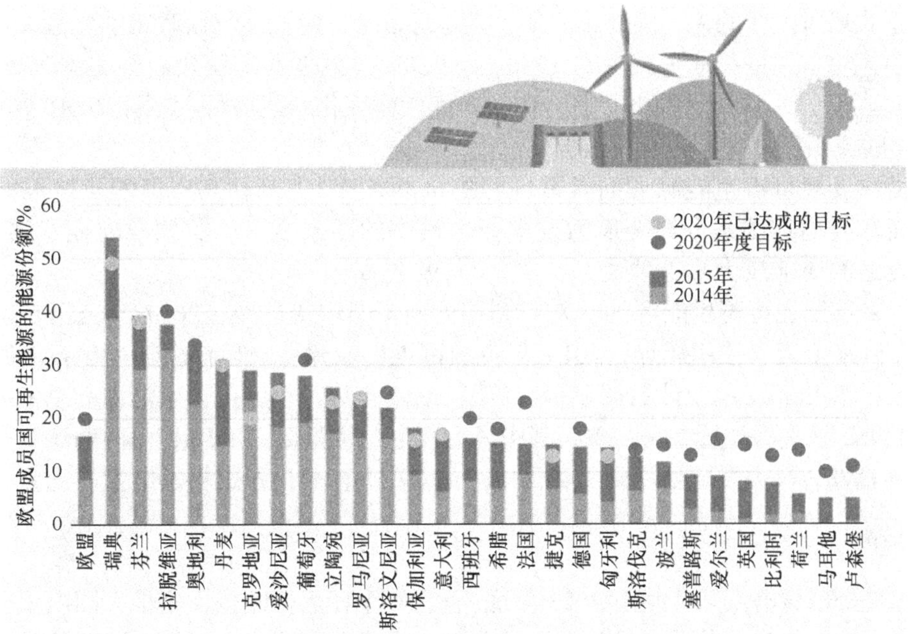

图 1-7 11 个欧盟成员国已经实现 2020 年的可再生能源目标

数据来源：欧盟统计局

欧盟统计局发布的数据显示，2023年欧盟可再生能源发电量达121万 GWh，较2022年增长12.4%，占发电总量的44.7%；化石能源发电量为88万 GWh，同比减少19.7%，占发电总量的32.5%；核电发电量为62万 GWh，同比增长1.2%，占发电总量的22.8%。从能源供应量来看，可再生能源供应较2022年增加4.4%，达1090万 TJ；而天然气供应减少至1280万 TJ，同比下降7.4%；煤炭供应的下降更为显著，其中褐煤同比减少24.2%、降至2228.4亿吨，硬煤同比减少20.4%、降至1304.37亿吨，均为有记录以来的历史新低；石油和石油产品供应总量为5.27亿吨，同比下降1.5%。

2019～2023年，欧盟的风能和太阳能发电装机容量增长了65%（增长了188 GW）。风能装机容量增加了31%（增长52 GW），到 2023年达到219 GW。太阳能发电装机容量增长更快，从102 GW增至257 GW，增长了一倍多（+113%）。这推动了欧盟可再生能源总的占比从2019年的34%增加至2023年的44%。

2. 英国

1840年，英国率先完成工业革命，成为世界上第一个工业国家。英国依靠科技和劳动力的进步，社会急速发展，然而没有人意识到随之而来的环境污染正发生着质的变化，并最终演变为一种严重威胁人类生存与发展的危机。1952年，伦敦的“雾霾事件”造成了超过1万人死亡，这场灾难给英国乃至全世界的人类敲响警钟，人类开始反思化石能源的过量使用对环境产生的影响，从20世纪90年代开始，英国逐步调整发电燃料的配额，不断降低煤炭等化石能源的使用比例，也开始了对于清洁、可再生新型能源的探索。

与欧洲其他国家相比，英国的可再生能源开发起步较晚，但其发展迅速，成绩显著。2008年正式通过生效的《气候变化法案》是全球首个针对长期气候政策的立法，英国承诺2050年将温室气体的排放量减少到1990年的20%，2019年英国政府再次承诺2050年将实现“净零排放”，在此目标下，联合国政府间气候变化专门委员会预计2050年可再生能源将为英国提供超过一半的电力供应。

英国在发展可再生能源方面具有良好的自然条件，尤其在离岸风能及波浪能和潮汐能等方面。目前英国是世界上风力发电能力最高的国家之一，英国政府还承诺到 2030年，将英国的海上风力发电能力从大约10 GW提高到40 GW。

近年来英国在可再生能源的开发和利用方面不断取得进展，2017年英国首次实现了工业革命以来全天未使用燃煤，2019年英国可再生能源发电量首次超过化石能源。根据英国能源智库 Ember 的统计数据显示，英国2024年第一季度可再生能源的总发电量达到了27.1 TWh，占总发电量的42.2%，其中风力发电总量为25.3 TWh，而同期化石燃料发电量为23.6 TWh，风力发电量占到了英国电力的39.4%，而化石燃料发电量占比为36.2%。

3. 法国

法国是全球核电大国，截至2023年底，有56个在运行的核反应堆，国内用电量主要依靠核电。核电作为一种低碳排放的电力，对于全球电力系统实现低碳转型起重要助力作用。2011年日本福岛核事故之后，全球各国对待核电的态度都变得谨慎起来。近年来，核电行业在低迷状态徘徊，法国政府也开始重新平衡核电和可再生能源发电，进行能源结构的优化，走向增加可再生能源、逐步减少核电的能源转型之路。

在2015年《绿色增长能源转型法案》中明确提出建立核电与可再生能源并重的混合电力系统目标。2019年9月，法国国会通过《能源与气候法案》，正式以立法形式明确2050年实现碳中和的目标。该法案明确法国将大力发展可再生能源：到2035年将核电占比从75%降至50%，2022年前淘汰煤电；同时，推动建筑、交通、工业部门的低碳技术发展。2024年7月，法国向欧盟委员会提交了《国家能源和气候计划》最终版，再次承诺实现2030年能源消费总量预计达到1381 TWh，可再生能源消费预计为570 TWh的可再生能源目标。其中，光伏发电装机容量预计将达到54～60 GW，陆上风电装机容量达到33～35 GW，海上风电装机容量达到3.6 GW。

法国在发展可再生能源领域具有自然条件优越、技术创新等优势，由于受到疫情影响，法国此前宣布的多项可再生能源项目至今未完成发布和招标而不断推迟，法国的能源转型之路仍较为艰辛。

4. 德国

德国是欧盟开发利用可再生能源的标杆国家，根据世界银行数据，德国是欧洲人口密度最大的国家之一，自然资源较贫乏。德国的能源政策将可再生能源和能效作为两大支柱，实施“弃核”（2022年）、“退煤”（2038年）计划，即在2022年底前彻底关停核电项目、2038年前关停所有燃煤电厂。2019年11月，德国联邦议院通过《气候保护法》，以法律形式确定2050年实现温室气体净零排放的碳中和目标。

自2022年12月以来，化石燃料发电量的下降导致清洁能源每月占据德国发电结构中绝大部分份额。2024年上半年，清洁能源在德国发电结构中的占比攀升至64.6%的新高，而2023年同期为59.3%，2023年全年的平均份额为61%。2024年上半年，德国风电发电量较2023年同期增长7.6%，太阳能发电量增长了12.8%，水电的发电量增长5.4%。伦敦证券交易所的数据显示，截至2024年上半年，德国发电厂的化石燃料发电量较2023年同期减少了19%。相比之下，2023年上半年清洁能源发电量仅增长了2.1%。这表明电力公司主要依靠减少化石燃料的使用来实现能源转型目标。

目前德国形成了多部门协同联动的能源科技创新体系，不同主管部门根据研究主题与技术成熟度协同分工。德国第七期能源研究计划还提出了进一步完善创新体系的4项举措：利用“应用创新实验室机制”建立用户驱动创新生态系统，加快成果转移转化；聚焦能源转型的跨部门和跨系统问题；加强项目资助与机构资助相结合的双重资助战略；密切与欧洲国家的合作，并注重国际合作。

5. 中国

目前，我国可再生能源的开发利用规模稳居世界第一，能源消费结构向清洁低碳快速转变，国家先后制定了一系列可持续发展的战略规划、改革方案和产业政策，加大对可再生能源的开发力度，扩大可再生能源的使用规模，全力实现碳达峰碳中和的目标。这既是我国顺应并引领未来国际发展潮流，提升我国未来国际地位和竞争力的重要凭证，也是助推我国发展转型、实现社会主义现代化目标的重大战略决策。

国际能源署报告指出，2023年全球可再生能源新增装机容量5.1亿千瓦，中国贡献超过一半，为全球可再生能源发电增长作出了巨大贡献。2023 年，我国可再生能源的装机已经达到了 15 亿千瓦，占全国发电总装机已经超过 50%了。可再生能源发电量已经接近 3 万亿千瓦时，接近全社会用电量的 1/3。其中，太阳能发电和风电总装机超过 10 亿千瓦，装机规模跃升为我国第二、第三大电源。可再生能源发电量屡创新高，达到 2.95 万亿千瓦时，占全社会用电量的 32%。生物质能非电利用量约相当于 1888 万吨标准煤，同比增长 12%。地热直接利用规模长期稳居世界第一，年可替代标准煤 2441 万吨。

1.4 可再生能源市场形势与发展趋势

近十年来碳中和目标下全球能源结构转型进程不断加速，国际可再生能源署敦促更多国家积极制定行之有效的能源政策，加速推动能源结构转型，助推可再生能源产业持续增长。目前，全球可再生能源装机总容量呈现逐年上涨的趋势，增长速度稳中向好。在新冠疫情肆虐、全球经济增长放缓的大背景下，可再生能源装机总容量增幅仍十分可观，近来世界各国在恢复经济过程中相继公布的能源领域相关发展战略和政策措施也显示出各国在实现绿色发展、推进脱碳进程、加速化石燃料退出、坚定不移发展可再生能源、达成碳中和目标的决心。各国针对疫情后的绿色复苏计划，更是将传统能源转型、可再生能源的开发和利用作为恢复经济的抓手，颁布配套政策推动风能、光伏等可再生能源高速发展，战略扶持氢能、储能、地热等新兴产业。

2024 年 6 月 20 日，英国能源研究所发布的《世界能源统计年鉴 2024》显示，截至 2023 年底，可再生能源装机容量达到 3.9 TW，占全球装机总量（9.0 TW）的 43.0%，相比 2022 年增长了 14.0%；2017～2023 年，可再生能源装机容量复合年增长率达 10.0%。其中，2023 年可变可再生能源装机容量相比 2022 年增长了 23.4%，占比 27.1%。在过去的 23 年中，可再生能源装机容量显著增加，并在 2023 年达到了新增装机容量的峰值，即 473 GW。此外，可再生能源新增装机在年度全部新增装机容量中所占的比例稳定上升，2023 年达到了 85.5%。

国际可再生能源署发布的《2024 可再生能源装机容量统计》显示截至 2023 年底，全球可再生能源装机容量中，太阳能占其中的最大份额，达到 1419 GW。可再生水电（不包括纯抽水蓄能水电）和风电占其余的绝大部分，总装机容量分别为 1268 GW 与 1017 GW。其余可再生能源中，生物能源的装机容量为 150 GW，地热能源的装机容量为 15 GW，海洋能源的装机容量为 0.5 GW。此外，太阳能和风能仍然主导着可再生能源装机容量的扩张，合计占 2023 年所有可再生能源净增量的 97.6%。

不同国家对于可再生能源的重视程度和投资力度也各不相同（图 1-8），截至 2020 年末，在全球范围内共有 34 个国家的可再生能源装机总容量超过 10 GW，其中中国、美国、巴西、印度尼西亚、哈萨克斯坦、加拿大六个国家的总装机容量超过 100 GW。可再生能源产业的飞速发展得益于各国补贴政策的扶持，随着装机容量的快速增长，由于可再生能源的发电成本较高，存在间歇性发电（如风电）等特殊性，可再生能源参与市场的竞争力大大降低，非市场化的消纳方式受到了严峻的挑战，集中体现在大量弃风、弃光等现象。如何通过科学的、系统性的、严谨的电力市场机制设计，把间歇性可再生能源纳入电力市场之中，用市场机制促进其高效消纳，无疑是当前电力市场机制设计所面临的新挑战，也是国际学术界、产业界关注的焦点。

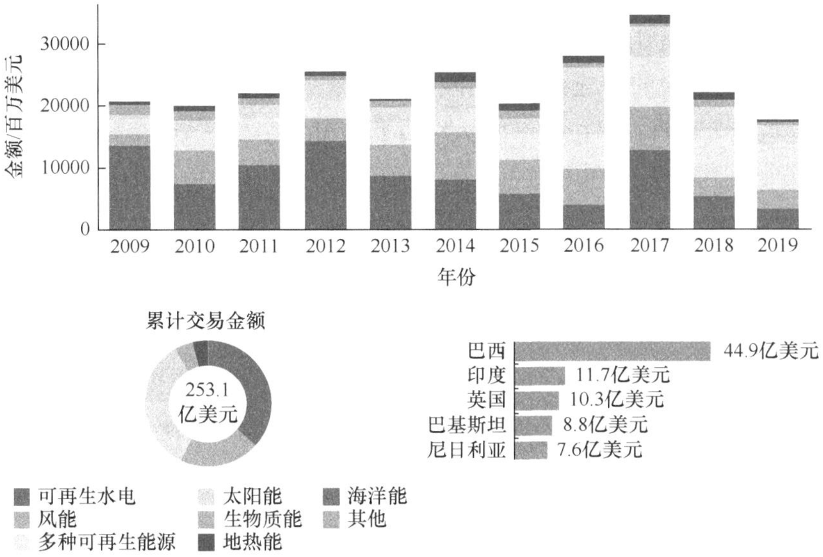

图 1-8 可再生能源的公共投资趋势

1.4.1 国外可再生能源参与市场的先进经验

美国、北欧等地区作为早期的可再生能源发展中心，在可再生能源参与市场的方式上具有值得借鉴的成功经验。政治意愿、补贴扶持、市场机制、社会对高电价的承受能力等多方面条件让其完成了高比例消纳可再生能源。世界范围内可再生能源的早期发展离不开政策支持和政府补贴，从目前国外的实践来看，支持可再生能源发展的市场交易价格机制[19]主要分为两类：基于电量的激励政策和基于价格机制的激励政策。

基于电量的激励政策的主要形式为可再生能源配额制（renewable energy quota system），代表国家包括英国和一些北欧国家。其主要方式是指政府对列入可再生能源名单的能源生产实行强制性的具有法律效力的数量规定，要求电力供应商在指定日期之前按照不低于电力产出的某一比例提供可再生能源电量。在政策设计与实施中，引入了绿色证书（green certificate，GC）交易制度。绿色证书是电力企业通过生产绿色电量获取的证书，电力企业每隔一段时间需要将规定数量的绿色证书上交监管机构。绿色证书可以在市场上出售或购买，因而具有市场价值。

基于价格机制的激励政策主要包括固定电价、溢价机制、认购价格、差价合约等形式。固定上网电价由政府直接确定各类可再生能源发电的入网价格，电网企业根据规定价格收购可再生能源发电电量，代表国家是德国；溢价机制是指可再生能源的收购价格为随时浮动的市场价格加上固定的政府补贴电价，代表国家是西班牙，可再生能源厂商可自由选择固定上网电价或直接参与市场的溢价机制；认购价格是指政府提出可再生能源发电产品的价格，由消费者按规定价格自愿认购，代表国家是荷兰；差价合约是指政府部门与发电厂之间签订双向长期合约，确保发电厂以固定的合约价格进行结算，规避市场价格波动的风险，本质上等同于固定上网电价机制可再生能源参与市场的方式。

欧盟2022年再次修正了提升可再生能源占比的法案，重点加码绿氢发展（图1-9），修正案要求2035年非生物基可再生能源制氢（新能源制氢）在终端用氢（含原料应用）占比达到70%。欧盟对氢能的扶持是多维度和立体的体系：欧盟对制氢的排放设定了严格的门槛，以配合其未来碳关税的实施，将推出碳差价合约（carbon contracts for difference，CCfD）以促进绿氢在工业领域的应用，并拟成立欧洲氢能银行。

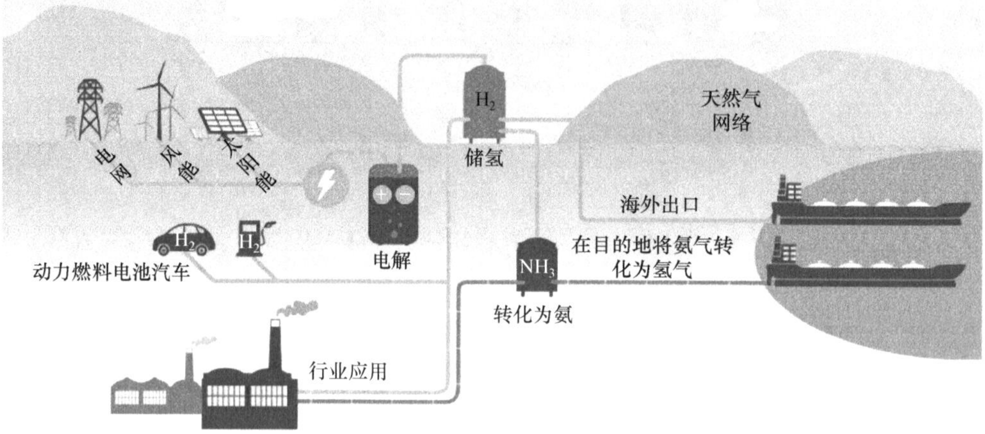

图1-9 绿氢产业示意图

总体来看，欧洲各国可再生能源的激励政策，经历了从大规模的政府补贴到市场竞价的发展过程，推动可再生能源逐步深度参与电力市场，通过市场机制实现高效消纳。快速发展的可再生能源通过集合竞价商参与电力市场，也给电力市场带来了变化，交易品种更加精细，市场也越发活跃。另外，边际成本几乎为零的新能源拉低了电力现货市场价格，在消费端却表现为零售电价被推高。随着新能源成本降低、补贴退坡，以及越来越多公司提出碳中和目标或强制公布绿电份额，长期购电协议（PPA）日益壮大，成为当前新能源进一步发展的常见市场机制，推动了无补贴新能源的发展。

外国对于可再生能源参与市场的尝试和发展历程表明：随着成本下降，退补和提高市场化是可再生能源发展的必然趋势。鼓励可再生能源并网交易不仅需要国家补贴政策的支持，还需要成熟的预测技术、完善的市场交易机制等条件，实现市场化的过程也是逐渐发展的，仍然需要国家不断出台配套的政策支持。

1.4.2 国内可再生能源产业特点及发展方向

目前我国已形成较为完备的可再生能源技术产业体系，中国已累计退出钢铁落后产能1.5亿吨以上，完成钢铁全流程超低排放改造1.34亿吨，压减粗钢产量超4000万吨，培育近5100家绿色工厂。2024年上半年，中国新能源汽车市场渗透率达35.2%，在主要经济体中位居第一。截至2024年6月底，全国可再生能源发电装机达到16.53亿千瓦，约占全国发电总装机的53.8%，风电光伏发电合计装机达到11.8亿千瓦，已超过煤电装机。光伏发电技术快速迭代，多次刷新电池转换效率世界纪录，光伏产业占据全球主导地位。

另一方面，全产业链集成制造在有力地推动风电、光伏发电的成本持续下降，目前中国在降低可再生能源成本方面处于世界领先地位[20]。2023 年，中国可再生能源发展取得了前所未有的成就。全国可再生能源发电装机历史性超过火电装机，太阳能发电、风电装机跃升为我国第二、第三大电源。2023 年，全国新增光伏并网装机容量 216.88 GW。累计光伏并网装机容量超过 600 GW，新增和累计装机容量均为全球第一。中国可再生能源产业的竞争力持续提升，为新模式、新业态的蓬勃发展注入了强大动力。随着技术进步带来的成本降低，中国可再生能源已经来到一个转折点——成本可控、价格能够被市场接受、不再依赖政府补贴。再加上完成减排目标、减少大气污染和保障能源安全等既有诉求的驱动，以光伏、风能等为代表的可再生能源市场即将迎来爆发式增长。

光伏、风能等可再生能源的技术、市场逐渐成熟，2024 年国家能源局将加快清洁能源发展，推进风电和分布式光伏建设，提升电力系统调节能力，探索能源开发新模式；强化能源保供基础设施；巩固提升电网保障能力，补齐民生用能短板，推进保供电源热源建设。

随着可再生能源电场发电规模的不断扩大，国家开始推动大规模新型储能系统的部署，考虑到目前发电侧储能仍不具备经济性，国家政策也开始向“风电储能一体化”“光电储能一体化”等方向倾斜，也将实现无歧视并网。2021 年国家能源局印发的《新型储能项目管理规范（暂行）》明确，电网企业应公平无歧视为新型储能项目提供电网接入服务，研究并定期公布新型储能发展规模、建设布局、调度运行等情况，引导新型储能项目科学合理地投资和建设。这也将逐步消除新型储能参与电力系统服务的物理阻隔，有利于新型储能行业的规模化发展。

可再生能源实现大规模供电和长距离传输还需要较为长期的过程，在信息时代背景下能源的生产、运行、传输模式的变革过程中，云计算、移动互联网、大数据技术、区块链技术、5G 技术等信息技术发挥了较大程度的助力作用，极大地提升了能源的使用效率，为很多行业、企业提供了实现绿色低碳发展的有效途径。在碳中和的目标下，利用大数据实现可再生能源的数字化赋能，提升新型储能系统和电网的管理效率和生产效率是必然趋势，完成绿色低碳转型仍需要全社会共同努力，协调发展。

文献导读

1. 全球水库漂浮太阳能光伏发电的能源生产和节水

日益增长的全球能源需求，以及通过可持续发展目标来限制化石燃料燃烧产生的碳排放，促使对包括太阳能在内的清洁能源的需求不断上升。水库上的浮动光伏（FPV）系统在节约土地、提高效率和减少水损失方面优于传统的地面安装太阳能系统的方式。对此，基于多个水库数据库和现实的气候驱动光伏系统模拟，Jin 团队估计在 114555 个全球水库上覆盖率为 30%的 FPV 系统的实际潜在发电量为（9434 ± 29）$TWh \cdot a^{-1}$。考虑到大多数水库靠近人口中心，并且有可能发展专门的地方电力系统，Jin 团队发现 124 个国家的 6256 个社区和/或城市，包括 154 个大都市，可以通过当地的 FPV 工厂实现自给自足。全球 FPV 同时可以减少的年蒸发量可以节约（106 ± 1）km^3 的水。Jin 团队的分析指出 FPV 系统对储能有巨大潜力，但还需要进一步研究来评估大型系统的潜在长期影响。

【参考文献】Jin Y B, Hu S J, Ziegler A D, et al. 2023. Energy production and water savings from floating solar photovoltaics on global reservoirs[J]. Nature Sustainability, 6（7）: 865-874.

2. 与可再生能源开发相应的政策和措施

为达到《巴黎协定》设定的全球目标——将本世纪全球平均气温较前工业化时期上升幅度控制在2℃以内，世界各国纷纷采取措施，并达成2050年二氧化碳净零排放共识——这意味着全球化石燃料使用量的大幅减少和可再生能源市场的巨大发展，与此同时化石燃料相关的物质和自然资本快速贬值和替代，需要对行业价值链、国际贸易和地缘政治进行深刻重组。该论文分析能源系统顺利转型的过程，并探讨可再生能源的经济和战略意义。

【参考文献】Mercure J F, Salas P, Vercoulen P, et al. 2021. Reframing incentives for climate policy action[J]. Nature Energy, 6（12）: 1133-1143.

3. 城市密度和气候变化给欧盟能源转型带来的挑战

了解未来气候变化和城市密集化的影响是规划可再生能源整合的关键。由于城市热岛现象，密集的城市形态进一步加剧了极端气候事件，使城市更容易受到极端气候事件的影响。Perera团队使用多尺度气候和能源系统模型评估未来气候变化和城市密集化对18个欧洲城市可再生能源整合的复合影响。研究发现，在复合影响下，风速和温度发生了显著变化，导致能源需求的峰值和年度需求量显著增加。因此，在能源转型期间将需要20%～60%的额外成本来保证气候适应性。在提高可再生能源普及水平的同时，在设计阶段对灵活性的提升也非常重要。

【参考文献】Perera A T D, Javanroodi K, Mauree D, et al. 2023. Challenges resulting from urban density and climate change for the EU energy transition[J]. Nature Energy, 8（4）: 397-412.

知识拓展

1. 盘点著名的可再生能源工程

1）三峡水电站——世界上装机容量最大的水电站

三峡水电站的机组尺寸和容量大，水头变幅宽，设计和制造难度均居世界之最。电站共装有32台70万千瓦巨型机组，加上两台5万千瓦电源机组，总装机容量为2250万千瓦，总工期17年。预计在2050年，中国可能在西藏墨脱县雅鲁藏布江大拐弯上修建墨脱水电站，其装机容量同样高达3900万千瓦，可谓“执世界级巨型水电站的两只牛耳”。

2）爱尔兰Strangford湾的SeaGen电站——世界十大可再生能源工程之一

SeaGen电站曾是世界上最大的海上潮汐能电站，与风力发电相类似，风力带动涡轮旋转产生电流，潮汐能发电用的也是流体的动能，只不过它用的流体为潮汐流或洋流。装机容量有1.2 MW的SeaGen电站，实际上是由一对涡轮组成，每个涡轮直径有66 in（即20 m），可以旋转180°，维修时可以将它们提升至水面上。

3）法国布列塔尼半岛的朗斯（Rance）潮汐电站——世界上最大的河流潮汐能电站

1967年建成、总投资约1.34亿美元的法国朗斯潮汐能大坝是世界上最早，也是目前最大的河流潮汐能发电站。该电站的大坝位于朗斯河的入海口处，涨潮、落潮之间的最大幅度有26 in（约8 m）高。潮汐流反反复复经过大坝，电能也源源不断地产生，总装机容量达240 MW。

2. 盘点能源研究机构及网站

（1）国际能源署：International Energy Agency（https://www.iea.org/）。

（2）美国能源部能源信息管理局（EIA）：U.S. Energy Information Administration（https://www. eia.gov/）。

（3）国际可再生能源署（IRENA）：International Renewable Energy Agency（https://www.irena.org/）。

（4）未来资源（RFF）：Resources for the Future（https://www.rff.org/）。

（5）国网能源研究院有限公司：http://www.sgeri.sgcc.com.cn/。

（6）国家能源局：http://www.nea.gov.cn/。

3. 盘点可持续能源与环境相关的会议

1）斯德哥尔摩会议——对全球人类的环境影响的首次评估

1972年6月5～16日，联合国在瑞典首都斯德哥尔摩召开了有110多个国家参加的人类首次环境大会，这次会议是对全球人类的环境影响的首次评估，并试图就如何应对保持和改善人类环境的挑战达成一个基本共识。

通过了《联合国人类环境会议宣言》和《人类环境行动计划》，成立了联合国环境规划署，并将每年的6月5日定为“世界环境日”。提出了“人类只有一个地球”的口号，号召世界各国政府和人民为维护与改善环境、造福全人类、造福子孙后代而共同努力，它标志着全世界对环境问题的认识已达成共识，人类已开始在世界范围内探讨环境保护和改变发展战略的进程。

2）联合国新能源及可再生能源会议——引发国际社会对可再生能源开发利用的关注

1981年8月10日～21日，联合国在肯尼亚首都内罗毕主持召开了新能源及可再生能源会议。出席会议的有135个国家的代表团和联合国所属的34个国际组织及32个政府间组织的观察员，参加会议的总人数约 5000 人。联合国秘书长和许多国家的政府首脑到会并发表了讲话。

大会上通过了《促进新能源和可再生能源的发展与利用的内罗毕行动纲领》，这次会议成功引起了国际社会对新能源和可再生能源开发利用的关注，同年联合国大会在联合国教育、科学及文化组织建立了专门信息网，联合国开发计划署、联合国工业开发组织、联合国粮食及农业组织等也安排了相应的示范项目。

3）里约会议——提出可持续发展的新议程

1992年在巴西里约热内卢召开的联合国环境与发展大会是世界环保史上的又一重大里程碑，会议提出了可持续发展的新议程，通过了《里约环境与发展宣言》和《21世纪议程》等重要文件。

“可持续发展”一般可理解为“既满足今世需要、又不损害后世满足其需要的能力的发展”。可持续发展像一条连续不断的线贯穿《里约环境与发展宣言》，此后可持续发展的观念逐渐形成。

4）约翰内斯堡首脑会议——第一届可持续发展世界首脑会议

2002年8月26日至9月4日在南非约翰内斯堡召开了第一届可持续发展世界首脑会

议（World Summit on Sustainable Development，WSSD），研讨的重点是将可持续发展的各项计划章程进一步落实为具体行动。

该首脑会议评价了自1992年地球问题首脑会议以来进展方面的障碍和取得的成果，使人们总结利用过去十年来实践得到的经验，为加强全球的可持续能力划拨资源，采取具体行动。从2002年在约翰内斯堡倡导可再生能源全球化发展以来，全球的可再生能源发展从替代能源向主导能源转变。

5）《巴黎协定》——发出共同行动、加快推广应用可再生能源的信号

2015年12月12日，197个国家为应对气候变化在巴黎召开了缔约方会议第二十一届会议。会上通过了著名的《巴黎协定》，协定旨在大幅减少全球温室气体排放，将21世纪全球气温升幅限制在2℃以内，同时寻求将气温升幅进一步限制在1.5℃以内的措施。

《巴黎协定》的签署标志着向低碳世界转型的开始，协定的落实对于实现可持续发展目标至关重要。以可再生能源为主的能源体系是目前唯一可以看清的长期能源可持续发展道路，联合国政府间气候变化专门委员会、国际能源署和国际可再生能源署等机构的报告指出，没有可再生能源就无法实现应对气候变化的目标。

《联合国气候变化框架公约》秘书处前执行秘书 Christiana Figueres 女士指出，随着技术进步和推广进度加快，可再生能源已经成为应对气候变化的成熟解决方案。它的发展一方面有力推动了《巴黎协定》的达成，另一方面也成为落实《巴黎协定》的重要途径，从而避免《巴黎协定》成为空文。

思 考 题

1. 能源的定义是什么？能源有哪些种类？
2. 能源的常见形式有哪些？它们之间的转换关系是怎样的？
3. 怎样理解能源效率？其标识的意义是什么？
4. 能源利用与经济发展之间有什么关系？
5. 能源、经济与环境应该如何协调发展？
6. 简述化石能源的发展阻碍及改善措施。
7. 化石能源清洁化的目标及目的是什么？
8. 我国未来的能源布局应该侧重于什么？
9. 列举可有效推动可再生能源发展的具体举措。
10. 简述可再生能源的市场形势与发展趋势。

参 考 文 献

[1] 中国大百科全书总编辑委员会《机械工程》编辑委员会，中国大百科全书出版社编辑部. 中国大百科全书：机械工程[M]. 北京：中国大百科全书出版社，1987.
[2] 张巧珍，师晋生，叶京生. 新能源的开发与利用[J]. 化工装备技术，2003，24(3)：58-60.
[3] 王轶辰. 提升能源效率刻不容缓[N]. 经济日报，2021-10-24(10).
[4] 邹才能，何东博，贾成业，等. 世界能源转型内涵，路径及其对碳中和的意义[J]. 石油学报，2021，42(2)：233-247.
[5] 徐世晓，赵新全，孙平，等. 温室效应与全球气候变暖[J]. 青海师范大学学报(自然科学版)，2001，17(4)：

43-47, 52.
[6] 吴兑. 关于霾与雾的区别和灰霾天气预警的讨论[J]. 气象, 2005, 31(4): 3-7.
[7] 于长毅. 酸雨的形成、危害及防治[J]. 环境保护与循环经济, 2017, 37(9): 42-44, 47.
[8] 蓝惠霞, 周少奇, 廖雷, 等. 酸雨形成机制及其影响因素的探讨[J]. 四川环境, 2003, 22(4): 41-43.
[9] 王淼, 胡本强, 辛万光, 等. 我国海洋环境污染的现状、成因与治理[J]. 中国海洋大学学报(社会科学版), 2006, 5(5): 1-6.
[10] Zhong W Q, An H Z, Shen L, et al. Global pattern of the international fossil fuel trade: the evolution of communities[J]. Energy, 2017, 123: 260-270.
[11] 智研咨询. 2021-2027 年中国水电行业发展现状及投资前景趋势报告[R/OL]. (2021-08-14) [2022-10-01]. http://www.chyxx.com/research/202010/902501.html.
[12] International Energy Agency. Hydropower Special Market Report 2021[R/OL]. (2021-06-30) [2022-10-01]. https://www.iea.org/reports/hydropower-special-market-report.
[13] 车长波, 袁际华. 世界生物质能源发展现状及方向[J]. 天然气工业, 2011, 31(1): 104-106, 119.
[14] 国际能源署. 2023 年电力市场报告[R/OL]. (2023-02-08)[2023-07-01]. https://www.iea.org/reports/electricity-market-report-2023.
[15] 邱丽静. 近期世界能源低碳发展战略及政策动向[R/OL].（2021-04-14）[2022-10-01]. https://mp.weixin.qq.com/s/uLPGPmBMserhVsG-S_6l1A.
[16] 曹莉萍, 周冯琦. 能源革命背景下中国能源系统转型的挑战与对策研究[J]. 中国环境管理, 2017, 9(5): 84-89.
[17] 陈伟, 郭楷模, 岳芳, 等. 世界主要经济体能源战略布局与能源科技改革[J]. 中国科学院院刊, 2021, 36(1): 115-117.
[18] 零碳研究院. 欧洲绿色新政全文[R/OL]. (2020-01-15) [2022-10-01]. http://zcrdi.com/zlygs/508.html.
[19] Barroso L, Rudnick H. The growth of renewables: zero-marginal-cost electricity markets[guest editorial][J]. IEEE Power and Energy Magazine, 2021, 19(1): 16-18.
[20] Yu S, Hu X, Li L, et al. Does the development of renewable energy promote carbon reduction? Evidence from Chinese provinces[J]. Journal of Environmental Management, 2020, 268: 110634.

第2章 太阳能光电转换技术

“十四五”规划中提出“碳达峰碳中和”的重大战略部署，急需对现行能源产供储销体系进行一场广泛而深刻的系统性变革。我国能源供给侧化石能源占比很高，而构建能源绿色低碳循环发展经济体系是实现“双碳”目标的关键举措。光伏发电的碳排放量是化石能源发电的 1/20～1/10，将为我国能源绿色低碳转型提供强劲引擎。太阳能作为绿色清洁能源将越来越多地出现在人们的视野中，本章将系统阐述太阳能电池中蕴藏的科学奥秘，从光子到电子、从光能到电能、从基础研究到实际应用……

科学之窗

随着经济全球化的快速发展，不可再生能源的消耗日趋加剧，由此引发的二次污染已成为全球生态环境的重大威胁。出于保护生态环境营造人类命运共同体的目的，发展可再生能源成为各个国家可持续发展的重要战略举措。我国明确表示，绿色发展的关键是能源的绿色低碳发展。太阳能具有可再生、绿色环保、取之不竭等优势，是替代传统化石能源的可再生能源之一。随着近年来科学技术的发展和相关政策的激励，太阳能电池也逐渐渗入人们生活的方方面面。如图 2-1 所示，光伏电站、光伏建筑、太阳能路灯以及国际空间站都能见到太阳能电池，这些应用都是通过太阳能光电转换技术实现的。

太阳能电池是将光能转换为电能的器件。如图 2-2 所示，太阳光中的光子能量被太阳能电池中的半导体材料吸收，经器件转换后对外输出电压和电流，源源不断地为负载提供电能。显然，太阳能电池的光电转换效率很大程度上决定了它的总体性能，这也是光伏领域一直在攻克的难点。而太阳光是由不同能量的光子组成的，如何高效地利用不同波长光子中的能量是设计高效率太阳能电池的关键。

图 2-1　太阳能电池的应用场景

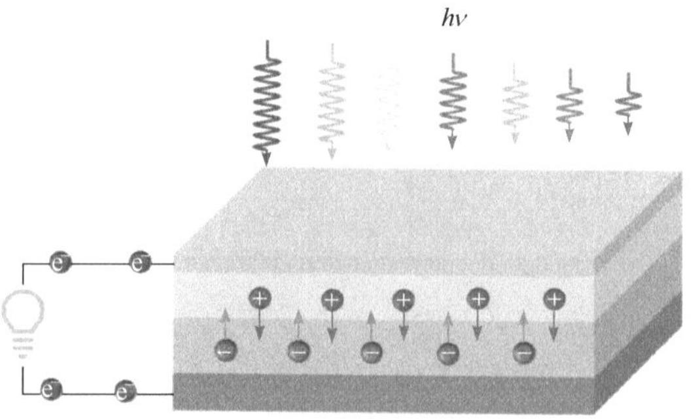

图 2-2　太阳能电池光电转换示意图

2.1 太阳概况

太阳对人类的影响可以追溯到人类历史的起源。美洲阿兹特克人、欧洲特洛伊人、古代中国人和古代埃及人都崇拜过太阳。历史上，所有的早期农业文明都经历了不同形式对太阳的崇拜。直到今天，科学技术的不断革新让人们对太阳有了更深入的了解，我们不仅需要了解和重视太阳对地球的影响，更需要有效地利用太阳来改善人类的生存环境。

2.1.1 太阳与太阳辐射

1. 太阳构造

太阳是离地球最近的一颗恒星，源源不断地为地球带来光和热，它是由核心（core）、辐射层（radiative zone）、对流层（convective zone）、光球层（photosphere）、色球层（chromosphere）和日冕层（corona）构成的，如图 2-3 所示。

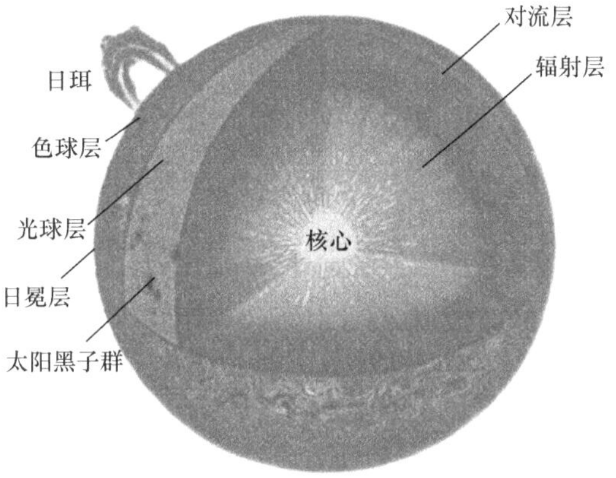

图 2-3　太阳的构造[1]

取太阳半径为 R，从中心到 $0.25R$ 处为核心区，是太阳散发巨大能量的真正源头，也称为核反应区，太阳核心温度高达 1500 万摄氏度，压力相当于 3000 亿大气压，随时都在进行质子-质子链（pp chain）和碳氮氧循环（CNO cycle）反应，即 4 个氢原子核合成 1 个氦原子核的聚变反应，又称氢热核反应。在核心区，每秒有 6 亿吨氢经过热核聚变反应为 5.96 亿吨氦，根据原子核物理学和爱因斯坦的质能转换关系式 $E = mc^2$，太阳每秒释放出的能量是 3.865×10^{26} J，相当于燃烧 1.32×10^{16} t 标准煤所放出的能量。虽然最终到达地球表面的能量会由于远距离的传播过程造成损耗，但地球每秒仍可接收 1.76×10^{17} J（6.0×10^{6} t 标准煤）的能量，正是这巨大的能源带给了人们光和热。根据对太阳内部氢含量的估计，太阳至少还有 50 亿年的正常寿命，目前太阳正处于中年期。

$0.25R$～$0.86R$ 是太阳辐射层，该区域温度很高，它包含各种电磁辐射和粒子流。辐射从内部向外部传递过程是多次被物质吸收而又再次发射的过程，从核反应区到太阳表面的行程中，能量依次以 X 射线、远紫外线、紫外线，最后是可见光的形式向外辐射。辐射层的温度由内向外逐渐降低，从 1.5×10^{7} K 降低至 5×10^{5} K。

太阳辐射层的外侧区域为对流层（$0.86R$ 到太阳大气层底部），其厚度约有十几万千米。由内向外的温度、压力和密度梯度都很大，太阳辐射层的气体呈现出对流不稳定的状态，物质的径向对流运动强烈，温度高的物质向外运动，低温的物质则沉入内部。太阳内部能量就是靠物质的这种对流，由内部向外部传输。

太阳对流层以外为太阳大气层，太阳大气由光球层、色球层、日冕层构成。通常人们看到的太阳表面称为光球层，光球层厚度约为 500 km，它确定了太阳非常清晰的边界，几乎所有的可见光都是从这一层发射出来的。色球层位于光球层之上，厚度约 2000 km。日冕层是太阳大气的最外层，由高温、低密度的等离子体组成。

2. 太阳辐射

1）太阳光谱

太阳光谱（solar spectrum）是指太阳光中光子的频谱分布。太阳主要通过电磁波的形式向外传递能量。其中到达地球的只有 22 亿分之一，约为 1.76×10^{17} W。太阳辐射的波长范围覆盖了从 X 射线到无线电波的整个电磁波谱。在大气层外，太阳光谱与 5500 K 的黑体的光谱分布曲线相近，能量密度最大值出现在波长为 0.475 μm 附近，由此向短波方向，辐射能量急剧降低，向长波方向则缓慢降低。在全部辐射能量中，波长在 0.15～4 μm 的光子占 99%以上。其中，可见光部分（400～760 nm）约占太阳辐射总能量的 50%，红外光约占 43%，紫外光的太阳辐射能很少，只约占总量的 7%，具体分布见图 2-4。

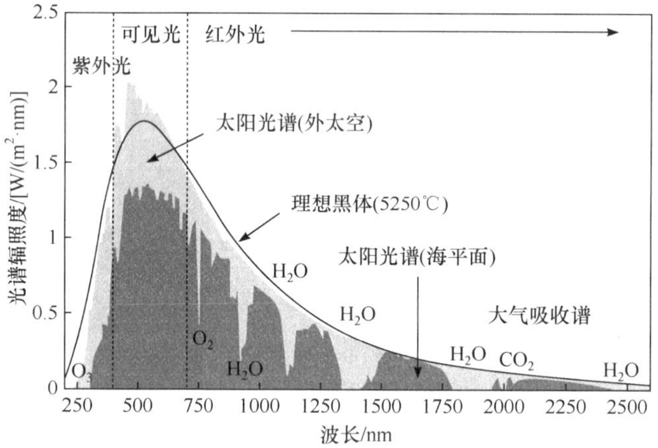

图 2-4 太阳光谱

2）太阳常数

单位时间内，太阳垂直投射到单位面积上的辐射功率称为辐照度（irradiance），单位是 $W\cdot m^{-2}$。在大气层外，平均日地距离处，垂直于太阳光方向上单位面积所获得太阳辐射的能量是一个常数，这个辐照度称为太阳常数（solar constant）。1981 年，世界气象组织（WMO）公布的太阳常数值是（1367±7）$W\cdot m^{-2}$，年变化范围±3.4%（由日地距离周期变化导致）。

3）大气质量

太阳光线穿过大气层的实际路程与此最短路程的比值称为大气光学质量，简称大气质量（air mass，AM）。由于地球大气层的存在，太阳辐射到达地面前，有一部分能量会被大气中的水分、二氧化碳、云层等吸收、反射。根据统计，大约有 19%的能量被大气层吸收，约 26%被大气中的云层、尘埃反射。穿过大气层到达地面的太阳辐射约占 55%。大气对太阳辐射的吸收和反射与太阳光的入射角度有关。当太阳与天顶轴重合时，太阳辐射穿过一个大气层的厚度到达地面，路程最短，如图 2-5 所示。规定在一个标准大气压下，0℃时，海平面上太阳光垂直入射的大气质量 AM＝1。在外太空，航天系统常用的大气质量 AM＝0。通常情况下，地表的大气质量大于 1。在光伏领域中，业内统一的测试标准定义为：大气质量为 1.5，记为 AM1.5；太阳辐照度为 1000 W · m^{-2}；环境温度为（25±1）℃。

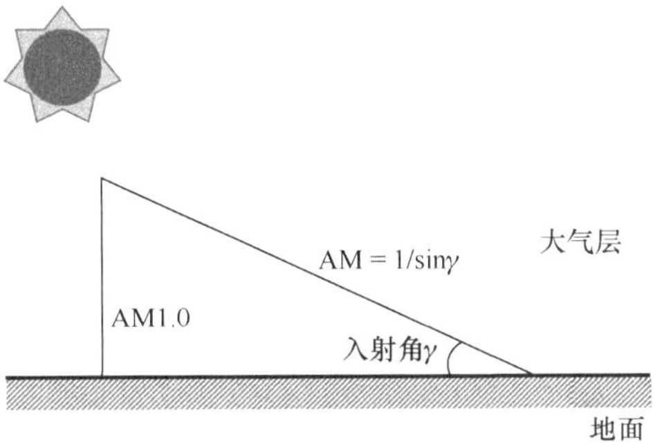

图 2-5　大气质量示意图

2.1.2　太阳能的特点

太阳能主要有如下优点：①太阳能清洁，无污染。使用太阳能不会产生任何温室气体和有毒物质。②太阳能储量丰富，取之不尽、用之不竭。从太阳到达地球陆地表面的太阳辐射能约为 17×10^{12} kW。这个能量当量相当于全球人类一年消耗总能量的 3.5 万倍。③太阳能分布范围广，随处可得，太阳能的开采利用不受开采、运输和储存条件的限制。相比于传统的化石能源和其他可再生能源，太阳能到处皆有，就地可用，无须远距离输送，避免了能源的长途运输和长距离输电线路的损失。

太阳能的缺点如下：①能量密度低。标准条件下，地面上的太阳辐射强度为 1000 W · m^{-2}，大规模使用需要占用很大的陆地面积。②太阳能供能不稳定，具有周期性、随机性和间歇性。辐射到陆地表面的太阳光受天气、季节和时间的影响，如在阴雨天或者晚上就不能供能。对于太阳能电池，需要相应的大规模储能系统才能实现随时供电或者并网。③分布不均匀。由于地球的形状和自身运动的特点，辐射到地表的太阳能随时间和地点不同有所变化。

2.1.3　太阳能的利用形式

太阳能的利用形式多种多样，主要包括光热转换（photothermal conversion）、光化转换（photochemical conversion）和光电转换（photoelectric conversion），见图 2-6。

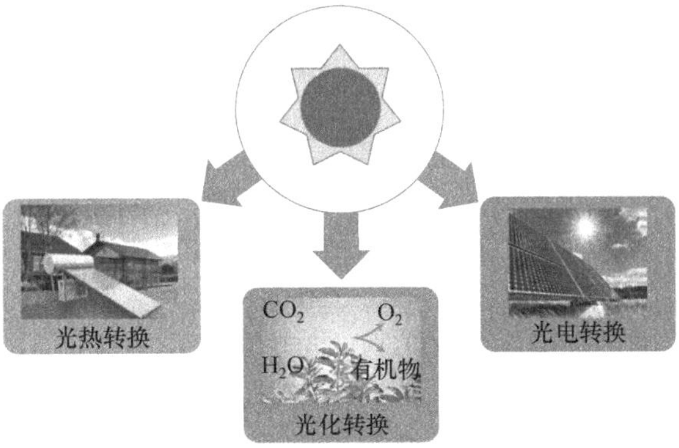

图 2-6　太阳能的利用形式

1. 光热转换

光热转换是指通过反射、吸收或其他方式将太阳辐射能集中起来，转换为热能的过程。太阳能的光热转换利用是对太阳能最古老、最直接、最普通的一种应用方式。在太阳能光热转换过程中，基本思路是通过特制的太阳能采光面，将投射到该面上的太阳辐射能最大限度地采集和吸收，并转换为热能，加热水或空气等介质，为各种生产过程和人类生活提供所需的热能。

2. 光化转换

光化转换是指吸收光辐射后导致化学反应而将光能转换为化学能的过程。其基本形式有植物的光合作用和利用物质化学变化储存太阳能的光化反应。植物的光合作用是最主要的光化转换。绿色植物（包括藻类）吸收光能，将二氧化碳和水合成有机物，同时释放氧气的过程就称为光合作用，光合作用对实现自然界的能量转换、维持大气的碳-氧平衡具有重要意义。

3. 光电转换

光电转换是指将太阳辐射能通过特定设计的装置间接或直接转换为电能的过程。在电气时代，将太阳能转换为电能是人类利用太阳能最主要的方式，目前已经得到了广泛应用。太阳能发电主要有两种类型：太阳能热发电和太阳能光伏发电。

1）太阳能热发电

通过水、熔盐等或其他工质和装置先将太阳辐射能转换为热能，再转换为电能的发电方式，称为太阳能热发电。太阳能热发电过程主要是通过大量的反射镜将太阳光聚集起来，加热工质，产生高温高压的蒸汽来驱动汽轮机发电。太阳能热发电有多种类型，按照太阳能收集方式主要分为以下三种：塔式系统、槽式系统和碟式系统，如图 2-7 所示。

塔式系统　　槽式系统　　碟式系统

图 2-7　太阳能热发电的三种类型

（1）塔式系统：利用大面积场地上的众多定日镜将太阳光集中到高塔顶部的高温集热器上，加热工质，经过蓄热环节，再输入热动力机，膨胀做功，带动发电机，最后以电能的形式输出。整个系统主要由聚光子系统、集热子系统、蓄热子系统、发电子系统等部分组成。塔式系统聚光子系统的聚光倍数很高，可超过太阳光强的 1000 倍。

（2）槽式系统：通过槽式抛物柱面反射镜将太阳光汇聚在焦线上，加热焦线上管状集热器中的工质，产生蒸汽，推动常规汽轮机发电。槽式太阳能热发电系统主要包括集热系统、储热系统、换热系统及发电系统。其中，换热系统及发电系统技术较成熟，应用普遍。而集热系统及储热系统有待进一步研究。集热系统主要由集热管、集热镜面、支撑结构及控制系统组成；储热系统主要由储热罐、储热介质组成。

（3）碟式系统：利用曲面聚光反射镜将照射到抛物面上的阳光聚集到焦点上，在焦点上安装斯特林发电机，热能推动发电机往复运动，将热能转化成电能输出。

2）太阳能光伏发电

光伏发电完全不同于太阳能热发电，它是一种全新的发电技术。光伏发电是通过半导体的光生伏打效应将太阳辐射能直接转换成电能的过程。与太阳能热发电相比，光伏发电只经过光到电的能量转换，可以有效减少能量多次转换过程中的能量耗散，因此光伏发电具有能量转换效率高、成本低的优势，具有广泛的应用前景。

2.2 太阳能光伏发电

太阳能光伏发电具有成本低、效率高、技术成熟等优点，是目前利用太阳能最有效的方式。目前，光伏发电已经实现了电网平价，在我国政策的支持下，将逐渐取代化石能源。

2.2.1 太阳能电池发电的基本原理与特性

1. 半导体与 pn 结

1）半导体及其能带结构[2]

根据导电特性，材料通常可以分为导体（conductor）、半导体（semiconductor）和绝缘体（insulator）三种。三者的导电特性可以通过能带理论进行解释。如图 2-8 所示，孤立的原子中，电子占据分立的电子轨道并具有特定的能量值，当固体中的原子相互靠近形成晶体时，不同原子的电子轨道（尤其是外层电子轨道）相互交叠形成能带，电子将不再局限于某一个原子而是在整个晶体中共有化运动。其中允许电子占据的能带称为允带（allowed band），允带与允带之间为禁带（forbidden band）。

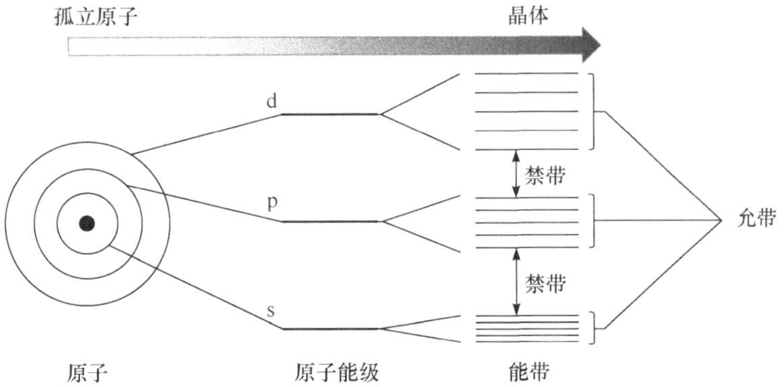

图 2-8 能级和能带对应情况

如图 2-9 所示，以金刚石型结构的Ⅳ族元素晶体为例，N 个原子在形成晶体的过程中，s 带和 p 带交叠杂化后又分裂为两个带，带与带之间由禁带隔开。下面一个带为价带，对应

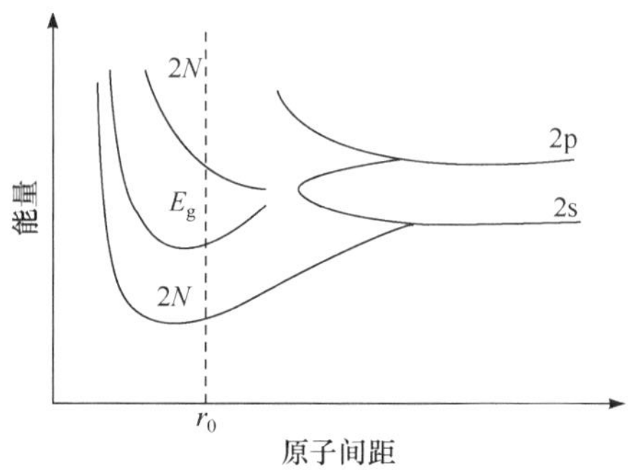

图 2-9 能带先交叠后分裂的情形

于成键态，上面的一个带为导带，对应于反键态，在绝对零度附近时，价带上 2N 个状态都被电子填充，称为满带（filled band），价带则没有电子填充，称为空带（empty band）。

满带和空带在第一布里渊区中的电子分布不受电场影响，因而不具有导电特性。对于未满带，在外电场的作用下，在第一布里渊区中的电子分布由对称分布变成非对称分布，进而产生电流的定向流动，即未满带具有导电特性。导体、半导体和绝缘体的能带结构决定了它们的导电性，如图 2-10 所示。导体中存在能带交叠，具有未满带，因而导电率较高。对于绝缘体和半导体，价带和导带之间由禁带隔开，在基态时，价带为满带，导带为空带，因此基态下的半导体和绝缘体都不导电。绝缘体和半导体的能带结构没有本质区别，它们之间的区别仅在于禁带宽度 E_g 的大小不同。绝缘体的 E_g 较大，通常在 3 eV 以上，半导体的 E_g 较小，一般在 2 eV 以下。由于半导体的 E_g 较小，随着温度从 0 K 逐渐上升，价带顶上的电子可以被激发到导带底，称为本征激发（intrinsic excitation），产生可以导电的自由电子和自由空穴，称为自由载流子（free carrier）。温度越高，激发程度越高，半导体导电性越好，因此半导体具有负的电阻温度系数特性。在一定的温度下，半导体带隙越窄，本征激发的电子空穴对越多，电阻率越小。对于绝缘体材料来说，由于其带隙太大，室温下价带顶的电子很难被激发，因此不具有导电性。

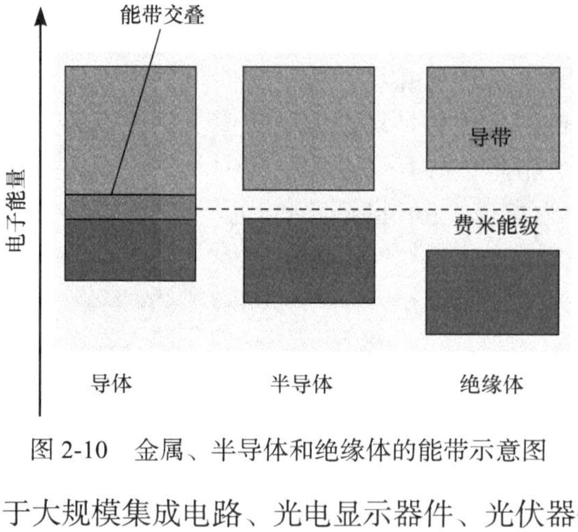

图 2-10 金属、半导体和绝缘体的能带示意图

半导体材料常被用于大规模集成电路、光电显示器件、光伏器件等领域。半导体可以是单质，如硅（Si）、锗（Ge）、硒（Se）等；也可以是化合物，如砷化镓（GaAs）、碲化镉（CdTe）、硫化镉（CdS）等；还可以是有机化合物等。

2）半导体的掺杂[3]

一种完全不含杂质且无晶格缺陷的纯净半导体，它的导电能力主要由材料的本征激发决定，这样的半导体称为本征半导体。热平衡状态下，本征半导体中的电子分布 $f_C(E)$ 服从费米-狄拉克分布函数 $f(E)$，即

$$f_C(E) = f(E) = \frac{1}{1+\exp\left[(E-E_F)/kT\right]} \tag{2-1}$$

式中，E_F 为半导体的费米能级；k 为玻尔兹曼常量；T 为热平衡温度。同理，价带顶部的空穴的分布函数 $f_V(E)$ 可以描述为

$$f_V(E) = 1-f(E) = \frac{1}{1+\exp\left[(E_F-E)/kT\right]} \tag{2-2}$$

本征半导体中的自由电子和自由空穴成对存在，两者数目相等，不考虑电子和空穴有效质量的差异，本征半导体的费米能级位于禁带中间位置，如图 2-11 所示。一般情况下，费米能级 E_F、导带底 E_C、价带顶 E_V 都相距很远，费米-狄拉克分布可以近似为麦克斯韦-玻尔兹曼分布，式(2-1)和式(2-2)可以分别写为

$$f_C(E) = \frac{1}{1+\exp\left[(E-E_F)/kT\right]} \approx \exp\left[(E_F-E)/kT\right] \tag{2-3}$$

$$f_V(E) = \frac{1}{1+\exp\left[(E_F-E)/kT\right]} \approx \exp\left[(E-E_F)/kT\right] \tag{2-4}$$

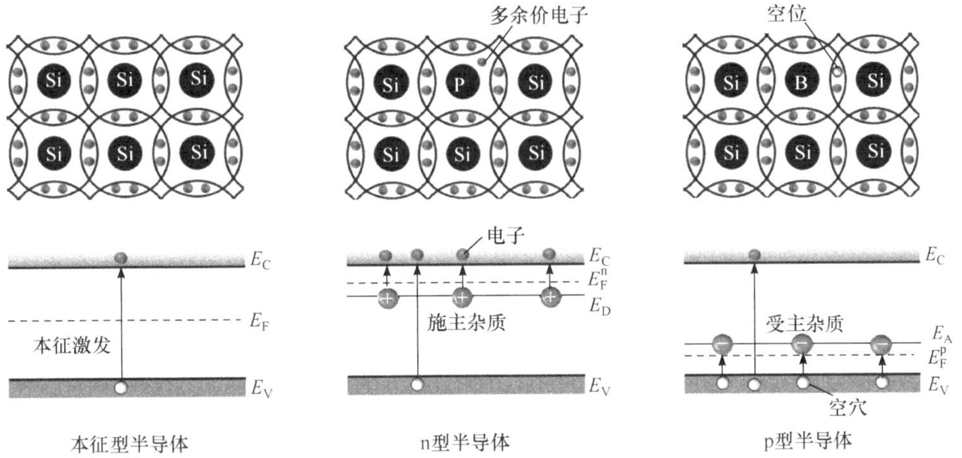

图 2-11　不同硅半导体的能级结构示意图

对于确定的半导体，在特定的温度下，材料中自由电子浓度 n_0 和自由空穴浓度 p_0 的乘积是一个常数：

$$n_i^2 = n_0 p_0 = N_C N_V f_C(E) f_V(E) = N_C N_V \exp(-E_g/kT) \tag{2-5}$$

式中，N_C、N_V 分别为导带底和价带顶的态密度；n_i 为本征载流子浓度。

通常情况下，半导体材料中含有杂质和晶格缺陷，使自由电子或自由空穴的某一方增多，导致半导体呈现出不同的 pn 特性。以电子为多数载流子的半导体称为 n 型半导体，以空穴为多数载流子的半导体称为 p 型半导体。以硅半导体为例，通常通过掺杂Ⅲ族和Ⅴ族元素来改变半导体材料的 pn 性。如图 2-11 所示，Ⅴ族元素有五个价电子，当一个Ⅴ族元素替换掉一个 Si 原子后，形成完整的共价键后还多出一个价电子，Ⅴ族原子对该电子的库仑束缚力很弱，很容易电离形成自由电子，同时留下一个带正电的Ⅴ族正离子。Ⅴ族元素

掺杂能够给出自由电子，也被称为施主杂质，掺入Ⅴ族元素后会在禁带靠近导带的位置形成施主能级（E_D），施主能级上的电子很容易被激发到导带，进而使半导体呈 n 性。

n 型半导体中，杂质的浓度 N_D 一般远大于本征载流子浓度 n_i，且杂质能级的电离能远小于禁带宽度，在室温下，大部分的杂质处于电离状态。因此，n 型半导体中的电子浓度 $n_0 \gg n_i$，所以有

$$n_0 \approx N_D \tag{2-6}$$

$$p_0 = \frac{n_i^2}{N_D} \tag{2-7}$$

不难得出，n 型半导体的费米能级 E_F^n 为

$$E_F^n = E_F^i + kT\ln(n_0 / n_i) = E_F^i + kT\ln(N_D / n_i) \tag{2-8}$$

式中，E_F^i 为本征半导体的费米能级。不难看出，施主杂质抬高了半导体的费米能级，抬高的程度与掺杂浓度有关。同理，Ⅲ族元素只有三个价电子，当一个Ⅲ族元素替换掉一个 Si 原子后，形成完整的共价键上缺少一个电子，会在该原子核附近产生一个电子空位，这个电子空位的能态既不存在于价带，也不存在于导带，而是在禁带靠近价带的位置形成受主能级（E_A），价带上的电子只需要很小的能量就可跃迁到受主能级并在价带留下可以导电的空穴，使半导体呈 p 性。p 型半导体的费米能级 E_F^p 与受主杂质浓度 N_A 有关，可通过如下公式计算：

$$E_F^p = E_F^i + kT\ln(p_0 / n_i) = E_F^i - kT\ln(N_A / n_i) \tag{2-9}$$

在一定的温度下，无论是 n 型半导体还是 p 型半导体，虽然载流子浓度乘积保持不变，但载流子总数 $n_0 + p_0$ 较本征半导体来说增加了许多，因此导电性要优于本征半导体。

3）pn 结

当 p 型半导体和 n 型半导体接触并形成一个体系并达到热力学平衡时，会在整个系统中形成统一的费米能级，同时其界面形成空间电荷区，称为 pn 结（p-n junction），如图 2-12 所示。在 pn 结的两边，由于 n 型区内自由电子为多子，空穴几乎为零（称为少子），而 p 型区内空穴为多子，自由电子为少子，在它们的交界处就出现了电子和空穴的浓度差。p 区中的空穴将会顺着浓度梯度向 n 区扩散，并与 n 区的电子复合，使 n 区带正电，同时在 p 区留下带负电的杂质离子。同理，n 区中的电子会向 p 区扩散，并与 p 区的空穴复合，使 p 区带负电的同时，在 n 区留下带正电的杂质离子。半导体中的杂质离子不能任意移动，这些不能移动的带电粒子在 p 区和 n 区交界面附近，形成了一个空间电荷区，由于正负电荷之间的相互作用，在空间电荷区形成了内建电场，其方向是从带正电的 n 区指向带负电的 p 区。内建电场的形成一方面会阻止多子的扩散，另一方面，这个电场将使 p 区的少数载流子电子向 n 区漂移，使 n 区的少数载流子空穴向 p 区漂移，漂移运动的方向正好与扩散运动的方向相反。从 n 区漂移到 p 区的空穴补充了原来交界面上 p 区所失去的空穴，从 p 区漂移到 n 区的电子补充了原来交界面上 n 区所失去的电子，这就使空间电荷减少，内电场减弱。因此，漂移运动的结果是使空间电荷区变窄，扩散运动加强。最后，多子的扩散和少子的漂移达到动态平衡状态。在 p 型半导体和 n 型半导体的接合面两侧，留下带相反电荷的离子薄层，并形成稳定的内建电场，内建电场的大小 V_{bi} 与掺杂浓度有关：

$$V_{bi} = (E_F^n - E_F^p)/q = kT\ln(N_A N_D / n_i^2) \tag{2-10}$$

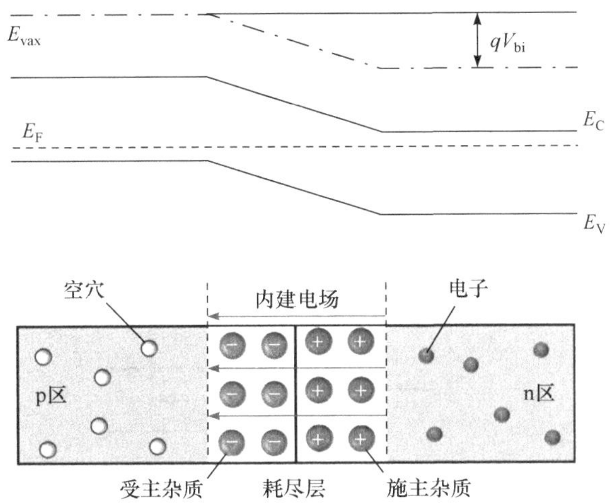

图 2-12 pn 结及其能带示意图

在空间电荷区，由于缺少载流子，因此也称耗尽层。当没有外部条件刺激时，pn 结中不会产生非平衡载流子，内建电场只起到驱动载流子漂移，抵消结两侧载流子扩散的作用，不会有电流输出，也不能对外呈现电压。

2. 太阳能光伏发电基本原理

1）光生伏打效应

光生伏打效应（photovoltaic effect），简称光伏效应，是指受光线或其他电磁辐射照射的半导体或半导体与金属组合的部位间产生电压与电流的现象。太阳能电池中 pn 结是其核心部件，光照下产生的光生伏打效应是太阳能电池能够将光能转化为电能的关键。光生伏打效应可以分为以下三个过程：

（1）光照下产生非平衡载流子。当太阳照射到 pn 结表面时，太阳光中能量大于或等于半导体禁带宽度的光子将在离表面一定深度的范围内被吸收，使价带上的电子被激发到导带形成大量的非平衡光生电子-空穴对。

（2）光生电子-空穴对在内建电场下分离。在空间电荷区中产生的光生电子-空穴对在内建电场的作用下被迅速分离，光生电子被推进 n 区，光生空穴被推进 p 区。在 n 区，光生电子-空穴对产生后，光生空穴会向 pn 结边界扩散，达到 pn 结边界后，受到内建电场的作用做漂移运动，迅速越过空间电荷区进入 p 区，而光生电子则被留在 n 区。p 区中刚好相反，光生电子会向 pn 结边界扩散，达到 pn 结边界后，受到内建电场的作用做漂移运动，迅速越过空间电荷区进入 n 区，而光生空穴则被留在 p 区。这样便形成了自 n 区向 p 区的光生电流。

（3）新稳态的建立。当 pn 结两端处于断路状态时，光生电流使 p 区和 n 区分别积累正电荷和负电荷，这些电荷堆积形成一个与 pn 结内建电场方向相反的光生电场，一方面能够削弱光生电子-空穴在内建电场的作用下产生光生电流，另一方面产生一个与光生电流方向相反的正向结电流。当光生电场增长到正向结电流恰好抵消光生电流时，便达到一个新的稳定状态，同时在 pn 结两端建立起稳定的电势差，即光生电压。这就是光生伏打效应。

2）太阳能电池工作基本原理

太阳能电池是将光能转换为电能的半导体器件，太阳能电池工作原理如图 2-13 所示，当有光照射到太阳能电池上，pn 结两端会产生光生电动势，当外电路处于开路情况下，光生电动势就等于开路电压（open circuit voltage，V_{OC}），如果将 pn 结两端用外电路连接起来，则在光生电动势的作用下外电路会出现电流，进而对外电路做功。当外电路处于短路的情况下，流经外电路的电流密度就被称为短路电流密度（short circuit current density，J_{SC}），理想情况下也就是光生电流密度。

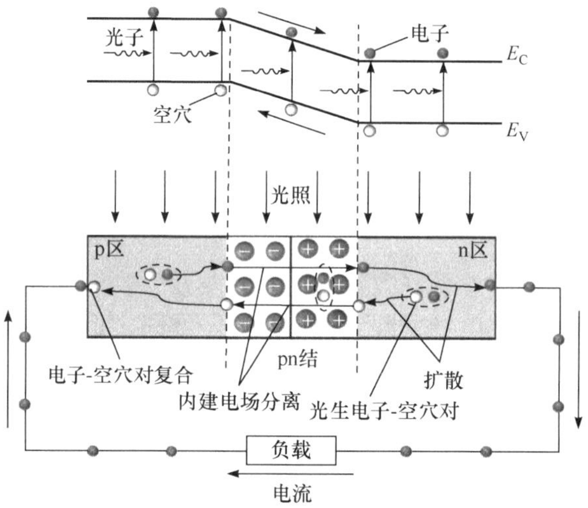

图 2-13　太阳能电池工作原理示意图

太阳能电池光电转换需要在半导体材料中发生载流子的产生、分离和输运过程。

（1）光生载流子的产生。半导体材料吸收能量大于禁带宽度的电子，在 pn 结中产生光生载流子。光生载流子的面密度决定了光伏器件 I_{SC} 的上限，它主要与光照强度、半导体材料的带隙有关。对于特定光谱分布的光源（如太阳光）来说，光强越强，半导体带隙越窄，光生载流子浓度越高。

（2）光生载流子的分离。光生载流子的分离主要依赖于 pn 结中的内建电场，空间电荷区内产生的光生载流子能够被迅速分离，而 p 区和 n 区的光生载流子则需要扩散至 pn 结的边界才能被内建电场分离，速度相对较慢一些。光生载流子的快速分离可以有效减少光生电子-空穴对的复合，进而提高光伏器件的性能。

（3）光生载流子的输运。光生载流子的输运包含两个过程：一个是 n 区的空穴和 p 区的电子在被内建电场分离前向 pn 结区域扩散的过程，主要涉及少子的输运。另一个过程是光生载流子被内建电场分离后 n 区的电子和 p 区的空穴向电极扩散的过程，这一过程主要是多子的输运。这两个过程都靠载流子的扩散来完成，它与载流子的寿命、扩散长度、半导体中的缺陷态密度息息相关。

3）太阳能电池等效电路

工作状态下，理想的太阳能电池内部相当于一个恒流源 I_{ph} 与一个正向的二极管并联，如图 2-14 所示。其中光生电流 I_{ph} 可以看作一个恒流源，流经二极管的正向电流称为暗电

流 I_d，它是注入电流、复合电流和隧道电流三者之和，当太阳能电池处于热平衡状态时，暗电流满足肖克莱方程：

$$I_d = I_0 \exp(qV/kT - 1) \tag{2-11}$$

式中，I_0 为反向饱和电流；电子电量 $q = 1.6\times10^{-19}$ C。光照时，太阳能电池伏安特性曲线中的电流 I 是光生电流 I_{ph} 和暗电流 I_d 的叠加，

$$I(V) = I_{SC} - I_d = I_{SC} - I_0 \exp(qV/kT - 1) \tag{2-12}$$

但实际上还应考虑器件材料本身的电阻和电池内部的微短路，实际太阳能电池的等效电路图如图 2-15 所示。太阳能电池自身电阻可以分为串联电阻 R_s 和并联电阻 R_{sh}。串联电阻主要包括半导体吸光层的体电阻、电极与半导体吸光层之间的接触电阻以及电极本身的电阻。并联电阻又被称为旁路电阻，主要受以下两种因素影响：一是沿着半导体内部的缺陷和晶界等形成的细小桥路产生的漏电流；二是由材料表面的污染物引起的漏电。在太阳能电池中，串联电阻会分走一部分电压，因此串联电阻越小越好；而并联电阻会损失一部分光生电流，因此并联电阻越大，对太阳能电池的光电转换越有利。

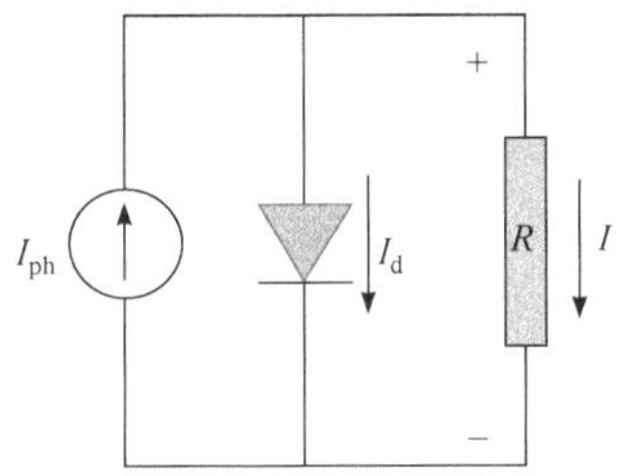

图 2-14　太阳能电池的理想等效电路图

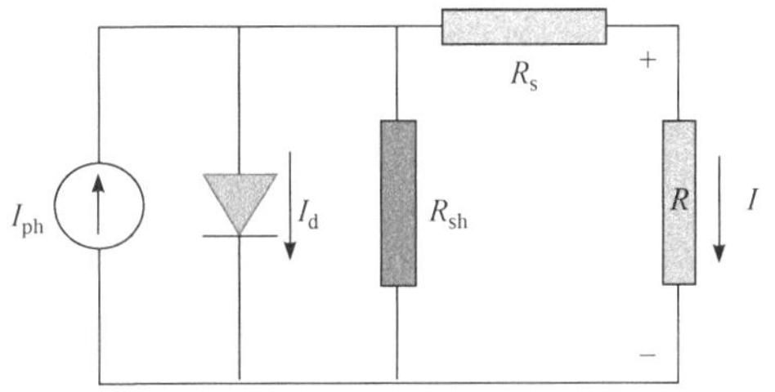

图 2-15　太阳能电池的实际等效电路图

3. 太阳能电池主要技术参数

1）伏安特性曲线

伏安特性曲线表征太阳能电池在一定环境温度（25±1）℃和一定光照（AM1.5）条件下，电流 I 和电压 V 之间的函数关系，如图 2-16 所示。由于电流与太阳能电池的面积成正比，因此通常采用电流密度 J 取代 I 来描述伏安特性。

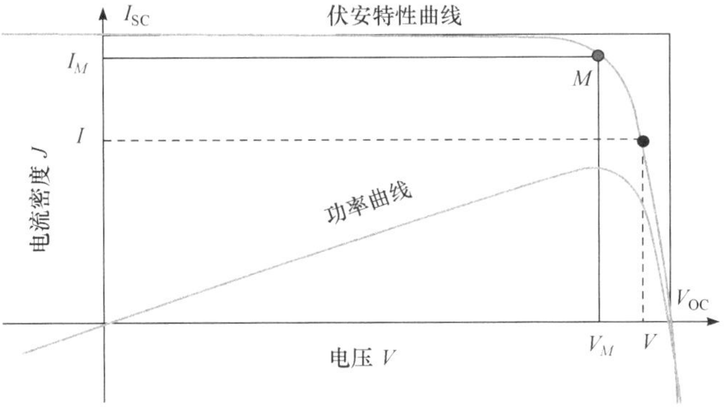

图 2-16　伏安特性曲线

2）短路电流

在一定的温度下，太阳能电池在外接负载为零时输出的电流为短路电流，用 I_{SC} 表示。它也是伏安特性曲线与纵坐标轴的交点所对应的电流。I_{SC} 与入射光强成正比，光强越强，I_{SC} 越大。同时，I_{SC} 也与光吸收层材料的禁带宽度有关，带隙越窄，I_{SC} 值越大。

3）开路电压

在一定的温度下，太阳能电池外接负载电阻为无穷大，即开路的情况下的端电压为开路电压，用 V_{OC} 表示。它也是伏安特性曲线与横坐标轴的交点所对应的电压。V_{OC} 通常与光吸收层材料的禁带宽度有关，一般情况下，带隙越宽，V_{OC} 值越大。对于特定半导体材料，由式(2-13)可得

$$V_{OC} = kT / q \ln\left(\frac{I_{SC}}{I_0} + 1\right) \tag{2-13}$$

不难看出，光强对 V_{OC} 也有一定的影响，V_{OC} 与入射光强的对数成正比。

4）最大功率点和填充因子

在一定的温度下，伏安特性曲线的每一点都是工作点，分别对应于不同的外接负载，外接负载电阻等于相应工作点与坐标原点连线的斜率的倒数，通过工作点向横轴和纵轴分别作垂线，交点分别为 V 和 I，则 V 与 I 的乘积为输出功率。调节负载电阻使输出功率达到最大值，此时所对应的工作点即为最大功率点，对应的电压为 V_m，电流为 I_m，功率为 P_{max}。

填充因子是衡量光伏器件性能的一个重要参数，定义为最大功率与开路电压和短路电流乘积的比，用 FF（fill factor）表示。

$$\text{FF} = V_m I_m / V_{OC} I_{SC} \tag{2-14}$$

式中，$V_m I_m$ 为最大输出功率；$V_{OC} I_{SC}$ 为极限输出功率。填充因子与串联电阻和并联电阻有关。串联电阻越小，并联电阻越大，填充因子越高，伏安特性曲线越接近矩形，意味着太阳能电池输出的最大功率越接近极限输出功率，因此性能越好。

5）光电转换效率

光电转换效率（photoelectric conversion efficiency，PCE）被用来衡量太阳能电池将光能转换为电能的能力。太阳能电池在光照下所能输出的最大功率与照射到该太阳能电池上的全部辐射功率 P_{in} 的比称为太阳能电池的光电转换效率，通常用百分数表示。

$$\text{PCE} = P_{max} / P_{in} = V_m I_m / P_{in} = V_{OC} I_{SC} \text{FF} / P_{in} \tag{2-15}$$

PCE 是表征太阳能电池光伏性能最重要的物理量。一般的测试条件下，P_{in} 为固定值 $1000\ \text{W} \cdot \text{m}^{-2}$，显然，太阳能电池的光电转换效率与 V_{OC}、I_{SC} 和 FF 成正比。

4. 影响太阳能电池 PCE 的关键因素

影响太阳能电池 PCE 的因素主要有光吸收层的带隙、温度、光强等。

（1）光吸收层带隙对 PCE 的影响。根据肖克莱-奎伊瑟（Shockley-Queisser，S-Q）细致平衡理论极限[4]，理想状态下太阳能电池的转换效率依赖于带隙和太阳光谱。对于特定光谱，光吸收层的带隙太小，虽然可以得到很高的 I_{SC}，但根据 $V_m < V_{OC} < E_g/q$，最佳工作电压 V_m 和开路电压 V_{OC} 会很小，转换效率较小。如果带隙太大，激发电子到导带所要求的光子能量很大，太阳光谱中的很多低能光子不能被吸收利用，短路电流 I_{SC} 和最佳工作电流 I_m

就很小，转换效率也较小。在地球表面，太阳光谱基本确定，理论转换极限效率是半导体带隙的函数，如图 2-17 所示。太阳光谱为 AM1.5 时的单结转换效率极限是 33%，对应的最佳带隙为 1.4 eV。不同的半导体材料具有不同的带隙，为了得到较高的 PCE，需要在考虑其他条件下，尽量选择带隙接近 1.4 eV 的半导体材料。

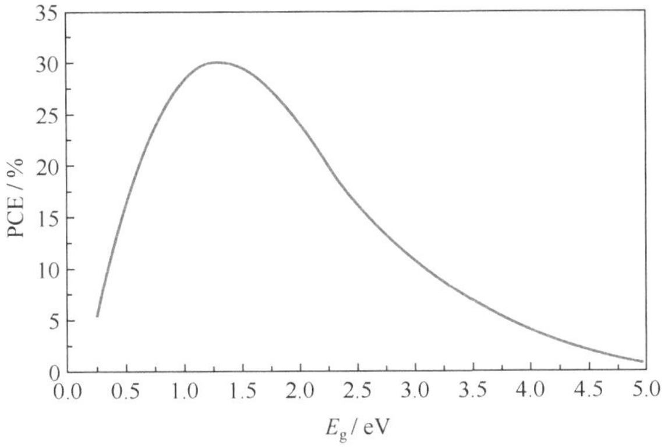

图 2-17 太阳能电池理论极限效率与带隙的函数关系

（2）温度对 PCE 的影响。当外界温度上升时，半导体的带隙会降低，太阳能电池的光生电流和 I_{SC} 增加，同时本征载流子浓度呈指数增加，暗电流增加，V_{OC} 减小。因为 V_{OC} 减小程度远大于 I_{SC} 的增加程度，所以温度上升导致太阳能电池的转换效率降低。在 AM1.5 测试条件下，温度每变化 1℃，太阳能电池转换效率的变化值称为最大功率温度系数，通常用 γ 表示。γ 与光吸收层的材料有关，对于一般的单晶硅太阳能电池组件，γ 值为–0.35～0.50 %·℃$^{-1}$。总体而言，在温度升高时，太阳能电池组件总的输出功率降低，所以应该尽量使太阳能电池在较低的温度下工作。

（3）光强对 PCE 的影响。对于光生电流，光生载流子的数量与光强是呈线性的，太阳能电池的短路电流与辐照度成正比关系。对于 V_{OC}，在辐照度较弱时，V_{OC} 与光强近似呈线性关系变化，当辐照度较强时，V_{OC} 与光强呈对数关系变化[5]。在一定范围内的光强下，由于器件的 V_{OC} 随光强增强而增加，而填充因子基本保持不变，因此器件的功率输出会上升，这也是聚光太阳能电池的效率高于普通太阳能电池的原因。但是，在实际运用的聚光太阳能电池中，当辐照度超过一定的强度后，更大的辐照度会增加串联电阻和器件的工作温度，从而降低其性能。通常情况下，将聚光太阳能电池的聚光系数数值控制在几百（具体数值依赖于太阳能电池的材料）以达到最佳转换效率。

除了半导体的带隙、温度和光强外，半导体材料内部的缺陷态密度、载流子的寿命、载流子扩散长度等都会对太阳能电池的性能产生较大影响。

2.2.2 太阳能电池的分类与关键技术研究

1. 太阳能电池的分类

历经一百多年的发展，人们已经研究了成百上千种不同材料、不同结构和不同用途的太阳能电池。根据其材料、工作方式以及技术成熟度等的差异，其分类方式也多种多样。

1）按商业化程度划分

如图 2-18 所示，按照太阳能电池发展历程和目前商业化程度可以分为：以硅基为代表的第一代太阳能电池，以砷化镓为代表的第二代薄膜太阳能电池，以钙钛矿为代表的第三代新型太阳能电池，以及第四代新概念太阳能电池。第一代硅太阳能电池以硅为基体材料，是目前最成熟的太阳能发电技术之一，目前单节异质结硅太阳能电池认证效率高达 26.7%，市场占有率高达 90%。硅电池是研究最早的太阳能电池，它具有成本低、效率高、稳定性好的优势。

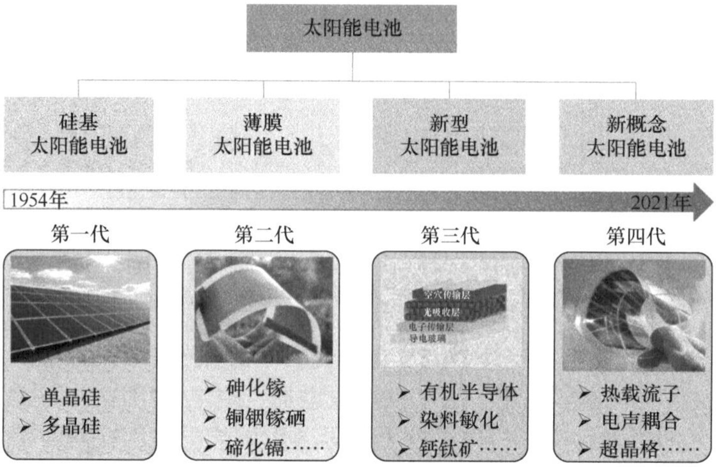

图 2-18 太阳能电池的分类

硅太阳能电池也存在一些短板，如晶体硅是一种原子晶体，质脆且吸收系数较低，属于间接带隙半导体材料，通常需要几百微米的厚度才能充足吸收近红外光，导致其应用场景受限。为解决这个问题，第二代薄膜太阳能电池应运而生，其主要以砷化镓（GaAs）、铜铟镓硒（CIGS）和碲化镉（CdTe）太阳能电池为代表。这类半导体属于直接带隙半导体，光吸收系数高于硅。因此，可以加工成薄膜型，在大幅度减轻器件质量的同时具备一定的柔韧性，拓宽了太阳能电池的应用场景。

第三代太阳能电池旨在利用新材料、新技术来实现成本更低、更环保的高效率电池。近年来，随着材料加工制造技术的不断发展，太阳能电池的光吸收材料和器件结构也走向了多元化，第三代太阳能电池得到了蓬勃的发展。第三代太阳能电池主要包括有机半导体太阳能电池、染料敏化太阳能电池以及钙钛矿太阳能电池，并具有低成本、高效率、多功能化等优点，且发展速度明显超越了第一代、第二代太阳能电池。目前，第三代太阳能电池还处于实验室阶段，距离实现商业化还有很多技术壁垒需要突破，如稳定性、无毒化、大面积制造等难题。

除此以外，随着研究的深入，还出现了一些新概念太阳能电池，如上转换和下转换太阳能电池、热载流子太阳能电池、电声耦合太阳能电池、超晶格太阳能电池以及碰撞离化太阳能电池等。这类电池目前技术尚未成熟，效率普遍偏低，距离商业化应用还较远，因此将其划分为第四代太阳能电池。

2）按光吸收层数划分

按照光吸收层数可以将太阳能电池分为单结太阳能电池和多结太阳能电池。

单结太阳能电池采用单一的半导体材料作为光吸收层，它的制备工艺简单，成本低廉，目前市场上绝大部分太阳能电池都是单结太阳能电池。单结太阳能电池中的能量损失主要有两种形式[6]，如图 2-19 所示：①低于带隙的低能光子损失。在太阳能电池光电转换过程中，只有能量大于光吸收层禁带宽度的光子能够被吸收利用，而低于禁带宽度的光子能量不能被吸收利用。②热损失。在被吸收的光子中，超过禁带宽度的部分能量会通过热弛豫的形式损失。这两种能量损失是竞争关系，与光吸收层的禁带宽度有关。低带隙半导体可以吸收更多的光子，产生更大的短路电流，但是高能量光子的热损失很大，电池的开路电压很低。高带隙半导体吸收的光子数目相对较少，短路电流较低，但是高能量光子的热损失较小，开路电压较高。对于单结太阳能电池，光电转换效率理论极限随着带隙的增加先增加后减小，在 1.4 eV 处达到极限值，约为 33%。

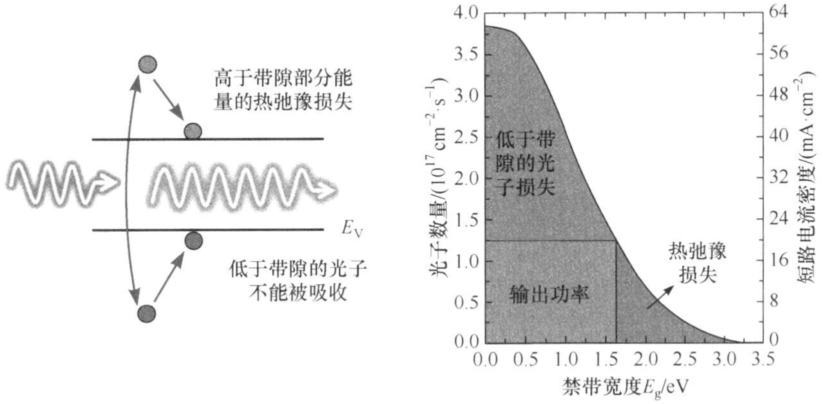

图 2-19　单结太阳能电池中两种能量损失示意图

多结太阳能电池由多个子电池和隧穿结堆叠构成，也被称为叠层太阳能电池。多结太阳能电池能够有效减少太阳能电池中的能量损失。以双结太阳能电池为例，图 2-20 给出了双结太阳能电池的结构示意图并对双结太阳能电池中的能量损失进行了分析。双结太阳能电池由高带隙的顶电池和低带隙的底电池构成。高能光子被顶部高带隙子电池吸收，有效减少了高能波段光子通过热弛豫而损失的能量。能量低于顶电池带隙的光子能够穿过顶电

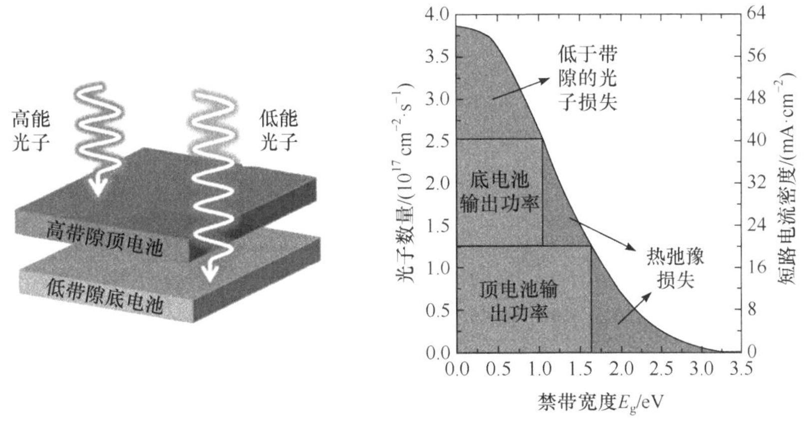

图 2-20　双结太阳能电池及其能量损失示意图

池，被底部低带隙子电池吸收利用，拓宽了整个电池对太阳光的光谱响应波段。叠层电池通过将太阳光谱中不同能量的光子进行分级吸收利用，有效降低了太阳能电池中的能量损失。叠层电池的光电转换效率极限与子电池的结数有关，电池结数越多，理论极限越高。

2. 太阳能电池关键技术研究

在太阳能电池中，光吸收层作为其最核心的材料，它的光电性质以及载流子输运特性是保障太阳能电池高效稳定运行的关键。理想的光吸收层的材料应该满足以下几个特点：①光吸收系数高。这样可以在光吸收层较薄的情况下充分吸收太阳光，降低薄膜厚度与载流子扩散长度对太阳能电池性能的影响，同时降低了材料的用量，具有低成本、轻质的优势。②合适的光学带隙。根据肖克莱-奎伊瑟极限，理想光伏材料的禁带宽度应该在 1.1～1.5 eV，接近 1.4 eV 可达到最大理论效率。③良好的载流子输运特性。长的载流子扩散长度、较高的载流子迁移率等，能够使光生载流子在复合前将它们传输至收集端，不仅能够降低光子能量的损耗，还能增加器件的电流密度。④低成本，原材料储量丰富，环境友好且稳定性良好。⑤合成简单，便于大面积、批量化规模生产。

表 2-1 列出了几种常见光伏材料的光电性能参数。到目前为止，人类还没有发现哪种材料能够同时具备以上全部优点，寻找新材料是太阳能电池重要的研究方向之一。

表 2-1　几种常见光伏材料的光电性能参数

光吸收材料	带隙/eV	跃迁类型	吸收系数/cm^{-1}	扩散长度/μm	稳定性
晶硅	1.12	间接	10^2	100～300	优异
砷化镓	1.45	直接	10^4	6～10	优异
铜铟镓硒	1.0～1.6	直接	10^3～10^4	0.3～0.9	优异
碲化镉	1.47	直接	10^3	1～20	优异
钙钛矿	1.2～2.5	直接	10^5	1～100	较差

近代的太阳能电池已经向着多元化方向发展，除了晶体硅、传统薄膜太阳能电池，还有许多结合纳米技术快速发展的新型太阳能电池。下面详细介绍几种具有代表性的太阳能电池及其关键技术研究。

1）晶硅太阳能电池及其关键技术研究

硅是半导体行业中运用最广且最重要的材料，是微电子产业和光伏行业的基础材料。硅属于Ⅳ族元素，属于金刚石型晶体结构，它既有化学稳定性良好、元素含量丰富的优点，又具有优良的半导体物理特性。晶体硅是间接带隙半导体，带隙为 1.12 eV，是制备高效低成本太阳能电池的理想材料。

历经大约 70 年的发展，晶硅太阳能电池的结构得到了全面的优化，主要包括：①光吸收优化；②表面复合优化；③串联电阻优化。

硅表面非常光滑，会反射大量的太阳光，减少了材料对光的吸收。设计有效的陷光结构和制备减反膜是提升光吸收的主要手段。在晶硅太阳能电池表面制备一层绒面可以有效减少光的反射。采用碱溶液对硅片进行各向异性腐蚀，会形成如图 2-21 所示的倒金字塔绒面结构，绒面结构使光在晶体硅中进行多次的反射和折射（图 2-22），增加了入射光在半导体材料中的光程长度，提高了硅对近红外光的吸收利用。除此以外，利用光的干涉相消原理，在晶硅表面涂上一层反射系数非常小的减反射膜，能够将反射损失减小到 5%甚至更小。通常情况下晶硅太阳能电池采用两种方式相结合可以将反射减到最小。

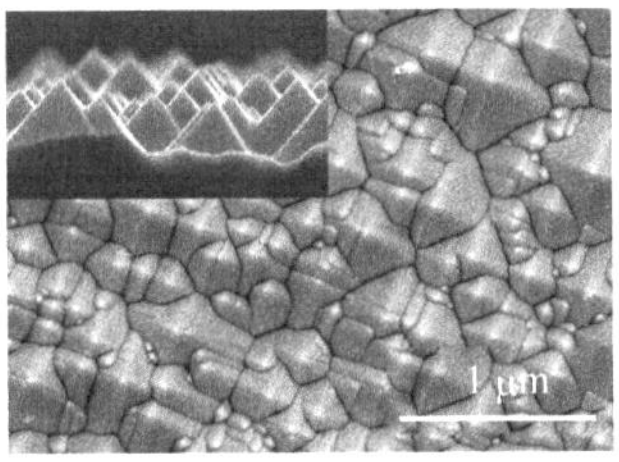

图 2-21　制绒后硅表面的微观结构

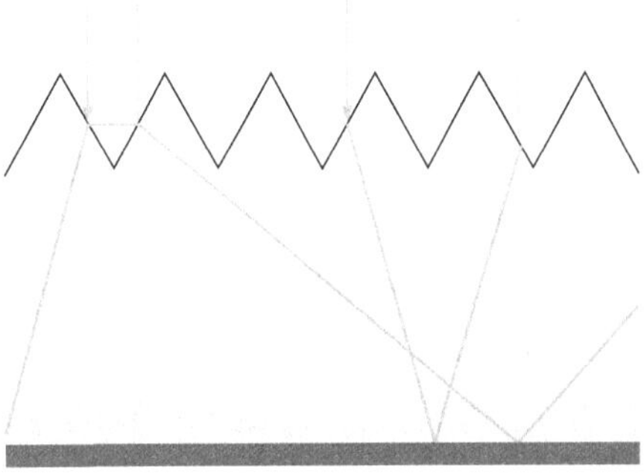

图 2-22　绒面增加光吸收示意图

载流子的非辐射复合不利于载流子的高效分离，而非辐射复合主要发生在硅太阳能电池的表面，因此需要对电池进行表面复合优化。化学钝化和场钝化是硅太阳能电池中最常见的两种方式。化学钝化主要是钝化界面的复合中心如悬挂键等，采用适当的材料与界面悬挂键进行配位，降低界面缺陷浓度。场钝化则是通过在界面积累电荷，形成屏蔽电场，降低界面的少子浓度来降低表面复合速率。在晶硅太阳能电池中，未经处理的发射极表面具有很高的表面复合速率，使光生载流子很难被收集，钝化发射极结构是优化表面复合的有效方法。钝化发射极的材料有很多，主要有氢化非晶硅（α-Si:H）、氧化铝（Al_2O_3）、氧化硅（SiO_2）薄膜等。除此以外，背表面场和背面点接触也是减少界面复合的有效手段。在 p 型基极背面，通过Ⅲ族元素重掺杂，形成 p^--p^+ 结，形成少子势垒，对电子起反射的作用，可以有效地阻止少子向背表面扩散。同时，背表面场也进一步增强了内建电场，进而增强器件的 V_{OC}。

在 2.2.1 小节中提到，降低串联电阻可以实现载流子的高效运输，增加器件的 FF 和效率。降低串联电阻的方式主要包括重掺杂和电极结构设计。增加半导体的掺杂浓度可以有效降低器件的串联电阻，但过高的杂质浓度会增加俄歇复合并降低带隙，从而降低 V_{OC}。通常情况下，在电池的电极附近区域对硅进行选择性重掺杂，不仅可以增加器件的短路电流，还能有效降低串联电阻。此外，设计特定的电极结构也能降低串联电阻。激光刻槽掩埋栅极结构如图 2-23 所示，它增加了半导体和金属电极的接触面积，在保持接触横截面积的同时减小了前表面电极对阳光的遮挡，有利于光吸收，改善载流子收集的同时降低了串联电阻。

结合上述几种关键技术，涌现出不同结构的高效晶硅太阳能电池[7]，主要有铝背场（back surface field，BSF）电池、钝化发射极及背表面电池（passivated emitter and rear cell，PERC）、隧穿氧化钝化电池（tunnel oxide passivated cell，TOPCon）、本征薄膜异质结（heterojunction with intrinsic thin-layer，HIT）电池、全背电极接触（interdigitated back contact，IBC）电池。

BSF 硅太阳能电池：多年来，晶硅光伏的产业化一直依赖于以 p 型硅为主体的 BSF 太阳能电池，其制备工艺简单，效率较高（超过 20%），市场份额占比较大。BSF 电池结构如

图 2-23 所示[8]，在电池的背面镀 Al 后烧结，Al 经过热扩散形成一个 p^+层，从而在背面形成一个内建电场，即铝背场。该电场的存在极大地提高了载流子的分离，同时有效阻止了少子向背面扩散，提高了器件中少子的寿命，进而提升器件的效率。虽然这种设计简单且经济，但背表面金属电极与晶硅的接触界面存在很高的复合损耗，限制了其效率的进一步提升。

PERC 硅太阳能电池：为了进一步提升器件效率，新南威尔士大学（University of New South Wales，UNSW）于 1989 年开发了 PERC 电池，整体器件结构如图 2-24 所示[9]。PERC 电池前表面采用绒面结构，通过轻掺杂制备 n 型发射极，然后沉积一层氧化物钝化层，最后制备金属栅电极。在背表面采用点接触的方式，并制备一层氧化物对后表面进行钝化。前后表面的有效钝化减少了载流子的表面复合，器件效率达到 22.8%。PERC 电池结构相对简单，与现有生产线的兼容性良好，仅需在常规电池生产线的基础上增加背膜沉积及背膜开孔设备，因此受到传统电池厂家的普遍青睐得以快速推广。在 PERC 电池被正式应用于大规模生产的短短几年中，商业化尺寸 PERC 电池的量产效率持续保持攀升态势，目前业界主流厂商的单晶 PERC 电池量产效率普遍达到 21%～21.5%，而多晶 PERC 电池也可超过 20.5%。2021 年 6 月，隆基股份旗下 PERC 电池认证效率高达 24.0%[10]，显示出巨大的市场竞争力。

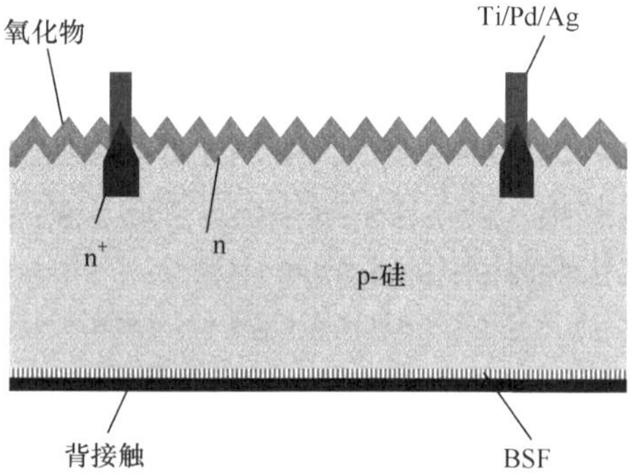

图 2-23　BSF 电池结构示意图

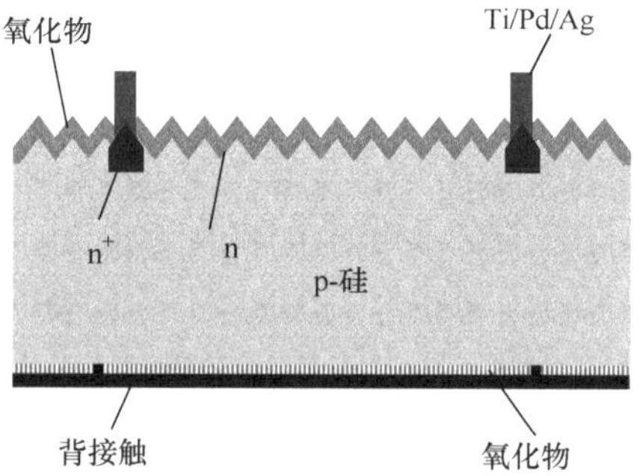

图 2-24　PERC 电池结构示意图[9]

PERL（passivated emitter and rear locally-diffused）和 PERT（passivated emitter and rear totally-diffused）硅太阳能电池：PERC 结构中硅基底直接与金属电极接触，没有得到有效的钝化，导致电极附近区域复合较大。因此，在 PERC 结构的基础上，通过 BBr_3 液态源对背接触进行局部扩散，在背接触附近区域形成重掺杂 p^+区，通过场钝化效应来抑制背接触界面的复合。这种结构被称为钝化发射极及背部局部扩散结构，如图 2-25 所示。该类型器件复合损耗极低，认证效率高达 24.7%，其 V_{OC} 为 706 mV、J_{SC} 为 42.2 mA · cm^{-2}，FF 为 82.8%[11]。PERL 电池点接触结构导致背接触处较高的局部电流密度，部分载流子需要经过长途的运输才能到达背接触电极，串联电阻增加，最终导致 FF 降低。鉴于此，UNSW 推出了钝化发射极及全背场扩散（PERT）结构，如图 2-25 所示[12]。PERT 结构保留了 PERL 的所有结构，并在背表面增加了一层硼掺杂的 p^+型层。p^+型层为载流子提供了一层低电阻的电荷传输路径，光生空穴垂直传输到 p^+型层后经 p^+型层横向运输到背接触，将电阻损耗降低到最小，因此 PERT 电池的 FF 得到改善，效率达到 24.5%，FF 高达 83.5%。作为高效电池的一个典型代表，PERC 系列电池改善了电池背面的钝化性能，引入了背钝化及开槽接触，目前电池的转换效率可达 25.0%[10]。PERC 太阳能电池已经进入产业化阶段，但是复杂的激光开槽工艺在很大程度上限制了器件的规模化生产。

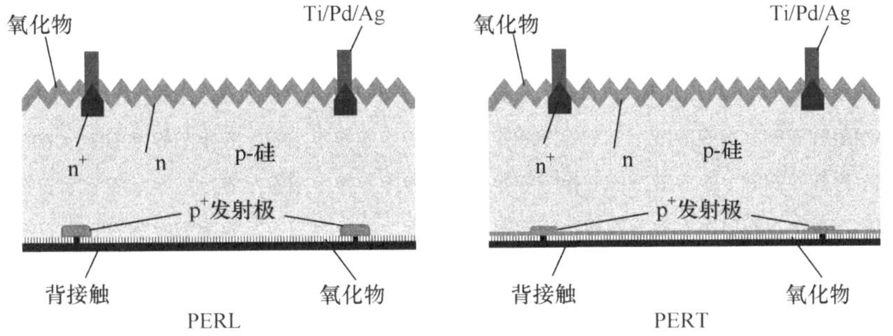

图 2-25　PERL 和 PERT 电池结构示意图

HIT 硅太阳能电池：带有本征非晶硅薄膜的 HIT 太阳能电池是目前另一种高效率的太阳能电池器件，它通过引入本征氢化非晶硅薄膜来提升单晶硅的表面钝化质量，使表面复合电流大幅度减小。HIT 太阳能电池结构如图 2-26 所示[13]，由日本三洋公司于 1997 年推出。HIT 电池结构与通过扩散掺杂形成 pn 结的电池不同，它主要由 n 型单晶硅和非晶硅两种材料构成。以 n 型单晶硅为主体，在上下表面沉积本征/氢化非晶硅薄膜，再分别沉积 p 型掺杂非晶硅层和 n 型掺杂非晶硅层，然后沉积透明导电氧化物，最后印刷金属电极。HIT 电池通过晶硅主体材料和两边掺杂的非晶硅材料构建 pn 结来实现电荷的有效分离。与传统同质结太阳能电池相比，HIT 电池无须高温制备，可降低生产能耗；同时非晶硅是一种高带隙材料，与晶体硅之间存在导价带差，更有利于载流子分离；此外，HIT 电池采用两面制绒，提高了对红外光的吸收。HIT 电池具有高效率、低温制备的优势，目前最高效率已达 25.26%，由隆基绿能科技股份有限公司（简称隆基绿能）保持。HIT 电池制备工艺比传统晶硅电池复杂，但比 PERC 电池具有更好的钝化效果，且制备过程中对温度要求更低，生产能耗更小，所以 HIT 太阳能电池是目前研究的热点。日本 Kaneka 公司结合 HIT 技术和 IBC 设计，得益于良好的钝化效果和无遮挡损失，实现了晶硅太阳能电池的最高效率 26.7%，其 V_{OC} 为 738 mV、I_{SC} 为 42.65 mA · cm^{-2}，FF 为 84.9%[14]。

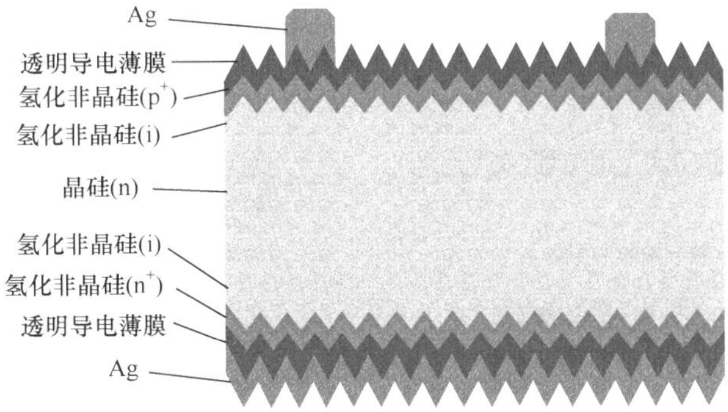

图 2-26　HIT 电池结构示意图

TOPCon 硅太阳能电池：TOPCon 电池首次由德国弗劳恩霍夫研究中心提出，能够有效提升对硅电池背表面的钝化。TOPCon 技术采用一层极薄的 SiO_2/掺杂非晶硅叠层结构，通过高温退火结晶，然后在表面制备金属电极，TOPCon 结构如图 2-27 所示。非晶硅结晶掺杂后与氧化硅共同作用于背表面，对少子有很好的钝化作用，而多子可以通过隧穿效应穿过钝化层被背接触电极收集，整个背接触无须开孔，大幅降低了半导体-金属接触界面的复合电流，是提升 V_{OC} 的有效途径。2013 年，弗劳恩霍夫研究中心首次报道了 n 型衬底 TOPCon 电池，其 V_{OC} 为 703 mV、效率为 23.7%。随后，该研究中心通过金属接触面积优化、硅片厚度与电阻率优化等策略实现了 25.7%的效率[15]，电池有效面积为 4.008 cm^2，一直保持着 TOPCon 电池的世界纪录。此外，荷兰能源研究中心、澳大利亚国立大学、新加坡国立大学、隆基绿能、英利集团有限公司等都在相关领域开展了深入的研究工作。2021 年 6 月，隆基绿能在大面积 TOPCon 电池组件上取得了突破，在 n 型衬底上实现了 25.21%的认证效率，有效面积为 242.97 cm^2，同时也实现了 p 型 TOPCon 电池 25.02%的纪录效率。目前，隆基新一代电池技术量产效率已突破 25.3%。

IBC 硅太阳能电池：IBC 硅太阳能电池将所有电极都设计在电池背面，前表面没有任何电极遮挡，进一步对电池的光吸收进行了优化，完全消除了器件正面金属栅电极的遮挡损失。通常前表面采用 SiN_x/SiO_x 双层薄膜，不仅具有减反效果，而且对绒面硅表面有很好的钝化效果，同时可以在背面采用更宽的金属电极，有效减小了串联电阻。IBC 器件结构如图 2-28 所示[16]，对于该型电池，由于 pn 结靠近背表面，光生载流子必须穿过晶硅衬底才能被分离和收集，对载流子的寿命和扩散长度要求较高。其技术的核心是在背表面制备交织排布的 p^+和 n^+区，然后印刷金属电极，整个工艺对电池背后的图案和栅线设计要求非常高。IBC 电池于 1975 年提出，一直位于创纪录效率晶硅电池名单的首位。目前，IBC 器件的最高效率已达 26.1%[17]，是效率最高的晶硅太阳能电池之一。这种前面无遮挡的太阳能电池不仅转换效率高，而且具有外形美观等优势，适合应用于光伏建筑一体化，具有极大的商业化前景。目前 IBC 电池是商品化晶体硅电池中工艺最复杂、结构设计难度最大的电池，标志着晶体硅研发制造的最高水平。

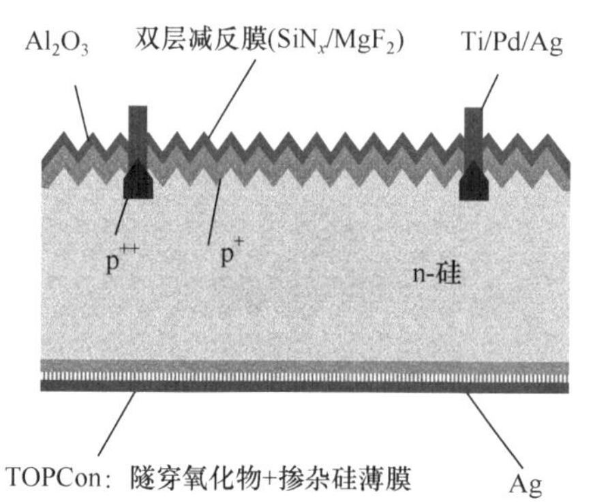

图 2-27 TOPCon 电池结构示意图

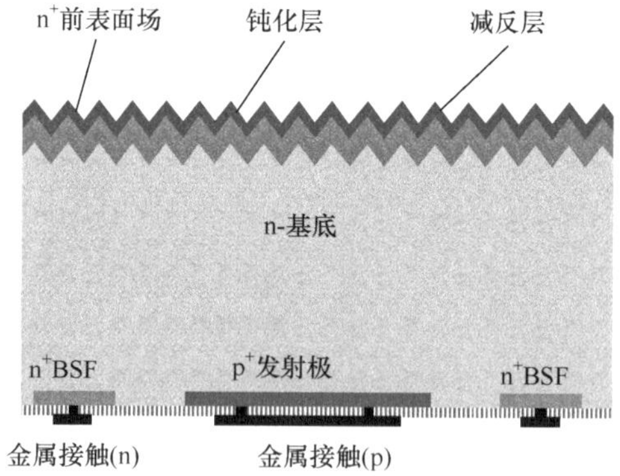

图 2-28 IBC 电池结构示意图

2）GaAs 太阳能电池及其关键技术研究

GaAs 是一种Ⅲ-Ⅴ主族化合物半导体材料，与晶硅材料相比，它拥有更加优异的光电性能[18]。①适合的光学带隙：GaAs 带隙宽度为 1.43 eV，非常接近单结太阳能电池的理想带隙，理论转换效率为 31%。②直接带隙：GaAs 是一种直接带隙半导体材料，在可见光波段内，GaAs 的光吸收系数是 Si 的 10 倍，因此可以制成薄膜太阳能电池，大幅降低了器件的质量。③较小的温度系数：GaAs 太阳能电池拥有更小的最大功率温度系数，高温条件下性能优于晶硅太阳能电池。

鉴于上述的一些优势，GaAs 太阳能电池光电转换效率也比硅太阳能电池更高，其单结认证效率高达 29.1%，是单结太阳能电池的最高值。GaAs 材料的扩散长度较长，约为几微米，不管是 p 型还是 n 型都远高于吸收长度 $1/\alpha$，因此 GaAs 太阳能电池既可以设计为 pn 结，也可以设计为 np 结。GaAs 的掺杂特性与硅不同，通常采用Ⅳ族元素替代Ⅲ族或者Ⅴ族原子形成 n 型层或者 p 型层。Si 是最常见的 n 型掺杂剂，C 则是 p 型掺杂剂。传统单结 GaAs 太阳能电池结构如图 2-29 所示，从下到上依次为背接触、n 型衬底、n 型缓冲层、n 型基极、p 型发射极、p 型窗口层、减反膜和前接触。

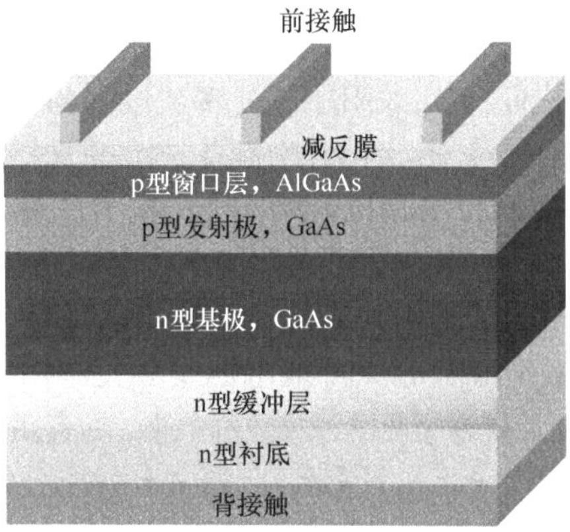

图 2-29　GaAs 太阳能电池基本结构

GaAs 材料的自身特性决定了太阳能电池的结构设计。由于自身较高的吸收系数，GaAs 对长波段和短波段的光吸收都较好，在发射区和空间电荷区中的光生载流子较多，因此前表面的表面复合和陷阱复合比背表面复合和体内复合更重要，整个器件的优化也主要集中在前表面复合。减少前表面复合的方式主要有：①前表面场钝化。利用场钝化效应，在表面制备一层重掺杂层薄膜，形成前表面场，阻止少子向前表面扩散，这与硅太阳能电池中的背表面场功能类似。②引入窗口层。在前表面引入高带隙的窗口层，通过在导带处形成一定的势垒阻挡少子向表面运动，也是减少前表面复合的有效手段，如图 2-30 所示，与前表面场工作原理类似。窗口层材料需要满足一定的要求，如对太阳光透明、带隙高于 GaAs、与 GaAs 晶格较为匹配。GaAs 太阳能电池中常见的窗口层材料有 $Al_xGa_{1-x}As$ 和 $In_xGa_{1-x}P$。③梯度层结构。由窗口层发展而来的梯度层具有更好的效果。窗口层异质结构会在界面引入缺陷，可能进一步加剧缺陷复合，一个折中的办法是将高-低带隙的界面从 pn 结移动到电中性 p 型区，因此出现了梯度结构。梯度层通过调节 $Al_xGa_{1-x}As$ 中 Al 的组分，在 p 型层形成成分梯度，进而产生带隙梯度，见图 2-30。梯度带隙形成的电场不仅可以有效地改善少数载流子的收集，还能起到窗口层的作用。

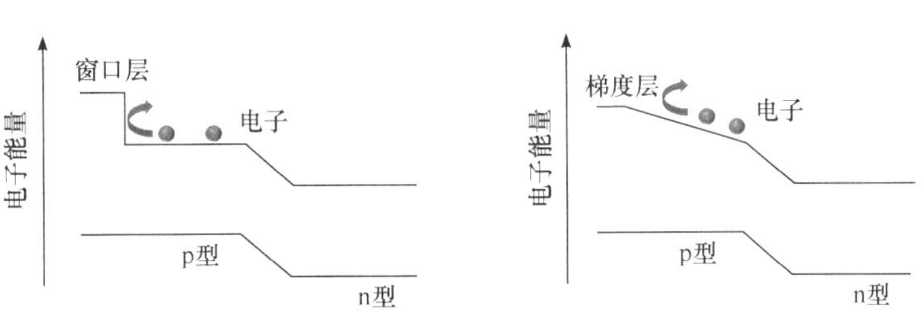

图 2-30　窗口层和梯度层的能带结构

GaAs 太阳能电池的整体成本远高于晶硅太阳能电池，很难实现大规模商用，但其具有高效率、轻质量、高温性能好、抗高能粒子辐照等优点，在聚光太阳能电池和外太空飞行器上得到了广泛的应用。随着空天飞行器和聚光光伏电站的快速发展，对太阳能电池板提出了新的要求，要求更高的光电转换效率、更高的质量比功率等。因此，以 GaAs 为主要材料的Ⅲ-Ⅴ族太阳能电池多被设计为多结太阳能电池以获得更高的光电转换效率。近年来，随着Ⅲ-Ⅴ主族化合物制备技术的日益完善，Ⅲ-Ⅴ族多元化合物半导体材料（GaAs、GaInP、AlGaInP、GaInAs 等）生长技术取得了重大进展，它们拥有不同的带隙，且晶格常数匹配度高，为多结叠层太阳能电池研制提供了多种可供选择的材料。到目前为止，以 GaAs 为主要材料的三结太阳能电池最高认证效率为 37.9%，远超过单结太阳能电池。

3）CIGS 太阳能电池及其关键技术研究

CIGS 是四元化合物材料，具有黄铜矿晶体结构，属于直接带隙半导体，光吸收系数高达 $10^4\ cm^{-1}$，只需要 1～2 μm 就能吸收 90%以上的太阳光，是制备薄膜太阳能电池的理想材料。$CuIn_xGa_{1-x}Se_2$ 的带隙在 1.0～1.7 eV 之间连续可调，由 In 元素的含量 x 决定。当 $x = 1$ 时，$CuInSe_2$ 的带隙 $E_g = 1.0$ eV；当 $x = 0$ 时，$CuGaSe_2$ 的带隙 $E_g = 1.7$ eV，利用这个特点，可以制备最佳带隙的薄膜太阳能电池。此外，CIGS 薄膜太阳能电池没有光致衰退效应，稳定性好，工作寿命长。

CIGS 是一种多晶半导体材料，由多个随机取向的细小的晶粒构成，晶粒尺寸约为 1 μm。多晶半导体的宏观性质如吸收系数、能带结构与单晶材料类似，但多晶半导体材料中的载流子的复合、分离和运输特性受晶界影响。晶界是晶格位错、间隙原子、空位和非本征杂质等缺陷的聚集地，会在能带中引入缺陷态。这些缺陷态会俘获载流子，成为复合中心，同时形成势垒，改变能带结构。因此，在多晶半导体材料中，晶粒的排列方向对电流的传输显得尤为重要。如图 2-31 所示，当电流穿过随机取向的多晶薄膜材料时，需要穿越多个晶界，而穿过特定取向的多晶薄膜材料时，甚至可以不用流经晶界，极大地减少了载流子的复合。多晶 CIGS 的晶粒尺寸可达几微米，晶粒呈柱状结构，在 CIGS 太阳能电池中，通过控制柱状晶粒的生长方向，让晶界的生长方向与光生电流方向平行，可以降低晶界对载流子输运的影响。

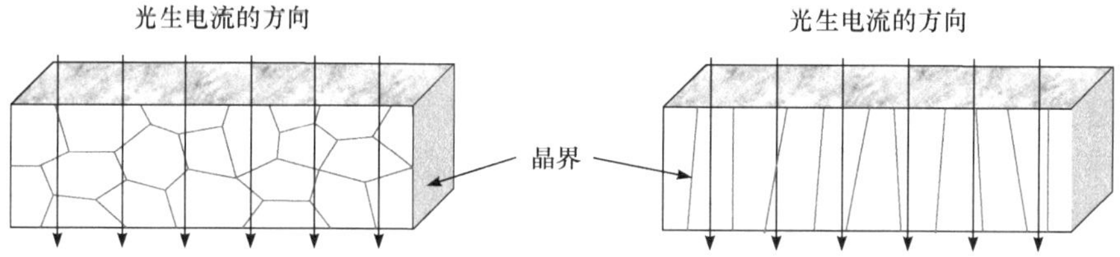

图 2-31 多晶材料中的晶粒取向对光生电流传输的影响

CIGS 中的本征缺陷主要是 In 原子空位、Cu 替换 In 原子后的替位杂质，两者都具有吸电子特性，使整个半导体呈现出 p 性，并具有一定的电导率。在薄膜的生长过程中，通过控制 Cu 原子核 In 原子的比例，可以改变本征缺陷和电导率。早期的 CIGS 太阳能电池采用 pn 同质结构，转换效率仅为 3%～4%。将 CIGS 太阳能电池设计为异质结构具有更好的性能。CIGS 异质结太阳能电池器件结构如图 2-32 所示，首先在玻璃衬底上沉积一层 Mo，随后通过气相共沉积或者溅射法制备 p 型 CIGS 光吸收层，然后制备高掺杂的 CdS 作为发射极，最后沉积透明导电薄膜（如 ZnO）和减反膜。CdS 的作用主要有两个：①CdS 带隙为 2.5 eV，作为窗口层，有效减少了短波长光生载流子的表面复合；②重掺杂的 CdS 具有更高的电导率，减小了整个器件的串联电阻。

CIGS 太阳能电池于 1974 年起源于美国贝尔实验室，采用 $CuInSe_2$ 作为光吸收层，光电转换效率只有个位数。随后，波音公司采用三元共蒸法制备 $CuInSe_2$ 多晶薄膜，实现了超过 10%的转换效率。自 1994 年起，美国国家可再生能源实验室（NERL）一直保持着 CIGS 太阳能电池的实验室纪录效率，直到 2010 年，被德国太阳能和氢能研究中心反超，认证效率为 20.3%。截至 2021 年 8 月，CIGS 太阳能电池的认证记录效率为 23.4%，由日本 Solar Frontier 公司创造。

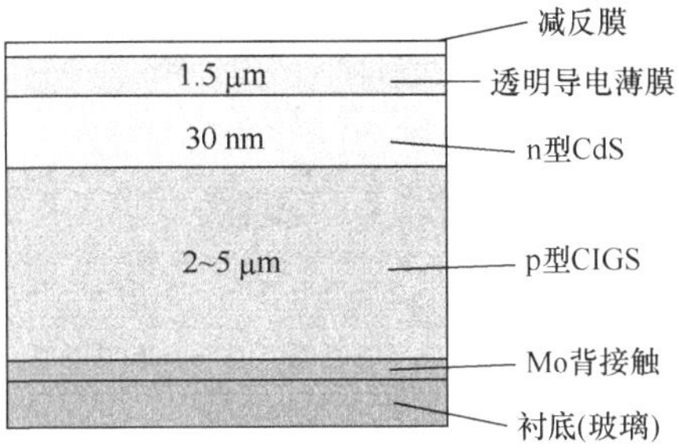

图 2-32　CIGS 异质结太阳能电池器件结构

虽然 CIGS 太阳能电池已经取得了一定的成果，但也存在一些需要解决的问题：①异质结界面复合和晶界复合严重。CdS 的铅锌矿结构和 CIGS 黄铜矿晶体结构不匹配，两者形成的结面存在大量的缺陷，此外，CIGS 光吸收层内部存在大量的晶界，导致整个器件内部严重的载流子复合。②背表面光生载流子收集不理想，长波光谱响应一般。③异质结由两种化学成分不同的材料构成，会在界面发生化学反应，不利于器件的长期稳定性。④大面积制备的 CIGS 太阳能电池仍然存在短波长响应不佳的问题。⑤材料面临来源短缺的问题。铟和硒属于稀有元素，因此 CIGS 电池的大规模应用发展可能会受到限制。

4）CdTe 太阳能电池及其关键技术研究

CdTe 属于Ⅱ-Ⅵ族化合物，为直接带隙材料，不仅吸收系数高，还具有合适的光学带隙（1.47 eV），是一种理想的光伏材料。在可见光区，只需要 1 μm 厚度吸光材料就可以吸收 99%以上的可见光，厚度只有单晶硅的 1%，不仅可以制备成具有一定柔韧性的薄膜太阳能电池，而且光吸收层材料用量少，成本显著降低。CdTe 是一种二元化合物，Cd—Te 化学键键能高达 5.7 eV，熔点为 321℃，在工作环境下稳定安全。此外，CdTe 太阳能电池温度系数小，弱光发电好，与相同标准功率的晶硅太阳能电池相比，在相同光照条件下，平均每年可以多产生 5%～10%的电能。鉴于上述一系列优点，CdTe 材料受到光伏市场的广泛关注，在薄膜太阳能电池中，产量最多，应用最广。

CdTe 薄膜太阳能电池可采用同质结或异质结多种结构，但由于 CdTe 存在自补偿效应，制备高电导率浅同质结很困难，因此 CdTe 电池实际都是异质结构。目前国际上通用的结构为 n-CdS/p-CdTe 异质结构，CdS 的结构与 CdTe 相似，两者之间晶格失配和能带失配较小，采用 CdS 作为窗口层可以获得性能优异的太阳能电池。CdTe 薄膜太阳能电池通常设计为图 2-33 所示结构。与 CIGS 电池结构类似，以 n 型 CdS 发射极作为窗口层，以改善电池对短波长的光谱响应。

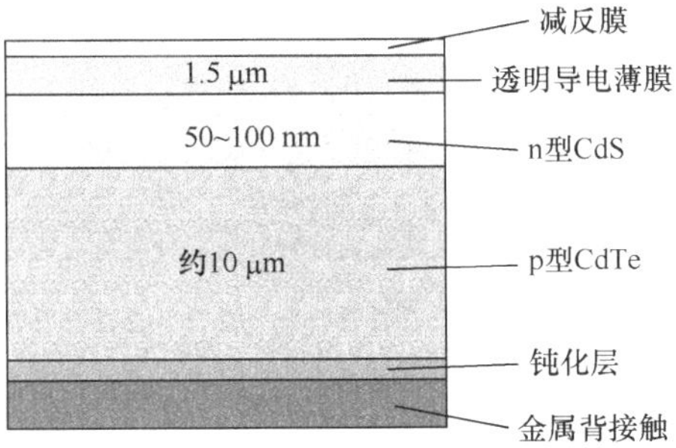

图 2-33　CdTe 异质结太阳能电池器件结构示意图

CdTe 太阳能电池的研究始于 1963 年，第一块 CdTe 电池采用 p 型 CuTe 作为发射极，两种材料匹配较差，效率只有 7%。随后，Adirovich 研发出一种在玻璃基底上沉积 CdS、CdTe 薄膜的方法，该结构一直被沿用至今。CdS 与 CdTe 形成的异质结匹配度更高，制备的器件性能也更好。目前，性能最好的 CdTe 太阳能电池实验室认证效率为 23.3%，仅次于 CIGS 薄膜太阳能电池。

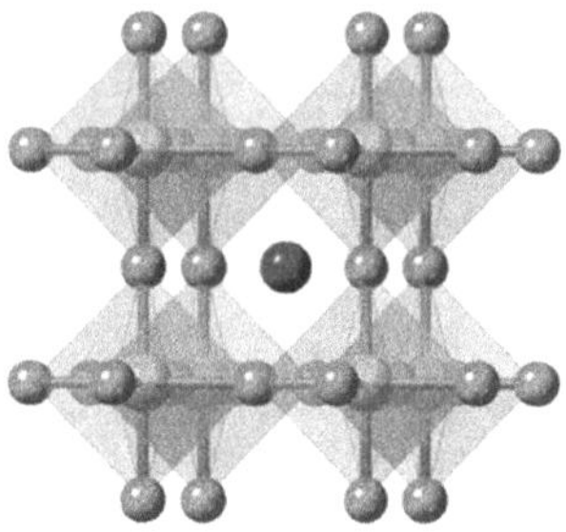

图 2-34 钙钛矿材料的晶体结构

5）钙钛矿太阳能电池及其关键技术研究

金属有机卤化物钙钛矿是近几年新兴的一种光伏材料，它具有钙钛矿结构，属于立方形离子晶体，其化学通式为 ABX_3，如图 2-34 所示。其中，A 位的代表性离子有甲胺（$CH_3NH_3^+$，MA^+）、甲脒[$HC(NH_2)_2^+$，FA^+]和铯离子（Cs^+）；B 主要由铅（Pb^{2+}）、锡（Sn^{2+}）等二价金属阳离子组成；X 则是卤素或者它们的混合物[19]。整个钙钛矿晶体以共点的 BX_6 八面体结构为骨架，在八面体间隙穿插半径适当的 A 位阳离子来支撑晶格，最终形成钙钛矿结构。钙钛矿材料的光电性质与八面体的堆叠方式密切相关，而八面体的排列方式依赖于钙钛矿材料的组成。

钙钛矿材料拥有如下几个优点。①吸收系数高。有机金属卤化物钙钛矿材料吸收系数高达 10^5 cm^{-1}，比晶硅材料高三个数量级，只需要几百纳米厚度的材料就能充分吸收高于带隙的光子。②带隙在 1.2～2.5 eV 连续可调。根据细致平衡理论极限，带隙对光伏器件的效率尤为关键，钙钛矿不仅适用于单结高效光伏器件，还可以通过精细调控材料带隙来制备不同的叠层电池。③激子束缚能低。激子束缚能决定了光生电子-空穴对分离的难易程度，钙钛矿中的激子束缚能从几毫伏到几十毫伏不等，光生电子-空穴对在室温下极易发生分离，形成自由电子和空穴，有利于载流子的分离。④双极性运输特性。钙钛矿材料中电子迁移率和空穴迁移率差别不大，分别为 7.5 $cm^2\cdot V^{-1}\cdot s^{-1}$ 和 1.25～66 $cm^2\cdot V^{-1}\cdot s^{-1}$，具有良好的载流子运输能力。⑤良好的缺陷容忍能力。在钙钛矿材料的缺陷中，绝大部分都属于浅能级缺陷，对光伏性能影响很小，因此钙钛矿材料对纯度要求不高，成本相对较低。

钙钛矿光伏器件结构可大致分为介孔结构、平板结构和反式结构三种，如图 2-35 所示。介孔结构发展较早，得名于器件中的介孔电子传输层材料，如氧化钛、氧化锌等。介孔结构有利于钙钛矿均匀成膜，同时参与器件中载流子的运输过程。平板结构相对较为简单，通常采用致密的氧化钛或者氧化锡作为电子传输层。由于没有介孔材料，钙钛矿的制备工艺有多种选择，平板结构在钙钛矿太阳能电池领域得到了广泛的运用。反式结构类似于平板结构，它们之间的差别在于空穴和电子传输层位置相反。反式结构通常采用热稳定性更好的空穴传输层材料如 NiO_x，整个器件可以实现低温制备，在叠层太阳能电池和柔性器件方面备受青睐。

(a) 介孔结构 (b) 平板结构 (c) 反式结构

图 2-35 钙钛矿太阳能电池的三种经典结构

得益于钙钛矿材料出色的光电性能，钙钛矿太阳能电池的效率在短短11年的时间内飙升至25.7%，这是历史上绝无仅有的。2009年，Miyasaka等开创性地将$CH_3NH_3PbI_3$（$MAPbI_3$）和$CH_3NH_3PbBr_3$（$MAPbBr_3$）当作敏化剂引入染料敏化电池中，分别实现了3.13%和3.81%的效率[20]。自此以后，研究者们通过传输层优化[21]、溶剂工程[22]、添加剂工程等[23-24]策略将$FAPbI_3$的效率提升到24.4%。截至目前，钙钛矿太阳能电池的认证效率为25.7%，已经远超铜铟镓硒和碲化镉，几乎可以媲美硅异质结太阳能电池（26.7%），且钙钛矿的成本也远低于已经大规模商业化的硅电池，小于后者的1/2[25]，见图2-36，显示出巨大的商用潜力。

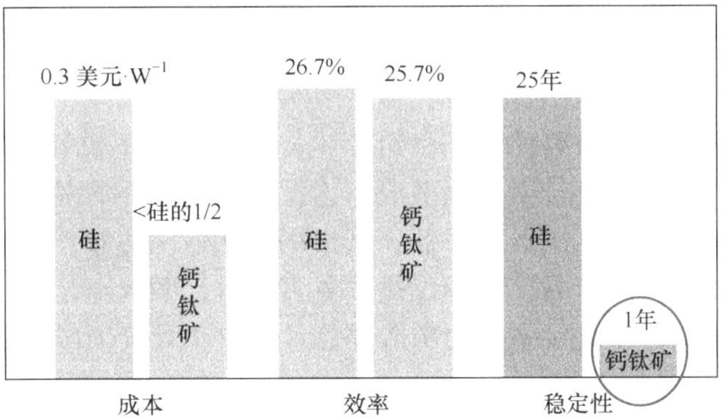

图2-36 钙钛矿和硅太阳能电池的性能比较

钙钛矿材料的商业化也面临一些问题，无毒化、大面积制备、稳定性是钙钛矿太阳能电池领域亟待解决的问题。

（1）钙钛矿材料中含有有毒重金属铅，进入人体血液后很难排出体外，会影响各个器官的机能。因此，如何实现钙钛矿的无毒化是将来需要进一步解决的问题。根据目前的研究，主要有两种方式：物理降铅和化学降铅。物理手段主要通过封装来减少材料在使用过程中的铅泄漏，降低铅对环境的污染。化学方法则是采用锡、锗同族元素或者一价金属和三价金属元素组合来替换铅元素，进而衍生出锡基、锗基、双钙钛矿太阳能电池。将物理和化学两种降铅的方法相结合是未来的发展趋势。

（2）钙钛矿太阳能电池还处于实验室阶段，要达到商业化应用必须实现薄膜的大面积制备。目前，钙钛矿薄膜的制备工艺主要有溶液旋涂法和气相沉积。在旋涂薄膜过程中，薄膜的厚度与旋涂的线速度有关，采用旋涂法制备大面积钙钛矿薄膜不具有可行性，而且旋涂工艺对原材料的利用率不高，导致前驱体溶液大量浪费，不利于低成本制造。借鉴第二代薄膜太阳能电池制备工艺，气相沉积是实现钙钛矿薄膜大面积制备的不错选择。但是基于气相沉积法的器件效率远低于溶液法，且高真空沉积环境需要消耗大量的电能，使钙钛矿失去了低成本的优势。因此，人们引入了其他领域大面积制备工艺如刮涂、喷涂、狭缝涂布来实现钙钛矿薄膜的大面积制备并取得了不错的成果。极电光能在2020年12月21日获得了大面积钙钛矿模组19.41%的认证效率（模组面积高达60.8 cm^2）。进一步优化钙钛矿薄膜的制备工艺势在必行，也是其产业化的必经之路。

（3）钙钛矿材料本身的稳定性问题是其商业化的关键。在广泛研究的钙钛矿材料中，$FAPbI_3$的带隙最接近理想带隙，高效率的钙钛矿电池中的光吸收层都是以FA^+阳离子为主，并辅以MA^+和Cs^+离子来稳定钙钛矿相结构。但是有机-无机杂化钙钛矿稳定性差，有机阳离子易挥发，容易与空气中的水、氧作用发生离子缺失、相转变、相分离进而导致器件效率快速衰减。此外，这类钙钛矿材料的分解焓很低，太阳能电池工作环境下的光和热会加快有机离子的分解和挥发，进而导致光吸收层的快速衰减。

2.2.3 太阳能电池的制造工艺

目前硅太阳能电池占据了 90%以上的市场份额，具有最成熟的制造工艺，本小节以硅太阳能电池为例，介绍太阳能电池的制造工艺。从原材料制成晶硅再到太阳能电池组件，需要经过一系列复杂的工艺流程。主要包括硅材料的制备和太阳能电池的制备两个部分。

1. 硅材料的制备

硅材料是光伏产业中最重要的基础材料，主要包括多晶硅和单晶硅。在市场的光伏产品中，多晶硅太阳能电池因其较低的制造成本占据主导地位，单晶硅太阳能电池效率高，占有一定的市场份额，随着其成本的降低，其市场份额也在逐年增长。多晶硅材料是硅产业链中一个极为重要的中间产品，它不仅是制备多晶硅太阳能电池的原材料，还是制备高纯度单晶硅的主要原料，因此多晶硅的制造是信息产业和光伏领域极为重要的一环。

1）多晶硅材料的制造

根据纯度的不同，多晶硅可分为冶金级（工业硅）、太阳能电池级（99.9999%）和电子级（99.999999999%）。在 21 世纪初，光伏产业规模较小，所采用的多晶硅主要来源于电子级硅的次品以及单晶硅的头尾、锅底料等。随着光伏产业的迅猛发展，对硅材料的需求迅速增加，在 2008 年，太阳能电池级硅材料的需求超过了电子级。随着近年来太阳能电池需求的不断增加，多晶硅材料出现严重的短缺，导致其价格不断上涨，限制了整个半导体行业的发展，引起了业内外人士的广泛关注。各大企业争相扩大产能，不断开发新技术和新工艺以实现低成本、低能耗的多晶硅材料制备。其中，三氯氢硅法、硅烷（SiH_4）热分解法和流化床反应炉法三种技术比较成熟，广泛应用于太阳能电池级和电子级多晶硅的生产。

（1）三氯氢硅法。三氯氢硅法又称西门子法，是将待提纯的硅与氯化氢通过化学反应生成气态的硅化物，然后蒸馏提纯，最后通过高温分解得到高纯度多晶硅。经过多年技术迭代更新，改良西门子法能耗低、成本低、质量好，采用综合利用技术，不对环境造成污染，具有明显的竞争优势，是国内外企业常用的多晶硅制备方法。改良西门子法主要工序如图 2-37 所示。

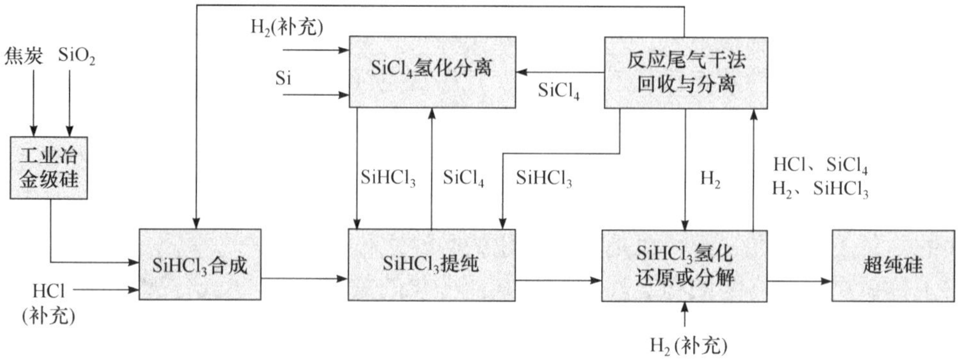

图 2-37 改良西门子法工艺流程图

（2）硅烷热分解法。采用 $SiCl_4$ 氢化法、硅的直接氢化法、硅合金分解法和氢化物还原法等合成硅烷，然后将硅烷气体提纯后在高温热分解炉中生成纯度较高的棒状多晶硅。

（3）流化床反应炉法。流化床反应炉法是由美国联合碳化物公司研发的多晶硅制备工艺，该方法以 $SiCl_4$、H_2、HCl 和工业硅为原料，在高温高压流化床内生成 $SiHCl_3$，再将 $SiHCl_3$ 逐渐氢化生成硅烷气。然后将硅烷气体通入加有小颗粒硅粉的流化床反应炉内进行热分解反应，生成颗粒状多晶硅产品。该方法生产效率高、能耗低、成本低，所得的多晶硅基本可以达到太阳能电池级纯度，适合大规模生产廉价太阳能电池级多晶硅材料。

采用上述方法制备的多晶硅材料因未掺杂、形状不规则等原因，不能直接用来制造太阳能电池，还需经过一系列工艺将其浇筑成多晶硅锭才能满足使用要求。

2）单晶硅材料的制造

直拉单晶法和区熔法是制备单晶硅的主要方法。

（1）直拉单晶法由波兰科学家于 1918 年发明，又称为 CZ 法。该方法在直拉单晶炉内进行，在装有熔融硅的石英坩埚内引入籽晶作为晶核，通过控制热场，将籽晶核缓慢旋转并向上提拉，单晶便沿着籽晶的方向不断长大。整个过程需要在保护气中进行，籽晶采用化学刻蚀法制备而成，它是晶硅的复制样本，决定单晶硅棒的生长方向，必是严格定向的。直拉单晶法的关键在于单晶的生长过程，其示意图如图 2-38 所示，它可以分为化料、引晶、缩颈、放肩、等径生长、收尾等步骤。

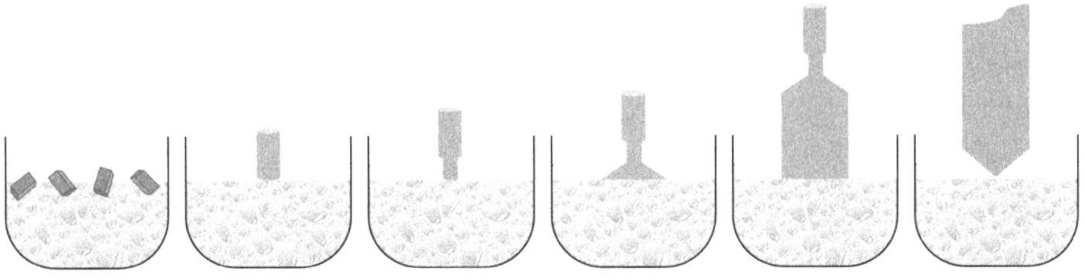

图 2-38　直拉单晶生长示意图

（2）区熔法又称 FZ 法，其晶体生长过程与直拉单晶法基本相同，但制备工艺有很大不同。区熔法采用高频线圈环绕多晶硅棒，高频线圈通电后使硅棒内产生涡流而发热，使硅棒局部熔化产生浮区，缓慢移动线圈并旋转硅棒，使熔化后的硅重新结晶为单晶硅棒。利用硅中杂质分凝的现象，达到提高单晶硅纯度的目的。区熔生长技术的样品熔化部分是完全由固体部分支撑的，不需要坩埚，而且区熔法可以通过反复移动高频线圈，对晶硅进行多次提纯，可以获得纯度极高的单晶硅棒，常用于电子级单晶硅的制备。

2. 太阳能电池的制备

从单晶硅或多晶硅锭到太阳能电池的工艺流程主要包括切片、表面处理、表面制绒、扩散制结、刻蚀去边、去磷硅玻璃、制备减反膜、制作电极、性能测试及封装等，具体流程如图 2-39 所示。

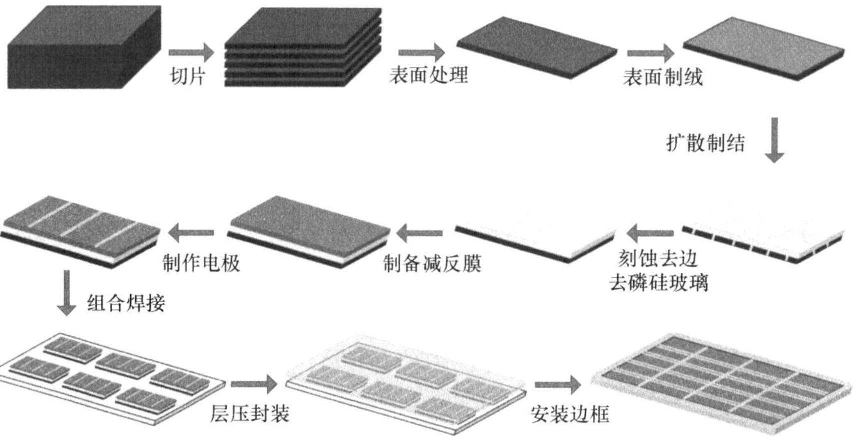

图 2-39 太阳能电池制备流程图

1）切片

将制备好的多晶硅锭或者单晶硅棒用切割机切割成厚度为 150～300 μm 的硅片。为了增大太阳能电池组件的有效面积，子电池一般设计为方形。单晶硅棒切片后还需要进一步切去四边，为了提高硅片的利用率，一般会保留一定的圆角，切割成准方片。

2）表面处理

切割后的硅片表面有很多污染物，如油脂、松香、金属和灰尘等。这些污染物可以通过清洗剂（甲苯、丙酮、浓酸、强碱等）去除。每次清洗后需要用去离子水冲洗。经过简单去除表面污染物后，还需通过表面刻蚀来去除表面的切割损伤层，一般去除的厚度为 10～20 μm。刻蚀的方式主要有酸性刻蚀和碱性刻蚀两种。

3）表面制绒

单晶硅表面制绒常用的方法是化学腐蚀，采用有机腐蚀液（乙二胺、邻苯二甲酸水溶液）或者碱性腐蚀液（KOH、NaOH 等）对硅片表面进行腐蚀。这两类腐蚀液对硅晶体的不同晶面刻蚀速度不同，对（001）晶面腐蚀较快，对（111）晶面腐蚀较慢。利用这种各向异性腐蚀方式，会出现以（001）晶面为表面的倒金字塔结构，也称为绒面。考虑到生产成本，工业生产多采用浓度为 1%的 NaOH 稀溶液在 70～85℃进行腐蚀。多晶硅表面的每个晶粒是随机分布的，采用与单晶硅相同的腐蚀方法得到的效果并不理想，由于每个晶粒的腐蚀速度不一样，会形成台阶和裂缝，很难形成均匀的绒面。近年来，针对多晶硅制绒工艺，研究人员开发了酸腐蚀法、活性离子刻蚀法、机械刻槽法和激光刻槽法等。其中酸腐蚀法因其成本较低、易于工业化生产且兼容性好的优势而受到市场的青睐。

4）扩散制结

制结是在基体材料上生成不同导电类型的半导体材料，形成 pn 结。半导体的 pn 性主要通过掺杂来控制，主要的掺杂方法有热扩散、离子注入、激光注入等。扩散是物质自身热运动引起的一种自然现象。在硅半导体中，常用磷元素掺杂制备 n 型硅，硼元素掺杂制备 p 型硅。制结是太阳能电池制造最关键的一步，需要严格控制结的扩散深度和方阻，同时还需要获得平整均匀的结面。浅结的表面掺杂浓度低，电池短波响应很好，但串联电阻较大，填充因子较低。如果掺杂浓度太高，则会引起重掺杂效应，表面复合增加，降低开压和电流。在工业生产中，需要全面考虑各种因素，找到最优解，结深一般控制在 0.3～0.5 μm。

产业化生产中最常见的扩散制结方法是源扩散制结和热扩散制结。

5）刻蚀去边

在制结的过程中，硅片的四周也会形成扩散层，会导致电池上下电极产生局部短路，降低并联电阻，影响其间的整体性能，因此需要去除边缘的扩散层。去除边缘扩散层主要有湿法酸腐蚀和干法等离子体腐蚀。酸腐蚀的腐蚀液是由硝酸和氢氟酸组成的混合液。腐蚀前，需要对硅片表面进行保护，通常有两种方法：一种是在硅片表面涂上黑胶；另一种则是采用与硅片大小相同的耐酸橡胶片将硅片隔开，并施加一定的压力。随后将硅片放入腐蚀液中 30～60 s，取出洗净。等离子体腐蚀法则是利用气体在辉光放电阶段散发出的高化学活性基团与需要被腐蚀材料表面物质发生化学反应，形成挥发性物质来达到腐蚀的目的。

6）去磷硅玻璃

扩散制结的过程还会在硅片表面形成一层磷硅玻璃，其组成为含有磷元素的 SiO_2。磷硅玻璃比较疏松，不利于后续镀膜工序，需要将其去除。去除磷硅玻璃的方法是采用适当浓度的氢氟酸对硅片进行清洗，通过 HF 与 SiO_2 反应去除表面的 SiO_2。

7）制备减反膜

仅依靠表面制绒来减少光的反射是远远不够的，光照射在绒面上会发生多次折射和反射，但还有约 10%的光会被反射损失掉。为了进一步减少光的反射，通常会在电池表面镀一层具有合适折射率的减反膜。适合作太阳能电池减反膜的材料主要有 MgF_2、SiO_2、Al_2O_3、Si_3N_4 等。减反膜的制备方法主要有等离子体增强化学气相沉积（plasma enhanced chemical vapor deposition，PECVD）法、溅射法、镀膜法、喷涂法等，其中 PECVD 是工业生产中最常见的方法。

8）制作电极

被 pn 结分离后的光生载流子会在结的两侧积累产生光生电动势，需要通过前后接触电极才能输出电流对外做功。太阳能电极材料需要满足以下要求：①电导率高；②能与硅半导体形成欧姆接触；③易于加工；④成本低。银和铝是产业化生产中最常见的电极材料。电极的制备方法主要有真空蒸镀法和丝网印刷法。

太阳能电池的前后表面有一定的差异，因此对电极的需求也不同。前表面是光照面，阳光通过此表面进入电池，被转换成电能，而电极多为不透明金属材料，因此前表面电极通常设计成栅状，在收集电流的同时减少遮挡面积。对于背表面，为了减少串联电阻，会将金属电极尽量覆盖满电池背表面。近年来，各大厂商也开发出一类双面发电的太阳能电池，电池两面都可以吸收阳光发电，因此前后表面都会设计成栅状电极。制造电极的工艺主要有真空蒸镀和丝网印刷，制备好的电极还需要进行高温烧结才能和硅半导体形成良好的欧姆接触，保证有效的电流收集。

9）性能测试

生产线生产一批电池后，需要对每一块电池片的性能进行评估。评估的参数主要有最佳工作电压、最佳工作电流、最大光电转换效率及伏安特性曲线。运用太阳能测试仪器对电池片的性能进行评估。太阳能测试仪中配备有模拟光源，模拟光源的光谱与太阳光谱 AM1.5 相似，且光强可调。测试电池时采用开尔文四线检测法，以保证测试的精确度，测试温度保持在 25℃。根据测试结构对太阳能电池进行分类，便于后续的封装。

10）封装

制备好的太阳能电池片不能直接供电，主要是因为单个电池片很薄、质地很脆，机械强度差；空气中的水分和活性气体会锈蚀电极，无法承受严酷的气候变化；单片电池的电压和电流都很小，很难满足实际需要。因此，必须将太阳能电池进行封装，为其提供一定的机械、化学及电气方面的保护，才能对负载进行供电。

封装电池的材料主要有上盖板、黏结剂、背面材料和边框。①上盖板对太阳能电池起保护作用，要求材料强度高、抗冲击能力强、透光度高（＞90%）。常用的上盖板材料为低铁超白钢化玻璃、聚丙烯酸类树脂和聚碳酸酯等。②黏结剂的功能是将太阳能电池、上盖板和背面材料黏结起来，组合成一个整体。常用的黏结剂材料为EVA胶膜，是一种乙烯和乙酸乙烯酯的共聚物，具有透明、柔软、熔化温度低、流动性好等优点。但这种材料耐热性差，容易老化、开裂，内聚强度低，因此需要对其进行改性。在EVA材料中添加适当的紫外光吸收剂、热稳定剂等。改性后的EVA材料具有大于90%的透光率、交联度在70%左右、工作温度窗口宽、抗老化性能好等优点，非常适合作太阳能电池封装的黏结剂。③背面材料主要对太阳能电池背面起保护作用，具有防潮、阻燃、密封、耐候性等功能。常用的背面材料主要有耐温塑料和玻璃钢。④边框材料主要起保护和固定组件的作用，一般采用不锈钢、铝合金和增强塑料等。

太阳能电池组件的封装需要经过电池分选、组合焊接、层压封装、修边、安装边框和接线盒、综合测试几个步骤。

（1）电池分选：制备好的电池性能参差不齐，需要根据性能测试结果将电池按照器件性能参数分类，将参数相近的电池按照组件的使用需求进行串并联组合，最后得到符合需求的太阳能电池板。生产线上设有自动分拣设备，在完成性能测试后将不同性能的太阳能电池分成几个档次，以备封装。

（2）组合焊接：将太阳能电池按照要求进行串并联焊接，然后将所有正负极汇合成一端正极和一端负极并引出。

（3）层压封装：层压需要将上盖板、黏结剂、焊接好的电池组、背面材料进行层压，是组件封装的关键一步，层压封装的好坏对组件的质量有直接影响。

（4）修边：去除层压时EVA熔化后形成的毛边。

（5）安装边框和接线盒：去除EVA毛边后，即可安装边框，然后安装接线盒。

（6）综合测试：封装好的太阳能电池组件还需要对其进行综合测试，包括高压测试和性能测试。高压测试通过在边框和电极引线间施加一定的电压，测评组件的绝缘性和耐压性能，确保组件在雷击等恶劣天气下不被破坏。性能测试主要测试组件的最大功率、开路电压、短路电流、填充因子、伏安特性曲线及最佳工作电压和电流，然后给组件贴上标签标明主要参数等。

2.2.4 太阳能光伏发电系统

1. 太阳能光伏系统部件

由于太阳能供能的不稳定性、随机性和间歇性，除了太阳能电池外，还需要与相应的配套系统结合才能给负载供电。一个完整的光伏发电系统主要包括太阳能电池阵列、储能系统、控制系统、逆变器和太阳跟踪控制系统等。

（1）太阳能电池阵列。太阳能电池阵列简称光伏阵列，是由若干个光伏组件在机械和电气设备上按一定方式组装在一起，并且具有相应的支撑结构而构成的直流发电单元。一般情况下，单一的太阳能电池无法满足给负载供电的要求，需要将若干太阳能电池通过串并联组成太阳能电池方阵才能实现正常的能量供给。太阳能电池的连接要根据系统的电压及电流需求来决定串并联的方式。

（2）储能系统。从长远来看，随着碳达峰碳中和目标的不断推进，太阳能在未来的能源消费结构中的占比将逐渐扩大，到21世纪后半期，将在能源供给中占主导地位。但太阳能属于间歇性能源，必须解决能量的储存问题。电力储能的方式主要有三种：机械储能、电化学储能和电磁储能。①机械储能是将电能转化成机械能，需要时将机械能转变为电能，目前常用的机械储能有抽水蓄能、飞轮储能和压缩空气储能。②电化学储能通过电化学反应，将电能转变为化学能储存在化学电池中，需要时通过化学反应放电，输出电能。电化学储能设备主要有锂离子电池、铅酸电池、液流电池等。③电磁储能具有转换效率高、响应速度快、比容量和比功率大等优点，主要包括超导储能、超级电容器储能和高能电容器储能。这些储能技术在能量密度、响应时间、成本等方面各有优点，而电力系统在各个时间段也对储能系统提出了不同的技术需求，因此可根据双方特点，选择匹配的储能方式来提高供电水平。表2-2统计了常见储能方式的特点和应用场景。

表2-2 常见储能方式的特点和应用场景

	储能方式	优点	缺点	应用场景
机械储能	抽水蓄能	可靠、经济、使用周期长	依赖于地理条件，有一定的地域局限性	调峰、填谷、调频、调相等，广泛应用于电力系统调峰调频
	压缩空气储能	效率高	选址有限	有调峰功能，适合用于大规模风场
	飞轮储能	可靠、经济、使用周期长、技术成熟、运用灵活、响应速度快	能量密度低，具有一定的自放电损耗	可用于调频，适用于配电系统
电化学储能	铅酸电池	技术成熟、成本低、效率高	能量密度低、寿命较短	常用于电力系统的事故电源或备用电源
	锂离子电池	比能量高、技术成熟、响应速度快、寿命长、效率高	价格高，存在一定的安全隐患	在汽车、便携式电子产品和电力系统上广泛运用
	液流电池	容量大、循环寿命10000次以上、安全性好	效率低，对环境温度要求高，价格较高	用于削峰填谷，能够满足大规模电力储能系统
	钠硫电池	比能量高、技术成熟、循环寿命5000次以上、响应速度快、效率高	存在一定的安全隐患	主要用于负荷调平、移峰、改善电能质量和可再生能源发电
电磁储能	超级电容器	寿命长、响应速度快、效率高、温度范围广	能量密度低，成本高，具有一定的自放电损耗	适合与其他储能手段联合使用
	超导储能	充电速度快、功率密度高、响应速度快	能量密度低，具有一定的自放电损耗	应用很少，尚处于实验阶段

来源：国际新能源网。

（3）逆变器。逆变器是将直流电转换为交流电的设备，它是整流器的逆向变换功能器件。主要可分为离网逆变器和并网逆变器。离网逆变器用于独立运行的太阳能电池发电系统，为交流负载供电。并网逆变器用于并网运行的太阳能电池发电系统，将太阳能电池发出的直流电通过一系列逆变、控制、检测、保护等手段并入电网。

（4）控制系统。控制系统对光伏系统进行管理，在不同的外部条件下，保证各个子系统正常运行。控制器的主要功能包括蓄电池充放电管理、设备保护、光伏系统数据及信息储存、光伏系统工作状态显示、光伏系统故障处理及报警、光伏系统远程控制等。

（5）跟踪系统。对于某一个地点的太阳能光伏发电系统来说，一年四季、每天日升日落，太阳光照角度时刻都在变化，只有太阳能电池板能够时刻正对太阳，保证阳光垂直照射到太阳能电池表面，发电效率才会达到最大值。太阳跟踪控制系统都需要根据安放地点的经纬度等信息计算出一年中的每一天的不同时刻太阳所在的角度，将一年中每个时刻的太阳位置存储到控制器、单片机或计算机软件中，据此来调整太阳能电池板的倾角。光伏跟踪系统具有明显的地域性，需要根据安装地点的经纬度来完成数据的设定，一旦安装，就不能随便移动，每次移动都需要更新位置信息来调整各个参数。

2. 太阳能光伏系统分类

太阳能光伏系统可以分为离网光伏发电系统、分布式并网系统和集中式并网系统三种类型。

（1）离网光伏发电系统。离网光伏发电系统完全依靠太阳能电池供能，太阳能电池方阵是唯一的能量来源。离网光伏系统可以分为离网非用户系统和离网用户系统。离网非用户系统通常是直联系统，直接将太阳能电池和负载相连，没有储能设备，只有在有光照时才能工作。这类系统主要用于光伏水泵、通信电源、交通信号灯、交通工具等。离网用户系统主要由太阳能电池板、蓄电池和控制系统组成。这类光伏系统主要为经济不发达的偏远地区提供能源供给，光伏系统规模在几千瓦以内。

（2）分布式并网系统。分布式并网系统将用户光伏系统和电网相连，不配备储能装置。太阳光充足时，光伏系统发出的电能除了给家用设备供电外，多余的电能可以输入电网，在夜晚或雨天等光伏系统供能不足时，由电网提供一部分电能供应。这类系统有很多优点：①电池安装在房顶上，不占用宝贵的土地资源；②就近供电，没有电力输送损耗；③电力可以随时输入电网或由电网供电，不用配备储能系统，降低了成本；④多余的电能可以并入电网，电能得到充分利用。分布式光伏系统多用于城市屋顶，具有广阔的发展空间。

（3）集中式并网系统。集中式并网系统又称光伏发电站，具有很大的装机规模，所发的电全部并入电网，由电网统一调度，具有较低的发电成本。近来，随着全球变暖的加剧，各国对太阳能、风能等绿色能源的关注度不断提高，并推出了相应的政策扶持。在资本的刺激下，光伏系统各项技术不断取得突破，成本也在不断降低，集中式并网光伏电站规模迅速扩大，数量也在不断地增长中。

2.3 我国太阳能光电转换应用的现状

2.3.1 太阳能资源分布

我国太阳能总辐射资源丰富，全国总面积 2/3 以上地区年日照时数大于 2000 h，年辐射量在5000 MJ · m^{-2}以上。我国陆地面积每年接收的太阳辐射总量为3.3×10^3～8.4×10^3 MJ · m^{-2}，相当于 2.4×10^4 亿吨标准煤的储量。总体分布特点呈“高原大于平原、西部干燥区大于东部湿润区”。

我国太阳能的高值中心和低值中心均是处在北纬 22°～35°这一带，青藏高原是高值中心（年总辐射量超过 1800 kWh · m^{-2}，部分地区甚至超过 2000 kWh · m^{-2}），四川盆地是低值中心（存在低于 1000 kWh · m^{-2} 的区域），太阳年辐射总量呈西部高于东部地区[26]。而且除西藏和新疆两个自治区外，基本上是南部低于北部，由于南方多数地区云雾多雨，在北纬 30°～40°地区，太阳能分布情况与一般的太阳能随纬度而变化的规律相反，太阳能不是随着纬度的增加而降低，而是随着纬度的增加而升高[27]。依据中国气象局风能太阳能资源评估中心划分标准，我国太阳能资源地区分为以下四类，见表 2-3。

表 2-3　全国太阳辐射总量等级和区域分布表[26]

名称	年总量/（MJ · m^{-2}）	年总量/（kWh · m^{-2}）	年平均辐照度/（W · m^2）	占国土面积比例/%	主要地区
最丰富带	≥6300	≥1750	≥200	约 22.8	内蒙古额济纳旗以西、甘肃酒泉以西、青海 100°E 以西大部分地区、西藏 94°E 以西大部分地区、新疆东部边缘地区、四川甘孜部分地区
很丰富带	5040～6300	1400～1750	160～200	约 44.0	新疆大部、内蒙古额济纳旗以东大部、黑龙江西部、吉林西部、辽宁西部、河北大部、北京、天津、山东东部、山西大部、陕西北部、宁夏、甘肃酒泉以东大部、青海东部边缘、西藏 94°E 以东、四川中西部、云南大部、海南
较丰富带	3780～5040	1050～1400	120～160	约 29.8	内蒙古 50°N 以北、黑龙江大部、吉林中东部、辽宁中东部、山东中西部、山西南部、陕西中南部、甘肃东部边缘、四川中部、云南东部边缘、贵州南部、湖南大部、湖北大部、广西、广东、福建、江西、浙江、安徽、江苏、河南
一般带	<3780	<1050	<120	约 3.3	四川东部、重庆大部、贵州中北部、湖北 110°E 以西、湖南西北部

数据来源：国家能源局。

一类地区（资源最丰富带）：全年辐射量为 6300 MJ · m^{-2} 以上。相当于 210 kg 标准煤燃烧所放出的热量。主要包括青藏高原、内蒙古和甘肃西部等地，尤其以西藏最为丰富，日辐射量高达 6.4 kWh · m^{-2}，居世界第二位，仅次于撒哈拉沙漠地区，一类地区也是目前国内光伏发电投入比较大的重点区域。

二类地区（资源很丰富带）：全年辐射量为 5040～6300 MJ · m^{-2}，相当于 168～210 kg 标准煤燃烧所放出的热量。这些地区包括新疆大部、内蒙古东部、青海和甘肃东部，以及华北北部、东北西部、黄土高原、海南岛、四川西部至横断山区等地。

三类地区（资源较丰富带）：全年辐射量为 3780～5040 MJ · m^{-2}。相当于 126～168 kg 标准煤燃烧所放出的热量。主要包括东北地区大部、华北南部、东南丘陵一带，以及广东、广西、江苏等南方地区。

四类地区（资源一般带）：全年辐射量为 3780 MJ · m^{-2} 以下。主要集中在重庆、贵州和四川盆地一带。此区是我国太阳能资源最少的地区。一方面受地形限制，另一方面受亚热带季风气候区的影响，使其雨热同期，暖湿气流不易排出，容易形成云雨天气。云雨笼罩，云层对太阳的辐射具有削弱作用。

根据中国气象局风能太阳能资源评估中心统计，2022 年全国年平均水平面总辐照量约 1563.4 kWh · m^{-2}，为近 30 年（1992～2021 年）最高，比 2021 年（1493.4 kWh · m^{-2}）偏高 4.69%（图 2-40）。除天气气候对太阳能的影响略有浮动外，太阳能资源总辐照量呈平稳状态，具有相对明显的经济效益价值。从缓解化石燃料带来的污染及助力清洁能源使用的角度，大力开发和利用光伏资源，助力我国尽早实现碳达峰碳中和的发展目标，是未来我国能源革命发展的重要目标。

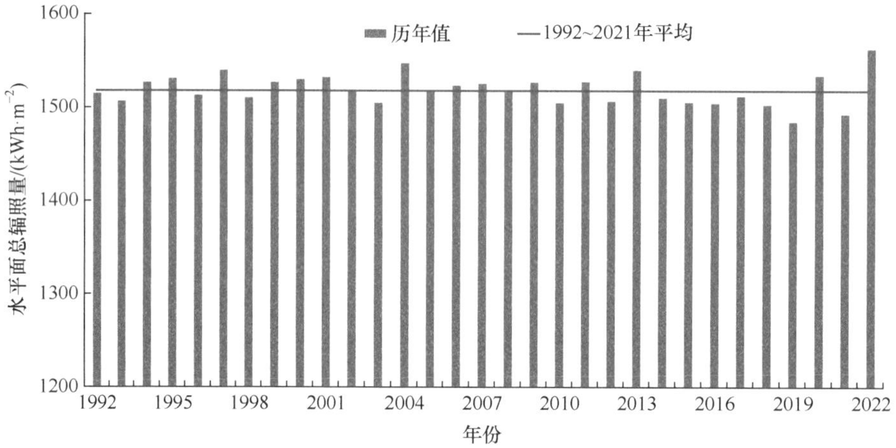

图 2-40 全国平均年水平面总辐照量年际变化直方图[27]

2.3.2 太阳能光电转换应用实例

目前，太阳能光伏系统应用主要包括离网光伏系统和并网光伏系统。离网光伏系统主要通过光照条件下将太阳能转化为电能，并通过充放电控制器给负载供电及蓄电池充电，在无光照的条件下给负载供电，主要应用于乡村道路、无电网区、海岛、通信基站、移动信号指挥灯等应用场景。并网光伏系统又分为分布式和集中式两种类型，分布式主要应用于用户建筑表面，除自身用电外可将差额电量通过并网的形式实现增收，虽然其系统相对较为复杂，但是随着分布式并网相关器件的不断优化，其未来发展具备较大潜力；集中式并网主要适用于荒漠地区及具备丰富太阳能资源的一类地区，可通过光伏发电站或光热发电站的形式将闲置土地集中利用，建立大型地面电站，是我国光伏系统现在主要的发展及推广模式之一。

基于分布式和集中式的差异，我国在东部土地资源较为紧张区域采用分布式，其中中电电气集团在南京南站建设的 10.67 MW 分布式项目年发电量可在 1100 万度（1 度 = 1kW · h）以上。在甘肃、青海、内蒙古等土地资源较为丰富的省份建立了多个大规模光伏发电站，其中设立在青海的塔拉滩光伏发电站（图 2-41），是国内规模最大的一个光伏发电站，其占地面积接近于新加坡全国的大小，每年发电量高达 8000 万度，可有效缓解江苏、河南等地的用电问题。随着光伏发电产业的不断布局，光伏发电已经是仅次于煤电的第二大发电方式。

在光热发电的项目中，2018 年 12 月 27 日，我国首个百兆瓦级熔盐塔式光热电站在甘肃敦煌建成，标志着中国成为世界上少数掌握百兆瓦级光热电站技术的国家之一。该发电站为百兆瓦级熔盐塔式光热电站（图 2-42），占地 7.8 km^2，1.2 万多面定日镜以同心圆状围绕着 260 m 高的吸热塔，镜场总反射面积达 140 多万平方米，可 24 h 连续发电。整座电站并网发电后，年发电量将达 3.9 亿千瓦时，每年可减排二氧化碳 35 万吨，可创造经济效益 3 亿～4 亿元。内蒙古乌拉特中旗 100 MW 光热发电项目，年发电量约 3.92 亿千瓦时，年节省标煤 12 万吨、减排二氧化碳 30 万吨、减少硫氧化物排放 9000 t、减少氮氧化物排放 4500 t。

图 2-41　青海塔拉滩光伏发电站

图 2-42　敦煌百兆瓦级熔盐塔式光热电站

此外，中国能建、国家电投、华润电力、中国华电等企业也积极布局光伏发电项目，国家能源局统计数据显示，2023 年我国光伏发电新增装机容量为 216.88 GW，截至 2024 年 6 月底，全国累计太阳能发电装机容量约 7.14 亿千瓦。2023 年 6 月 11 日，国家发展改革委正式宣布我国的非化石能源发电装机容量占比达到 50.9%，历史性超过化石能源发电装机容量[28]。随着“双碳”目标的推进，“十四五”规划的提出，未来我国在太阳能发电的投入和整个产业链的提升将持续走高，以有序推进新旧能源转换替代。

2.3.3　国家政策及未来发展趋势

我国光伏行业于 2005 年左右受欧洲市场需求拉动起步，十几年来实现了从无到有、从有到强的跨越式大发展，建立了完整的市场环境和配套环境，已经成为我国为数不多可以同步参与国际竞争并达到国际领先水平的战略性新兴产业，也成为我国产业经济发展的一张崭新名片和推动我国能源变革的重要引擎。目前我国光伏产业在制造规模、产业化技术水平、应用市场拓展、产业体系建设等方面均位居全球前列，已形成了从高纯度硅材料、硅锭/硅棒/硅片、电池片/组件、光伏辅材辅料、光伏生产设备到系统集成和光伏产品应用等完整的产业链，并具备向智能光伏迈进的坚实基础。

1. 光伏发电产业链规划

（1）我国多晶硅产业 2005 年以来在政策推动下起步，一路历经产能过剩、淘汰兼并，行业集中度不断提高。部分先进企业的生产成本已达全球领先水平，产品质量多数在太阳能级一级品水平。中国光伏行业协会统计数据显示，2012 年以来，我国多晶硅产量持续增长，2023 年，全国多晶硅产量超过 143 万吨，同比增长 66.90%。

（2）从光伏装机结构看，2023 年中国分布式和集中式光伏新增装机分别为 96.29 GW（同比增长 88%）和 120.01 GW（同比增长 231%）。集中式光伏电站将继续保持其规模优势和技术优势，成为大型项目的主要选择。

2. 产业发展前景及趋势预测

1）政策持续推动行业发展

如图 2-43 所示，从“九五”国民经济计划开始，我国在太阳能资源利用领域就开始了积极布局，“十四五”规划纲要更是明确提出要构建现代能源体系，推进能源革命，建设清洁低碳、安全高效的能源体系。2023 年 4 月，自然资源部办公厅、国家林业和草原局办公室、国家能源局综合司出台了《关于支持光伏发电产业发展规范用地管理有关工作的通知》，明确提出进一步支持绿色能源发展，加快大型光伏基地建设，优化大型光伏基地和光伏发电项目空间布局[29]。

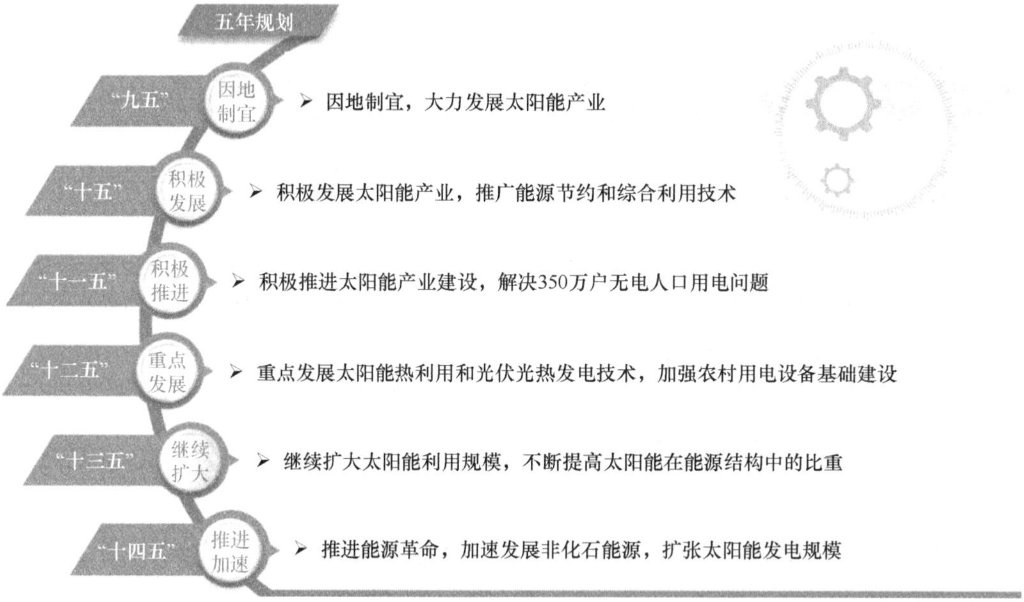

图 2-43 “九五”～“十四五”国民经济计划——太阳能资源利用政策演变

2）分布式光伏发展提速

分布式光伏发电贴近用户侧，能够提高大用电量区域对太阳能的利用率，自发自用余电上网的形式符合太阳能本身分布式的特点，因此分布式光伏发电也是光伏发电产业发展与推进的必然趋势。为推进分布式光伏发电的发展，浙江、山东、吉林、广东等省份将分布式光伏发展作为推动能源转型的重要部分，写进“十四五”规划中。“十四五”期间光伏发电发展将进入一个大规模、高比例、市场化、高质量发展的新阶段，“十四五”将通过加快构建以新能源为主体的新型电力系统提升光伏发电消纳和存储能力，既实现光伏发电大规模开发，也实现高水平的消纳利用。

2.4 太阳能电池的发展前景与经济技术评价

2.4.1 太阳能电池的发展前景

我国太阳能电池行业发展可分为四个阶段：研发初期（1984～2000 年）、产业孵化期（2001～2004 年）、产业发展期（2005～2015 年）、产业链成熟期（2016 年至今）。随着太阳能电池关键技术不断突破，我国太阳能电池片产量占全球的比重逐年上涨。国家统计局数据显示，2022 年我国太阳能电池的产量约 3.4 亿千瓦，较 2021 年同期增长 46.80%[30]。从全球太阳能电池产业链生产布局来看，中国依然是产能聚集地。2022 年，我国的硅片、电池片、组件产量占全球总产量的比重均在 80%以上，硅片产能占全球总产能的比重高达 98%。传统不可再生能源价格的不稳定性，以及气候变化和环境约束，使得世界各国积极推动能源转型，太阳能电池呈现持续快速增长势头。

2012～2022 年，我国光伏组件累计出口额超过 2200 亿美元，光伏产业已经成为我国为数不多可参与国际竞争并取得领先优势的战略性新兴产业。太阳能电池行业近年来在国家相关政策的扶持下迅速发展，行业集中度不断上升，具有较大的发展潜力和空间。国家对太阳能资源利用的积极投入，将刺激太阳能电池需求的增长，使太阳能电池整个产业链愈发繁荣。在产业政策引导和市场需求的双轮驱动下，太阳能电池的未来发展趋势如下。

1）集中度逐年上升，龙头企业占据优势

随着 2018 年太阳能发电行业补贴退坡，市场化竞争时代即将来临。企业之间的竞争策略也从过去的价格战，逐渐转变为依靠技术进步从而达到降本增效的策略。太阳能电池产业的市场份额向头部优质企业集中。我国太阳能电池行业市场集中度较高且不断提升，2022 年我国太阳能电池片产量前四的企业（隆基绿能科技股份有限公司、晶科能源股份有限公司、天合光能股份有限公司、晶澳太阳能科技股份有限公司）全球市场占有率为 60%～65%。小企业因技术壁垒难以与大规模企业竞争，技术的落后导致众多企业逐年被市场淘汰。龙头企业的竞争日益加剧，企业的发展方向也将更具有挑战性，需要通过创新商业模式、加强技术研发、融资能力、运营管理、市场营销等方式来增强竞争力。随着产业链的进一步升级，需整合相关企业成立国际产业联盟，制定相关标准以增大我国在该领域的国际话语权。

2）政策补贴倾斜，迎接新发展机遇

以德国、西班牙为代表的欧洲市场开始降温，政府支持力度逐渐减弱，补贴一再下调。而以中国、日本为代表的亚洲市场以及美国市场则通过提高补贴减免税收、投入财政资金等方式扶持太阳能产业的发展。此消彼长之下，近几年，新兴市场的光伏装机容量增速远高于传统市场。按照此趋势，我国太阳能电池发展即将迎来新的发展高潮，可以预见随着太阳能电池生产技术的不断提高，产品的竞争将愈发激烈。

3）技术迭代升级加速，产业升级稳步发展

目前，中国太阳能发电这一领域在全球占有很大的优势，中国作为全球最大的太阳能发电产业链集群、最大产品出口国，拥有丰富的应用市场、良好的投资环境以及最多的发明和应用专利。我国的太阳能电池产业具有从上游高纯度晶硅的生产，到中游高效的太阳能电池生产，再到下游太阳能光伏电站的建设与运用的完整产业链体系，且拥有自主生产建设的知识产权专利。随着产业的集中度上升，国家政策的有力推动，市场需求的进一步刺激，光伏产业链相关企业主要的竞争策略转变为通过技术实现降本增效。随着各太阳能企业和研究机构将加大技术研发投入，行业技术迭代升级加速，未来我国太阳能电池产业将稳步发展，逐步实现太阳能发电代替传统发电模式，达到能源供给结构转变，实现我国能源绿色发展的目标愿景。

2.4.2 太阳能电池经济技术评价

目前，世界上虽然有些地方的太阳能发电成本开始与化石燃料发电价格持平，但太阳能发电量在全球发电量占比较小。因此，太阳能电池产业链的发展拥有巨大潜力。目前市场上的太阳能电池大多使用的是硅材料，大规模装配及更换背景下，其成本相对高昂。随着全球在太阳能产业的持续投入，可以预见太阳能电池将迎来新的爆发期，提高太阳能电池效率、降低生产成本成为目前太阳能电池需解决的关键问题。

目前，基于单晶或多晶体硅基底的硅太阳能电池是光伏市场的主体制造路线（图 2-44），但若全部用高纯硅制作，生产这种太阳能电池非常耗能，并且比较昂贵。为进一步推动光伏产业的发展，应通过降低材料成本来大力减少太阳能电池的生产成本。外延薄膜硅太阳能电池以便宜异质材料为衬底，外延硅层较薄，具有成为晶硅太阳能电池的低成本替代方案的潜力。除了通过降低硅的体量，还可以通过优化电池结构以缓解光衰减，从而提升太阳能电池的利用效率。此外，非硅成本的降低也是重要的一环，主要包括折旧、浆料、人工、水电、化学试剂以及其他，其中折旧、浆料是占比最高的部分。降低电池折旧成本主要依赖三大途径：一是设备国产化降低采购价格；二是提高生产能力摊薄单位成本；三是提高电池转换效率进一步增加产出。

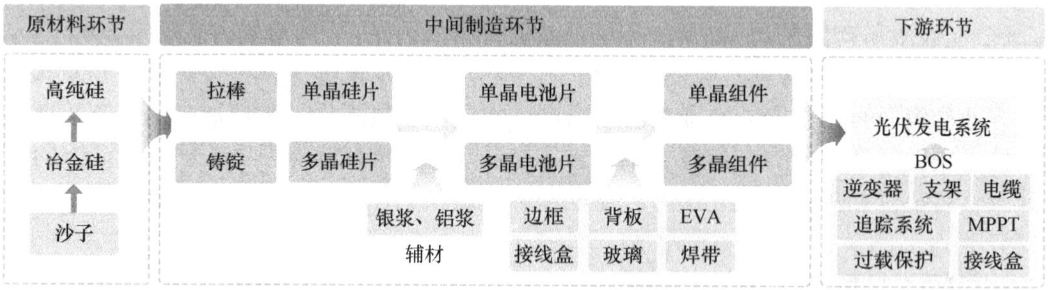

图 2-44 光伏产业链分布图

EVA：光伏电池封装胶膜，简称光伏胶膜；BOS：光伏平衡系统；MPPT：最大功率点跟踪控制器

2.4.3 太阳能电池行业面临的挑战及机遇

目前，我国光伏产业面临的挑战主要有以下方面。

（1）光伏市场化发展受限，配电网智能化水平较低。受限于政策倾向，光伏发电建设缺乏科学统筹规划，存在“一窝蜂”发展现象。应以市场化机制促进光伏产业多元化均衡发展。而且，配电网智能化水平不高，建设速度不能满足分布式光伏发电快速发展的需要。

（2）政策标准缺乏一致性，光伏消纳空间有待提升。缺乏统一设计标准，不同行业（建筑业、光伏产业）建设存在局限性。当前，我国电力辅助服务市场不完善，没有灵活性机组改造的补偿机制，限制了光伏消纳空间提升。

（3）产能过剩，技术迭代，国际环境复杂多变。在行业快速发展的同时，光伏产业面临产能过剩、技术迭代等难题，复杂多变的国际局势也使得光伏产业的发展存在更多不确定性。

未来光伏产业发展同样也充满机遇，碳达峰碳中和宏伟目标及“十四五”规划要求，使得发展光伏发电、风力发电等可再生资源成为改善我国能源供给结构的优选项，加之光伏能源优势明显，在技术进步推动下光伏发电成本明显降低，使光伏发电成为支撑我国经济长期可持续发展的必要支柱和保障国家能源安全的重要基石。

文献导读

1. 钙钛矿太阳能电池未来的发展及挑战

在过去的十年中，钙钛矿太阳能电池（PSC）的效率被迅速提高。单结电池的 PCE 可达 25.7%，与晶体硅串联的 PSC 高达 32.5%。与其他成熟的光伏技术相比，PSC 具有更高的功率输出、更强的弱光性能和机械灵活性等优势，为其初步商业化发展奠定了基础。面向“双碳”目标，PSC 未来规模商业化应用仍然需要应对一些重大技术挑战，如实验室级技术放大化、电池的稳定性及安全性等难题。

【参考文献】Fu Q, Jen A K Y. 2023. Perovskite solar cell developments, what’s next?[J]. Next Energy, 1（1）: 100004.

2. 模拟相关路径探究钙钛矿太阳能电池失效机制

在追求高的功率转换效率的同时，探寻电池失效机制和延长太阳能电池使用寿命也是太阳能电池的研究热点。法兰西岛大区光伏研究所（IPVF）Arthur Julien 团队使用一种新的模拟方法，确定了 PSC 降解的机制。并绘制了随时间测量的电流-电压参数的相互关系，以产生特定于降解机制且独立于活化过程的轨迹。

【参考文献】Julien A, Puel J B, Guillemoles J F. 2023. Distinction of mechanisms causing experimental degradation of perovskite solar cells by simulating associated pathways[J]. Energy & Environmental Science, 16（1）: 190-200.

3. 钙钛矿太阳能电池铅泄漏

能源的可持续发展一直是科学家研究的热点问题，PSC 的功率转换效率、成本和制造方面都极具优势，但潜在的铅（Pb）毒性问题仍然是一个严重的可持续性挑战。目前用于缓解铅泄漏的方法有物理封装、化学吸收和替换 Pb 元素。然而，物理封装不足以完全防止 Pb 泄漏，化学吸收制造流程复杂，替换法则会造成替换元素不稳定的新难题。基于此，意大利微电子与微系统研究所 Alessandra Alberti 团队提出了一种捕获太阳能电池中 Pb 元素的策略，通过使用透明的二氧化钛（TiO_2）海绵可以防止 Pb 泄漏，该海绵可以高效地吸附 58 $ng \cdot cm^{-2} \cdot nm^{-1}$ 的铅。

【参考文献】Valastro S, Smecca E, Mannino G, et al. 2023. Preventing lead leakage in perovskite solar cells with a sustainable titanium dioxide sponge[J]. Nature Sustainability, 6（8）: 974-983.

知识拓展

1. 盘点太阳能之“最”

1）运行时间最长的太阳能光热发电站

加利福尼亚州莫哈维沙漠的太阳能发电系统（SEGS）于 1984 年开始运行，是世界上运行时间最长的太阳能光热发电设施。

2）世界上最大的太阳能熔炉

Odeillo 太阳能炉是世界上最大的太阳能炉。它位于法国南部东比利牛斯（Pyrénées-Orientales）省的 Font-Romeu-Odeillo-Via 市镇。它高 54 m、宽 48 m，于 1969 年开始运行，功率为 1 MW。

3）世界单体容量最大漂浮式光伏电站

2021 年 12 月 30 日，华能德州丁庄水库光伏电站二期顺利并网发电，标志着世界单体容量最大漂浮式光伏电站——华能德州丁庄 320 MW 水面光伏电站全容量并网发电。

2. 盘点太阳能行业常用分析软件

1）光学分析软件

（1）ASAP：ASAP （Advanced Systems Analysis Program）软件是美国 Breault Research Organization（BRO）公司研发的一款在 3D 空间通过非序列光线追迹来模拟光学系统表现度的软件，可以应用于太阳能聚光系统的相关分析。

（2）TracePro：TracePro 是一套普遍用于照明系统、光学分析、辐射度分析及光度分析的光线模拟软件。

（3）CODE V：CODE V 是一个光学系统设计和分析优化软件，可用于变焦结构优化、环境热量分析、干涉及光学校正等。

（4）RETScreen Expert：是专业光伏设计软件 RETScreen 的高级版，RETScreen 不仅可用于光伏设计，还可用于风能、小水电、光伏、热电联产、生物质供热、太阳能采暖供热、地源热泵等各类可再生能源项目的设计，需要注意的是，RETScreen 的全球气象数据库来自美国航空航天局，其地面数据与中国的气象站提供的地面数据有较大差别。

2）流体分析软件

（1）ANSYS：ANSYS 软件是美国 ANSYS 公司研制的大型通用有限元分析（FEA）软件，是世界范围内增长最快的计算机辅助工程（CAE）软件，能与多数计算机辅助设计（Computer Aided Design，CAD）软件接口，实现数据的共享和交换。

（2）COMSOL：COMSOL 广泛应用于工程、制造和科学研究的各个领域，涵盖力学、电磁场、流体、传热、化工、MEMS、声学等，适用于多物理场模型。

（3）MATLAB：MATLAB 是美国 MathWorks 公司出品的商业数学软件，用于数据分析，无线通信，深度学习，图像处理与计算机视觉、信号处理，量化金融与风险管理，机器人，控制系统等领域。

3）系统分析软件

（1）Polysun：Polysun 产品系列包含太阳能光热、光电、热泵以及太阳能空调 4 个模块，适合太阳能厂家、设计单位以及科研院校作为设计和研究使用。该软件由国际权威太阳能测试中心瑞士太阳能技术研究所在测试经验基础上，经多年研发创建。

（2）TRNSYS：瞬时系统模拟程序（Transient System Simulation Program，TRNSYS）最早是由美国威斯康星大学太阳能实验室（SEL）开发的，是一款极其灵活、形象的、模块化的瞬态过程模拟软件，借助这款软件可以对多种系统的运行状况进行动态仿真，如建筑物全年的逐时能耗分析、太阳能（太阳热和光伏系统）系统模拟计算、地板辐射供暖、供冷系统模拟计算等，且广泛用于模拟太阳能应用，常规建筑甚至生物过程。

（3）SAM：SAM（System Advisor Model）是美国桑迪亚国家实验室、国家可再生能源实验室和美国能源部联合开发的一款免费技术经济软件模型，为可再生能源行业的人们提供决策的便利，也是光伏发电行业成本测算的国际权威软件。

（4）PVSystem：PVSystem 是一款著名的光伏系统仿真模拟软件，专为建筑师、工程师和研究人员使用，适用于并网系统、离网系统、水泵和直流系统等，能够对光伏发电系统进行建模仿真，分析影响发电量的各种因素，并最终计算得出光伏发电系统的发电量。

（5）Solarius PV：Solarius PV 是一款专业的太阳能光伏设计软件，提供多种太阳能光伏组件库，包括 PV 模块、逆变器、电池等，还可模拟设计的光伏系统，并且进行分析，广泛应用于各大领域。

思 考 题

1. 开发太阳能有哪些重要意义？
2. 太阳能有哪些优点和缺点？
3. 太阳能发电有哪些类型？简述其工作原理。
4. 什么是 pn 结？简述其形成原理。
5. 简述内建电场与光生电场的区别与联系。
6. 简述太阳能电池工作原理。
7. 太阳能电池的主要参数有哪些？简述决定这些参数的因素。
8. 一块 156 mm × 156 mm 硅太阳能电池，其 V_{OC} = 675 mV，I_{SC} = 8.2 A，FF = 82.3%，该电池的转换效率为多少？
9. 适合制备太阳能电池的半导体材料需要具备哪些特点？
10. 硅太阳能电池具有哪些结构？它们各自的优缺点是什么？
11. 简述硅太阳能电池的制备流程。
12. 光伏系统主要有哪些类型？它们有什么区别？
13. 太阳能热利用中常用的集热介质的种类、特点和适用范围分别是什么？
14. 查找太阳能资源的评估方法，并选择其中一种评估当地太阳能年平均辐射量。

参 考 文 献

[1] 杨金焕, 于化丛, 葛亮. 太阳能光伏发电应用技术[M]. 北京: 电子工业出版社, 2009.
[2] 曹全喜, 雷天民, 黄云霞, 等. 固体物理基础[M]. 西安: 西安电子科技大学出版社, 2008.

[3] Nelson J. The Physics of Solar Cells[M]. 高扬，译. 上海：上海交通大学出版社, 2011.
[4] Shockley W, Queisser H J. Detailed balance limit of efficiency of p-n junction solar cells[J]. Journal of Applied Physics, 1961, 32(3): 510-519.
[5] Wang Z P, Lin Q Q, Wenger B, et al. High irradiance performance of metal halide perovskites for concentrator photovoltaics[J]. Nature Energy, 2018, 3(10): 855-861.
[6] Chen B, Zheng X P, Bai Y, et al. Progress in tandem solar cells based on hybrid organic-inorganic perovskites[J]. Advanced Energy Materials, 2017, 7(14): 1602400.
[7] Battaglia C, Cuevas A, De Wolf S. High-efficiency crystalline silicon solar cells: status and perspectives[J]. Energy & Environmental Science, 2016, 9(5): 1552-1576.
[8] Glunz S W. New concepts for high-efficiency silicon solar cells[J]. Solar Energy Materials and Solar Cells, 2006, 90(18-19): 3276-3284.
[9] Blakers A W, Wang A H, Milne A M, et al. 22.8% efficient silicon solar cell[J]. Applied Physics Letters, 1989, 55(13): 1363-1365.
[10] Green M A, Dunlop E D, Hohl-Ebinger J, et al. Solar cell efficiency tables (Version 58)[J]. Progress in Photovoltaics: Research and Applications, 2021, 29(7): 657-667.
[11] Green M A. The path to 25% silicon solar cell efficiency: history of silicon cell evolution[J]. Progress in Photovoltaics: Research and Applications, 2009, 17(3): 183-189.
[12] Zhao J H, Wang A H, Green M A. High-efficiency PERL and PERT silicon solar cells on FZ and MCZ substrates[J]. Solar Energy Materials and Solar Cells, 2001, 65(1-4): 429-435.
[13] 张雪妮. 单晶硅太阳能电池钝化接触工艺的研究[D]. 西安：西安理工大学, 2017.
[14] Yoshikawa K, Kawasaki H, Yoshida W, et al. Silicon heterojunction solar cell with interdigitated back contacts for a photoconversion efficiency over 26%[J]. Nature Energy, 2017, 2(5): 17032.
[15] Richter A, Benick J, Feldmann F, et al. n-Type Si solar cells with passivating electron contact: Identifying sources for efficiency limitations by wafer thickness and resistivity variation[J]. Solar Energy Materials and Solar Cells, 2017, 173: 96-105.
[16] 陈俊帆，赵生盛，高天，等. 高效单晶硅太阳电池的最新进展及发展趋势[J]. 材料导报, 2019, 33(1): 7.
[17] Haase F, Hollemann C, Schäfer S, et al. Laser contact openings for local poly-Si-metal contacts enabling 26.1%-efficient POLO-IBC solar cells[J]. Solar Energy Materials and Solar Cells, 2018, 186: 184-193.
[18] Blakemore J S. Semiconducting and other major properties of gallium arsenide[J]. Journal of Applied Physics, 1982, 53(10): R123-R181.
[19] Green M A, Ho-Baillie A, Snaith H J. The emergence of perovskite solar cells[J]. Nature Photonics, 2014, 8(7): 506-514.
[20] Kojima A, Teshima K, Shirai Y, et al. Organometal halide perovskites as visible-light sensitizers for photovoltaic cells[J]. Journal of the American Chemical Society, 2009, 131(17): 6050-6051.
[21] Kim H S, Lee C R, Im J H, et al. Lead iodide perovskite sensitized all-solid-state submicron thin film mesoscopic solar cell with efficiency exceeding 9%[J]. Scientific Reports, 2012, 2: 591.
[22] Yang W S, Noh J H, Jeon N J, et al. High-performance photovoltaic perovskite layers fabricated through intramolecular exchange[J]. Science, 2015, 348(6240): 1234-1237.
[23] Saliba M, Matsui T, Domanski K, et al. Incorporation of rubidium cations into perovskite solar cells improves photovoltaic performance[J]. Science, 2016, 354(6309): 206-209.
[24] Yang W S, Park B W, Jung E H, et al. Iodide management in formamidinium-lead-halide-based perovskite layers for efficient solar cells[J]. Science, 2017, 356(6345): 1376-1379.
[25] Meng L, You J, Yang Y. Addressing the stability issue of perovskite solar cells for commercial applications[J]. Nature Communications, 2018, 9(1): 5265.
[26] 国家能源局. 我国太阳能资源是如何分布的?[EB/OL]. (2014-08-03) [2021-08-03]. http://www.nea.gov.

cn/2014-08/03/c_133617073.htm.
[27] 朱小祥. 2022 年中国风能太阳能资源年景公报[R]. 北京：中国气象局风能太阳能中心, 2023.
[28] 新华网. 我国非化石能源发电装机容量占比超 50%[EB/OL]. (2023-06-17) [2023-08-17]. http://www.nea.gov.cn/2023-06/17/c_1310728205.htm.
[29] 人民日报. 三部门联合发文 支持光伏发电产业发展[EB/OL]. (2023-04-07) [2023-08-07]. http://www.nea.gov.cn/2023-04/07/c_1310709026.htm.
[30] 国家统计局. 中华人民共和国 2022 年国民经济和社会发展统计公报[EB/OL]. (2023-02-28) [2023-08-28]. https://www.gov.cn/xinwen/2023-02/28/content_5743623.htm.

第3章

生物质能利用技术

生物质能一直是人类赖以生存的重要能源，它仅次于煤炭、石油和天然气，居世界能源消费总量的第四位，在整个能源系统中占有重要地位。根据专家估计，生物质能极有可能成为未来可持续能源系统的组成部分，到22世纪中叶，采用新技术生产的各种生物质替代燃料将占全球总能耗的40%以上。在我国，生物质发电主要包括城镇生活垃圾焚烧发电、农林生物质发电、沼气发电。“十三五”以来，我国生物质发电规模逐年上涨。根据国家能源局数据，2023年一季度，全国可再生能源新增装机容量4740万千瓦，同比增长86.5%，占新增装机容量的80.3%。其中，生物质发电新增并网63万千瓦，累计装机达到4195万千瓦，同比增长8%，生物质发电量490亿千瓦时，同比增长8.8%。本章将详细介绍生物质能发展历史、生物质能的利用技术、生命周期评价及应用实例。

科学之窗

1. 能源也可以种出来——“石油树”

早在1928年，美国科学家Addison在研究时，发现好几种植物的液汁中含有碳氢化合物。从这些植物的树皮、树干、树根、树叶和果实中流出的液体都可以燃烧。有些植物的液汁，在科学家研究它们之前，就已经被当地人当作燃料使用了。

1973年后，能源危机的出现促使科学家重视“石油树”的研究。美国加利福尼亚大学教授卡尔文（Calvin）为此跑遍了世界各地，企图找到“石油树”。他的工夫没有白费，在巴西，卡尔文找到一种名为“苦配巴”的树。这种树是一种乔木，可长至30 m高、1 m粗。在树干上钻一个直径5 cm的孔，就可以流出一种油状树液，成分接近柴油。两三个小时流出的“油”可达1～2 L。这种树液不需要加工就可以当燃料用，见图3-1（a）。

(a)

(b)

图3-1 “石油树”和生物塑料

我国海南省的西南部、东南部和中部均有“石油树”——油楠的原生分布，共约2万株。油楠最为显著的特征是树干内部富含油状液体，经钻孔后可大量泌油，稍加处理可作燃料油使用，如同建在大森林中的天然“储油库”。

2. 能源也可以长出来——生物塑料

生物塑料是由可再生生物质资源生产的塑料，见图3-1（b），如植物油脂、玉米淀粉、稻草、木片、锯末、食物垃圾等。生物塑料可以由农业副产品制成，并且使用过的塑料瓶可以成为其他微生物的容器。并非所有生物塑料都比商品化石燃料衍生的塑料更容易生物降解。生物塑料通常来自糖衍生物，包括淀粉、纤维素和乳酸。根据欧洲生物塑料协会编制的最新市场数据，全球生物塑料产能将从2022年的约223万吨增加到2027年的约630万吨。

3.1　生物质能概述

生物质能（bioenergy）是一种可转化为气体、液体和固体三个阶段燃料的可再生资源，与风能、太阳能、核能等新能源同为当前备受关注的新型替代能源。生物质能作为一种可再生能源，主要有三种驱动力[1]：①减少温室气体排放，减缓全球变暖和相关的气候变化；②尽量减少对有限储量的化石燃料的过度开采；③通过生产可持续的可再生能源，弱化对进口能源的需求，降低对外依存度。对生物质能进行合理开发利用不仅可以改变能源生产和消费方式，还能通过建立可持续的能源体系，有效地促进国民经济的发展和环境保护[2]。

生物质生产和利用过程中的碳循环见图3-2。

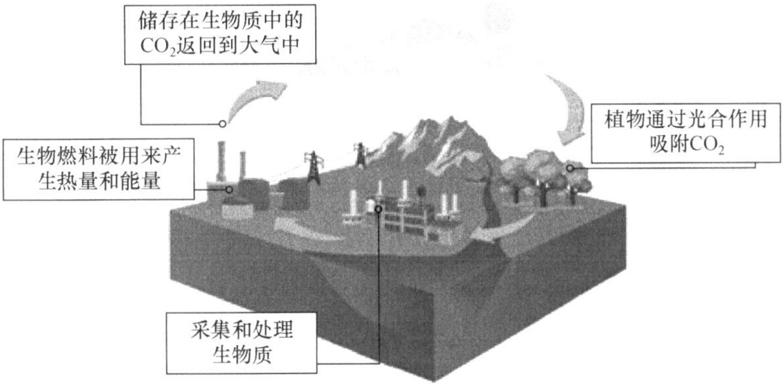

图3-2　贯穿于生物质生产和利用的碳循环

3.1.1　生物质与生物质能的概念

1. 生物质

生物质（biomass）是指直接或间接通过光合作用形成的各种有机体，包括所有的植物、微生物以及以植物、微生物为食物的动物及其生产的废弃物。它是地球上最广泛存在的物质，并且都具有一定能量。生物质的独特性，不仅在于能以化学能的形式储存太阳能，还可作为一种可再生的碳源，转化成常规的固态、液态和气态燃料，煤、石油、天然气等能源实质上也是由生物质能转变而来的。

生物质的组成成分也多种多样，主要成分有纤维素（cellulose）、半纤维素（hemicellulose）和木质素（lignin）、淀粉、蛋白质、烃类等。在所有的生物质中，木质纤维类生物质是地球上储量最丰富的生物质，主要由纤维素、半纤维素及木质素组成，如图 3-3 所示。其中，纤维素是由葡萄糖通过 β-1,4-糖苷键连接而成的大分子聚合体，结构单一，结晶度高，物理结构较稳定，在木质纤维类生物质中含量较高，为 40%～55%。纤维素中含丰富的羟基官能团，在一定条件下能发生酯化、氧化、醚化等一系列衍生化学反应。半纤维素主要为五碳糖和六碳糖的异质多聚体，通常处于生物质的表层，结构不太稳定，因此较容易降解。通常半纤维素在木质纤维类生物质中的含量为 20%～40%。木质素由氧代苯丙醇或其衍生物结构单元构成，不仅含酚结构，而且还含有各种羟基、羧基、醚基等官能团，有很高的化学活性。为了有效利用各种生物质所储存的能量，需要通过化学和生物方法将其转化为清洁燃料和可供利用的化学产品。为此，必须了解生物质的基本组成及其反应特性。

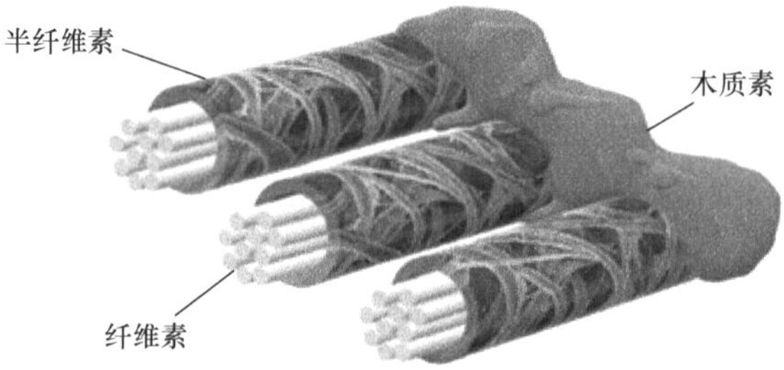

图 3-3　木质纤维素生物质的结构

2. 生物质能

以生物质为载体、由生物质产生的能量就是生物质能。生物质能是太阳能以化学能的形式储存在生物中的一种能量形式，并且直接或间接来源于植物的光合作用，是仅次于煤、石油、天然气之后的第四大能源。生物质能采用生物质作为媒介，并能够通过植物的光合作用实现再生，是一种可再生能源。有研究表明，地球上的植物每年进行光合作用产生的生物质有 1730 亿～2200 亿吨，其中蕴含的能量相当于全世界能源年消耗总量的 10～20 倍。与风能、潮汐能以及地热能等可再生能源受到区域性资源制约不同，生物质能具有普遍性、丰富性等特点，可保证能源的永续利用，使得生物质能具有广泛发展的内在优势。此外，生物质能在其利用过程中产生的二氧化碳可以被相同量正在生长的植被通过光合作用吸收，从而实现二氧化碳的零排放。目前，很多国家都在积极研究和开发生物质能利用技术。

3.1.2　生物质能的生物来源及其特性

1. 生物质能的来源

生物质能一般来源于废料，包括林业（伐木、间伐和加工残留物）、农业（收获和加工残留物）、食品和城市固体废物（municipal solid waste）的木质纤维素残留物等。依据来源的不同，可以将适合能源利用的生物质资源分为林业生物质（forestry biomass）资源、农业生物质（agriculture biomass）资源、生活污水和工业有机废水、城市固体废物和畜禽粪便等五大类。

除了传统的废弃物生物质资源外，随着生物质能的工业化发展，以生物能源种植的作物、原始木质纤维素生物量和藻类也逐渐被用作生产生物能源的原材料。科研人员研究这类生物能源作物转变为生物质能的过程机制，尝试提高生物质能的利用率。目前，这方面的研究有一定的进展，部分实现了工业化。例如，研究发现，生物质燃料（biofuel）需要较高生物质纤维素含量才能保证产生更多的挥发成分，这是燃烧过程中引燃和氧化所必需的。同时，生物质燃料也应含有较少的半纤维素和木质素。这是因为在生物质燃料中，木质素一般起化学胶黏剂的作用，使纤维素难以从半纤维素中分离，并阻止其向无定形纤维素转变。此外，木质素也会抑制纤维素酶进入纤维素，对生物质的生物转化产生一定的抑制作用。

2. 生物质能的特性

1）生物质能是一种可再生能源

生物质能是将太阳能以化学能的形式储存于生物质中的能量形式，是一种以生物质为载体的能量形式，直接或间接来自植物的光合作用，是一种可再生资源。

2）生物质能可以储存和运输

生物质能相比于太阳能、风能、水能等绿色能源，是一种可以储存和运输的可再生能源，其储存和运输方式与化石燃料相似。考虑到生物质燃料来源的典型地点（即农场或森林），公路运输将是收集和运输燃料的唯一可能方式。其他有利于使用公路运输的因素包括：运输燃料的距离相对较短，以及与其他方式相比，公路运输具有更大的灵活性。在审查远距离生物质运输时，可考虑其他运输手段，如轮船或火车。许多种类的生物量具有季节可利用性的特点，因为它们是在一年的一个特定时间收获的，但电厂全年都需要它们。因此，有必要将它们储存起来。储存点可以位于农场/森林、发电站或中间地点。储存点在建设时，应充分考虑生物质材料退化、损失、发生火灾以及微生物生长的问题。

3）生物质能可以直接使用，也可以转化为其他形式

生物质能转化利用的途径主要包括直接燃烧、化学法、生物法等，最后以热能、电能和燃料的形式提供能量，约占世界基础能源总供应的 10%，而这一比例在全球范围内每年以 2.5%左右的速度增长。就生物质能生产产品而言，生物质能源可以以沼气、压缩成型固体燃料、气化生产燃气、气化发电、生产燃料乙醇、热裂解产生生物柴油等形式存在，应用在国民经济的各个领域。

4）生物质能具有较高的热值，且可开发的生物质资源总量丰富

研究发现，单个作物残留物热值约为 3106 $kcal \cdot mg^{-1}$，生物燃料的热值大约是煤的 50%，是柴油的 33%，估计燃料价值为 18.6109 $J \cdot mg^{-1}$（相当于 2 桶柴油）。因此，生物质能具有替代化石燃料的潜力。生物质样品的净热值范围为 15.41～19.52 $MJ \cdot kg^{-1}$，标准煤的热值为 29.308 $MJ \cdot kg^{-1}$，柴油的热值为 46.04 $MJ \cdot kg^{-1}$。

此外，地球的生物质能源也非常丰富。根据生物学家估算，地球陆地每年生产 1000 亿～1250 亿吨生物质；海洋年生产 500 亿吨生物质。生物质能源的年生产量远超全世界总能源需求量，相当于世界总能耗的 10 倍。我国主要生物质资源年产量约为 34.9 亿吨，随着农林业的发展，生物质资源还将越来越多。

5）生物质能是一种清洁能源

生物质能可完全来源于废料，不同于传统的化石燃料。煤炭、石油和天然气等化石燃料燃烧的副产品包括各种有毒的气体污染物和温室气体，对人类的健康和福祉均构成了重

大威胁，并严重加剧了全球变暖和环境退化。生物质能在使用过程中生成二氧化碳和水；而生物质能的产生过程，是通过绿色植物进行光合作用将二氧化碳和水合成生物质，从而实现太阳能向化学能的转换过程。因此，在其利用过程中产生的二氧化碳可以被相同量正在生长的植被通过光合作用吸收，形成二氧化碳的循环排放过程，能够有效减少人类二氧化碳的净排放量，减轻温室效应，起保护和改善生态环境的重要作用。一项研究估计了几种常见生物质原料每单位发电的生产成本和碳减排成本，其中，棉花秸秆是温室气体最高的（325 kg CO_2eq MWh^{-1}），其次是玉米（235 kg CO_2eq MWh^{-1}），而松树叶在同等电量下（MWh^{-1}）排放的温室气体最少，为 134 kg CO_2 eq，生物质原料的碳排放量明显低于化石燃料[3]。

6）生物质能是一种低碳/碳中性能源

从生命周期的角度来看，木质生物质被认为是一种低碳/碳中性能源。与化石燃料不同，生物质在形成过程中从大气中捕获的二氧化碳量基本能抵消生物质能释放产生的二氧化碳排放，现在普遍认为生物质能具有碳中性。

总的来说，生物质作为一种天然的非化石有机材料，含有固有的化学能。这些生物质能可以通过直接燃烧来获取能量，也可以通过物理转换（固体成型燃料）、化学转换（直接燃烧、气化、液化）、生物转换（如发酵转换成甲烷）等形式转化为固态、液态和气态燃料。这种将太阳能以化学能储存在生物质中的能量形式统称为生物质能，生物质能一般取自农林废弃物、生活垃圾及畜禽粪便等，如木材、作物残渣、锯末、秸秆、粪肥、废纸、生活废物和废水。

3.1.3 生物质能存在形式

1. 生物发电

利用生物质能发电是生物质利用的一种重要方式。生物质与化石燃料相比，具有可再生性、低污染性等特点，而且作为燃料时，基本没有 CO_2 排放，可有效地减轻温室效应。因此，在全球气候变化和要求 CO_2 减排的大形势下，生物质能发电是降低 CO_2 和其他污染物排放的有效途径之一。在过去的 20 年里，生物质发电一直保持占全球发电总量的 2%左右。生物质能发电在可再生能源发电中电能质量好、可靠性高，比小水电、风电和太阳能发电等间歇性发电要好得多，可以作为小水电、风电、太阳能发电的补充能源，具有很高的经济价值。同时，生物质能发电技术能够代替煤炭、石油、天然气等不可再生能源生产电力，有利于应对能源短缺，改善生态环境。截至 2023 年底，全国可再生能源发电新增装机容量 3.05 亿千瓦，总装机容量达到 15.16 亿千瓦，发电量近 3 万亿千瓦时。其中，生物质发电全国并网装机容量约 4414 万千瓦，较上年增加 282 万千瓦；年发电量约 1980 亿千瓦时，较上年增加 156 亿千瓦时。

生物质发电技术主要有气化发电、燃烧发电和沼气发电三种类型，具体介绍详见 3.3 节。

2. 生物燃料

生物燃料可分为三大类：固态、液态和气态。

1）固态生物燃料

在经济欠发达国家，最常见的生物能源使用是一次取暖和烹饪，一般以木材、木屑为原料，由小型锅炉提供热量，以这种方式燃烧生物质的效率为10%～20%[4]。大型燃烧工厂能有效地产生热量，而且以一种可以与化石燃料竞争的方式，一般使用可达10 MW范围内的超大型锅炉，这些锅炉主要用于工业。此外，大多数生物发电厂也会采用直接燃烧技术，专门燃烧生物质来提供高压蒸汽，驱动涡轮发电机发电。

2）气态生物燃料

沼气是另一种由生物质厌氧消化产生的生物燃料，是一种可能取代天然气的可再生气体燃料。考虑到现有的农业原料和生活垃圾，估计每年可以释放1000亿标准立方米以上的生物甲烷来发电和供热[5]。柳枝稷是一种多年生草本植物，通过微生物厌氧消化能比其他作物产生更多的生物甲烷。然而，其木质素仅由微生物分解并不能完全产生沼气，因此需要进行化学、机械或热预处理。合成气（snygas）是一种由原料气化或热解制造的气态生物燃料。合成气经过净化后，用作合成运输燃料、甲醇、乙醇、甲烷、二甲醚等产品的原料。

3）液态生物燃料

第一代生物燃料，如乙醇，是由以糖、淀粉或植物油[甘蔗、玉米和甜菜、小麦或大豆（油）等]为基础的粮食作物产生的。木质纤维素材料（如纤维素、半纤维素和木质素）的转化可生产第二代或先进的生物燃料。第三代生物燃料是基于藻类和海洋植物（海藻）。藻类可以利用污水、废水和盐水，生长在不适宜第一代和第二代生物燃料生产作物的地区。藻类原料的生长速度比陆生植物快3～4倍，其纤维素含量与农用或森林残留物相当，而木质素和半纤维素含量较低。未经处理的大型海藻的纤维素转化率约为76%，而用过氧乙酸和离子液体处理原料的纤维素转化率几乎为100%[6]。藻类生物燃料的技术路线具有光合效率高、生产周期短、吸收大气中CO_2等显著优势。目前，第三代生物燃料仍处于研发起步阶段。第一代以后的生物燃料通常统称为高级生物燃料。

3. 生化药剂

生物质还可以被用于生产特定的生物衍生化学品（生物产品）。生物化学品种类繁多，如柠檬酸、丙二醇，以及从生物质中获得的显著增长和发展的材料。

大多数化学物质都是由特定的组成部分产生的，所有这些成分都可以被相应的生物质取代，这些相应的生物质被称为生物衍生成分，如甲酸、乳酸、乙二醇、丙烯、琥珀酸、糠醛、木糖醇、山梨糖醇、赖氨酸和乙二醇。与化学工业中产品结构信息树的概念相一致的是，一个单一的化学前体可以转化为一系列的衍生物，将化学品沿着价值链连接起来。因此，从生物质中获得的各种有附加值的材料或化学品可以作为最终产品生产，如黏合剂、润滑剂、病虫害防治剂、油漆和涂料、颜料和油墨，或用于进一步加工的中间体，如制造生物塑料，生物复合材料和化妆品、香料、食品、药品和医疗设备的成分。

4. 生物炭

具有明确化学结构的生物质可用于多种转化过程，通过热解的方式可以将生物质转化为炭及其衍生产品，即生物炭（bio-char）。国际生物质炭协会（International Biochar Initiative，IBI）将生物炭描述为一种高碳含量的碳化材料，具有抗降解性，在无氧条件下通过生物质热化学转化获得。

生物炭的使用被认为是一种发起一场双重绿色革命的有效方式。它广泛应用于工业、农业和自然环境中，既可以作为土壤补充，又可以用于饲料、青储作物及水处理。

1）固碳

生物炭可以阻碍土壤中的碳质向大气回归，这被视为降低二氧化碳浓度的潜在途径。

2）减少温室气体的排放

除了减少二氧化碳的排放，生物炭作为土壤改良剂还能抑制土壤中 N_2O 和 CH_4 等其他温室气体的排放。这种土壤改良剂因为具有较高的吸收率和抗微生物降解能力，还可以固定土壤和污水中的污染物。

3）发展农业

生物炭的使用有助于发展可持续农业，特别是在气候条件所导致的土壤有机质快速退化的热带地区。生物质对土壤的改良包括：

（1）改善土壤物理特性，如密度、孔隙度、结构和质地等。

（2）改善土壤化学特性，如阳离子交换量、pH、土壤碳、养分循环和水分保持等。

（3）通过提供碳基质，释放或吸收有利于微生物或阻碍微生物的物质，或通过为微生物提供栖息地而延长微生物生态位空间，从而对土壤生物区产生一系列影响。

（4）作为甲烷发酵和堆肥的辅助材料。

3.2　生物质能转化技术

生物质分布广泛，可以说是一种取之不尽、用之不竭的可再生能源，也是唯一一种可再生的碳源，绿色环保、无污染，与风能、太阳能、核能等新能源同为当前备受关注的新型替代能源。

生物质的高效转化是减少对化石能源的依赖、解决未来能源问题的有效途径，生物质能转化利用技术主要包括直接燃烧技术、物化转化技术（热解、气化、液化）、生化转化技术（发酵和厌氧消化）等。此外，通过过程强化以及化学强化对上述技术进行催化，可以得到更加高效的转化效率。

3.2.1　直接燃烧

1. 基本概念

直到 20 世纪初，燃烧一直用于供热、化工、煤炭生产以及机械发电等目的。生物质直接燃烧过程是生物质与氧之间发生化学反应的结果，生成的主要产物为 CO_2 和水。燃烧温度通常高于 1650℃，这与燃料的热值、含水量、燃烧过程中的通氧量以及燃烧设备的结构均有关系，为了燃烧过程更好地进行，燃料保持在低含水量时效率最佳。

生物质直接燃烧是一个包含连续的均相和非均相反应的复杂过程，主要步骤为干燥、脱除挥发成分、气化、残余焦炭燃烧以及气相氧化。生物质直接燃烧技术分为炉灶燃烧技术和锅炉燃烧技术，炉灶燃烧、锅炉燃烧中最常见的两种锅炉是层燃锅炉和流化床锅炉，它们都具有良好的燃料灵活性，均可以实现完全由生物质提供燃料或与煤共同燃烧，图 3-4 是层燃锅炉示意图。

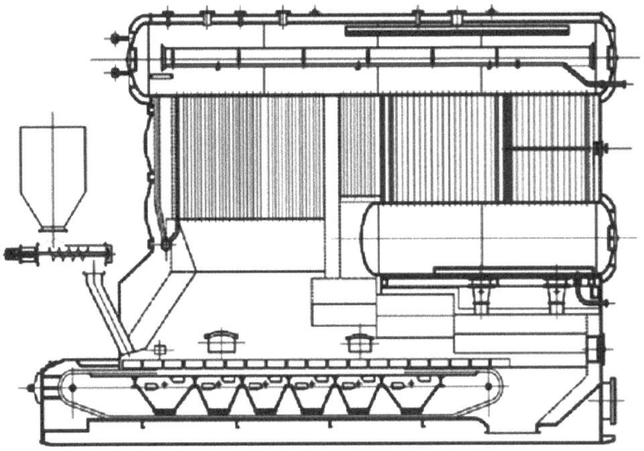

图 3-4　层燃锅炉示意图

生物质直接燃烧过程中产生的热量可用于发电或直接进行其他过程，根据文献报道，直接燃烧几乎占废物转化为能源案例研究的 80%以上。

2. 技术特点

生物质直接燃烧的最大优势在于燃烧过程中的 CO_2 零排放，因为生物质是由光合作用过程形成的，植物有机体从空气中吸收 CO_2 并将其转化为有机碳，成为植物生长的来源，这意味着生物质的燃烧只释放出已经在大气中循环的 CO_2，而没有引入新的量。然而，生物质在燃烧过程中不可避免地会造成污染物排放，形成的污染物主要包括颗粒物质、CO、HC、氮氧化物、硫氧化物，类似 HCl 的酸性气体也有释放的可能，可以将污染物形成的原因归结为两方面：①不完全燃烧会导致 CO、炭灰和多环芳烃等不完全产物生成，即使可以通过优化锅炉设计来减少此类污染物排放，但问题的解决方法仍有待进一步讨论。②生成的污染物种类与生物质本身的成分密切相关，如 NO_x 和颗粒物质可能由原料成分中的 N、K、Cl、Ca、Na、Mg、P 和 S 形成，而且与天然气和轻燃油相比，生物质燃烧过程中释放的 NO_x 和亚微米颗粒含量更高。

因污染物排放标准越来越严格，控制 NO_x 排放正成为一个非常重要的技术挑战，图 3-5 是生物质燃烧过程中 N 的转化流程及最终生成物。生物质直接燃烧技术的选择主要还取决于燃料特点，可获得性、年均可利用性、当前的环境立法、可用设备的成本和性能，以及所需的能源和容量。对于任何生物质的燃烧，除了提高能量转化效率外，减排也是不可忽的目标。NO_x 控制技术可分为：①燃烧前，使用低氮含量的生物质或已经降低了总氮含视

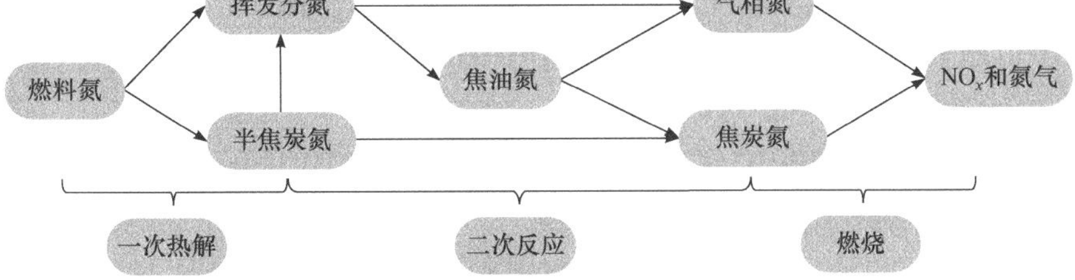

图 3-5　生物质燃烧时 N 的转化路径

量的生物质混合物；②燃烧过程中，改变燃烧装置的设计和操作特征；③燃烧后进行相应的烟气处理（FGT）。脱硝化措施在经济上是合理的，但在富含氮的生物质燃烧的情况下，特别是在 50 MW 以上的装置中，应该优先考虑能够满足经济成本（投资和运营）的二次措施，即烟气处理。

3. 应用

直接燃烧是最原始的将生物质作为能源利用的方法，也是在生物质热化学转化技术中唯一被证明能够同时应用在产热和发电领域的工艺，并且直接燃烧技术比热解、气化和发酵技术都更为成熟。尤其在产热领域，生物质燃烧系统的规模可以高达百兆瓦，产热效率也处于较高水平，具有十分优异的经济可行性。而直接燃烧也是早期将生物质转化为电能的主要方式，并且后面通常紧跟一个蒸汽循环系统用于发电。一个蒸汽发电厂实际上是一个双流体系统，能量在燃烧产生的气体和水之间不断交换，在电力循环中结合气体和蒸汽膨胀的可行性，已经得到广泛的探讨。由于蒸汽的产生通常涉及量级较大的燃烧气体的流动，燃气轮机从气体的膨胀特性角度考虑，是最适合实现直接燃烧生物质技术的设备。

生物质能直接燃烧另一个重要应用是生物质与其他燃料的协同燃烧，并且已被证明在成本、效率和 SO_x/NO_x 的减排方面是十分有优势的。若在协同燃烧应用中合理应用空气分级、烟气再循环以及燃料再燃烧等因素，能够显著减少氮氧化物排放，提高生物质和其他碳质材料的积极协同效应，同时并不会显著增加 CO 排放和焚烧灰中未燃烧的碳。但是，协同燃烧过程中必须注意锅炉沉积物的增加，由于生物质的成分特殊，尤其是在碱金属存在的情况下易产生具有利用限制的灰质，而灰质的实际应用并未进一步开发，因此由于灰质成分的非常态变化，生物质的占比通常被限制在输入燃料的 10%以内。研究结论表明，除非高灰和高硫含量的生物质（草本生物质）混合燃烧，否则不会显著出现污垢或设备腐蚀的现象。作为一项已经初具规模的技术，基于长期提倡减少温室气体排放的发展理念，协同燃烧在未来必须面临与生物质和废物转化为其他产品、燃料和化学品等可替代路线的竞争；另外，电动汽车的快速发展导致电力消耗的预期功耗持续增加，又有利于协同燃烧技术。然而，当前逐渐缩减的燃煤电厂数量将在未来几十年内限制直接燃烧的发展潜力。

3.2.2 物化转化

生物质物化转化是指在加热且缺氧的条件下，利用化学手段将生物质转化成高品位、便于储存、易运输、能量密度高且具有商业价值的固态、液态及气态燃料，以及热能、电能等能源产品、燃料物质的技术。主要包括热解、气化及液化。

1. 热解

典型的热解工艺是指在无氧条件下，在 400～600℃下通过热分解将生物质转化为生物油（bio-oil）、生物炭和沼气，其中气体和生物油均来自于生物质的挥发部分，而固相产物大多来自生物质中的碳成分。一般来说，热解技术分为慢速、中速、快速和闪速热解，图 3-6 展示了生物质原料转化为高值热解产物的过程。其中，在慢速热解过程中，生物炭是主要的产物，它发生在较低的加热速率和温度下，停留时间较长。相比之下，快速热解发生在较高的加热速率和短时停留的条件下，主要产物为生物油[7]。在热解过程中，通常会产生含氧化合物（醛、酚、酮和有机酸等），可能导致生物油的性质不稳定和自然酸性，可以通过催化热解过程，促使其产生一种高质量的生物油。与非贵金属催化剂相比，贵金属催化剂有望产生含有低含氧化合物的生物油。生物质的快速热解能够获得相对高产量的液相产物，并且产物中能够保留高达70%的能量，而生物油被认为是最具经济性的生物燃料，吸引了国内外研究者们的广泛关注，生物质热解技术因可发展性优势正在逐渐步入商业化道路。

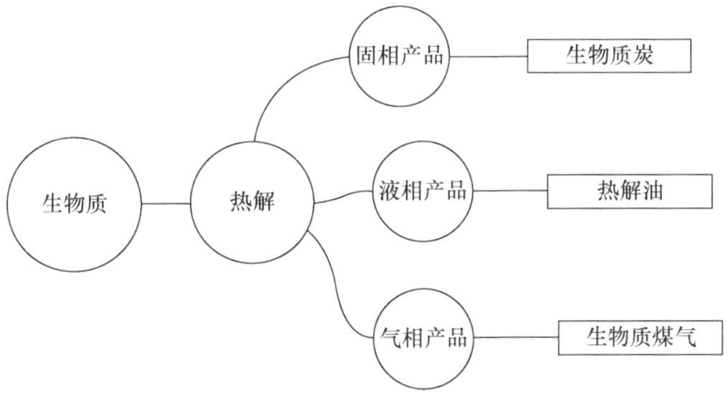

图3-6 生物质热解技术及其产品应用

生物质的热解过程从化学变化的角度又可以定义为由脱水、异构化、脱氢、芳构化、炭化和氧化等重叠组成的复杂过程，并且均伴随着二次反应，如将水转化成水煤气的热分解反应、裂解反应、合成气合成反应、冷凝反应等。反应产物依赖于工艺参数，主要是温度和生长速率，反应产物包括蒸汽、CO_2、脂肪族和芳香烃、沥青（焦油）、聚合物、氢气和煤等。

生物质热解分解所产生的生物油成分和性质都与柴油或导热油相似，由于传统的热解方法存在热传导性差、热损失严重、无选择性优势以及连续电力加热时反应堆炉壁易损坏等缺点，并且生产成本也无法与柴油生产竞争。基于此类问题，研究者开始进一步探索热解技术的优化以及生物质催化热解新技术的发展，部分研究者提出将微波辐照与热解技术结合起来，有效提高产物价值性。由于微波辐射的高效传热优势，微波辅助热解技术正成为强化和加速化学反应的最有前途的方法之一，以及微波辅助热解还具有易控的反应条件、快速、可选择性的加热流程、低反应温度和低能量消耗等特点。

2. 气化

生物质气化是指将固体或液体含碳材料（如生物质、煤炭或石油）与空气、氧气或蒸汽反应以生成称为合成气的气体产物，或者包含不同比例的CO、H_2、CO_2、CH_4和N_2的混合气体，而所得气体中50%的能量由H_2和CO贡献，其余能量由甲烷和芳香烃贡献。

生物质气化过程通常包含热解、部分氧化和蒸汽气化几个阶段，因此整个过程往往同时存在固相、液相、气相三相共存的混合反应，其中热解阶段将原料热分解成没有氧气或蒸汽的气相、液相和固相产物；部分氧化阶段是指消耗少于完全燃烧所需的化学计量比氧气量的氧气；蒸汽气化阶段包括水与生物质衍生物反应，生成 CO、CO_2 和 H_2。水煤气转化反应（H_2O 和 CO 反应生成 H_2 和 CO_2）和甲烷化（CO 和 H_2 反应生成 CH_4 和 H_2O）是气化过程中发生的另外两个较为重要的反应。驱动气化反应所需热量有两种产生方式：间接气化和直接气化，间接气化是指热量在气化器外部产生并转移到气化器中，而直接气化则是热量由放热燃烧和气化器内部的部分燃烧反应产生。生物质气化过程高度依赖于操作参数、不同的发生机制，如生物质干燥、热解、燃烧和还原，均需在最佳条件下才能获得所需质量的最终产品。

生物质气化过程与煤气化相似，但有少许不同，由于生物质比煤炭更具反应性，气化温度要低于煤炭，而生物质中所包含的钾、钠和其他碱金属，有可能导致常规的气化设备出现结渣或结垢问题。

利用可再生木质纤维素生物材料合成生物能源被认为可以促进商业化竞争，将木质纤维素生物质转化为能源或化学产物的气化过程通常需要两个步骤，首先将生物质原料保持在 700℃以上高温和特定氧气水平条件下生产合成气，即 H_2、CO、CO_2 和 CH_4 的混合物；其次合成气可以直接作为生物燃料，也可用作生产二甲醚、乙醇、异丁烯等燃料的化学平台。

生物质直接燃烧、热解和气化三种转化方式存在相似之处，然而生物质从热解、气化到生物质完全燃烧过程消耗的氧量系数，即转化过程中提供的氧气的质量与生物质的质量之比，是存在差异的。其中生物质的完全燃烧消耗的氧量或空气质量是遵循化学计量比规则的，而热解以及气化过程所消耗的并无规律可循。

3. 液化

生物质液化是将生物质转化为有价值的生物燃料，包括间接液化和直接液化两种转化方式。间接液化是指费托合成（F-T 合成），以生物质合成气为原料，生产甲醇、乙醇和二甲醚等液体燃料；直接液化是指将生物质直接转化为生物油，主要技术有水解发酵和热力学液化，热力学液化又可分为快速热解和水热液化。

生物质的成分十分复杂且类型各异，这些因素都将是影响液化过程的关键，因此需要根据生物质的类型选择液化方法。通过间接液化将 CO_2/CO 和 H_2 转化为乙醇是生物质利用的潜在技术，在此过程中，应开发催化剂以促进高效转化；水解-发酵液化是一种相对传统的技术，而存在的主要问题是反应时间较长，需要进一步优化探索；由快速热解和水热液化得到的液体燃料（生物油）能够成为化石燃料的潜在替代物，然而，生物油中高浓度的水和氧元素限制了其应用，需进一步集中在水力处理的升级上。

液化过程相比于上述提到的热解和气化工艺经济效益较差，因为反应器和燃料补给系统所需的设备更加复杂和昂贵，但直接液化是将生物质转化为生物燃料更具有前景的方法。

3.2.3 生化转化

生物质的生化转化技术主要涉及细菌、微生物和酶，利用其使生物质的成分发生变化，转化为一系列有价值的产品，通常引导生化转化技术生产初级和次级代谢产物，如柠檬酸、乙醇、青霉素等。生物质生化转化技术主要包括生物发酵技术和厌氧消化技术。

1. 发酵

生物发酵的主要产物是乙醇，可以将发酵产生乙醇的过程归结为三步：①通过破碎从生物质中得到糖质原料；②与水和酵母混合加热，酵母将糖分解并转化为乙醇；③通过蒸馏-精馏-脱水工艺分离提纯，提取浓缩乙醇并将其转化成液体形式，有时在发酵前还需要预处理来还原难以分解的生物质。

2. 厌氧消化

厌氧微生物是指利用 CO_2 作为碳源来生长和分解糖、蛋白质以及其他有机物质的微生物。厌氧消化只需使用简单的设备，而且许多微生物的生长条件要求较为温和，包括可以在没有氧气和光的情况下存活下来，氢细菌可以直接利用有机物生存并生产甲烷。

生化转化技术具有在化学和食品工业中易于商业化的优势，生化转化技术发展在当前低成本燃料占据大半市场的背景下，存在的最大挑战在于整体过程的成本要素，尤其是转化过程预处理阶段以及大量使用价格昂贵的纤维素酶。

3.2.4 催化转化

将生物质转化为化学物质和燃料是科学和工业界的一个长期目标，然而该技术成本过高，因此开发高效低成本的强化转化技术对生物质利用具有重要意义。

1. 催化技术

1）酸催化

基于酸对碳水化合物的作用，酸催化长期以来一直被用于植物细胞壁多糖的解聚，其催化机制得到了广泛研究，并且延伸到生物质的转化过程中。固体酸催化木质素转化是通过酸催化，实现以绿色、高效和经济的方式从木质素制备高价值单体的一项技术。木质素中最弱的键是α-和β-芳基乙醚键，其次是芳基-芳基键。在酸性预处理条件下，与木质素相关的主要反应是芳基乙醚键的酸解破碎和酸催化的再冷凝，能够有效提高木质素转化效率。

2）金属基催化剂

贵金属及其氧化物，包括 Pd、Pt、Au、Rh、Ir、Ru、RuO_2 和 IrO_2，已经被证明对生物质转化有催化活性且效果明显，特别是针对加氢转化和氧化转化过程。然而，其稀缺性和高成本显著限制了商业应用。为了降低生产成本和进一步增加工业化的可能性，这些稀有和昂贵的金属催化剂逐渐被较低价且储量丰富的过渡金属所取代。其中，综合考虑铜、镍、钴、铁等 3d 过渡金属的各方面性能，Fe 是可持续应用的最佳候选品，其后是 Mn>Cu>Ni>Co。在过渡金属基催化剂的实际应用中，活性和稳定性是十分关键的因素，基于文献报道，发现高金属分散性、较强的金属-载体相互作用、具有介孔壳/芯结构的双金属复合催化剂往往表现出更好的活性和稳定性。此外，尺寸、形状、形态以及表面积等结构因素和成分构成也会对催化活性有一定的影响，另外还取决于具体反应的类型。

3）光催化

基于热化学和生化过程的生物质转化技术容易受到特设应用场景的限制，如试剂和设备成本高、能源高消耗和不良反应等。相比之下，光催化生物质转化可以在较温和的反应条件下，使用均质光催化剂或异质光催化剂进行催化转化。前者包括双吡啶、苯吡啶等物质，具有更高的催化活性，但价格相对昂贵，并且难以与形成的产品分离。异质光催化剂成本较低，分离以后能够重复使用，从工业生产的角度来看，异质光催化剂具有更大的应用潜力。

2. 过程强化

1）超声辅助强化

超声辅助生物质转化过程比传统转化过程效率更高，涉及的主要反应通常包括水解、加氢和氧化反应。

一些研究将超声波和离子液体（IL）结合作为传统有机溶剂应用的替代。传统的有机溶剂会对反应物和催化剂的热力学行为产生负面影响，而在离子液体中更加倾向于木质纤维素的直接溶解，致使生物聚合物均匀分散化和非晶化，更容易转化为其他有价值的物质。与水相比，低频超声波系统引起的机械效应可以降低离子液体黏度，提高其加热速率，这是离子液体作为溶剂使用的一个关键特征。此外，结合离子液体和超声波辐照会产生协同效应，将转化条件控制在相对温和的环境中，从而改善催化反应。然而，在使用超声波辐射与离子液体结合时，需要相应的预防措施，以避免它们在超声波辐射下分解，因为该种形式的分解可引发产物热解、毒化催化剂，最终使离子液体不可回收。

2）微波辅助强化

在众多非传统辅助技术中，微波已被广泛应用于生物质转化过程，通过离子和极性与极性分量的偶极相互作用发挥催化作用。微波还可以直接作为热源，利用微波作为生物质气化的能源是近年来生物质利用的一条新途径，以微波为热源辅助生物质气化通常会提高气体产量，并且适当的催化剂还可以提高气体质量。

微波作为热源辅助转化的优势在于能够直接加热原料，微波穿透原料粒子，且能量立即转化为粒子内部的热能，因此微波辅助的加热比传统的电加热更有效率。

3）机械强化

将生物质原料放置在球磨机反应器中，发生机械化学激活会产生高能微环境，通过动能提供的局部压力和摩擦加热来实现催化目的，是过程强化的一种手段。但尽管在生物质转化中应用机械催化具有一定的发展潜力，但这些过程主要用于生物质预处理，目的是打破其成分之间的接触，从而使它们更容易受到进一步的化学或生化处理。若在木质纤维素转化过程中将机械活化作用与催化剂的使用相结合，由于酸催化剂的作用和机械力之间具有一定的协同效应，不仅为整个催化系统提供能量，而且促使纤维素中吡啶环的构象变化，使 β-1,4-糖苷键发生质子化和裂解，加速转化过程。

超声辅助、微波辅助与机械强化三种强化手段的结合也是生物质转化的一种更为强有力的策略。例如，微波辐射和物理化学相结合的生物质预处理工艺被认为具有相对较优越的经济和环境效益，其中，微波辐射的目的是分解木质纤维素，并监测木质素、半纤维素和纤维素的含量，监测聚合物的分解和纤维素分子晶体排列的瓦解以及其他有机物质的溶解，包括蛋白质、碳水化合物和脂质。而将纤维素的结晶度降低和木质素的含量减少被认为是物理预处理的理想结果，球磨增加了生物质可用的比表面积，若该预处理作用应用在生化转化工艺中，还可能增强酶水解的应用强度。因此，将生物质磨成小颗粒对预处理有正面效果。球磨与微波照射相结合的生物质预处理具有创新、环保、高效性，并且几乎可以应用到所有转化技术的预处理过程中。

上述强化技术在生物质转化过程中的应用不仅可以单一化应用，也可以联合使用，可同时采用不同类型的催化剂或溶剂的组合强化转化过程，辅助技术和催化剂的协同利用也已经被证明是有效提升转化效率的方式。

3.3　生物质发电技术

电能的利用是第二次工业革命的主要标志，从此人类社会进入电气时代。日常生活中使用的电能，主要来自其他形式能量的转换，包括水能（水力发电）、热能（火力发电）、原子能（核电）、风能（风力发电）、化学能（电池）及光能（光电池、太阳能电池等）等。由化石能源（石油和煤）燃烧产生的涡轮发电机仍然是发电的主要能源。然而，近年来由于污染物和温室气体排放标准的挑战不断增加，传统发电厂的化石燃料使用不断减少。生物质发电作为新能源发电技术之一，具有低碳排放、环保和可持续发展的新能源优势，并因其良好的经济效益和社会效益而受到世界各国的广泛关注。在全球范围内，利用可再生资源生产电力的需求持续增长。

3.3.1　生物质发电原理

1. 原理和方法

生物质发电技术是最成熟、发展规模最大的现代生物质能利用技术。生物质能发电技术的基本原理是以生物质及其加工转化成的固体、液体、气体为燃料的热力发电技术。根据燃料的不同、温度的高低、功率的大小，分别采用煤气发动机、斯特林发动机、燃气轮机和汽轮机等设备发电。生物质能发电技术兼具经济、生态与社会等综合效益，是可再生能源利用中的重要组成部分。

生物质发电可以通过不同的方法来实现。其中，生物质材料的直接燃烧是最常用的方法。此外，气化、热解和厌氧消化也被用于生产可作为涡轮机能源的生物质基燃料。在气化过程中，为了产生合成气，生物质被加热的氧气比完全燃烧所需的氧气少。在热解过程中，生物质无氧快速加热产生生物油。生物质厌氧消化通过细菌在无氧条件下分解有机物产生可再生天然气。

2. 生物质发电的优势分析

由于生物质能属于可再生能源，同时采用热力发电的方式，生物质能发电技术结合了可再生能源发电与火力发电的优势。

1）生物质能发电技术有助于形成循环经济

生物质能发电技术的燃料来源广泛，储量丰富，燃烧所需燃料的质量要求不高，可使用农林废弃物、城市垃圾和动物粪便，形成循环经济。

2）生物质发电有助于碳循环

生物质燃烧发电释放二氧化碳的过程能够与生物质生长吸收二氧化碳的过程形成碳循

环，而生物质的低硫含量使得生物质发电技术具有污染小、清洁卫生的特点。发展生物质发电，替代传统煤炭发电，可显著减少二氧化碳和二氧化硫排放，产生巨大的环境效益。基于生物质燃料本身所具有的低灰、低硫特性，以及生物质生长、燃烧过程中的零排放机理，它在氮氧化物、二氧化硫、二氧化碳以及烟尘颗粒的排放上，分别是火电机组排放标准的1/5、1/10和1/28。与传统化石燃料相比，生物质能属于清洁燃料，燃烧后二氧化碳排放属于自然界的碳循环，不形成污染。根据测算，运营1台2.5万千瓦的生物质发电机组，与同类型火电机组相比，可减少二氧化碳排放约10万吨/年。美国能源部预测，到2025年之前，在可再生能源中，生物质发电将占据主导地位。

3）生物质发电很稳定

生物质不受地区与环境的限制，不需外运燃料和远距离输电，适用于居住分散、人口稀少、用电负荷较小的农牧区及山区。

尽管生物质发电有诸多优势，但由于生物质能具有资源分散、不易收集、能源密度较低等自然特性，与传统火力发电厂相比仍然有一些问题需要改进。首先，生物质发电原料成本较高。生物质能发电厂的连续运行需要足够的生物质燃料供应。作为生物质主要燃料的稻草和秸秆体积很大，不适合长途运输，导致其包装、储存和运输成本高。其次，生物质能发电厂需要的秸秆等大型生物质燃料，其可得性因季节而波动或受到限制，因此必须建造额外的设施，配备专门装置收集、储存和运输秸秆。所有这些设施必须能够防雨、防潮、防火、防雷。此外，由于秸秆的生物质作物密度低，需要很大的空间来储存，而生物质能发电设备的装机容量一般较小，且多为独立运行的方式。这将导致生物质能发电厂的设计、建造和维护成本较高。

3.3.2 燃烧发电

1988年，丹麦诞生了世界上第一座秸秆生物燃烧发电厂。此后，丹麦大力发展生物质燃烧发电技术并陆续在各地建立秸秆发电厂，以秸秆和木屑为主要原料的生物质能在丹麦可再生能源中的比重日益增加。目前，丹麦的秸秆发电技术已走向世界，并被联合国列为重点推广项目。我国目前的生物质燃烧发电技术通过750000 t的家禽类粪便可提供足够的电能供100000户家庭使用。并且，燃烧后的家禽类粪便质量减轻至原来的90%，更方便运输，可作为一种肥料进行销售。

迄今，燃烧发电仍然是应用最广泛的生物质转化方法，其基本原理为将燃料中储存的化学能通过燃烧的方式转化为热能，再利用各种热机将产生的热能转化为机械能及电能。在能源转换链的末端，电力被送入电网，输送到最终用户。附加接口可能是区域供热系统或单个主要热用户（如具有高低温热需求的工业公司）。在这种情况下，系统被设计为热电联产站。

1. 原理和方法

生物质燃烧发电是指将生物质直接燃烧，产生的热能转化为蒸汽驱动发电机发电，其原理与燃煤火力发电基本相同，是一种最简单、最直接的方法。生物质燃料的燃烧过程是强烈的化学反应过程和两相流过程，也是燃料与空气之间的传质和传热过程。燃烧必须有燃料、充足的热量供应和适当的空气供应。

2. 工艺技术

生物质燃烧发电的具体过程如下：

（1）首先对生物质原料进行粉碎、分选等预处理，然后储存在固定区域。

（2）由原料运输车辆运输至锅炉燃烧，通过热烟气与水之间的热交换将生物质化学能转化为蒸汽。所提供的热能为汽轮发电机组发电提供高温高压蒸汽源，并实现转换蒸汽热能分为机械能和电能。

（3）对生物质燃烧后的烟灰进行除尘，由灰机送到灰坑进行处理。烟气被排出经烟囱经过脱硫脱硝处理后进入大气。

3. 生物质燃烧发电优势分析

生物质燃烧发电技术作为一种新能源技术，具有以下独特的优势：

（1）使用成本低。与燃煤发电的原材料不同，生物质发电燃料主要包括工业废弃物、秸秆、农林废弃物、畜禽粪便等，因此较多国家利用此优点大力开发和利用此技术。

（2）燃烧灰烬可利用。松散的篦灰可用于道路建设，有助于潮湿材料在地下的良好固化。此外，生物质灰还可用作农业堆肥中的添加剂，它们可以在堆肥内被压碎或在堆肥重置期间被分拣出来，在堆肥过程中灰和石块不会产生负面影响。

（3）低碳环保。根据该生物质的特征，温室气体排放量非常低，是褐煤燃烧排放出的CO_2含量的10%～20%。

4. 应用实例

山东省丰源生物质发电厂是我国首批建成投产的生物质发电厂之一，占地约6.67 hm^2。其装机容量为30 MW，锅炉为130 $t\cdot h^{-1}$生物质专用振动炉排高温高压锅炉，发电设备采用我国较为普遍的生物质燃烧技术。经过不断发展，生物质发电供应链的运作趋于成熟。目前，生物质发电厂采用厂区收储和收购点收储两种燃料收购方式，主要面向中间商收购燃料，是“农户—中间商—电厂”收购模式的代表电厂。该电厂收购的生物质燃料品种包括：花生壳、稻壳、边角料、薪柴、树皮、枝桠柴、卷皮、刨花等。

近年来，我国在生物质燃烧发电技术的研发和使用方面有了质的飞跃。能通过相关技术手段及设备研发以及使用加强对能源的利用率。但与发达国家相比，在技术与应用的层面仍有较大差距。因此，我国应加大生物质燃烧发电技术方面的力度[8]。

3.3.3　热解发电

1. 原理和方法

热解发电技术一般是指通过热解生物质转化为液体燃油，然后将使用热解油的燃气轮机集成为一个联合循环，通过柴油发电机实现化学能到电能的转化。

热解发电所需要的生物质燃油是依靠现代科学技术的一种生物质能，具有可再生性、环保性，是一种最具有代表性的新型可替代化石燃料的生物质液体燃料。我国《可再生能源中长期发展规划》提出，甜高粱、小桐树、黄连木等能源作物（植物）可种植面积达2000多万公顷，其原料每年可生产大约5000万吨生物液体燃料。因此，生物质燃油的开发与应用不仅可以推进我国低碳经济、循环经济、生态经济的发展，从根本上实现温室气体的零排放，全面履行应对全球气候变暖的减排义务，而且对缓解能源危机和调整能源消费结构具有重要意义。

生物质燃油包括油料作物榨出的植物油脂、回收餐饮废油、地沟油、乳化油、化学转化的生物柴油、生物乙醇等，是可再生清洁环保友好型液体燃料。生物质燃油具有无毒、含硫量低、可生物降解等优点，是可再生、清洁型的液体燃料。但生物质燃油的密度和黏度均较大且闪点较高，作为柴油的替代燃料直接用于柴油机时，雾化和燃烧性能较差，而且容易产生积炭堵塞喷嘴，阻碍了生物质燃油作为柴油替代品的推广应用进程。

2. 工艺技术

与陆生植物相比，以藻类为基的生物燃料具有较高光合效率，其增长率较快，在高能二氧化碳减排，以及在干旱土地上种植的高可能性等方面具有优势，因此受到广泛关注。不同于主要由纤维素、半纤维素和木质素组成的木质纤维素的热解，藻类很容易被热解，因为它们由碳水化合物、脂类和蛋白质组成。此外，藻类的氧含量显著低于木质纤维素类植物，因此，海藻生物油具有含氧量低的优点。研究人员通过在反应器中对藻类的热解，得出生物油的平均热值为 25.33 $MJ \cdot kg^{-1}$，含氧量（质量分数）为 30.27%，进一步说明了大型藻类是一种很有前途的升级生物油候选原料。但木质纤维素的生物油产量高于海藻。

为了提高热解反应效率和生物油品质，人们开始探讨共热解技术。由于生物原油中含氮化合物的比例较高，不适合通过传统的（共）热解方式直接作为燃料使用。因此，许多研究人员采用催化热解的方法来提高热反应效率，获得高收率的升级液体产品。

3. 生物质燃油分类

1）植物油脂

植物油脂是由脂肪和甘油化合而成的天然高分子化合物。凡从植物的种子、果肉及其他部分提取所得的脂肪，统称为植物油脂。植物油脂可分为食用类植物油脂和非食用类植物油脂。例如，常见的花生油、蓖麻油、大豆油、菜籽油等都是食用类植物油脂，如图 3-7 所示。

图 3-7　各类植物油脂

植物油脂一般有以下特点：①黏度高，是柴油的几倍或十几倍，很难达到良好的雾化效果；②挥发分含量较低，不容易燃烧且难以燃尽，有严重的积炭现象；③所含不饱和烃与空气发生反应容易产生导致喷嘴结焦的物质。

2）地沟油

地沟油是家庭或饭店、宾馆等洗刷餐具过程中随水流入下水道中的各种油脂、食品残渣等形成的混合物。地沟油中含有大量对人体有害的物质，不能再食用。对地沟油进行预处理后用于制备高附加值的生物柴油，为餐饮废油的再利用开辟了一条新途径，有利于防止地沟油对生态环境造成的不利影响，也可降低生物柴油的生产成本。

地沟油制生物柴油经济效益显著。我国每年从餐饮业中产生的地沟油2000多万吨，全国每年废弃或闲置的动植物油总计在1亿吨左右，以1吨动植物油约提炼800 kg生物柴油计算，可生成800多万吨生物柴油。国务院办公厅在2010年发布了《加强地沟油整治和餐厨废弃物管理的意见》，要求进一步规范地沟油的回收、处理。受益于国家政策的有力扶持，兼具经济效益、环境效益、社会效益的地沟油制生物柴油项目投资潜力巨大。

3）生物柴油

生物柴油是生物质燃油的一种形式，是指以油料作物和微藻等水生植物油脂及动物油脂、餐饮垃圾油等为原料油，通过酯交换工艺制成的可代替液体化石燃料的再生性柴油燃料。其具有十六烷值低、无毒、低硫、可降解、无芳香烃等特点，可直接替代或与化石柴油调和使用，能有效改善低硫柴油润滑性，有利于降低柴油发动机尾气颗粒物、一氧化碳、碳氨化合物、硫化物等污染物排放。

4）生物油

生物油是生物质通过快速加热的方式在隔绝氧气的条件下使其高分子聚合物裂解成低分子有机物蒸气，并采用骤冷的方法凝结成的液体燃料。它具有原料来源广泛、可再生、便于运输、能量密度较高等特点，是一种小分子液态燃料。生物油作为燃料可用于塞炉、锅炉等产热设备，将生物油用于柴油机也具有很大的应用前景，对减少柴油消耗、缓解高品质燃料油供应紧张有重要意义。

生物油可在锅炉中单独燃烧或者与化石燃料混合燃烧用于供热和发电，可与乙醇、甲醇和柴油等混合燃烧驱动柴油机发电，也可直接应用于燃气轮机中。生物油与化石燃料在锅炉和燃气轮机中混合燃烧最具有大规模应用的可能性。

5）生物乙醇

生物乙醇是各种生物质通过微生物的发酵转化成的燃料乙醇，又称为燃料酒精。生物乙醇的原料来源相当丰富，而且可循环再生，是一种绿色可再生资源，属于生物质燃油的一种。随着科学技术的发展，粮食和各种植物纤维都可加工生产出生物乙醇。生物乙醇的出现不仅减少了对石油资源的依赖，它可以单独或与汽油混配制成汽车燃料，还能很大程度地改善汽车尾气污染和提升发动机燃烧效率。由于乙醇是燃油氧化处理的增氧剂，可使汽油燃烧充分，达到节能和环保的目的。与用石油生产的汽油相比，生物乙醇在燃烧时释放到大气中的二氧化碳要少得多，最高可使二氧化碳的排放量比汽油减少90%。我国是世界上第三大生物乙醇生产国和应用国，仅次于美国和巴西。近年来，国际原油价格持续走低，在国家财税政策调节的引导下，我国生物乙醇行业逐渐向非粮经济作物和纤维素原料综合利用方向转变，积极开展工艺和示范项目建设。

4. 生物质热解发电优势分析

生物质热解发电具有以下优势：

（1）生物质燃油具有巨大的发电潜力，可以克服与生物质直接燃烧相关的许多问题，如生物质储存中的水分吸收。

（2）生物质燃油在发电厂中的使用更加灵活，与化石燃料的共同燃烧已在商业规模上成功测试。在大型煤炭和天然气发电站中，与木屑混烧相比，生物质燃油可以更成功地用作混烧燃料，因此可以更容易地取代固体化石燃料。

（3）生物质燃油可以更显著地降低温室气体排放，直接燃烧发电的能效不到生物燃油内燃能效的一半。

5. 生物质热解发电实例

作为世界领先的棕榈油（CPO）生产国，马来西亚大规模生产棕榈生物质，其作为一种可再生能源展现出显著的开发潜力。马来西亚拥有 $4.48\times10^4\ km^2$ 的棕榈种植区域，其中每年每公顷可收获约 87.7 t 新鲜水果、11 t 叶片和 3 t 树干。国内 400 多家棕榈油加工厂致力于棕榈油和棕榈仁油的生产，这些生物质可借助现代技术对其中蕴含的能量进行开发利用。在马来西亚的一处棕榈油发电厂，采取了以下方法来发挥棕榈油的能源潜力：首先，在工厂内部对棕榈生物质进行热解，所得到的液体生物燃油随后被输送到集中的下游应用单元，进一步用于制造化学品、运输燃料或生产电力。鉴于棕榈油生物质的可再生性、可持续性、高可用性和低成本特性，其通过生物油的生产作为燃料和化学品，不仅减少了废物填埋所需的土地面积，同时降低了额外的温室气体排放。

生物质燃油发电技术指生物质可以通过固体的快速热解过程生产燃油，然后燃烧发电，取代化石燃料作为原料。这一发电技术在能源综合利用方面具有优势，应尽快建立大规模的热解系统进行工业化研究。

3.3.4 气化发电

1. 原理和方法

生物质气化发电是指生物质在气化炉中转化为气体燃料，经净化后直接进入燃气机中燃烧发电或者直接进入燃料电池发电。气化发电的关键技术之一是燃气净化，气化出来的燃气都含有一定杂质，包括灰分、焦炭（coke）和焦油（tar）等，需经过净化系统将杂质除去，以保证发电设备的正常运行。

气化发电过程包括三个方面：一是生物质气化，将固体生物质转化为气体燃料；二是气体净化，气化出来的燃气都含有一定的杂质，包括灰分、焦炭和焦油等，需经过净化系统将杂质除去，以保证燃气发电设备的正常运行；三是燃气发电，利用燃气轮机或燃气内燃机进行发电，有的工艺为了提高发电效率，发电过程可以增加余热锅炉和蒸汽轮机。

2. 工艺技术

生物质气化工艺可以分为固定床气化和流动床气化两大类。固定床气化有上吸式气化、下吸式气化和横吸式气化三种。流化床气化包括鼓泡床气化、循环流化床气化及双流化床气化三种，这三种气化发电工艺目前都有研究，其中研究和应用最多的是循环流化床气化发电系统，如图 3-8 所示。

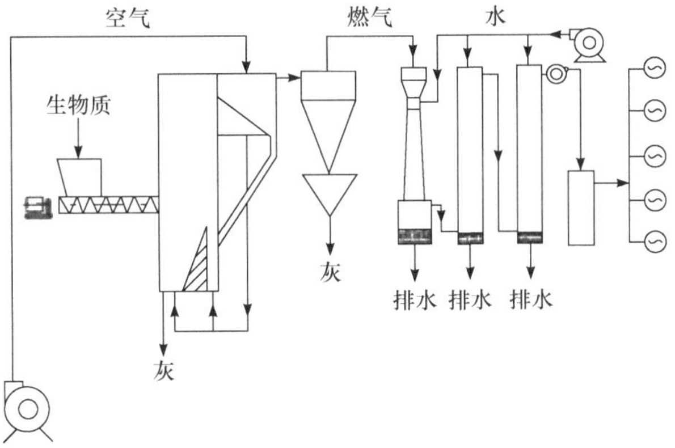

图 3-8 典型的生物质气化发电工艺流程[9]

自 1981 年第一台 160 kW 稻壳气化发电装置成功运行以来，生物质气化发电技术在我国得到了较快发展，由于固定床气化工艺发电效率较低，一般在 10%～13%，而且其规模放大难度较大，该技术已逐渐被淘汰了。基于循环流化床的技术正向节能、高效与规模化发展[10]。

生物质循环流化床气化发电装置主要由进料机构、燃气发生装置、燃气净化装置、燃气发电装置、控制装置及废水处理设备几部分组成。

（1）进料机构。采用螺旋加料器，动力设备是电磁调速电机。螺旋加料器既便于连续均匀进料，又能有效地将气化炉同外部隔绝密封起来，使气化所需空气只由进风机控制进入气化炉，电磁调速电机则可任意调节生物质进料量。

（2）燃气发生装置。气化装置可采用循环流化床气化炉或其他可连续运行的气化炉，它主要由进风机、气化炉和排渣螺旋构成。生物质在气化炉中经高温热解气化生成可燃气体，气化后剩余的灰分则由排渣螺旋及时排出炉外。

（3）燃气净化装置。燃气须经净化处理后才能用于发电，燃气净化包括除尘、除灰和除焦油等过程。为了保证净化效果，该装置可采用多级除尘技术，如惯性除尘、旋风分离、文氏管除尘、电除尘等。经过多级除尘，燃气中的固体颗粒和微细粉尘基本被清洗干净，除尘效果较为彻底。燃气中的焦油采用吸附和水洗的办法进行清除，主要设备是两个串联的喷淋洗气塔。

（4）燃气发电装置。可采用燃气发电机组或燃气轮机。由于目前国内燃气内燃机的最大功率只有 200 kW，大型发电机系统可由多台 200 kW 的发电机并联组成。燃气轮机必须根据燃气的要求进行相应的改造，目前该项技术国内还未开展，国外技术也不成熟，所以成本较高。

（5）控制装置。由电控柜、热电偶、温度显示表、压力表、风量控制阀所构成。在用户需要时可增加相应的计算机监控系统。

（6）废水处理设备。采用过滤吸附、生物处理或化学、电凝聚等办法处理废水，处理后的废水可以循环使用。

生物质整体气化联合循环发电（BIGCC）技术作为先进的生物质气化发电技术，通过采用两级燃烧方式，首先是燃气轮机过程，随后是使用燃气轮机废气流中热量的蒸汽轮机过程，具有较高的发电效率和较大的发电规模，已成为国际生物质气化发电开发的热点。瑞典、芬兰、美国等欧美发达国家相继研发出 BIGCC 关键技术、设备，典型示范工程包括瑞典 TPS 和美国 Battele 的 BIGCC 系统。使用联合循环可以获得最高的电效率，但具有高度复杂性。

3. 生物质气化发电技术优势分析

生物质气化发电技术是生物质能利用中有别于其他利用技术的一种独特方式，它具有以下三个方面的特点：一是技术有充分的灵活性，由于生物质气化发电可以采用内燃机，也可以采用燃气轮机，甚至结合余热锅炉和蒸汽发电系统，所以生物质气化发电可以根据规模的大小选用合适的发电设备，保证在任何规模下都有合理的发电效率。这一技术的灵活性能很好地满足生物质分散利用的特点。二是具有较好的洁净性，生物质本身属于可再生能源，可以有效地减少氮氧化物等有害气体的排放。三是经济性，生物质气化发电技术的灵活性，可以保证该技术在小规模下有较好的经济性，同时，燃气发电过程简单，设备紧凑，也使生物质气化发电技术比其他可再生能源发电技术投资更小。总体来说，生物质气化发电技术是所有可再生能源技术中最经济的发电技术，综合的发电成本已接近小型常规能源的发电水平。

与直接燃烧发电相比，气化为生物质发电提供了以下优势：有专门应用于气体燃料和固体生物质的高效发电技术，在热电联产的情况下具有高电气效率。与固体燃料相比，气体燃料的处理要容易得多。一般来说，发生炉煤气（producer gas）净化仍然是所有气化应用中的关键。

3.3.5 厌氧消化发电

1. 原理和方法

沼气是有机物质在厌氧条件下，经过微生物的发酵作用而生成的一种混合气体。沼气的主要成分有 CH_4、CO_2 及少量的 H_2S、CO、H_2、N_2、NH_3、O_2 等。2011～2021 年全球沼气发电装机容量如图 3-9 所示[11]。

2. 工艺技术

当前生产沼气的技术重点在发酵工艺上。随着发酵技术工艺的发展，厌氧干发酵技术是当前国际前沿的有机废弃物处理技术。厌氧发酵技术在国外起步较早，德国、丹麦、荷兰等发达国家开发设计的沼气工程装备都已实现了系列化、标准化、工业化的“三化”过程，并且产品质量也已得到大幅提升。工程装备的组装也早已达到规范化、模块化的程度。厌氧干发酵技术的特点是在固体有机废物厌氧发酵生产沼气后，发酵剩余物为固体有机料，处理过程中没有污水产生；厌氧干发酵系统运行时自身能耗低，冬季仅耗用自身生产能量的 10%～15%。这种技术适合固体废物量大、污水少的情况下对废弃物进行资源化利用。

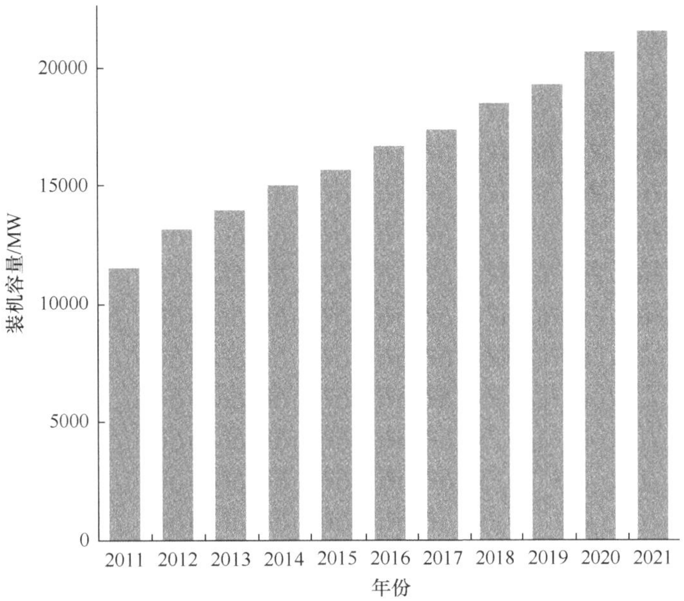

图 3-9　2011～2021 年全球沼气发电装机容量

沼气发电系统的工艺流程如图 3-10 所示：首先是秸秆经破碎机破碎后，通过铲车输送至预处理池中，预混池中装有搅拌机，可将破碎的秸秆和水充分混匀，混匀后的物料采用螺杆进料泵泵送至生物预处理发酵罐，生物预处理后的秸秆溢流至出料池后用螺杆泵泵送至进料池。

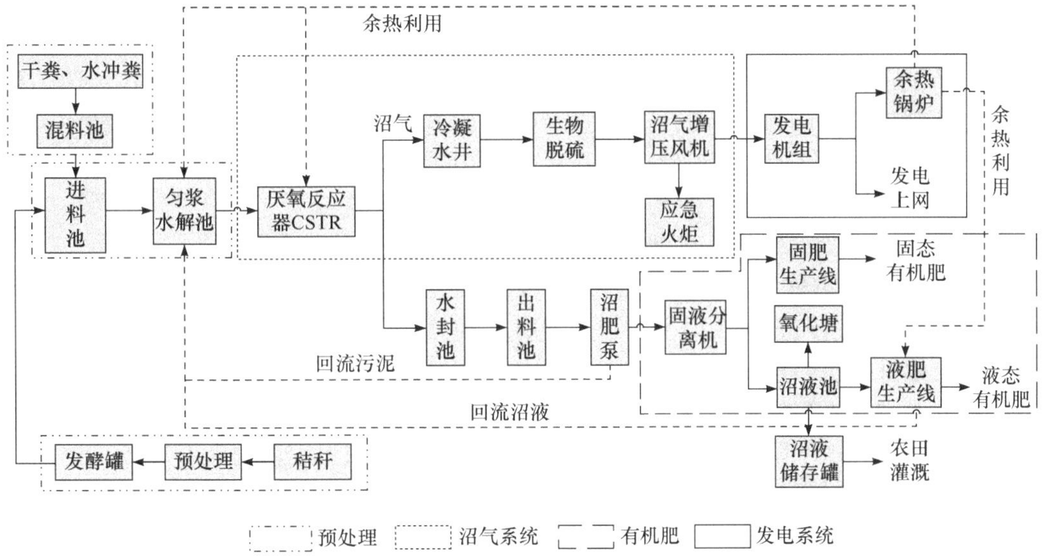

图 3-10　大型畜禽粪污厌氧发酵和沼气发电工艺设计[12]

发酵原料畜禽粪、尿和冲洗水等统一收集，收集的畜禽粪便通过输送机进入混料池，加入一定量的沼液或污水稀释，充分混匀，然后由输送机送至进料池内进行储备。使用养殖场产生的畜禽废水或上一步生产中产生的回流沼肥再一次稀释泡粪，被最终稀释后的合流粪污，通过污水泵泵出后经格栅进入匀浆水解池，合流粪污在水解池内发生水解反应和沉淀。

养殖场生产生活过程中产生的废水被引入水解池中，将其中的混合物稀释至一定固含量，通过搅拌装置对该混合料进行搅拌，再用提升设备将混合物料提升至厌氧反应装置中，进行厌氧沼气发酵，在这一厌氧反应过程中使混合物发生消解，从而使大部分污染物得到消解处理。

畜禽粪污经厌氧反应器发酵处理后会产生大量沼气（一般为 500 $m^3 \cdot t^{-1}$ 左右），所产生的沼气先进入水封器，以防沼气发生泄漏。沼气进入气水分离装置后再进入脱硫塔等装置进行净化处理，然后通过气体流量计计量后，将产生的沼气储存到双膜式储气柜或一体化储柜，最后进入沼气发电机组。发电机组产生的余热可供给匀浆水解池和厌氧反应器使用，因此不需要任何外加燃料。剩余热量可供给周边的养殖场或供园区内采暖使用。

全混合厌氧反应器（CSTR）反应后流出的发酵后料液首先通过出料管流至水封池，再通过重力管道流进设置好的出料池；排出来的沼肥在出料池中被泵送至固液分离装置，进行固液分离操作，最终完成沼液和沼渣的分离。分离出的沼渣可通过沼渣生产线制作成有机肥，出售或自用，沼液则经处理后可用于农田灌溉，实现资源的循环利用。厌氧发酵后的发酵混合液经过固液分离装置进行固液分离，沼渣可用于生产固态有机肥，沼液可用于果园、农田、无公害蔬菜基地等。在不需要使用肥料的季节，沼液可通过氧化塘储存或通过氧化塘净化处理达到畜禽废水排放标准后进行排放。

3. *沼气发电优势分析*

1）沼气发电技术是集环保和节能于一体的能源综合利用技术

利用工业、农业或城镇生活中产生的大量有机废弃物，经厌氧发酵处理产生沼气，收集沼气驱动发电机组发电，并可充分将发电机组的余热用于沼气生产。使用这一工艺可使能源的综合利用效率达到 80%以上。此外，沼气发电技术还是一种绿色环保的技术，不但消耗了大量废弃物，保护了环境，减少了温室气体的排放，而且产生了大量的热能和电能，符合能源循环利用理念的同时，也带来巨大的经济和社会效益。

2）沼气发电技术扩大了能源利用的范围

2015 年，中国沼气发电装机容量为 10 GW，占全球沼气发电装机容量的 2/3。在过去的十年中，我国在沼气方面取得了一定的发展。根据国家能源局统计，截至 2023 年底，我国沼气发电累计装机容量约 149 万千瓦，同比增长 16.8%。近年来，我国城市化率迅速提高，导致大量农村人口向城市迁移。农业劳动力由农业产业转移到工业、商业和服务业。这导致农村人口急剧下降，农村人口严重老龄化，农村人口的受教育程度较低，这些社会和经济因素导致农村沼气池的沼气利用率和沼气池的综合效益下降。此外，农村沼气池的维护和技术支助不足。

目前，世界上大多数发展中国家的农村能源消费水平都比较低。随着农村经济的发展和农民生活水平的提高，农村地区对能源的需求将会大大增加。我国沼气产业提供的经验教训也可以为国际社会发展中国家和新兴经济体面临的一些挑战和机遇提供借鉴。

3.4　生命周期评价

生命周期评价（life cycle assessment，LCA）包括对每种生物燃料的原材料、土地利用变化、生物燃料制造和最终用途的评估，是确定生物燃料相对于化石燃料的效率的必要工具，可以用来评估整个产品生命周期的环境影响。方法和默认值通常在特定的监管环境下标准化，如《欧盟可再生能源指令》（EU Renewable Energy Directive）和《美国可再生燃料标准》（US Renewable Fuel Standard）。目前已有许多标准化的方法和相应的计算工具，其中最著名的有温室气体（greenhouse gas）、管制排放（regulated emission）、运输中的能源使用（energy use in transportation）以及美国、欧盟和加拿大使用的 BioGrace 和 GHGenius。

3.4.1　生命周期评价框架

1. 目标和范围界定

1）目标

LCA 第一步是明确研究的目标。根据目标不同，LCA 可以采用两种不同的方法：归因法和结果法。它们之间的主要区别是，归因性 LCA 旨在描述产品在其生命周期内的环境影响，而结果性 LCA 则试图捕捉生命周期内决策的后果。

2）功能单元

功能单元（functional unit，FU）是 LCA 研究的关键元素，根据分析系统所提供的函数，为比较备选解决方案提供依据。目前，生物能源系统的功能单元分为三个主要类别：根据颗粒的特性定义，如含能量、质量或体积；根据使用颗粒产生的能量定义，如产生的热量；根据用于生产颗粒原料的农业用地数量定义，如农田的公顷数。

3）系统边界

系统边界决定了分析中包含的过程。颗粒生产阶段通常涉及的步骤包括：原料运输、粉碎、筛分和研磨、干燥、制粒、冷却和包装，以及将颗粒分配给最终用户。运输也一般包括在案例研究中，运输在系统的整体环境影响中占了很大的份额，敏感性分析中通常评估运输距离。寿命终止管理有时也会被包括在系统边界中。

2. 多功能性及分配

当被评估的系统涉及多个产品时，就会出现多功能性。处理多功能性的方法的选择需要特别注意，因为它会强烈影响 LCA 结果。原料生产阶段的多功能性与废弃生物质（如锯末、林业废弃物或农业残留物）的使用有关。在这一阶段，大多数具有多功能的情况认为生物质废料没有环境负担（即将 100%的影响分配给系统的主要产品），其余的分配依据质量、经济或能源标准。颗粒使用的多功能性主要与供热并发电、生物产品和能源的联合生产有关。

3. 生命周期清单——碳循环

生物质碳循环在生物能 LCA 中起关键作用，相关建模方法具有高度多样性，如在系统边界或在生物质生长过程中如何解释二氧化碳吸收等。大多数 LCA 中认为生物质生物具有碳中性。因为生物质能释放排出的二氧化碳能被生物质在能量转换过程中吸收的二氧化碳抵消。然而，生物质能的碳中性仅存在于理想状态下。实际生产中还存在某些因素，如二氧化碳排放和吸收的时间差，特别是在具有长收获周期的生物质系统中更不能忽略，因为在植物再生过程中，生物源二氧化碳在大气中停留的时间更长。此外，颗粒燃烧和原料储存过程中也会有生物甲烷等气体的排放。

4. 影响评价

在生命周期影响评价（life cycle impact assessment）方面，拉德堡德大学（又称奈梅亨大学）、莱顿大学等合作开发的 ReCiPe 是最常用的影响评价方法，其次是使用来自 IPCC 评估报告中的全球增温潜能值（global warming potential，GWP）。在全球变暖方面，常用 IPCC 提出的 GWP。在酸化和富营养化影响类别方面，除了常使用的 ReCiPe 法，由莱顿大学环境科学研究所开发的 CML 法和由美国环境保护署开发的 TRACI 法也是最常用的方法。值得注意的是，CML 方法主要应用于欧洲，而 TRACI 方法主要应用于加拿大和美国。

5. 结果解析

在最后的结果解析阶段，敏感性分析是研究结果稳定性及其如何受某些因素影响的相关步骤。敏感性分析一般包括：实地作业、运输物流、原料、粒化工艺、能源技术和 LCA 选择。例如，造粒过程中通常涉及能源来源（如天然气、废物生物质、电力混合等）和所需能源数量。

3.4.2 生命周期评价实例

生命周期评价得到了世界广大组织和机构的认可，并在各行各业中得到广泛应用，主要包含四个部分：目标和范围界定、清单分析、影响评价和结果解析。在目标和范围界定阶段的框架中，一般有分析目标、功能单元、系统边界和多功能性；在生命周期清单分析中，重点是如何估计生物碳排放和去除量；在影响评价中，一般是讨论解决方法和影响类别；在结果解析阶段，一般会进行敏感性分析。

很多研究关注了生物质能的生命周期评价，如生物质气化发电方面，有以下结论：①生物质气化发电环境影响小，而且区域性环境影响远小于局部性环境影响；②生物质气化发电较火力发电有效减少了不可再生资源消耗和大气酸化；③气化原料的收集半径对生物质气化发电系统的全生命周期影响较小，不是决定全系统环境性的重要因素；④焦油和固体废弃物的收集与处理对生物质气化发电系统的生命周期评价结果有较大的影响，必须将污染物的回收利用作为以后研究的重点；⑤能源作物在种植过程中吸收的 CO_2 远多于其种植、运输和储存中释放的 CO_2；⑥应在原料收集处对气化对象进行压块处理，以进一步减小运输过程中化石能源消耗对环境的影响。

1. 秸秆颗粒能源生产的生命周期评价

秸秆是谷类作物、豆科植物、油菜和亚麻的废料（副产品），主要用于能源目的。秸秆发电和供热具有天然优势。它是一种重要的燃料，秸秆燃烧是一种很有前途的能源转换方式，然而在使用前，有必要增加原料密度，即致密化。致密化是一种用于颗粒制造的工艺，它能提高生物质的容重，在生物质利用经济中起重要作用。本小节对用于能源目的的秸秆颗粒生产进行生命周期评估，包括来自技术领域、土地利用及运输和致密化过程的投入。

采用 LCA 方法评估秸秆颗粒生产的潜在环境负担。根据 ISO 14040: 2006 标准，分四个阶段进行。

2. 目标和范围界定

1）目标

生命周期评价的目的是估计该生物质燃料生产系统对环境的影响。

2）功能单元

该系统的稻草颗粒平均尺寸 8 mm，含水率 15%，平均年产 4 $Mg \cdot hm^{-2}$。肥料每公顷施氮 150 kg、钾 120 kg、磷 100 kg，假定种植过程不需要灌溉。

3）系统边界

秸秆颗粒生产阶段通常涉及的步骤包括所有来自技术领域的投入，如耕作、播种、种植、电力和燃料消耗等都包含在生命周期流程中，制粒工艺技术供电功率 15.9 kW，效率 163 $kg \cdot h^{-1}$。具体生命周期流程如图 3-11 所示。

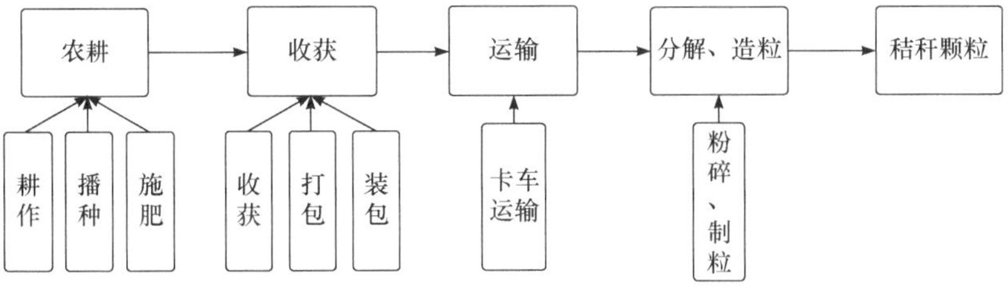

图 3-11 秸秆颗粒生命周期流程图[13]

关于距离对生物量供应和需求的经济和生态效率的影响，需要考虑两个重要因素，即污染排放和运输费用。人们对可再生能源越来越感兴趣的原因之一是对大气中二氧化碳零排放的假设，适用于能源作物加工和运输过程中消耗的燃料。最佳的解决方案是在 50 km 的距离内运送生物质，确保运输生物质的 CO_2 排放量不超过 5 kg。由于运输距离之间的显著差异，在假设距离为 30 km 的基础上进行了额外计算，以比较没有距离因素影响的环境效应。

3. 多功能性及分配

对于谷物秸秆生产，分别基于能量标准（45%，最大值）和经济标准（23%，最小值）两种分配方案计算。

在第一种情景中，根据产品的能量价值，45%的投入和排放与秸秆有关，其余 55%与粮食生产有关。与其他标准相比，该方案在投入产出平衡中对秸秆的贡献最大。在第二种情况下，就市场价值而言，平衡的 23%与秸秆有关，77%与粮食生产有关，这与谷物秸秆的最小分配因子（边界条件）相对应。以能量生产潜力（17.72 GJ）为功能单位，对应于稻草颗粒 1.19 mg。能源生产的潜力取决于净热值，表示燃料中包含的能量，通过测量完全燃烧产生的热量来确定。

4. 影响评价

影响评价采用 Ecoindicator 99 方法。这种方法可以简化排放、资源使用等结果，将其划分为 11 个影响类别和 3 个损害类别，并将其划分为一个指标，用 Pt 表示。其中，11 个影响类别分别是：致癌物、呼吸有机物、呼吸无机物、气候变化、辐射、臭氧层、生态毒性、酸化/富营养化、土地利用、矿物和化石燃料；3 个损害类别分别是：人类健康、生态系统质量和资源，影响平衡分别为 40%、40%和 20%。Ecoindicator 的值表示产品潜在的环境影响，指标越高，环境影响越大。

计算结果按功能单元表示（1.19 Mg 谷类秸秆颗粒潜在生产能量为 17.72 GJ）。指数值高表示环境负担增加。为了保证正确的解释，本小节给出了两种边际分配情况下的谷物秸秆颗粒的最终结果。

5. 结果解析

谷物秸秆颗粒生产工艺影响类别加权指标如图 3-12 所示。该指标表示生产过程中来自技术领域的输入和排放，省略了来自环境的输入（太阳能、二氧化碳等），因此研究结果仅指出生产工艺的技术问题。表 3-1 为稻草颗粒生产影响类别的加权指标。

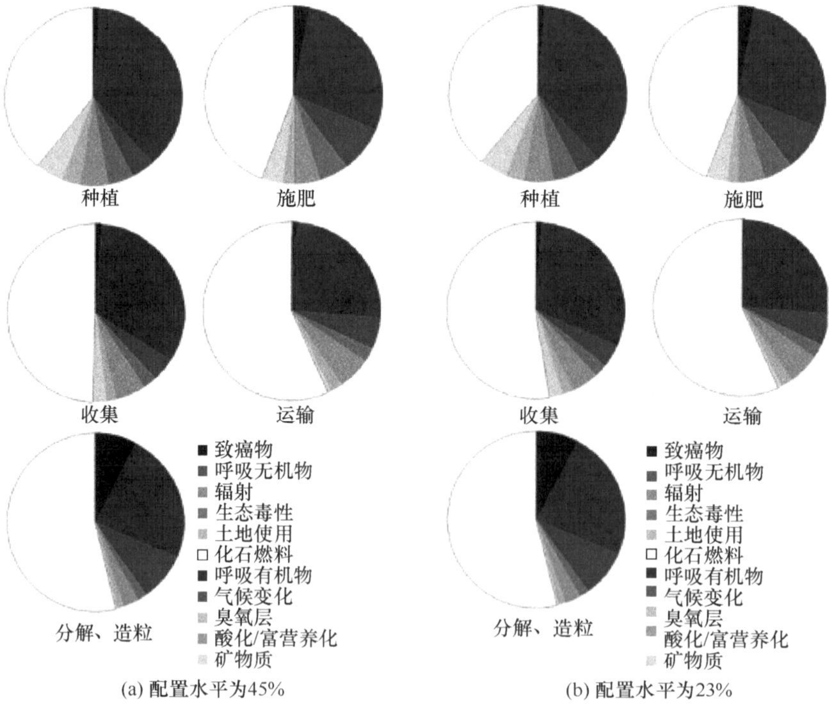

图 3-12 不同配置水平谷物秸秆颗粒生产工艺影响类别加权指标

表 3-1 稻草颗粒生产影响类别的加权指标

影响类别	秸秆颗粒	
	配置水平 45%	配置水平 23%
致癌物	1.390	1.212
呼吸有机物	0.005	0.004
呼吸无机物	8.296	6.114
气候变化	2.393	1.848
辐射	0.016	0.010
臭氧层	4.9×10^{-4}	3.1×10^{-4}
生态毒性	0.966	0.631
酸化/富营养化	1.277	0.900
土地利用	0.530	0.378
矿物	0.625	0.359
化石燃料	14.987	11.917
总计	30.486	23.373

在整地、运输和机械施肥等过程中，呼吸无机物会排放到环境中。由于化肥的生产和应用，酸化/富营养化的特征在于该指标有一个相当大的值，施肥对应于与生物质生产相关的总的环境负担的大部分。燃料和电力的消耗影响上述影响类别，致癌物、气候变化和生态毒性的指标也有所增加，这也是由更多地施用化肥造成的。

图 3-13 显示了各工艺过程对谷物秸秆颗粒生产评估最终结果的贡献。在这两种情况下，造粒过程对指标总值的贡献率最高（43%～56%），表明其能耗高。因此，生产线的开发对 LCA 的最终结果有很大影响。第二个重要过程是施肥，其贡献率为 25%～37%。在这一过程中，大部分的指数值与肥料的生产和排放有关，而机械施肥量占 6%。因此，改善物流和合理施肥可以减少与秸秆颗粒生产相关的环境影响。考虑到谷物秸秆作为一种废弃物，可以跳过一些生命周期阶段，如种植和施肥。在这种情况下，Ecoindicator 中表示的总影响减少：对于分配水平 23%的场景，减少幅度为 27%；对于分配水平 45%的场景，减少幅度为 41%。

根据配置水平（23%和 45%），本小节计算的谷物秸秆二氧化碳当量排放量为 366.0～494.0 kg CO_2 eq，较高的排放值是较宽的系统边界和种植类型的结果，这就得到了以生态指标 Pt 和温室气体排放点（kg CO_2 eq）表示的秸秆颗粒能量等量的基本数据。

分析结果表明，生物质可以作为一种环境友好的能源来处理。秸秆颗粒功能单元的 Ecoindicator 变化范围为 23.37～30.49 Pt。计算得出，秸秆颗粒的温室气体排放量分别为 365.9 kg CO_2 eq 和 588.3 kg CO_2 eq。将秸秆作为一种废物可以减少与种植和施肥有关的潜在环境负担。

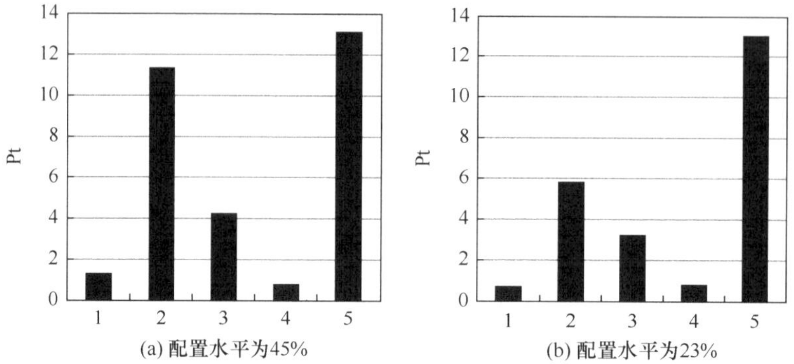

图 3-13　用于谷物秸秆颗粒生产过程的 Ecoindicator（Pt）指标

1. 种植；2. 施肥；3. 收集；4. 运输；5. 造粒

3.5　生物质能应用实例

开发生物质能已经成为世界各国的共识。开发生物质能源涉及农村发展、能源开发、环境保护、资源保护、国家安全和生态平衡等诸多利益，具有重要的战略意义和现实意义。目前我国生物能源与生物化工产业处于发展阶段。我国生物质的发展既要学习国外先进经验，又要强调自己的特色，因地制宜，积极开展多种生物质能利用技术。从资源潜力、生产成本以及可能发挥的作用分析，包括生物燃油产业化在内的生物质能产业化开发技术将成为中国能源可持续发展的新动力。在国家政策的扶持下，中国生物质能源产业的布局将会得到改善，产业链将逐步完善。

3.5.1　生物质能在航天航空领域的应用

根据国际航空运输协会（IATA）的监测数据，2022 年航空燃油平均价格为每桶 135.70 美元，较去年同期上涨 105%。对于价格不断上涨的航空燃油这一问题，目前解决方案为寻找可靠的替代方法，如使用先进燃料和燃料技术替代传统燃料。生物燃料作为最重要、需求量最大的替代燃料之一，使能源结构更加灵活，使经济从化石经济向生物经济过渡。航空业的主要组织，IATA 和国际民用航空组织（ICAO）已经承诺大幅减少排放，助力实现碳中和。

除了减少温室气体排放外，航空生物燃料与传统喷气燃料相比还具有一些优势。化石燃料主要受成本波动影响。由于用于生产生物航空燃料的来源是可再生且成本低，优化生产路线可以降低燃料的成本。此外，生物航空燃料的原料可在全球范围内获得，生产过程不受地点限制，且生物航空燃料能够满足常规航空燃料的基本性能，如低温性能、低闪点、良好的热稳定性等。

航空用替代燃料的生产主要受到石油成本增加和环境问题的影响。不仅增加了成本和环境影响，还应考虑其他因素，如飞机发动机的安全工作、一致性等。生物燃料的使用受到燃烧时温室气体排放量低、对化石燃料来源依赖性降低以及可再生资源可用性的吸引。航空运输部门需要高能量密度的燃料，因此主要依赖液态烃燃料。替代航空燃料必须具有一些特性，如良好的冷流性能、热稳定性和低冰点。燃料必须非常适合飞机发动机的当前设计。可持续航空燃料必须在其生命周期内提供低碳排放。作为生产来源的能源作物不应挑战粮食生产和生态系统，也不应损害环境和造成森林砍伐。

替代航空燃料的光明前景会受到国家和国际组织、国家和国家之间合作的影响。IATA预计，到 2030 年，生物喷气燃料将占喷气燃料使用量的 30%。生物质的年平均产量约为 100 万亿千克。

航空生物燃料在生态、经济和社会上都是可持续的。生产替代航空燃料的原料可以是油茶、麻风树、藻类、盐生植物等。替代航空燃料的特性有：①减少温室气体排放；②可再生资源；③与传统燃料的兼容性；④可持续性和清洁燃烧。

生产航空生物燃料的主要工艺包括对植物油进行加氢处理以制备加氢可再生燃料，使用费托工艺对生物质原料进行气化，通过酯交换生成生物柴油，通过热法和生化法得到液态生物氢和生物甲烷，通过淀粉和糖的发酵或沼气的催化转化生产生物醇[14]。

1. 加氢处理可再生喷气燃料

加氢处理的可再生喷气燃料（HRJ）或加氢处理的酯和脂肪酸（HEFA）通常是化学式为 C_nH_{2n+2} 的石蜡液体。HRJ 是通过植物油、动物脂肪、废油脂、藻类油和生物油进行加氢脱氧而产生的，主要副产品是水和丙烷。加氢处理的可再生喷气燃料是高能量的生物燃料，即使不混合也可以作为燃料使用。加氢处理可再生喷气燃料的主要优点之一是减少温室气体的排放，如一氧化碳（CO）、碳氢化合物（HC）、氮氧化物（NO_x）和颗粒物（PM）。HRJ 不含芳烃和硫，十六烷值高，热稳定性高。这些燃料储存稳定，具有抗微生物生长的特点。

加氢处理的可再生喷气燃料适用于传统飞机发动机，无须发动机改造，也不会引起任何燃油质量问题。这些燃料避免了在发动机中形成沉积物和发动机腐蚀的发生，燃料燃烧完全无灰。由于更好的冷流特性，HRJ 非常适合高空飞行。燃料中完全没有氧气和硫会降低其润滑性。燃料中较高的石蜡含量在某种程度上对冷流特性产生不利影响，如冷滤点和浊点，而冷滤点和浊点又取决于所用原料的类型。加氢处理的可再生喷气燃料和传统石油燃料十六烷值的差异影响发动机的燃料点火。通过将 HRJ 与传统燃料混合，可以更好地解决这些问题。

Heste Oil 公司已经建立了生产加氢可再生喷气燃料的工厂。霍尼韦尔 UOP、埃尼（ENI）和高浦能源（Galp Energia）计划在全球范围内建设加氢处理厂。墨西哥国际航空公司、中国国际航空公司、法国航空公司、芬兰航空公司、伊比利亚航空公司等已开展了以加氢处理酯类和 HEFA 为燃料的商业客运飞行。

2. 费托燃料

费托燃料（F-T 燃料）是碳氢化合物燃料，由合成气（CO 和 H_2）催化转化产生。多种生物质原料可用于合成气的生产。F-T 燃料通常是清洁燃烧的高价值燃料，特点是无毒、不排放氮氧化物、高十六烷值、减少颗粒物排放、低硫和芳烃含量等。此外，燃料燃烧不含二氧化碳和碳氢化合物。与许多其他替代燃料不同，F-T 燃料不需要特殊的配送基础设施，而且由于燃料的质量和配送的舒适性，F-T 燃料每天可生产 200 万～300 万桶。F-T 燃料的特性较少取决于所用原料的性质，燃料特性的差异主要是由于操作条件。F-T 工艺价格昂贵，工艺效率为 25%～50%。由于能量密度较小，F-T 燃料提供低功率和低燃油经济性。斯道拉·恩索集团（StoraEnso）和 Neste Oil 公司、芬欧汇川（UPM）和奥地利的安德里茨·卡波娜（ANRITZ Carbona）公司已组成联合体，在欧洲发展了 BTL 工厂。国际标准 ASTM D7566 批准了航空燃料、F-T 燃料（2009 年）和 HRJ（2011 年）的规范。

3. 生物柴油

生物柴油是通过酯交换过程生产脂肪酸的烷基酯，特别是植物油和动物脂肪。生物柴油是可生物降解的，具有优良的润滑性。生物柴油具有来源可再生、闪点高、能量平衡好、与石油燃料相容性好等优点。它不含硫，温室气体排放量大大减少。还需要注意的是，生物柴油不含芳香化合物，不会造成任何水、土壤或空气污染，而且无毒。但是生物柴油不足以用作航空燃料。与传统喷气燃料相比，生物柴油的能量密度非常低。

生物柴油作为航空燃料不需要进一步的发动机改造和基础设施，但效率未有明显提升。生物柴油的生物降解性可能导致生物生长，从而影响其稳定性。与石油基航空燃料相比，生物柴油的冰点较高，不足以用于高空飞行。由于酯基的存在，生物柴油在一定程度上是极性的，易形成乳状液，水分离困难。原料供应不足和缺乏经济性是生物柴油的另一个问题。

4. 液态生物氢和生物甲烷

液态氢的使用正在逐步替代喷气燃料。生物氢是通过热法和生化法从大量的生物质资源中产生的。与传统航空燃料相比，液态氢的质量能量密度更高。与石油基喷气燃料相比，液氢燃料的燃烧导致温室气体的排放量较低。主要难题是液氢燃料不能在传统飞机发动机中使用，因此必须对发动机进行改进。生产成本、副产品半焦和焦油的形成也是需要解决的问题。此外，在与空气混合时可以在低浓度下燃烧，将导致安全问题，并且由于需要低温，氢作为液体储存也很困难。液态甲烷可用作低温飞机的燃料，使用液态甲烷燃料可减少二氧化碳排放量约 25%。发动机设计是液态甲烷燃料商业化必须面对的一个难题，液态甲烷燃料的燃烧释放出甲烷，是温室气体的主要成分之一。

5. 生物醇

生物醇是通过淀粉和糖的发酵或沼气的催化转化产生的。乙醇和丁醇通常用作替代燃料。乙醇不能用于航空用途，因为它具有高挥发性、低闪点和低能量密度。丁醇的情况几乎相似。酒精作为航空燃料需要特殊的运输基础设施和储存系统，使用酒精作为喷气燃料需要改进发动机。乙醇的高挥发性、燃料特性等在高空旅行中均会引起安全问题。

3.5.2 生物质能在储能工业领域的应用

生物质燃料电池提供了一种替代使用燃烧热和涡轮发电机的技术途径。与使用化石燃料将热能转化为机械能，再将机械能转化为电能的热力发动机相比，燃料电池因其优越的性能和符合新兴环境规范的能力而更具吸引力。

燃料电池是一种将燃料的化学能转化为电能的装置，并产生热量、水和二氧化碳作为副产品。间接生物质燃料电池（the indirect biomass fuel cell，IDBFC）和直接生物质燃料电池（the direct biomass fuel cell，DBFC）是由木质纤维素生物质驱动的两种类型的燃料电池。

在近几年的发展中，间接生物质燃料电池能够将生物质转化为可利用的糖类（如木糖和葡萄糖）、合成气、沼气和生物炭等，这些都可以作为燃料电池进一步发电的燃料。间接生物质燃料电池包括在 600℃以上工作的高温燃料电池（如固体氧化物燃料电池和直接碳燃料电池）和低温运行的微生物燃料电池，其中，微生物燃料电池的效率更高。

1. 固体氧化物燃料电池

与传统技术相比，固体氧化物燃料电池是一种具有良好热力效率的发电技术。固体氧化物燃料电池能在高温下工作，热量利用率高，对燃料气体成分和杂质也有很高的耐受性。固体氧化物燃料电池的潜在燃料有天然气、沼气、合成气（由生物质/煤气化产生）和氢气。传统上，甲醇一直是大多数固体氧化物燃料电池集成系统的有利燃料。近年来，木质素在固体氧化物燃料电池和微生物燃料电池中被用作燃料来发电。在固体氧化物燃料电池中，木质素首先通过气化转化为合成气，然后进一步转化为电能。使用过程中，固体氧化物燃料电池内部生物质化学能转化为电能的过程主要包括：①阳极室中，燃料气体分散在电解质界面上，催化电化学反应；②燃料分子中的电子通过外部电路运动，从而产生电力；③阴极通过外部电路接受电子，在固体电解质界面上还原氧分子形成氧化物离子；④氧化物离子通过固体电解质到阳极，并根据燃料类型生成 H_2O 或 CO_2。

燃料电池中电解液的性质决定了其工作温度。在固体氧化物燃料电池中，操作温度非常高，与气化过程的温度相似。固体氧化物燃料电池的高工作温度使生物质气化技术与固体氧化物燃料电池结合成为可能，从而提高发电效率。现有研究一直关注优化生物质气化的条件，包括形成杂质，如灰、焦油和其他碱性配合物[15]。与氧气和空气气化相比，生物质蒸汽气化与固体氧化物燃料电池结合较能产生高的电效率。

直接生物质燃料电池是直接从生物质中发电，而无须预先转化或处理生物质以获得液体或气体燃料。在直接生物质燃料电池中，不同形式的木质纤维素生物质，如木材、草、农业残渣、藻类等，都可以转化为电能。目前，可用的直接生物质燃料电池仅限于精制生物质，如淀粉或纤维素。为了开发利用燃料电池将生物质直接转化为电能的先进发电技术，仍有许多挑战技术有待解决[16-18]。

2. 微生物燃料电池

微生物燃料电池是一种利用微生物在低温下将有机化合物转化为电能的非均相反应器。在以木质纤维素为基础的微生物燃料电池中，生物质首先以葡萄糖、木糖、乙酸酯等形式转化为燃料，由微生物进一步进行氧化还原反应。

微生物燃料电池一般由电解室、电极由半透膜（质子交换膜或阴离子交换膜）以及一个外部电路三部分组成[19]。微生物燃料电池内部生物质能转化为电能的过程原理主要为：①生物质燃料在阳极室中被微生物氧化，产生二氧化碳、质子和电子；②电子被阳极捕获，并通过外部电路传递到阴极；③质子在阳极通过膜移动到阴极，形成水与氧气和电子；④阴极和阳极之间的电势差产生电力；⑤微生物是连接燃料、化学能和电能的桥梁。

在将燃料氧化成代谢产物的过程中，微生物燃料电池中的微生物通过转移过程中产生的电子来获得能量。

在微生物燃料电池中，生物质燃料类型在整体效率中起主要作用。预处理后的玉米秸秆和海藻等纤维素及含纤维素的生物质可直接用于微生物燃料电池基质。然而，木质纤维素的复杂结构使微生物氧化效率较低，最终导致电池的低功率输出。为了提高微生物燃料电池效率，需要通过预水解将生物质转化为可溶性糖，并降解酚类化合物、乙酸、糠醛等有机物。预水解可以从生物质中得到不同种类的可发酵底物。例如，由纤维素水解获得的葡萄糖是从生物质中提取的重要燃料之一。半纤维素水解会产生戊糖和己糖、铀酸和乙酸等，这些有机化合物作为微生物燃料电池的碳源，在发电方面表现出优异的效率。与纤维素和半纤维素不同，木质素分解产生的酚类对微生物有抑制作用。

虽然微生物燃料电池的概念已经发展了一段时间，但是微生物燃料电池的工业应用一直无法实现。限制微生物燃料电池工业应用的因素主要包括电极材料和质子交换膜的高成本、能源产量低和电池耐久有限。

影响微生物燃料电池效率的因素主要包括：①生物污染；②电催化剂失活；③燃料在阳极室和阴极室之间的渗透导致的生物膜失活和混合电位(系统短路)；④生物膜过度生长。非导电性聚合物碎片或死亡细胞的形成会造成过量的生物膜生长，导致电流减小。

3. 低温生物质流动燃料电池

燃料电池利用化学能发电，其转换效率远高于传统的基于涡轮发电机的热能转换。然而，由于缺乏有效的催化剂，在燃料电池中使用生物质直接作为燃料还不能实现。以微生物燃料电池为例，最近已开发出在100℃以下温度下将生物质转化为电能的低温燃料电池。

利用小分子有机物如甲醇、甲酸等进行燃料电池的研究已经取得了较大进展。然而，使用聚合物有机物的低温燃料电池的发展遇到了瓶颈，直到佐治亚理工学院的 Liu 等首次报道了液流燃料电池的概念[20-21]，太阳能混合燃料电池首次采用 $H_3PMo_{12}O_{40}$ 作为光催化剂，在阳极氧化不同类型的生物质，在阴极处，氧在 Pt/C 催化剂体系下接收电子，如图 3-14 所示。

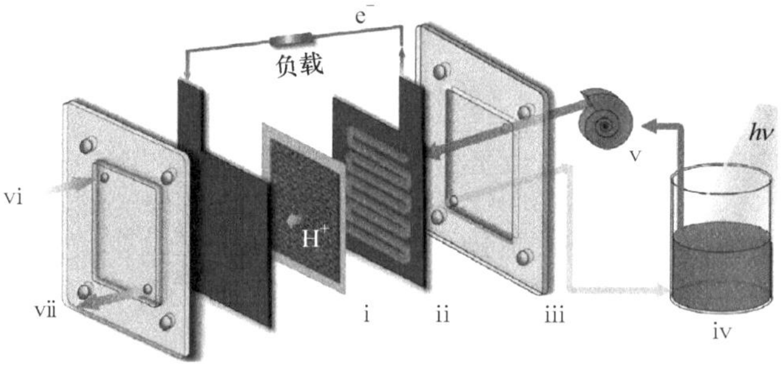

图 3-14 太阳能诱导混合燃料电池的结构

i. 膜电极组装(MEA：Nafion 117 聚合物交换膜，阳极由碳布制成，阴极负载 Pt/C 催化剂)；ii. 石墨双极板；iii. 亚克力塑料端板；iv. 淀粉-$H_3PMo_{12}O_{40}$(PMo12)溶液透明玻璃容器；v. 泵；vi. 氧气入口；vii. 水、氧出口；viii. 表示太阳光照射[22]

当使用纤维素作为燃料时，太阳能诱导混合生物质燃料电池的功率密度为 0.72 $mW \cdot cm^{-2}$，比使用纤维素燃料的微生物燃料电池的功率密度大 100 倍。Liu 等还利用多金属氧酸盐催化剂构建了一种无贵金属燃料电池，以提高生物质流动燃料电池的效率。在升级生物质流动燃料电池中，多金属氧酸盐代替贵金属催化剂被引入阴极，将电子转移到氧。在该设计中，利用阳极中的 $H_3PW_{11}MoO_{40}$ 溶液和阴极中的 $H_{12}P_3Mo_{18}V_7O_{85}$ 溶液两种多金属氧酸盐催化剂完成了生物质的氧化和氧的还原。即使使用未经处理的原料生物质作为燃料，仍然有高的功率密度输出。当电池在 80℃下直接由淀粉供能，放电电流密度为 160 mA · cm^{-2} 时连续运行 10 h 以上，功率密度仍可以稳定在 30 mW · cm^{-2}。

在液流燃料电池中，各种类型的生物质包括纤维素、淀粉、木粉和多元醇等都可以直接用作燃料。由于使用液体催化剂代替贵金属催化剂，燃料电池对有机和无机杂质有很强的耐受性和更低的成本。

生物质基液流燃料电池的机理可以概括为：

（1）两种液体电解质溶液具有不同氧化还原电位，阳极槽内填充有具有生物质多金属氧酸盐的电解质溶液（如 $H_3PW_{11}MoO_{40}$ 溶液），在阳极电解质溶液中，太阳能或热生物质发生氧化。

（2）具有较低电位的还原阳极电解液通过泵循环流过阳极。

（3）在阴极中，多金属氧酸盐电解质溶液（如 $H_{12}P_3Mo_{18}V_7O_{85}$ 溶液）之间发生反应，溶液与氧有更高的电位。

（4）在阳极中，生物质在高温或阳光照射下部分氧化成小分子或完全分解成二氧化碳，在氧化状态下，所选电解液多价金属离子通常为最高价态。

电池在运行过程中，首先通过从有机物中捕获电子，将高价态阳离子（M^{i+}）还原为低价态（M^{j+}）。具有长聚合链的生物质作为电子和质子供体，并转化为小型降解化学品和二氧化碳，即

$$\text{生物质} + nM^{i+} \xrightarrow{\text{加热/光照}} \text{降解化学品} + nM^{j+} + nH^+ + xCO_2 \qquad (1)$$

然后，还原 M^{j+} 释放的电子到阳极，并根据式（2）获得其初始价态：

$$M^{j+} \longrightarrow M^{i+} + e^- \qquad (2)$$

在第二个氧化还原槽中，不同的活性电解质（与第一个槽中使用的催化剂相同或不同）通过接受安装在两个槽之间的流动燃料电池阴极上的电子而被还原。第二个槽中被还原的电解液通过氧的氧化而再生，如下列公式所示：

$$\frac{1}{2}O_2 + 2e^- + 2H^+ \longrightarrow H_2O$$

总反应可以用下式描述：

$$\text{生物质} + nO_2 \longrightarrow \text{降解化学品} + CO_2 + nH_2O$$

该体系的核心是催化和氧化还原活性电解质，它将生物质化学能转化为溶液的电化学电势差。与直接燃料电池相比，液流燃料电池中的催化剂不固定在电极上，它们存在于溶液中。

3.6 生物质能利用现状与发展趋势

当前生物质能的综合利用受限于技术水平与生产设备的制约，存在转化成本高而产品价值低，以及市场需求量大与技术成熟度低等矛盾。中国工程院院士、中国林业科学研究

院林产化学工业研究所前任所长蒋剑春认为，在当前我国大力贯彻创新发展、绿色发展理念的背景下，生物质能产业发展前景广阔。以林业剩余物、木材废弃物、农业秸秆为代表的农林剩余物弃之为害，用之为宝，其转化为能源的潜力为4.6亿吨标准煤，但已利用量约为2200万吨标准煤，约占2018年中国能源消耗总量的0.47%。生物质“占比低”源于技术层面的挑战。

与化石能源相比，生物质能原料自身存在一定的缺陷，如能量密度低、分布分散、区域性、季节性等，使得生物质能产业的发展受到原料供应瓶颈的制约，同时影响原料的收储运输成本。我国生物质能丰富，仅农作物秸秆每年可产生7亿吨，但是我国生物质能企业却仍受到原料有效供应不足的严重制约，使得生物质技术的发展困难重重。

为了综合利用生物质能的生态效益，部分陆生能源植物的人工种植选择在沙化、石漠化土壤以及盐碱地、荒地等退化土地上。这些地区一般都较为偏远，交通不便，特别是很多退化土地都位于丘陵地带，因此最初的技术问题在于发展适合这些区域的交通与收割工具。在欧洲一些国家，由于对生物质的应用比较广泛，已经设计并生产了一些专门适用于这些地区的农用机械。但由于我国对生物质能源的利用尚不广泛，因此还没有这方面的技术应用，目前普遍采用的都是现有的农用机械或者仅经过了简单的改装，这些机械并不适合大规模的生物质采集，未来需要相关领域的专门研究。而对于一些水生能源植物的收集，如芦苇的收割以及凤眼莲的收集，在我国一般采用人工收集，这种方式不仅缓慢而且很不安全，还有藻类的收集也是如此，迫切需要开发新的收集手段。

生物质能是一个重要的能源，预计到22世纪，世界能源消费的40%将来自生物质能。美国计划到2025年生物质燃料替代中东进口原油的75%，2030年生物质燃料替代车用燃料的30%。此外，印度、巴西、欧盟分别制定了“阳光计划”、“酒精能源计划”和“生物燃料战略”，加大生物质燃料的应用规模。预计到2035年，生物质燃料将替代世界约一半以上的汽、柴油，经济环境效益显著。2018年底，国家能源局向各省及9家央企下发了《国家能源局综合司关于请编制生物天然气发展中长期规划的通知》，生物质燃气被列入国家能源发展战略，生物质液体燃料和生物质燃气大规模替代化石能源的时代即将到来。根据中国生物质能产业发展路线图可知，预计我国生物质能的利用总量在2030年和2050年将分别达到2.42×10^8 t标准煤和3.37×10^8 t标准煤。未来，生物液体燃料将进入高速发展时期，原料增量将基本用于生物液体燃料的生产需求。预计到2050年，生物质能将替代化石能源总量约占同时期全社会能源消费总量的5%～8%。我国在《可再生能源中长期发展规划》中提出，尽快在全国推行乙醇汽油和生物柴油。“十三五”期间，我国大力推动生物质能产业发展[23]。这些都体现了国家对生物能源发展的重视。

文献导读

1. 生物质化学循环气化用于高质量合成气

生物质能虽然能量密度低、含水量高、灰分复杂，但是是一种很有前途的可再生能源，在能源生产中使用生物质被认为是近似碳中和的，如果它与碳捕获技术相结合，整体的能量转换甚至可能是负的净二氧化碳（CO_2）排放量，这被称为具有碳捕捉和储存的生物能量（BECCS）。该技术最初的发展通常是在传统热化学转化过程的下游安装 CO_2 捕获单元，其中包括燃烧、热解或气化。与传统的生物质气化工艺相比，生物质化学循环气化（BCLG）在提高气化效率和固有 CO_2 捕获率的同时，减少污染物排放并保证整个过程的可循环性。

【参考文献】Goel A, Moghaddam E M, Liu W, et al. 2022. Biomass chemical looping gasification for high-quality syngas: A critical review and technological outlooks[J]. Energy Conversion and Management, 268: 116020.

2. 从微藻生产生物燃料

与其他陆地植物物种相比，微藻中的储油量最高。由于化石燃料储备枯竭、未来能源安全、温室气体排放增加以及粮食作物和传统生物质原料之间对有限资源的竞争，从微藻中生产生物燃料引起了能源专家和研究人员的极大兴趣。本文介绍了微藻生物燃料生产的最新进展，阐明与种植和收获技术以及下游过程有关的瓶颈和挑战。

【参考文献】Hoang A T, Sirohi R, Pandey A, et al. 2022. Biofuel production from microalgae: challenges and chances[J]. Phytochemistry Reviews, 22: 1089-1126.

3. 木质纤维素生物质：从农业废弃物到循环经济

农业废弃物提供了大量的木质纤维素生物质，这是一种可持续的材料，广泛应用于开发各类生物产品，如生物燃料、生物复合材料和生物塑料等。本文综述了农业废弃物木质纤维素生物质加工的最新进展，并深入讨论了木质纤维素生物质成分用于生物燃料、生物复合材料和生物塑料的最新技术进展。最后，对现有文献差距和未来从农业废弃物中开发木质纤维素生物质的展望进行了评估。

【参考文献】Mujtaba M, Fraceto L, Fazeli M, et al. 2023. Lignocellulosic biomass from agricultural waste to the circular economy: A review with focus on biofuels, biocomposites and bioplastics[J]. Journal of Cleaner Production, 402: 136815.

知识拓展

1. 生物质颗粒燃料与煤炭相比的特点

（1）生物质颗粒燃料的卡路里值和灰分含量比煤炭的卡路里值低约10%。

（2）生物质颗粒燃料的可燃性比煤好，易着火，点火时间大大缩短。

（3）生物质颗粒燃料的固体排放量小于煤炭，降低了排渣成本和环境污染。

生物质颗粒燃料的固体排放物全部为灰分，占总质量的0.4%～7.0%，而燃煤固体的排放物为灰分、碱和残留煤的混合物，占总质量的25%～40%。

（4）煤对大气污染和锅炉腐蚀程度远大于生物质颗粒燃料。

煤燃烧产生的烟灰中含有大量的颗粒状碳，有毒的 SO_2、CO 和其他腐蚀性气体。生物质颗粒燃料的主要成分是碳氢有机物。烟气（主要为 CH 挥发性气体）缺乏颗粒碳和 SO_2，排放的 SO_2 和 CO 几乎为零，燃烧时的烟气颜色小于林格曼黑度1级。大大减少了空气污染和二氧化碳排放。因此，生物质颗粒燃料在国际上被称为“清洁燃料”。

（5）生物质颗粒燃料作为锅炉燃料的成本和时间要比使用煤时少。

与煤相比，0.5 t 生物质颗粒燃料锅炉的燃烧成本降低了 10%，并节省了 16%的时间。

（6）一般生物质颗粒燃料的连续燃烧时间是软质散料的 8～10 倍，处于连续燃烧状态。

2. 生物质颗粒机

生物质颗粒机是一种生物质能源预处理设备（图 3-15）。主要以农林加工的废弃物如木屑、秸秆、稻壳、树皮等生物质为原料，通过预处理和加工，将其固化成形为高密度的颗粒燃料。颗粒燃料是在常温条件下利用压辊和环模对木屑、秸秆等原料进行挤压而制成的。

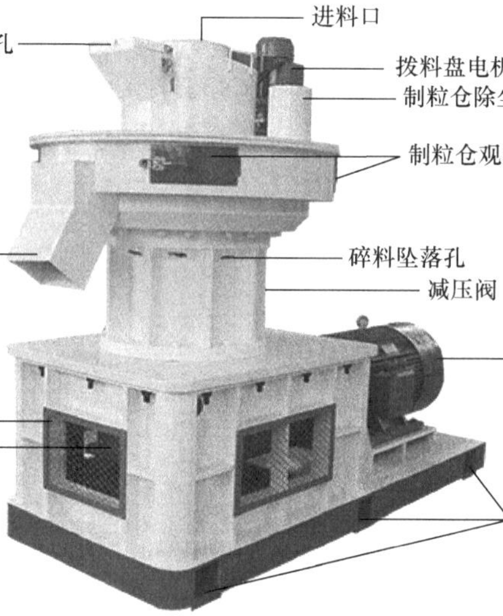

图 3-15　生物质颗粒机

思 考 题

1. 什么是生物质？生物质的基本组成成分有哪些？
2. 生物质的来源有哪些？请详细列举。
3. 我国大力开发生物质能源，有什么意义？
4. 生物炭相比于其他碳质材料的优势有哪些？
5. 生物质能转换技术有哪些类型？简述其原理。
6. 阐述生物质直接燃烧产生污染物的原因。
7. 生物质气化过程通常包含哪几个阶段？
8. 阐述生物质发酵生成乙醇的具体过程。
9. 简述生物质发电原理并列举发电常用方法。
10. 简述沼气发电的工作原理及技术优势。
11. 关于生物质气化发电的生命周期评价，包含哪些结论？
12. 航空生物燃料的生产技术有哪些？航空生物燃料相比于传统化石燃料的优势有哪些？
13. 生物柴油有哪些优缺点？
14. 简述微生物燃料电池的工作原理。

参考文献

[1] Shrestha D S, Staab B D, Duffield J A. Biofuel impact on food prices index and land use change[J]. Biomass and Bioenergy, 2019, 124: 43-53.

[2] Chaitanya B, Bahadur V, Thakur A D, et al. Biomass-gasification-based atmospheric water harvesting in India[J]. Energy, 2018, 165: 610-621.

[3] Masum M F H, Dwivedi P, Anderson W F. Estimating unit production cost, carbon intensity, and carbon abatement cost of electricity generation from bioenergy feedstocks in Georgia, United States[J]. Renewable and Sustainable Energy Reviews, 2020, 117: 109514.

[4] Fullerton D G, Bruce N, Gordon S B. Indoor air pollution from biomass fuel smoke is a major health concern in the developing world[J]. Transactions of the Royal Society of Tropical Medicine and Hygiene, 2008, 102(9): 843-851.

[5] Yoo C G, Meng X Z, Pu Y Q, et al. The critical role of lignin in lignocellulosic biomass conversion and recent pretreatment strategies: a comprehensive review[J]. Bioresource Technology, 2020, 301: 122784.

[6] Wijayanta A T, Goto M, Kamiya N. Great potency of seaweed waste biomass from the carrageenan industry for bioethanol production by peracetic acid-ionic liquid pretreatment[J]. Biomass and Bioenergy, 2015, 81: 63-69.

[7] Ong H C, Chen W H, Singh Y, et al. A state-of-the-art review on thermochemical conversion of biomass for biofuel production: ATG-FTIR approach[J]. Energy Conversion and Management, 2020, 209: 112634.

[8] 由蓝. 生物质燃烧技术发展现状与未来趋势[J]. 应用能源技术, 2021, (4): 16-18.

[9] Verma S, Dregulo A M, Kumar V, et al. Reaction engineering during biomass gasification and conversion to energy[J]. Energy, 2023, 266: 126458.

[10] Molino A, Chianese S, Musmarra D. Biomass gasification technology: The state of the art overview[J]. Journal of Energy Chemistry, 2016, 25(1): 10-25.

[11] Lu J B, Gao X Y. Biogas: potential, challenges, and perspectives in a changing China[J]. Biomass and Bioenergy, 2021, 150: 106127.

[12] 张哲, 张丽, 周益辉, 等. 大型畜禽粪污厌氧发酵+沼气发电工艺设计[J]. 中国环保产业, 2018, (3): 65-68.

[13] Żelazna A, Kraszkiewicz A, Przywara A, et al. Life cycle assessment of production of black locust logs and straw pellets for energy purposes[J]. Environmental Progress & Sustainable Energy, 2019, 38(1): 163-170.

[14] Hari T K, Yaakob Z, Binitha N N. Aviation biofuel from renewable resources: Routes, opportunities and challenges[J]. Renewable and Sustainable Energy Reviews, 2015, 42: 1234-1244.

[15] Din Z U, Zainal Z A. Tar reduction mechanism via compression of producer gas[J]. Journal of Cleaner Production, 2018, 184: 1-11.

[16] Zhao X B, Liu W, Deng Y L, et al. Low-temperature microbial and direct conversion of lignocellulosic biomass to electricity: Advances and challenges[J]. Renewable and Sustainable Energy Reviews, 2017, 71: 268-282.

[17] Hibino T, Kobayashi K, Lv P L, et al. High performance anode for direct cellulosic biomass fuel cells operating at intermediate temperatures[J]. Bulletin of the Chemical Society of Japan, 2017, 90(9): 1017-1026.

[18] Jafri N, Wong W Y, Doshi V, et al. A review on production and characterization of biochars for application in direct carbon fuel cells[J]. Process Safety and Environmental Protection, 2018, 118: 152-166.

[19] Yu D M, Hu J J, Wang W D, et al. Comprehensive techno-economic investigation of biomass gasification and nanomaterial based SOFC/SOEC hydrogen production system[J]. Fuel, 2023, 333: 126442.

[20] Liu W, Mu W, Liu M J, et al. Solar-induced direct biomass-to-electricity hybrid fuel cell using polyoxometalates as photocatalyst and charge carrier[J]. Nature Communications, 2014, 5: 3208.

[21] Liu W, Mu W, Deng Y. High-performance liquid-catalyst fuel cell for direct biomass-into-electricity conversion[J]. Angewandte Chemie, 2014, 126(49): 13776-13780.

[22] Liu W, Liu C M, Gogoi P, et al. Overview of biomass conversion to electricity and hydrogen and recent developments in low-temperature electrochemical approaches[J]. Engineering, 2020, 6(12): 1351-1363.

[23] 雪晶，侯丹，王旻烜，等. 世界生物质能产业与技术发展现状及趋势研究[J]. 石油科技论坛，2020, 39(3): 25-35.

第4章 风能利用技术

风能作为一种绿色低碳的新能源，代表未来能源的发展方向。如今，全球都在积极应对气候变化，根据国际能源署和世界风能协会（GWEC）等组织的预测，到2040年，将有6%～15%的全球能源供应来自风能，2050年，这个数字将增长到17%～31%。当前，我国风电新增装机容量和累计并网装机容量已位居全球第一，对促进全球风能和风电产业发展起到巨大的带动和示范作用，对我国落实《巴黎协定》国家自主贡献减排目标起到了重要的支撑作用。未来，无论是从全球范围还是从国内来看，风电都将成为能源和电力低碳转型的重要支柱。本章将详细介绍我国的风能资源分布、风能转化与开发技术、风力发电原理以及一些实际案例。

科学之窗

在丹麦，风车在农庄、草原、海上随处可见。丹麦是风电的故乡，世界上第一部发电风机就诞生于丹麦。1891年，丹麦的气象学家保罗·拉·库尔制造了世界上第一部风力发电机。

风的产生是由于地球表面各处受太阳辐射强度不同，产生气压差，从而导致空气由高压区域向低压区域移动。

风车是人们最早利用风能的大型工具之一。很早以前，风车主要用于抽水灌溉、磨米磨面。现在，风车正作为发电的动力装置被利用。风力发电不会造成污染，并且取用不尽。

除了利用风能发电外，在一些炎热干燥的地区，高大的建筑物加盖的风塔可以成为向室内输送冷气的装置。从风塔顶部吹入的又干又冷的空气，经过地下通道进入室内，可以降低室内空气的温度，保持室内凉爽。

在阿巴斯港和波斯湾沿岸的其他港口，风塔是在屋顶上单边建造的方形塔，顶部开口面向海风。轻竹屏通常交叉放置在风口内，夏日正午向上面洒水，蒸发可以给进入下面房间的空气降温。

4.1 风能资源

风能（wind energy）是指地球表面大量空气流动所产生的动能。在地球周围有数千米厚的大气层，太阳辐射使地球表面受热不均，由于地面各处受太阳辐照后气温变化不同和空气中水蒸气的含量不同，从而引起各地气压的差异，在水平方向高压空气向低压地区流动，即形成风。风能资源取决于风能密度和可利用的风能年累积数。风能密度是单位迎风面积可获得的风的功率，与风速的三次方和空气密度成正比关系。

人类利用风能的历史可以追溯到数千年前。自1973年世界石油危机以来，在常规能源告急和全球生态环境恶化的双重压力下，风能作为一种高效清洁的新能源日益受到重视。现今，经过几十年对先进技术体系的研发，风能已成为主流能源。然而，风能服务于全球清洁能源需求仍有巨大潜力，还需要持续的创新。

全球气候变化和温室效应促使人们把注意力投向了可再生能源，如生物质能、风能、潮汐能等。其中，风能开发技术相对成熟，生产规模化和产业化基本形成，拥有广泛的资源和零成本燃料，以及极低的污染排放生命周期，有望成为全球社会日益增长的清洁能源需求的主要贡献者[1]。例如，风能发电具有可再生、清洁、总量丰富、分布地广和技术相对成熟等优点，并逐渐受到人们的青睐。2018 年，新增风电装机容量略高于 51 亿瓦，运营容量超过 0.5 TW，现在全球对风能的投资大约每年 1000 亿美元。

4.1.1 风能的发展历史与现状

人类利用风能的历史可以追溯到公元前 17 世纪古巴比伦利用风能实现高效灌溉工程。公元前 4 世纪，考提利亚在撰写的经典梵语著作《阿萨斯塔》中提到使用风力驱动装置提水。大约公元前 200 年，波斯人开始使用风车研磨谷物。直到 13 世纪，谷物研磨机开始在欧洲地区大规模流行。此后，荷兰设计师 Leeghwater 对磨坊做了许多改进，如采用粗翼型转子，这些改进极大地提高了研磨效率。

10 世纪，风车通过荷兰殖民者传到了美国。随后，抽水式风力磨坊兴起，它被认为是风能最成功的应用之一。19 世纪中期，多叶风力涡轮机在美国出现，这种多叶风力涡轮机采用直径从 1 m 到几米不等的转子，主要用于从地表以下抽水进行农业灌溉。仅 1850～1930 年，美国就安装了多达 600 多万台这样的装置。

1890 年，第一个专门为发电而设计的现代风力涡轮机在丹麦建成，主要用于向农村地区供电。在同一时期，在俄亥俄州克利夫兰建造了一个大型风力发电机，它有 17 m 的“尖桩篱笆”转子并在设计中首次引入了加速齿轮箱。该系统运行了近 20 年，额定功率可以达到 12 kW。1910 年，大量风力风电机器为丹麦提供电力，并于 1925 年在美国实现商业化应用。

目前，风能技术正朝着海上利用方向发展。例如，英国正筹备安装 20 个海上项目，总容量为 1400 MW；在德国，大约有 30 个价值 6 万兆瓦的海上项目；美国的海上风能探索也正在加强。

该行业的另一个趋势是追求更大的机器。由于更大的涡轮机在单位千瓦基础上更便宜，该行业正从兆瓦规模增长到多兆瓦规模。像 RE Power Systems AG 这样的几家制造商正在推出 5 MW 大小的涡轮机。RE Power 型号配备了一个直径为 125 m 的巨大转子，每个叶片重约 19 t。通过巧妙的工程设计，NEG Micon 可以将其 4.2 MW 模型的 THM 限制在 214 t，这是一个令人瞩目的成就。由于有源电网的支持和更高的效率，双馈异步发电机变速方案在业界越来越受到重视。另一个在未来可能被证明有效的创新概念是直接驱动机器。

4.1.2 风的形成与特性

风能是因空气流产生动能的自然资源，是可再生新能源。其数量巨大，分布广泛。风能清洁无污染，开发利用投资多，建设周期短，不影响生态平衡。在偏远山区、海滨、居民分散的无人或少电地，风能资源比较丰富，开发利用价值大。将风能转化为机械能的方法简单且容易实现，运行中易自动控制，需要的管理人员少。风能受地形地物的影响较大，即使在同一个区域，有利地形处的风力也比不利地形处的风力大很多，而且风能随季节、昼夜都在不断变化，当希望连续利用电能时，涉及能量储存的问题，将增大投资成本。风能密度比较低，如果想获得较大的功率，必须将风力机的风轮尺寸增大，这将使风力机的使用寿命受到较大考验。

1. 风的形成

地球的引力作用使地球周围积聚了厚 2000～3000 km 的完整空气层，地球上的气候变化是由大气对流引起的，大气对流层相应的厚度大约可达 12 km，由于密度不同或气压不同造成空气对流运动。水平运动的空气就是风，空气流动形成的动能称为风能，空气流动也像水流一样从压力高处向压力低处流动。太阳能正是形成大气压差的原因。太阳辐射造成地球表面受热不均，引起大气层中压力分布不均，在不均压力作用下，空气沿水平方向运动就形成风，风的形成是空气流动的结果。

气压在水平方向分布得不均匀是形成风的直接原因。风受大气环流、地形、水域等不同因素的综合影响，表现形式多种多样，如季风、地方性的海陆风、山谷风、台风等。

季风是由海陆分布、大气环流、大陆地形等因素造成的，是以一年为周期的大范围对流现象。亚洲地区是世界上最著名的季风区，其季风特征主要表现为存在两支主要的季风环流，即冬季盛行东北季风和夏季盛行西南季风，并且它们的转换具有爆发性的突变过程，中间的过渡期很短。季风是大范围盛行的、风向随季节变化显著的风系，与风带一样同属行星尺度的环流系统，它的形成是由冬夏季海洋和陆地温度差异所致。季风在夏季由海洋吹向大陆，在冬季由大陆吹向海洋。

海陆风是因海洋和陆地受热不均匀而在海岸附近形成的一种风系，白天风从海上吹向陆地，夜晚风从陆地吹向海洋。前者称为海风，后者称为陆风，合称为海陆风。海陆风的水平范围可达几十千米，铅直高度达 1～2 km，周期为一昼夜。由于海面风速湍流度小，风向稳定，风速一般比陆地上大。

山谷风是由山谷与其附近空气之间的热力差异引起的，形成原理与海陆风类似。白天，山坡接受太阳光热较多，空气增温较多；而山谷上空，同高度上的空气因离地较远，增温较少。于是山坡上的暖空气不断上升，并在上层从山坡流向谷地，谷底的空气则沿山坡向山顶补充，这样便在山坡与山谷之间形成一个热力环流，称为谷风。而夜晚山坡降温快，空气冷却较快，且下沉至山谷，形成山风，示意图见图 4-1。

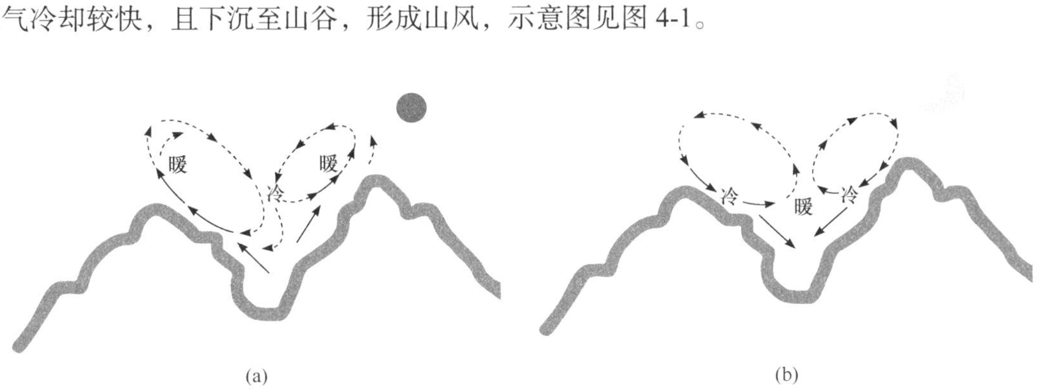

图 4-1　谷风（a）和山风（b）示意图

台风是发生在热带海洋上强烈的热带气旋。在北半球热带气旋中的气流绕中心呈逆时针方向旋转，在南半球则相反。越靠近热带气旋中心，气压越低，风力越大。

2. 风的特性

1）风向和风速

风向和风速是描述风特性的两个重要参数。

风向是指风吹来的方向，风向测量是指测量风的来向，风向标是测量风向的最通用的装置。其一般由旋翼、指向杆、平衡锤及旋转主轴四部分组成。其重心在支撑轴的轴心上，整个风向标可以绕垂直轴自由摆动，在风的动压力作用下取得指向风来向的一个平衡位置。风速是单位时间内空气在水平方向上所移动的距离。

各种风向出现的频率标注在极坐标图上，形成风向玫瑰图，如图 4-2（a）所示。最常见的风向玫瑰图是在一个圆上引出 16 条放射线，它们代表 16 个不同的方向，每条直线的长度与这个方向的风的频率成正比。

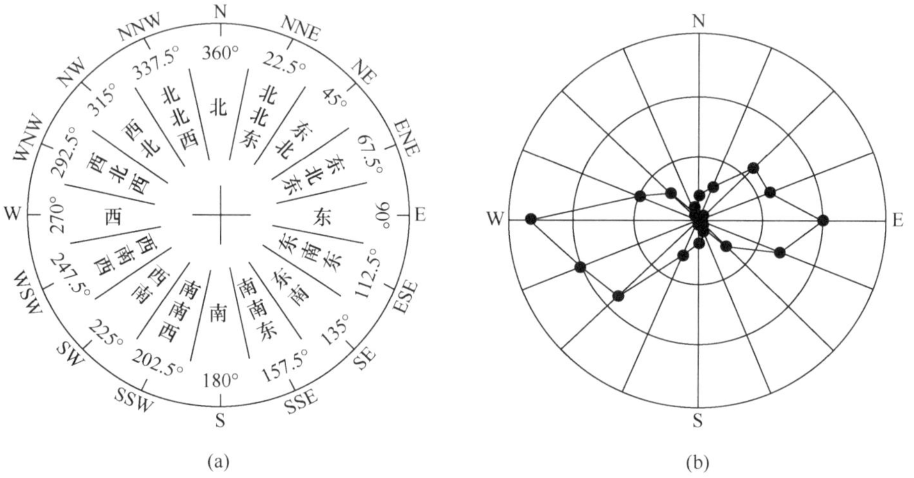

图 4-2 （a）风向玫瑰图；（b）风能玫瑰图

此外，还有与此相似的风能玫瑰图。风能玫瑰图表示各方位出现的风能频率，如图 4-2（b）所示。组建风电场时需要绘制各个测量高度的风向玫瑰图和风能玫瑰图，而后者比前者对风机排布的权重更大，排布风机时要与风能主方向垂直。

风时有时无、时强时弱，其大小可以用风速和风级来衡量。风速就是指空气在单位时间内流动的距离，常用 $m \cdot s^{-1}$ 、$km \cdot h^{-1}$ 等来表示。测量风速的仪器称为风速仪。用风速仪测得的风速是当时的瞬时风速，由于风速是不断变化的，因此风速常用某一段时间内的平均值来表示，如日平均风速、月平均风速、季平均风速或年平均风速。

2）风力等级

虽然风的大小能用风速来表示，但日常生活中人们更习惯用风力等级来表示风的强弱，特别是在天气预报中。风力是指风吹到物体上所表现出的力量的大小。我国天气预报中一般采用 13 等级分法，即“蒲福风级”，在没有风速仪时可以根据它粗略地估计风速。各级风还有相应的名称：0 级称静风，1 级称软风，2 级称轻风，3 级称微风，4 级称和风，5 级称清劲风，6 级称强风，7 级称疾风，8 级称大风，9 级称烈风，10 级称狂风，11 级称暴风，12 级以上的风级称为飓风。风力平均达 6 级以上就会造成危害，气象台就会发布大风警报。中国气象局于 2001 年下发《台风业务和服务规定》，以蒲福风级将 12 级以上台风补充到 17 级。

3）风廓线

从空气运动的角度，通常将不同高度的大气层分为三个区域，离地面 2 m 以内的区域称为底层；2～100 m 的区域称为下部摩擦层，底层与下部摩擦层总称为地面境界层：100～1000 m 的区段称为上部摩擦层，上述三个区域总称为摩擦层。摩擦层以上是“自由”大气。地面境界层内空气流动受涡流、黏性和地面植物及建筑物等影响，风向基本不变，但越往高处风速越大。各种不同地面情况下，如城市、乡村和海边平地，其风速随高度发生明显变化。通常用风廓线来描述风速随地面高度的变化规律。

4）风功率和风能密度

风能的利用主要是将其动能转化为其他形式的能，因此计算风能的大小也就是计算气流所具有的动能。

单位时间内流过垂直于风速截面积 A（m^2）的风能如式（4-1）所示：

$$E = \frac{1}{2}\rho v^3 A \tag{4-1}$$

式中，E 为风能（$kg \cdot m^2 \cdot s^{-3}$）；$\rho$ 为空气密度（$kg \cdot m^{-3}$）；v 为风速（$m \cdot s^{-1}$）。该公式称为风能公式。

风能密度是气流在单位时间内垂直通过单位截面积的风能。风能公式除以相应的面积 A，得到风功率密度公式，也称风能密度公式，即

$$\omega = \frac{1}{2}\rho v^3 \tag{4-2}$$

4.1.3 风力资源分布

1. 世界风能资源分布

地球上的风能资源十分丰富，根据相关资料统计，每年来自外层空间的太阳辐射能为 1.5×10^{18} kWh，其中 2.5%即 3.75×10^{16} kWh 的能量被大气吸收，产生大约 4.3×10^{12} kWh 的风能。

风能资源受地形影响较大，世界风能资源多集中在沿海和开阔大陆的收缩地带。8 级以上的风能高值区主要分布在南半球中高纬度洋面和北半球的北大西洋、北太平洋以及北冰洋的中高纬度部分洋面上，大陆上风能则一般不超过 7 级，其中以美国西部、西北欧沿海、乌拉尔山顶部和黑海地区等多风地带较大。

2. 我国风能资源

我国是风力资源丰富的国家，风能储备在世界上排名第一。陆地上可用风能有 2.5 亿千瓦，海上风能有 7.5 亿千瓦，根据中国气象局估算，全国平均风能密度为 $100\ W \cdot m^{-2}$，风能资源总储量约 1.6×10^5 MW，特别是东南沿海及附近岛屿、内蒙古和甘肃走廊、东北、西

北、华北和青藏高原等部分地区，每年风速在3 m·s^{-1}以上的时间近4000 h，一些地区年平均风速为6 m·s^{-1}以上，具有较大开发利用价值。根据全国有效风能密度、有效风力出现时间百分率，以及大于或等于3 m·s^{-1}和6 m·s^{-1}风速的全年累积时间（小时），可将我国风能资源划分为以下 6 个区域：

（1）最大风能资源区。主要分布在东南沿海及其岛屿，该地区有效风能密度等于200 W·m^{-2}的等值线平行于海岸线，沿海岛屿的风能密度在300 W·m^{-2}以上，有效风力出现时间百分率达 80%～90%。东南沿海向内陆延伸是连绵的丘陵，导致向内陆风能锐减。在福建的台山、平潭和浙江的南麂列岛、大陈、嵊泗等沿海岛屿上，风能资源丰富。其中，台山风能密度为534.4 W·m^{-2}，有效风力出现时间百分率为 90%，是我国平地上有记录的风能资源最大的地方之一。

（2）次大风能资源区。分布于内蒙古和甘肃北部，该地区常年在西风带控制下，风能密度为200～300 W·m^{-2}，有效风力出现时间百分率为 70%左右，大于或等于3 m·s^{-1}的风速全年有5000 h以上。其中，风能资源最大的区域是虎勒盖尔地区，这一地区的风能密度虽然比东南沿海小，但其分布范围较广，是我国连成一片的最大风能资源区。

（3）风能较大区。主要分布在黑龙江和吉林东部以及辽东半岛沿海等地区。这一地区风能密度在200 W·m^{-2}以上，风速大于或等于3 m·s^{-1}和6 m·s^{-1}的全年累积时数分别为5000～7000 h和3000 h。

（4）风能较小区。主要分布于青藏高原、三北（西北、华北和东北）地区的北部和沿海。这些地区风能密度为150～200 W·m^{-2}，风速大于或等于3 m·s^{-1}的全年累积时数为4000～5000 h，大于或等于6 m·s^{-1}的全年累积时数为3000 h以上。青藏高原海拔高，空气密度较小，风能密度相对较小。在4000 m的高度，空气密度大致为地面的67%，也就是说，同样是8 m·s^{-1}的风速，在平地风能密度为313.6 W·m^{-2}，而在4000 m的高度却只有209.3 W·m^{-2}。本属于风能最大地区的青藏高原，实际上这里的风能却远小于东南沿海。

（5）最小风能区。在云南、贵州、四川、甘肃、陕西南部、河南、湖南西部、福建、广东、广西的山区以及塔里木盆地，其有效风能密度在50 W·m^{-2}以下，可利用的风力仅有 20%左右，风速大于或等于3 m·s^{-1}的全年累积时数在2000 h以下，大于或等于6 m·s^{-1}的全年累积时数在150 h以下。在这些地区中尤以四川盆地和西双版纳地区风能最小，除高山顶和峡谷等特殊地形外，风能潜力低，无利用价值。

（6）风能季节利用区。该区域是指我国在风能较小区和最小风能区以外的广大地区，有的地区在冬、春季可以利用风能，而有的地区则在夏、秋季可以利用风能。

3. 风能的区域指标体系

风能资源潜力的多少是风能利用的关键。划分风能区划的目的是了解各地风能资源的差异，以便合理地开发利用。风能分布具有明显的地域性规律，这种规律反映了大型天气系统的活动和地形作用对风能资源的综合影响。我国风能资源从地理位置上来看，西北地区和东南沿海地区是风力资源非常丰富和集中的区域。风能资源的统计量受到统计地点和统计高度的影响。不同的垂直地面高度所蕴含的风能资源量是不同的。受到我国现有风电技术的限制，采用垂直地面 50 m 高度的平均风能资源量。中国气象局发布的我国风能三级区划指标体系如下：

1）第一级区划指标

第一级区划选用能反映风能资源多少的指标，即利用年有效风能密度和年平均风速大于或等于 3 $m\cdot s^{-1}$ 的年累积小时数可将中国分为 4 个区，分别为丰富区、较丰富区、一般区（或称可利用区）和贫乏区，具体划分标准如表 4-1 所示。

表 4-1　第一级区划标准

年累积小时数范围/h	<2000	2000～3000	3000～5000	>5000
类型	贫乏区	一般区	较丰富区	丰富区
分布	川云贵和南岭山地区、雅鲁藏布江昌都区、塔里木盆地西部地区	两广沿海区、大小兴安岭区、我国中部地区	东南沿海内陆和渤海沿海区、西北的南部区、青藏高原	东南沿海、山东半岛、辽东半岛、松花江下游地区

（1）风能丰富区。考虑有效风能密度的大小和全年有效累积小时数，年平均有效风能密度大于 200 $W\cdot m^{-2}$ 、风速 3～20 $m\cdot s^{-1}$ 的年累积小时数大于 5000 h 的划为风能丰富区。

（2）风能较丰富区。年平均有效风能密度 150～200 $W\cdot m^{-2}$ 、风速 3～20 $m\cdot s^{-1}$ 的年累积小时数在 3000～5000 h 的划为风能较丰富区。

（3）风能一般区。年平均有效风能密度 50～150 $W\cdot m^{-2}$ 、风速 3～20 $m\cdot s^{-1}$ 的年累积小时数在 2000～3000 h 的划为风能一般区。

（4）风能贫乏区。年平均有效风能密度 50 $W\cdot m^{-2}$ 以下、风速 3～20 $m\cdot s^{-1}$ 的年累积小时数在 2000 h 以下的划为风能贫乏区。

2）第二级区划指标

主要考虑一年四季中各季风能密度和有效风力出现小时数的分配情况。

3）第三级区划指标

选用风力机最大设计风速时，一般取当地的最大风速。在此风速下，要求风力机能抵抗垂直于风的平面上所受到的压强，使风机保持稳定、安全，不致产生倾斜或被破坏。由于风力机寿命一般为 20～30 年，为了安全，取 30 年一遇的最大风速值作为最大设计风速。

4.2　风能的转化与开发利用

风能属于可再生能源，与存在于自然界中的煤、石油、天然气等一次能源不同，不会随着其本身的转化和人类的利用而日趋减少。风能又是一种过程性能源，与煤、石油、天然气等近代广为开发利用的能源不同，不能直接储存起来，只有转化成其他可以储存的能量才能储存。

4.2.1 风能的转化

过去十多年来，风能已成为世界上发展最快的可再生能源，是目前中国第二大可再生能源[2]。风能转换系统（WECS）的最大优势是直接从风能中提取能量[3]，与早期相比，因为电网中非线性负载逐步整合，风能转换系统的主要作用不仅是从风能中获取最大功率，而且还需最大化提高电力质量[4]。但任何风能转换系统操作都存在一个不可避免的问题，风速具有间歇性的特质，这也源于风能依旧服从许多地球气候相关规则。然而，即使存在波动现象，许多研究者仍付出了很大的努力使能量输出最大化[3]。根据安装现场分类，风能转换系统可分为陆基风能转换系统和离岸风能转换系统。离岸风能转换系统相比于陆基风能技术起步较晚，但具有充足的风能资源、较低的风切变、较高的输出功率以及低土地占用率等显著优势，使用离岸风能转换系统可避免占用大量土地，风能利用率高，相应的离岸风力发电场的发电量也比陆基多 20%～40%。

风力涡轮机是风能转换系统中的典型部件之一，即一种能够利用部分风力功率，并用于驱动操作机器的设备。风力涡轮机转子叶片设计长度增加以扩大转子直径，达到提高效率的目的。由于叶片需要在 20～25 年的时间内承受一亿个负载循环，因此其材料的疲劳度较为关键。风机叶片一般会选用坚硬、轻便且抗疲劳的复合材料，如环氧树脂、玻璃纤维和碳纤维等。随着涡旋相关理论的发展，建立了最佳风力涡轮机的概念，可以从风中提取的能量有一个理论上限值，约为 59%，这一极限被称为贝兹（Betz）极限。当前在设计工作条件下，现有涡轮机的转换效率能够达到 35%～40%，距最佳转化效率仍存在差距。

图 4-3 为离岸风力涡轮机和陆地风力涡轮机实体图。风力涡轮机主要包括管状塔、转子叶片和机舱（轮毂）。为了在普遍风速范围内更加优化电力生产过程，现代风力涡轮机进一步安装了螺旋桨调速叶片或可变转速系统，主转子轴的转速通常设置在 $10～20\ r \cdot min^{-1}$。近年来，虽然不同国家及不同地区的涡轮机大小差异很大，但风力涡轮机的额定输出、转子直径和平均高度均呈现逐渐增加的趋势。而风力涡轮机不仅内部零件在不断改进，外部的支撑结构也存在多种变化。对于横轴陆地风力涡轮机来说，最常用的三种支撑结构类型包括管状塔、桁架、撑格或杆状[5]。

振动和噪声是风力涡轮机的两个重要技术指标。降低振动和噪声是风电行业常见的问题，对有效提高风电场的环境效益和系统可靠性具有重要意义。风力涡轮机的噪声和振动可分为三类：①空气动力；②机械；③电磁。空气动力学噪声是由叶片运动产生的。机械

图 4-3　离岸风力涡轮机和陆地风力涡轮机实体图

噪声主要来自齿轮箱、联动装置等发电设备。电磁噪声是由于电机气隙中磁场的相互作用，产生随时间和空间变化的径向力，并引起定子铁芯、框架等机械部件进一步的周期性变形。对于中低功率额定电机，电磁噪声在这三类噪声中起主导作用。而不合适的风电场布局设计会影响风能转换效率和风电场噪声辐射。研究者以往更多关注风电场设计的高效性，但由于噪声约束风电场的优化，因此进展甚微。Cao 等[2]通过开发了一个数值优化框架，将风电场尾流和风电场噪声的建模与每年的能源生产的优化算法相结合，采用建立在均衡能源成本基础上的成本模型和有效的迭代方法对风电场布局进行优化，研究结果表明，所开发的优化框架能够在最大能源产量和最小负面环境影响之间寻求最优平衡。Sun 等[6]在风力涡轮机噪声建模方面开发了一种有效的多尾流条件下风力涡轮机噪声建模的数值方法，该模型可以同时预测不同大气条件下的气流和尾流、风机噪声源和风机噪声的传播。

风力状态对定义风力涡轮机结构组件施加的负荷十分重要，结合上文所述，对作为风速函数进而预测未来发电量也很重要。通过对记录的风能数据进行统计分析，对风能进行实际评估，且评估必须基于实际条件，包括风速、速度频率分布、风切变、紊流强度。风向分布以及 50 年或 100 年回归一次的极端阵风，总的来说，风力状态能够通过垂直风刨面、平均风速分布以及湍流效应三个条件来表征。

风速与产能之间相互转换可以通过公式得出[7]，当计算出涡轮机所在位置的风速时，最关键的一步是转化为产能，一种方法为物理变换，如风力密度（WPD），定义为

$$\mathrm{WPD} = \frac{1}{2}\rho C_{\mathrm{p}} v_z^3 \tag{4-3}$$

式中，v_z 为涡轮机高度为 z 时的风速；ρ 为空气密度；C_{p} 为贝兹极限，它描述了涡轮机理论上可以从风中提取的最大能量值。WPD 的单位是 $\mathrm{W \cdot m^{-2}}$，通过将 WPD 与转子叶片所经过的圆形面积相乘，可以得到涡轮机的风力发电能力。根据经验证据表明，WPD 高估了真实的现场相关数值，只能作为风能定性考量依据。因为风速与产能之间虽然存在联系，但并非全然线性相关，实际上也存在非线性关系。例如，若一年内的稳定风速在 $3\ \mathrm{m \cdot s^{-1}}$ 左右，小于涡轮机启动的典型切入速度，将有可能导致零产能，然而，若风速在平均 $3\ \mathrm{m \cdot s^{-1}}$ 附近波动，则可能导致更高的产能。

为了深入理解涡轮机的运行规律，可以通过建立合适的动力学模型来进一步探讨。根据尺寸、叶片半径、额定功率、轴刚度、损失、弹簧减震器和齿轮箱，选择适合于风力涡轮机的参数，使用机械动力模型来描述[8]。

风力涡轮机的空气动力学是一个经典的概念，是风能发展的关键，所有其他部分及其应用都依赖于其空气动力学模型的准确性。而海上风能的空气动力学模型因风速、风向等基本参数的差异与陆地风能建模有许多不同之处。Zhang 和 Kim 开发了一种完全耦合的计算流体动力学方法来分析风力激励条件下的半潜式浮动海上风力涡轮机，并通过输入海上代码比较、协作、继续相关项目支持的总系统参数来验证该模型。

上述提到，涡轮机的转换效率会受到贝兹极限的限制，而当前设计并未达到最佳状况，有研究者通过重新验证一般动量理论，并得出结论，转子功率系数会在低转速下增加，甚至可以超过贝兹极限。其中，叶片元件动量理论被广泛应用于风力涡轮机的空气动力学性能预测和设计应用上，由制动力器盘动量理论和叶片元件理论组成，该理论主要表示为旋

转环形流管上的动量平衡，叶片元件理论计算由旋转叶片的翼型横截面所产生的力。然而，叶片元件动量理论方程中的一些假设间接导致了实际数据和理论计算结果之间的差异，其中一个假设是忽略尾流旋转引起的静压降，在计算中转子上游的压力等于下游的压力，最终推导出转子盘上的轴向感应是远尾流的一半，与实际相悖。

除了从动力学等机理方面调控风能转换系统，外部控制手段也可以对其转换效率进行特定优化。对风能转换系统的控制可分为两种模式，分别为根据功率结构进行的局部控制和从全局考虑推导出的全局控制。局部控制需要确保对系统的每个组件进行高效能源管理，其控制结构可以从能量宏观表示中推导出来，根据作用和反应原理对系统进行系统的描述；全局控制部分独立于功率结构，这一控制部分相比于前述局部控制可较好地实现功率目标和系统约束。

风能转换系统根据发电机的不同也可以实现不同模式的能量转换[9]。例如，鼠笼式感应发电机（SCIG）主要用于低风力发电装置；永磁同步发电机没有齿轮，具有更高的转换效率，但设备较重，价格也较昂贵；双馈感应发电机对转换器容量的低要求、对有功和无功功率的灵活调控以及独立于稀土元件，被广泛应用于中大型风力系统，相比于其他类型的发电机，其更具优势，与带永磁同步发电机的风能转换系统相比，配备双馈感应发电机的转换系统效率更低。然而，维护过程中需要同时配备齿轮箱，以使涡轮的低转速适应更高的发电机转速，因此维护成本也更高。在传统的配置双馈感应发电机的风能转换系统中，定子通过三相变压器，转子通过连续转换器系统直接连接到电网。

4.2.2 风能预测系统

学习风力发电行为对于评估风力发电较为重要，其中风力发电厂的位置对风频和风速都起着至关重要的作用。不同位置的风力涡轮机接收到的风力风向也会有较大差别，Shamshad 等对马来西亚丰盛港的风向和速度进行了统计和功率密度分析，利用各种风力涡轮机研究了地形地貌对风能的影响，根据风向分析结果表明，该研究中来自西南方向的风占比为 27%，根据不同高度预计风速的分析结果表明，该方向与最低风速有关[10]。一些研究人员利用卫星数据检查海上和陆上风的潜力，Uti 等使用多任务卫星测高仪来研究海上不同位置的风能潜力，在 1993～2016 年间从 9 颗不同的卫星中提取了风速数据。此外，还从海上的浮标中收集数据，并将其与卫星数据进行比较，以进行可靠性验证，研究结果表明，从卫星测量的风速值略高于从浮标测量的风速值[10]。

对风速的最佳预测是一个开放性的研究问题，因为需要预测在特定地点利用风能的可行性，风速预测方法可分为持久化法、物理模型、统计模型、人工智能法和混合模型五种，分别简述如下：

（1）持久化法是与其他方法相比最常用的方法。它假设风速将随着时间的推移而保持不变，并考虑到未来的风速值将与进行预测时的当前值相似，但由于风速的间歇性特点，当预测范围增加时，该假设不再适用。

（2）物理模型通常是基于天气预报数据和数值天气预测模型建立的，NWP 利用复杂的数学模型来创建地形特定的天气条件用于预测风速，但通常需要大量的计算资源并且投入相应的时间成本，不适合短期风速预测。

（3）统计模型的建立通常包含基于对历史风速数据和/或其他解释变量相关性学习等统

计方法。统计模型相比于物理模型更加简单，并且在用于短期预测任务时表现出准确的性能。传统的统计技术可分为线性平稳模型、非线性平稳模型和线性非平稳模型，但由于动力学的数据易受正态性、线性或变量独立性的严格假设的约束，限制了统计模型的实际应用。

（4）人工智能法可以精准描述出数据之间的内在关系，无须在意潜在动态，被认为是该领域研究的主导方向之一。深度学习在许多实际预测任务中显著得到了性能改进，有时甚至超过了众所周知的强统计模型的相关性能，是由于深度学习方法能够同时执行特征提取和建模。

（5）混合模型是基于以上方法中的两种或两种以上模型的组合或集成，并且能够得益于每个模型的相应优势，提高预测性能。

产能虽然是风力发电的最终结果，但风能资源的不确定性和间歇性是风能大规模投入实际应用的主要障碍，如发电、发热等。因此，风能转化的快速发展需要进一步提高风力资源的相关表征和评估的准确性和可靠性，这也促使全球各地的研究人员通过收集到的短期和长期的风速数据，利用适当的数学函数和分布来模拟已知风速数据，再进行深入研究，为有效规划和安装风电场提供了可靠的依据[11-12]。而风速分布可以通过对特定位置的特定时间段内发生不同（平均）风速的概率的量化，湍流可以被定义为与平均风速的瞬时偏差，因此总风速也可以写成平均风速及其波动分量之和。在大气的较底层，风力会被摩擦力和障碍物所改变，不仅改变速度，而且改变方向，这也是气流中湍流的起源。模拟风速行为中常见的用于拟合风速概率分布的模型有威布尔（Weibull）分布、伽马（Gamma）分布、布尔（Burr）分布、瑞利（Rayleigh）分布和对数正态（Log-normal）分布模型等，分别简述如下。

（1）威布尔分布模型。

通过威布尔函数进行拟合，即使用威布尔函数作为一个经验模型来近似选定地点的测量风速数据，采用不同的数值方法估计两个模型参数：形态 k 和尺度 c，拟合出的威布尔函数最后可用于计算选定场地的风力发电潜力。威布尔分布函数如下：

$$f(v)=\frac{k}{c}\times\left(\frac{v}{c}\right)^{k-1}\exp\left[-\left(\frac{v}{c}\right)^{k}\right] \tag{4-4}$$

$$F(v)=1-\exp\left[-\left(\frac{v}{c}\right)^{k}\right] \tag{4-5}$$

式中，v 为风速，$\mathrm{m\cdot s^{-1}}$；k 为形状参数，量纲为一；c 为尺度参数，$\mathrm{m\cdot s^{-1}}$。

威布尔分布存在多种可用途径，并可以通过多种方式求得威布尔参数，类型选择取决于研究要求。近几十年来，达文波特在对风荷载的研究中使用了威布尔分布模型，同时，另有研究人员发现，威布尔分布针对风能相关应用的研究是有效且合理的，贾斯图斯等还提出了将威布尔分布中的五种方式应用到风能中存在优势性，其中五种方法分别为：①最小二乘拟合观测分布，也被称为图形方法；②风速中位数和四分位数；③平均风速和标准差，也称经验法；④平均风速和最大风速；⑤ k 和 v 平均的变化趋势。

（2）伽马分布模型。

伽马函数是统计学中的一种连续概率函数，伽马分布是最早被应用于风速拟合的模型，将风速作为离散的随机变量，经验证，相比于威布尔分布，伽马分布较适用于内陆的风力分布[13]。其概率密度函数方程如下：

$$f(v)=\frac{v^{k-1}}{c^k\Gamma(k)}\exp\left(-\frac{v}{c}\right) \tag{4-6}$$

式中，v 为风速，$\mathrm{m\cdot s^{-1}}$；k 为形状参数，量纲为一；c 为尺度参数，$\mathrm{m\cdot s^{-1}}$。

（3）布尔分布模型。

近年来，布尔分布也逐渐成为拟合风速分布的模型，它有较好的拟合效果，但因计算量较大而费时。其概率密度函数为

$$f(v)=\frac{\alpha k\left(\dfrac{v}{\beta}\right)^{\alpha-1}}{\beta\left[1+\left(\dfrac{v}{\beta}\right)^{\alpha}\right]^{k+1}} \tag{4-7}$$

式中，v 为风速，$\mathrm{m\cdot s^{-1}}$；α 为形状参数；β 和 k 为尺度参数，$\mathrm{m\cdot s^{-1}}$。

20 世纪 80 年代，Rao[14]首次将贝叶斯统计分析方法应用于场地评估问题，通过将风速分布建模为瑞利分布。用贝叶斯方法估计参数的风速分布证明了其在给定风力涡轮机最佳地点选择和给定场地最佳涡轮机选择方面的有效性；风向对风力资源的评估也十分关键，Reboul 等[15]提出通过贝叶斯分析方法，基于最大化变化实例的后验分布的联合分割分段平稳过程的参数估计，并将其应用于风统计参数的估计，最终结果证明了其可行性。

综上，研究者对风速频率分布建模和预测短期风速和风能已经进行了大量研究，但仍然不能保证结果令人满意，风电的大规模发展迫切需要更准确、更可靠、更自适应的数据分析方法来进行风电资源和风电的表征和评估。在众多分析评估方法中，贝叶斯方法在统计建模和对具有不确定性和可变性的数据进行分析方面显示出独特的优势，其在风能转换系统的各个方面，如提高风力资源估计和短期预测的准确性和可靠性等方面均具有很大的潜力。贝叶斯分析方法提供了一种计算假设概率的方法，是基于假设的先验概率、给定假设下观察到不同数据的概率以及观察到的数据本身而得出的。其在许多领域应用广泛，但在风能方面的应用仍处于早期阶段。目前，贝叶斯分析方法在风能转换系统中的应用领域主要包括风资源评估和预测、短期预测、极端风力建模、风机零部件的可靠性评价等。

4.2.3 风能的开发利用

1. 风力发电

风力发电是风能转化的最重要应用之一，我国是风电机装机容量相对领先的国家[2]。风能在地球上潜力巨大，几乎每个国家在10 m 的高度下均能检测到5 $\mathrm{m\cdot s^{-1}}$ 的风速，原则上足以满足世界上所有的电力需求[16]。

风力发电机是风力发电最主要的组件之一，当风力涡轮机最终用来激活的机器是发电

机时，整个机组就转变为风力发电机[17]。风力涡轮机按主转子轴的旋转方向分类，可以分为水平与垂直两类，这取决于气流的方向（逆风或下风）和涡轮机的实际位置（陆地或近海）。风力发电适用于风速大于切割速度的场地，太阳辐射强度是决定太阳能在特定地区的适宜性的关键，而风能利用度高度依赖风速是风力发电适用于风速大于切割速度的场地的原因之一。

风能产生的电力基本都是由风力涡轮机利用风的动能，通过旋转的转子提供转动涡轮叶片的驱动力，再通过一根轴将叶片连接到涡轮机内部发电机中的齿轮上，发电机随着叶片的运动而转动。其中，影响风力发电系统的关键因素有转子直径和叶片大小，因为叶片尺寸大小与可转换电能基本成正比，叶片尺寸越大，可覆盖面积越大，最终从风的动能中转换为电能的效率就越高。

现代商用风力涡轮机如图 4-4 所示，主要由水平对准的转子轴和垂直平面旋转的转子叶片所组成，转子直径和风速是风力涡轮机额定发电能力的主要输入参数。理论上，风速增加 1 倍，风力发电机的发电量增加 8 倍[5]。考虑到转子转速与功率系数之间的关系，若从风中提取最大功率，对转子转速的控制是至关重要的[3]。

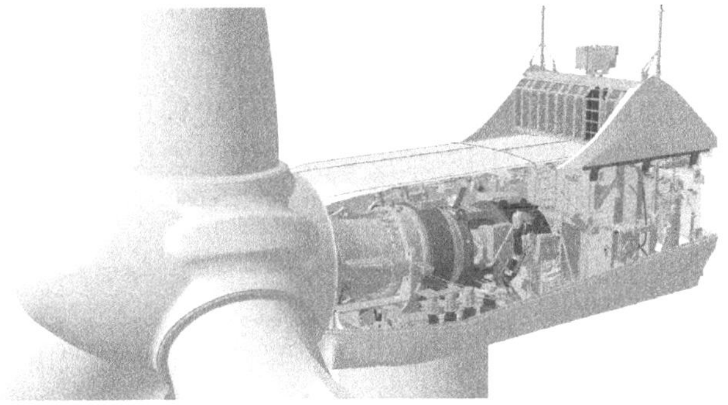

图 4-4　风力涡轮机

风力涡轮机发电需要以额定速度持续流动，一般情况下较难实现，由于风的本质不恒定，更加倾向于短时波动，而风速除了要考虑波动，还需考虑地面以上的高度。垂直风剖面能够分别表示陆上和海上风速随地面以上和水面以上高度的变化，公式如下：

$$\overline{U_z}=\overline{U_{10}}\left(\frac{z}{10}\right)^{\alpha} \tag{4-8}$$

$$\overline{U_z}=\overline{U_{10}}\frac{\ln\frac{z}{z_0}}{\ln\frac{10}{z_0}} \tag{4-9}$$

式中，$\overline{U_{10}}$ 指在超过平均海平面10 m 参考海拔处测量10 min 风速数据的平均值，平均海平面 z 以上的平均风速 $\overline{U_z}$ 则可以用给出的“幂律”或“对数定律”取近似值。

风力涡轮机或风电场的容量因子（C_F）是指涡轮机（或风电场）实际容量占额定容量的百分数。不同地区的平均容量因子差异很大，对于亚洲、欧洲和北美的陆地风电场，容量因子的值分别为 20%～30%、25%～35%和 30%～45%。风力涡轮机的功率系数可以定义为在特定风速下，从单位面积截获风捕获动能的效率。然而，任何风力机的最大可提取功率都受到贝兹关系的限制，最大分配功率系数 $C_p = 0.59$ 。而陆上和海上风力发电容量的增加对风力涡轮机的可靠性和可维护性提出了更高的要求。

发电系统的相位数对发电系统也有较大影响，在相同电力需求下，相位数的增加降低了各相位的电流和功率需求，低功率水平设备可用于实现低压和高功率发电。容错能力更高，可靠性更高。滤波器操作可以通过失去发电机或功率转换器的一个或多个相位来实现，发电机可以在故障阶段继续运行，而不需要重新启动或停止。传统的发电系统通常是三相风力发电系统，而多相电机由于具有低压高功率运行、容错控制和自由度的优点，在风力发电中越来越受欢迎，特别是在自然条件较差的海上风电中。

到目前为止，已经有三代风力涡轮机应用于风力发电场，第一代是基于鼠笼式感应发电机的直流并网固速风力涡轮机；第二代是基于双馈感应发电机（DFIG）的变速风力涡轮机；第三代是带有永磁同步发电机（PMSG）的直接驱动变速风力发电机，第三代节省了变速箱，提高了能量捕获能力、系统效率和可靠性，并且优化了成本。风力发电使各国的能源结构多样化，这对于水电资源利用占比大的国家尤为重要。

在风力发电领域，有几个主要模型流已经被提出并用于风能预测，第一类模型是物理模型或气象模型，这些模型依赖于数值天气预测（NWP）模型来确定气象风速预报，然后通过功率曲线将其转化为风力发电预测。然而，由于建模过程需要丰富的物理或计量背景知识，数值天气预测模型在实际应用中难度较大。第二类模型是统计方法，利用统计时间序列模型来确定风力生产和风速的时空关系，基于这种关系，从观测到的解释变量中评估了风力预测，被广泛使用的时间序列模型，如自回归模型通常是线性的；第三类模型包括数据驱动/数据挖掘模型，如神经网络或支持向量机。

经济可行性也是发展风力发电的要素之一，并且也是发展风电园区选址的主要考量要素。影响经济可行性的影响因素主要包括现场的风力水平、输电线路的可及性、能源生产的预期价值、获取土地的成本以及运营期间对环境的影响。

从环境负载角度来评价风力发电行为，表 4-2 比较了各种能源发电技术产生的污染性气体排放量，风力发电过程中，CO_x、SO_x 和 NO_x 等有害气体排放量较小，因此不会造成温室气体效应，而相对地，许多传统的化石燃料发电站所排放的二氧化物和氮氧化物对环境造成了严重的破坏。

表 4-2　各种能源发电技术产生的污染性气体排放量比较[18]

发电技术	CO_2 释放量/（kg · GWh^{-1}）	SO_2 释放量/（kg · GWh^{-1}）	NO_2 释放量/（kg · GWh^{-1}）
燃煤	830～920	630～1370	630～1560
天然气	370～420	45～140	650～810
大型-水力	7～8	18～21	34～40
小型-水力	10～12	24～29	46～56
风-4.5 m · s^{-1}	19～34	18～32	26～43
风-6.5 m · s^{-1}	10～17	10～16	14～22
光	170～260	175～330	160～310

2. 风力制热

风能通过风力制热或发热技术（wind-heating technology）能够直接转化为热能[19]，如在草原、山区等地势偏远、占地面积广阔、人口稀少的地区，电网建设不完善，而居民生活分散性大，使供暖困难，因此可以选择通过风能来解决当地地区的供暖问题[20]。目前风能制热有三种转化方法，一是通过风力发电机发电，再利用电阻丝将电能转化为热能；二是将风力机与热泵结合，利用风力机驱动热泵系统的压缩机从而制热或发热；三是利用风力机转化为机械能，再转换为热能，简称风能直接制热。

Tudorache 等[21]提出了一种利用外转子永磁涡流加热器将风能转化为热能的系统，主要优点是系统结构紧凑，易于通过水流速率调节控制温度，能够降低每千瓦时的能源成本，还可以与其他加热系统相结合。该装置的外旋转部分为转子，内固定部分为定子，两部分由气隙分隔。

实验室模拟风力制热的装置为搅拌风力制热系统，即利用自然风作为动力来驱动风力涡轮机，从而使风力涡轮机直接驱动加热器来搅拌液体以产生热量。原理更加近似于机械能直接转化为热能。使该装置正常运行的关键步骤可以大致归结为启动过程，因此为优化搅拌风电加热系统的启动性能，Chen 等[20]对其结构进行了改进，采用扭矩限制液压耦合器而非机械轴连接以实现柔性连接，并且设计了搅拌采暖试验台，以启动过程中的扭矩为主要研究对象，分别测试系统不同方案在搅拌速度、角加速度和加热器液体含量等不同工作条件下的启动性能。该装置经改进后实现了轻负荷启动，能更好地适应自然风条件，同时，灵活的连接还减缓了启动冲击，抑制了过载带来的危害，有效延长了整个传输系统的使用寿命。

3. 风力提水

风力提水滴灌技术是指利用风能进行提水作业，通过联动装置将滴灌系统进行有机联合，实现对农田作业提水灌溉[22]。目前，中国推广的风力提水机产品主要分为南方型大流量低扬程风力提水机组和北方型小流量高扬程风力提水机组两大类，其型号多样，典型的风力提水机有美国铁人风车、气压式 FS 系列风车、XINYU-M707/M787 系列风力扬水机[23]。

4.3　风力发电技术

回顾世界风电发展历史，大致可以分为以下三个阶段。

第一阶段是风力发电的探索阶段，国外对技术较复杂的大中型风力发电机组进行研制。其中，以美国、丹麦、法国、英国和德国在风力发电领域最具有代表性。1932 年，工程师赫尔曼（Herrmann）设计了一种有两个直径 16 m 的反向旋转的风轮，功率为 20 kW 风力发电机组。1941 年，美国佰能（Putam）研发了功率1.25 MW 的风力发电机组。1952 年，英国约翰·布朗设计的100 kW 风力发电机，最大功率可达130 kW 。1957 年，丹麦盖瑟研发并投入运行了功率 200 kW 的风力发电机组。1957～1968 年，德国在风力专家胡特教授的指导下，先后建造了 6 kW 、100 kW 的风力发电机，叶片首次采用了玻璃纤维为主要材料。

第二阶段可以总结为风力发电的徘徊阶段，大型风机造价昂贵，其总运行费用超出燃料发电，风力发电因此受到很大阻碍。特别是在 20 世纪 60 年代初，由于石油价格降低，风力发电在造价和稳定性方面远竞争不过火力发电，所有风力发电的研究又停滞了。

第三阶段为风力发电的突破阶段，1973 年秋，爆发了全球的石油危机，为此提出能源应多样化，风能的开发研究又重新得到重视。1972 年，美国成立了能源部，并且专门分别设置了负责发展大型、中型和小型风力发电机组的机构。1975 年 9 月，第一台100 kW 风力发电机开始并网发电。1977 年，200 kW 风力发电机投入运行。1979 年 5 月，额定功率为 2 MW 型风力发电机投入运行。1980 年 12 月，额定功率为2.5 MW 型风力发电机投入运行。1983 年，由波音公司开发的3.2 MW 型风力发电机投入运行。

我国近年来在风力发电开发利用方面取得了显著成效，在产业发展、技术创新等方面取得了突出成果，风电已成为我国第三大能源。可再生能源正在逐步从零散、小规模的能源发展成为可部分替代化石燃料、缓解生态环境承载压力、实现大规模利用的重要能源形式。近几年全球风力发电装机容量每年保持着 10%～16%的增长率，且总装机容量为 1.66 GW，累计装机容量达到4.45 GW。根据全球风能协会数据，2021 年全球风电累计装机容量达到837 GW，同比 2020 年增长 12.80%。根据国家能源局数据，2021 年我国风电累计装机容量达到328.5 GW，同比增长 16.7%，增速快于全球，风电累计装机容量占全球 39.2%。2021 年全球海上风电累计装机容量达到57 GW，我国海上风电累计装机容量为 26.39 GW，说明海上风电发展迅猛。

风力发电是所有发电方法中最为简单便捷的一种，相较于火力发电和水力发电，它既不需要燃料也不需要筑坝蓄水。此外，风力发电还具有设备便宜、操作简单、环境友好等优势。

风能价格低廉、清洁、可持续。在过去的十年中，风能的年平均增长率超过 26%，是全球能源行业增长最快的部门。风能所具有的优势主要表现在以下方面：

（1）风能是最成熟、性价比最高的可再生能源。目前的技术成本在每千瓦时 3～5 美分，受到风力资源和特定项目的项目融资的影响。此外，不同于价格昂贵的矿物燃料发电，风能是免费的且价格稳定。发电成本在电力市场中至关重要，随着风力涡轮机技术的进步，风能的成本变得更加具有竞争力。

（2）风能是可持续的可再生能源。风能是来自风的可再生能源，取之不尽、用之不竭，不需要额外的燃料。事实上，风能是太阳能的一种转换形式。太阳辐射使部分大气变暖，热空气上升，冷空气下降，因此实际上风是空气从高压区向低压区的自发流动现象。

（3）风能是清洁的燃料来源，对环境友好。全球都在关注因温室气体排放而导致全球变暖的问题。由于风力涡轮机不会产生导致酸雨或全球变暖的大气排放，因此它是一种清洁的燃料来源。风能可以为人们提供更清洁的空气和更健康、更安全的环境。

（4）风力涡轮机可以建在农场或牧场上，从而使农民受益。在农村地区，建立了当前大多数最好的风力发电站。因为风力涡轮机只占用了一小部分土地，所以农民和牧场主可以继续在土地上耕作，还可以收取风力发电厂业主支付的土地使用费。

风能发电所面临的主要挑战是由于风能是一种间歇性能源。换句话说，风力发电是一种不确定的电源，受自然的控制而不是电厂运营商的控制。它产生间歇性的电力，电网上的其他发电机可以通过节流来匹配这种可再生能源的不同产量。间歇性风力发电的进一步发展需要一定的电网储能设备组合。储能系统与风力发电的一体化将提高电网的可靠性和安全性。储能系统可以在一定的时间范围内改变发电模式，平滑风力发电的变化，还可以用来缓解可能的电价上涨或下跌。然而，这需要大量资本投资和基础设施配套，并需要进行成本效益分析，以确定适当的规模所需的能源储存设施。采用储能系统既能降低风力发电的波动，又能降低运行成本，使风力发电能力更可靠。

另一种解决“间歇性”风能发电的思路是电力电子技术，该技术在近年来已得到快速发展。组件可以处理更高的电流和电压额定值，功率损耗降低，设备变得更加可靠，容易控制，兼具一个超大规模的功率放大，使得价格/功率比持续下降。同时，功率变换器作为一种提高风力涡轮机性能的手段正变得越来越有吸引力。在当下和未来，发电能力达数百兆瓦的大规模风电场通常会直接与输电网相连，将有可能取代传统发电厂。这意味着风力涡轮机将被要求具有发电厂的特征，即能够在电力系统中作为主动可控元件工作。这样的大型风电场将被期望能够满足非常高的技术要求，如进行频率和电压控制，调节有功和无功功率，并在电力系统的瞬态和动态情况下提供快速响应。因此，电力电子技术对满足未来高需求的大型风电场具有越来越大的吸引力。

目前，研究人员正在研究发展具有不同类型电力电子转换器的风电场的电气控制布局，以使它们能够符合高要求，并尽可能降低安装成本。

4.3.1 风力发电类型

1. 机械发电

有记载最早的风车是垂直轴风车，它们可以被描述为一种简单的拖拉装置，而横轴风车雏形是在大约公元1000年的波斯和中国的历史文献中发现的，这种类型的风车有一个水平轴和叶片（或帆）在垂直平面上旋转。12～19世纪，欧洲所开发的风车性能得到不断改善。到19世纪末，风车不仅被用来研磨谷物，还被用来抽水以排干湖泊和沼泽。到1800年，大约有20000座现代欧洲风车在运行，仅法国和荷兰的90%工业用电基于风能。随后的工业化导致了风车的逐渐减少，但在1904年，风能仍然提供了荷兰工业能源的11%，德国已经安装了超过18000台风车。当欧洲的风车逐渐消失时，北美殖民者引进了风车，为牲畜抽水的小型风车变得非常流行。这些风车，也被称为美国风车，可实现完全自我调节功能，这意味着它们可以无人看管。在高风速下，自动调节结构使转子迎风运行。为了避免对风车造成损坏，欧式风车在极端风速下通常必须将风帆的叶片卷起来。在美国，风车的普及程度在1920～1930年达到顶峰，累计装机量约60万台，各种类型的美国风车至今仍被用于世界各地的农业用途。

2. 涡轮机发电

1891年，丹麦人库尔首次建造了风力涡轮机来发电。丹麦工程师在第一次和第二次世界大战期间对该项技术进行了改良，以克服能源短缺的问题。丹麦史密斯公司于1941～1942年期间所建造的风力涡轮机，被公认为是现代风力涡轮机的先驱。基于先进的空气动力学知识，史密斯涡轮是第一个使用现代翼型的装置。与此同时，美国人帕尔默·帕特南为美国史密斯公司建造了直径53 m的巨型风力涡轮机。这台机器不仅尺寸不同，设计理念也不同。丹麦的设计是基于一个在低速运行下的逆风转子与失速调节，而帕特南的设计是基于一种变螺距调节下的风向转子。然而，帕特南的涡轮机并不是很成功，它于 1945 年被拆除。

第二次世界大战后，丹麦的居尔进一步发展了丹麦的设计理念。该涡轮机安装在丹麦的盖瑟，在 1956～1967 年发电量共计约 220 万千瓦时。与此同时，德国的胡特尔发展了一种新方法，其风力涡轮机由两个细长的玻璃纤维叶片组成，叶片安装在塔的下风处中心，该涡轮机以其高效率而闻名。

尽管居尔和胡特尔的风力涡轮机在早期取得了成功，但在第二次世界大战后，人们对大规模风力发电的兴趣有所下降，只有在用于偏远地区电力系统或用于电池充电的小型风力涡轮机方面获得一定发展。直至 20 世纪 70 年代初的石油危机，风力发电才再次进入人们的视野。

4.3.2 风力发电能量转换

风能利用从移动气团中提取的能量转化为电能。运动空气团所具有的动能首先通过涡轮机转子的旋转，转化为动力系的机械能。传统风能变换器的动力传动系包括一个插入的机械齿轮箱，以增加同步或异步发电机的转数，这通常需要比转子更多的转数。然而，也有风力转换器的发电机适应于可行的转数，不需要任何变速箱。随后，动力系统的机械能通过一个机电转换器（发电机）转换成电能。由于发电机出口规格不一定与电网的规格相匹配，在大多数情况下需要第二个电动/电动转换器。最简单的版本仅由一个变压器组成，通过直流电中间电路或直接变换器的间接电网连接也是行之有效的连接方式。

风能转换器从风中提取能量总是与一定的时差有关，因为风和运行条件通常是不断变化的。这就是为什么在大多数情况下，瞬时能量值（功率）是恒定值，以便通过对时间的累加（即积分）计算其有用的能量贡献（功）。风力动力由空气密度、风道面积和风速确定。风力发电站采用风力转换器，通过降低风速来提取部分风力。大多数现代风能转换器都配备了转子来提取风能，并由一个或几个转子叶片组成。提取的风力产生旋转运动，从而转化为机械动力。机械动力以某一旋转时刻的形式在轴上被吸收，然后传递给机器（如发电机或泵）。因此，整个风力发电站由一个风能变流器（转子）、一个机械齿轮和一台发电机组成。从物理上讲，在空气流动停止的情况下，空气将无法进入掠风旋翼区域，风能将不再可用。从风能中获取能量基于两种不同物理原理，一是低效率的翼形阻力法，它是基于风吹表面的风阻力。二是气动或翼型升力原理，是基于转子内部的流动偏差——主要应用于风能转换。与阻力原理相比，给定的横截面面积可实现功率输出的 2 倍或 3 倍。

风能转换系统可分为气动阻力转换系统和气动升力转换系统。早期的垂直轴风轮利用了阻力原理，但阻力装置的功率系数较低，最大值约为 0.16[24]。

现代风力涡轮机主要基于空气动力升力，提升设备使用与来风相互作用的翼型（叶片）。由叶片拦截气流所产生的力不仅包括在气流方向上的阻力分量，而且包括垂直于阻力的升力。升力是阻力的倍数。根据定义，它垂直于被转子叶片拦截的气流方向，通过转子的杠杆作用，产生必要的驱动扭矩。

采用气动升力的风力机可根据方向被划分，将旋转轴分为水平轴和垂直轴两种涡轮。水平轴涡轮机，或称螺旋桨式涡轮机，由一个塔架和安装在塔顶上的机舱组成。发动机舱包括发电机、变速箱和转子。在高风速的情况下，有不同的机制来指向风的方向或移动机舱出风。在小型涡轮机上，旋翼和机舱面向风和一个尾叶片。在大型涡轮机上，带有旋翼的机舱会根据风向标发出的信号，以电方式偏航进入或离开风。水平轴风力涡轮机通常使用不同数量的叶片，这取决于风力涡轮机的用途。两叶或三叶涡轮机通常用于发电。有 20 个或更多叶片的涡轮机用于机械抽水。动叶数量与叶尖速比间接相关，叶尖速比是叶尖速度与风速的比值。垂直轴涡轮机，也被称为达利斯涡轮机，在 20 世纪 20 年代由法国工程师发明，通常使用垂直、轻微弯曲且对称的翼型。达利斯涡轮的优点是可独立于风向运行，齿轮箱和发电机械放置于地面。然而该涡轮也存在每转一圈产生高转矩波动、无自启动能力以及在大风中速度调节选择有限等主要缺点。垂直轴涡轮机在 20 世纪 70 年代开发，直到 80 年代末才达到商业化生产。加拿大安装了最大的垂直轴风力涡轮机 Ecole C，功率为 4200 kW 。然而，自 20 世纪 80 年代末以来，垂直轴风力涡轮机的研究和开发在世界范围内几乎停止。

按照运行速度可将涡轮机分为定速风力涡轮机和变速风力涡轮机两种。定速风力涡轮机起源于 20 世纪 90 年代初，标准安装的风力涡轮机以固定速度运行。这意味着无论风速如何，风力发电机的转子转速是固定的，由供电电网的频率、齿轮传动比和发电机的设计决定。定转速风力涡轮机的特点是配备一个直接与电网相连的感应发电机（鼠笼式或绕线式转子），并配有一个软起动器和一个电容器组，以减少无功补偿。它们被设计成在某一特定风速下达到最大效率。为了增加发电量，定速风力涡轮机的发电机有两套绕组：一套用于低风速（通常为 8 级），另一套用于中、高风速（通常为 4～6 级）。定速风力发电机具有简单、坚固、可靠等优点，且电气部件成本很低，其缺点是功率消耗不可控，产生很大的机械应力，易引起部分部件的疲劳损坏。由于它以固定速度运行，风速的所有波动进一步传递为机械转矩的波动，然后作为电网上电力的波动。在弱电网情况下，功率波动也会导致电压波动较大，而电压波动较大会导致较大线损。

变速风力涡轮机现已成为风力涡轮机中占主导地位的类型。与定速系统不同，变速系统保持发电机的转矩较为恒定，发电机组的电力系统比定速风力发电机组的电力系统复杂，涡轮机通常会配备一台感应或同步发电机，并通过电源转换器连接到电网。变速风力涡轮机的优点是增加了能量捕获，提高了电能质量，并减少了风力涡轮机的机械应力。缺点是电力损失、使用更多组件并且增加了设备成本。变速风力机的开发不仅填补了适用的发电机类型和数量，还增加了发电机类型和功率变换器类型的组合。

4.3.3　风力发电基本原理

现代风力发电机采用空气动力学原理，就像飞机的机翼一样。风并非“推”动风轮叶片，而是吹过叶片形成叶片正反面之间的压差，这种压差会产生升力，使风轮旋转并不断横切风流。简言之，风力发电主要是利用气动升力的风轮吸收风能。

1. 空气动力学基础

气动升力是由飞行器的机翼产生的一种力。机翼翼型运动的气流在上表面形成低压区，在下表面形成高压区，上下表面的压力差产生向上的合力，并垂直于气流方向，升力产生的同时也产生阻力，风速下降。

在某些情形下，升力比阻力大得多，升力成为设计高速风力机的动力。翼型的高升力区、低阻力区对风力机设计是十分重要的。

2. 动量理论

动量理论描述作用在风轮上的力与来流速度之间的关系，研究风的动量转换成机械能的转化效率。

1）风轮尾流不旋转时的动量理论（贝兹理论）

首先研究一种理想情况，即不考虑风轮尾流的旋转，假设：①风轮流动模型可简化成一个单元流管；②风轮没有锥角、倾角和偏角，这时风轮可简化成一个平面桨盘；③风轮叶片旋转时没有摩擦阻力，对通过风轮的气流没有阻力；④风轮前未受扰动的气流静压和风轮后的气流静压相等，即 $p_1=p_2$，气流速度的方向无论在风轮前后还是通过时都是沿着风轮轴线的；⑤作用在风轮上的推力是均匀的。

上述假定中，风轮是理想的，能全部接受风能，叶片无限多，对气流没有任何阻力。而空气流是连续且不可压缩的，叶片扫掠面上的气流均匀，气流速度的方向不论在叶片前或流经叶片后都是垂直叶片扫掠面，或称为是平行风轮轴线。满足以上条件的风轮称为“理想风轮”。

贝兹理论是应用一元定常流动的动量方程，来讨论理想状态下的风力发电机的最大风能利用系数。

将一维动量方程用于图 4-5 所示的控制可得到作用在风轮上的轴向力（推力）T 为

$$T=m(v_1-v_2) \tag{4-10}$$

式中，v_1 为来流速度，$v_1=v_\infty$；v_2 为尾流速度；m 为单位时间流经风轮的空气质量流量，还可表示为 $m=\rho v_t A$，其中，ρ 为空气密度，A 为风轮扫掠面积，v_t 为流过风轮的速度，代入式（4-10）可得

$$T=\rho v_t A(v_1-v_2) \tag{4-11}$$

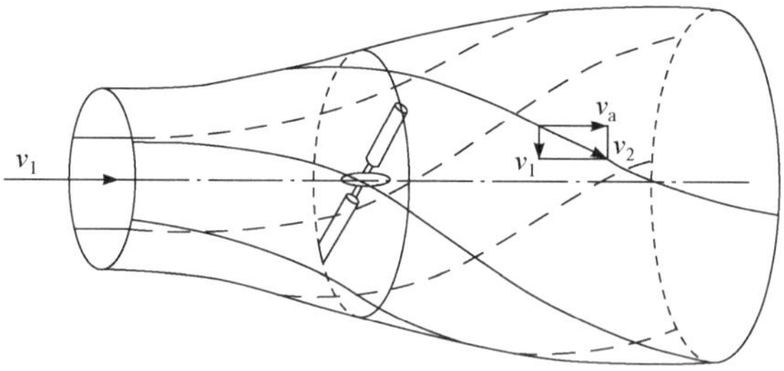

图 4-5　尾流旋转时的风轮流动模型

根据动量理论，作用在风轮上的轴向力 T 可以表示为

$$T=A(p_a-p_b) \tag{4-12}$$

式中，p_a 为风轮前的静压；p_b 为风轮后的静压。

由伯努利方程可得

$$\frac{1}{2}\rho v_1^2+p_1=\frac{1}{2}\rho v_t^2+p_a \tag{4-13}$$

$$\frac{1}{2}\rho v_2^2 + p_2 = \frac{1}{2}\rho v_t^2 + p_b \tag{4-14}$$

根据风轮前后远方的气流静压相等的假设，即 $p_1 = p_2$，由式（4-13）、式（4-14）可得

$$p_a - p_b = \frac{1}{2}\rho(v_1^2 - v_2^2) \tag{4-15}$$

代入式（4-12）可得

$$T = \frac{1}{2}\rho A(v_1^2 - v_2^2) \tag{4-16}$$

由式（4-11）和式（4-16）可得

$$v_t = \frac{v_1 + v_2}{2} \tag{4-17}$$

式（4-17）表示：流过风轮的速度是风轮前来流速度和风轮后尾流速度的平均值。

定义轴向诱导因子 $a = \frac{v_a}{v_1}$，v_a 为风轮处轴向诱导速度，则

$$v_t = v_1(1-a) \tag{4-18}$$

$$v_2 = v_1(1-2a) \tag{4-19}$$

由式（4-18）和式（4-19）可知，在风轮尾流处的轴向诱导速度是在风轮处的轴向诱导速度的2倍。轴向诱导因子 a 可表示为

$$a = \frac{1}{2} - \frac{v_2}{2v_1} \tag{4-20}$$

如果风轮吸收风的全部能量，即 $v_2 = 0$ 时，那么 a 有一个最大值，$a = \frac{1}{2}$。在实际情况下，风轮只能吸收风的一部分能量，因此 $a < \frac{1}{2}$。

由式（4-16）和式（4-19）可得

$$T = \frac{1}{2}\rho A v_1^2 4a(1-a) \tag{4-21}$$

引入风轮轴向力系数 C_T：

$$C_T = \frac{T}{\frac{1}{2}\rho A v_1^2} \tag{4-22}$$

将式（4-21）代入式（4-22）得

$$C_T = 4a(1-a) \tag{4-23}$$

根据能量方程，风轮吸收的能量（风轮轴功率 P）等于风轮前后气流动能之差，即

$$P = \frac{1}{2}\rho A v_S(v_1^2 - v_2^2) = \frac{1}{2}m(v_1^2 - v_2^2) \tag{4-24}$$

将式（4-18）和式（4-19）代入式（4-24）可得

$$P = 2\rho A{v_1}^3 a(1-a)^2 \tag{4-25}$$

当 $\dfrac{dP}{da} = 2\rho A v_1^3(1-4a+3a^2) = 0$ 时，求解后当 $a = \dfrac{1}{3}$ 时，P 取极大值，即

$$P_{\max} = \frac{1}{2}\rho A v_1^3 = \frac{1}{2}\times\frac{16}{27}\rho s v_1^3 = 0.593\times\frac{1}{2}\rho s v_1^3 \tag{4-26}$$

定义风轮功率系数（又称风轮风能利用系数）C_P 为

$$C_P = \frac{P_{\max}}{\frac{1}{2}\rho s v_1^3} = \frac{\frac{8}{27}\rho s v_1^3}{\frac{1}{2}\rho s v_1^3} = 4a(1-a)^2 \tag{4-27}$$

因此，当 $a = \dfrac{1}{3}$ 时，风轮功率系数最大，约为 0.593，此值称为贝兹极限。

贝兹理论认为：理想情况下风能所能转换成动能的极限比值为 16/27，约为 59.3%。

贝兹理论是风力发电中关于风能利用效率的基本理论，它由德国物理学家阿尔伯特·贝兹（Albert Betz）于 1919 年提出。贝兹理论说明理想的风能对风轮叶片做功的最高效率是 59.3%。通常风轮机风轮叶片接受风能的效率达不到 59.3%。一般根据叶片的数量、叶片的翼形、功率等情况取 25%～45%。

风力机实际吸收的有用功率为

$$P = \frac{1}{2}C_p \rho A v_1^3 \tag{4-28}$$

2）风轮尾流旋转时的动量理论

在非理想状态下，当气流在风轮上产生转矩时，也会受到风轮的反作用力，因此在风轮后的尾流是反方向旋转的，如图 4-5 所示。在这种情形下，如果在风轮处气流的角速度远小于风轮的角速度，那么一维动量方程仍然适用。

将动量方程应用于图 4-5 所示的流动模型，作用在风轮平面 dr 圆环上的轴向力可表示为

$$dT = dm(v_1 - v_2) \tag{4-29}$$

式中，dm 为单位时间流经风轮平面 dr 圆环上的空气流量，也可以表示为

$$dm = \rho v_t dA = 2\pi\rho v_t r dr \tag{4-30}$$

式中，dA 为风轮平面 dr 圆环的面积。

将式（4-18）、式（4-19）和式（4-30）代入式（4-29），可得

$$dT = 4\pi v_1^2 a(1-a) r dr \tag{4-31}$$

作用在整个风轮上的轴向力可以表示为

$$T = \int dT = 4\pi\rho v_1^2 \int_0^R a(1-a) r dr \tag{4-32}$$

将动量矩方程用于图 4-5 所示的风轮流动模型，则作用在风轮平面 dr 圆环上的转矩可表示为

$$dM = dm(v_t r) = 2\pi\rho v_t \omega r^3 dr \tag{4-33}$$

式中，v_t 为风轮叶片 r 处的周向诱导速度，$v_t = \omega r$ ；ω 为风轮叶片 r 处的周向诱导角速度。

定义周向诱导因子为

$$b = \frac{\omega}{2\Omega} \tag{4-34}$$

式中，Ω 为风轮转动角速度。

将式（4-18）和式（4-34）代入式（4-33），可得

$$dM = 4\pi\rho\Omega v_1 b(1-a)r^3 dr \tag{4-35}$$

作用在整个风轮上的转矩可表示为

$$M = \int dM = 4\pi\rho\Omega v_1^2 \int_0^R b(1-a)r^3 dr \tag{4-36}$$

风轮轴功率是风轮转矩与风轮角速度的乘积，因此

$$P = \int dP = \int \Omega dM = 4\pi\rho\Omega^2 v_1^2 \int_0^R b(1-a)r^3 dr \tag{4-37}$$

定义风轮叶尖速比 $\lambda = \dfrac{\Omega R}{v_1}$，风轮扫掠面积 $A = \pi R^2$，则式（4-37）可表示为

$$P = \frac{1}{2}\rho A v_1^3 \frac{8\lambda^2}{R^4}\int_0^R b(1-a)r^3 dr \tag{4-38}$$

风轮功率系数可表示为

$$C_P = \frac{8\lambda^2}{R^4}\int_0^R b(1-a)r^3 dr \tag{4-39}$$

在非理想状态下，考虑风轮后尾流旋转时，风轮轴功率有损失，风轮功率系数减小。

3）叶素理论

在前面的分析中，流体力学的守恒方程被运用到推导一个被简化为制动圆盘的风力机的功率输出及推力过程中。当假设流动在径向位置或圆盘面上没有关联，可以推导得到贝兹极限。然而，上述情形没有考虑作用在单个叶片上，并导致推力和转矩增加，进而增加功率的力。这些显然是风力机性能表现分析及受力分析的主要物理量，并且对气动设计和结构设计也是必需的。

叶素理论的基本出发点是将风轮叶片分成许多微段，称这些微段为叶素。将穿过叶片的流动分成许多同心的圆柱形流管。实际上，流管的数量必须足够多以满足速度、弦长、扭角沿叶片展向方向变化的近似。经验表明，选取 10～20 个叶素即可使典型的性能分析得到精确的结果。每个流管贯穿一个叶素，产生升力和阻力。假设在每个叶素上的流动相互之间没有干扰，即叶素可以看成是二维翼型，将作用在每个叶素上的力和力矩延展向积分，即可求得作用在风轮上的力和力矩。

叶素理论假设条件如下：叶片分割成无限多个叶素，每个叶素厚度无限小，叶素为二元翼型；叶素都是独立的，叶素之间不存在相互作用，通过各叶素的气流不相互干扰；忽略叶片长度的影响。

对每个叶素来说，其速度可以分解为垂直于风轮旋转平面的分量 v_{x0} 和平行于风轮旋转平面的分量 v_{y0}。图 4-6 中，ϕ 角为入流角，α 为迎角，θ 为叶片在叶素处的几何扭角。由动量理论可知，考虑风轮后尾流旋转时，则

$$\begin{aligned} v_{x0} &= v_1(1-a) \\ v_{y0} &= \Omega r(1+b) \end{aligned} \tag{4-40}$$

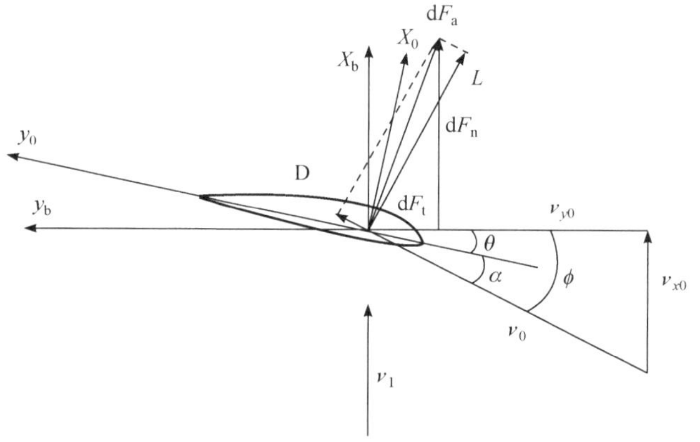

图 4-6　叶素上的气流速度三角形和空气动力分量

因此，叶素处的合成气流速度 v_0 可表示为

$$v_0 = \sqrt{v_{x0}^2 + v_{y0}^2} = \sqrt{(1-a)^2 v_1{}^2 + (1+b)^2(\Omega r)^2} \tag{4-41}$$

叶素处的流入角 ϕ 和迎角 α 可分别表示为

$$\phi = \arctan\frac{(1-a)v_1}{(1+b)\Omega r} \tag{4-42}$$

$$\alpha = \phi - \theta \tag{4-43}$$

有了求得的迎角 α，可根据翼型空气动力特性曲线得到叶素的升力系数 C_l 和阻力系数 C_d。

合成气流速度 v_0 引起的作用在长度为 dr 叶素上的空气动力 dF_a 可以分解为法向力 dF_n 和切向力 dF_t，公式分别为

$$\begin{aligned} dF_n &= \frac{1}{2}\rho c v_0^2 C_n dr \\ dF_t &= \frac{1}{2}\rho c v_0^2 C_t dr \end{aligned} \tag{4-44}$$

式中，ρ 为空气密度；c 为叶素剖面弦长；C_n 和 C_t 分别表示法向力系数和切向力系数，即

$$\begin{aligned} C_n &= C_l\cos\phi + C_d\sin\phi \\ C_t &= C_l\cos\phi - C_d\sin\phi \end{aligned} \tag{4-45}$$

作用在风轮平面 dr 圆环上的轴向力可表示为

$$dT = \frac{1}{2}B\rho c v_0^2 C_n dr \tag{4-46}$$

式中，B 为叶片数。

作用在风轮平面 dr 圆环上的转矩为

$$dM = \frac{1}{2} B \rho c v_0^2 C_n r dr \quad (4\text{-}47)$$

4.3.4 风力发电的电网连接方式

风力发电按照电网连接方式可分为并网式风力发电和单机式风力发电。

1. 并网式风力发电

并网式风力发电站由转子叶片、转子毂、齿轮箱（如适用）、发电机、塔、地基和并网等组成，其设计原理如图 4-7 所示。

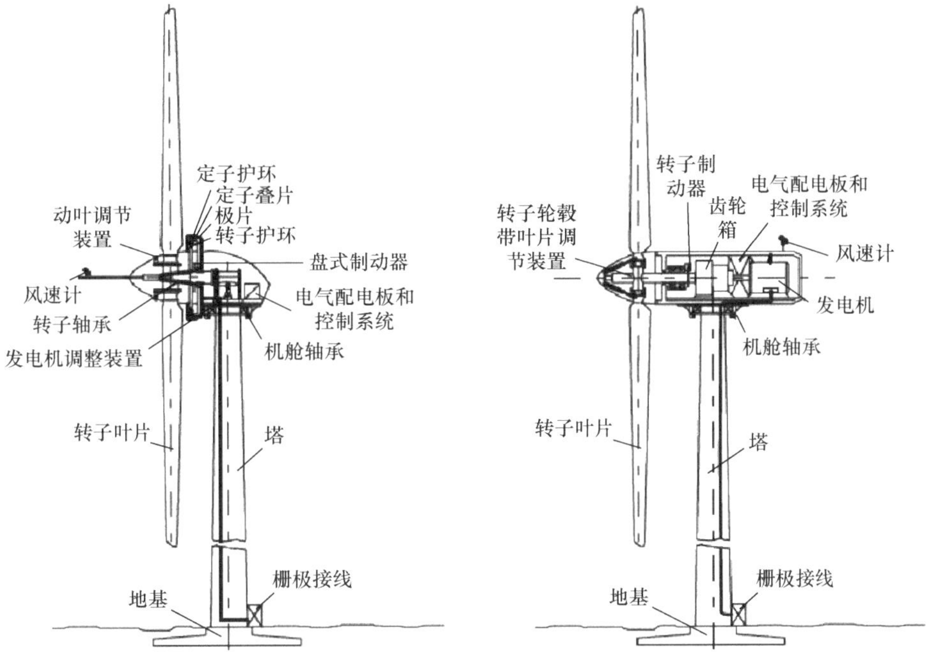

图 4-7 并网式风力发电工厂的设计原理

（1）转子。在现代风能转换器的系统组件中，将风的能量转化为机械旋转运动的组件称为转子，由一个或几个动叶和动毂组成。旋翼叶片根据升力原理从运动的气团中提取部分动能。通常在涡轮设计中，转子的气动效率，即自由流动动能相对于转子表面的电流最大效率为 50%，最先进转子的气动效率为 42%～48%。为防止齿轮传动过程中齿轮失效，转子的数量和形状也不相同。叶片一般设计为相对较高的转数，转数通常为 1000～1500 r · min^{-1}，以适应高速发电机。也可以应用由转子直接驱动的低速发电机（即无齿轮变流器），可为风能变流器设计使用。其次最小旋翼叶片数也会存在相应调整，由于质量分布均匀，三叶转子比双叶或单叶转子遇到的振动动力学问题要少。由于叶尖速比为 6～10，叶尖速度不是特别高，并可有效防止夸大噪声。

（2）变速箱。为了将转子的动能转化为电能，对于配备普通四极或六极同步或异步发电机的常规变流器，在尽量符合电网规格（50 Hz）的情况下，一般需要转数为1000 $r \cdot min^{-1}$或1500 $r \cdot min^{-1}$。因此，如果没有安装特定的发电机，风力转换器的装机容量从几百千瓦到几兆瓦，当前转子转数为10～50 $r \cdot min^{-1}$，则需要配备一个传动齿轮。

（3）发电机。发电机将动力传动系的机械旋转能转化为电能。常用的发电机类型主要有同步发电机和异步发电机。同步发电机在外部装有固定定子，在内部装有位于转轴顶部的转子。在大多数情况下，直流电通过滑环输送到转子。直流电在转子绕组内部产生磁场（励磁）。当驱动轴时，定子内部的旋转磁场产生一定电压，其频率正好与转子旋转磁场的转速相匹配。为了避免昂贵的维护费用，通常采用无刷同步发电机来避免滑环，其转轴上装有小型旋转励磁器。同步发电机还提供运行所需的空闲功率。与异步发电机相比，同步发电机的特点是效率较高。

异步发电机具有固定定子和旋转转子，但转子的励磁是不同的。异步发电机转子的绕组具有直接或并联短路。当闲置的异步发电机连接到交流电网时，电压被感应到转子绕组中，类似于变压器。施加的频率等于频率施加的电压。由于线圈短路，因此电流传输可使转子内部产生磁场。由于转子磁场倾向于跟随定子磁场，转子就会加速。转子转速越快，转子绕组的相对速度和旋转磁场的相对速度就越慢，从而感应到转子绕组的电压也就越低。电机运行时，同步转数逐渐接近，直至转子磁场减弱，仍足以补偿转子怠速状态下的摩擦损失。转子转数与旋转场相对于旋转场的具体差值称为滑移，故机器为异步操作。施加在异步发电机上的重量越大，产生的滑差就越大，因为更高的容量需要磁场更强。滑移越多，感应电压越大，电流越大，磁场越强。在电机运行时，运行速度始终低于同步转数，而发电机运行时始终高于同步转数。由于这些励磁条件，电压和电流不相联，因此需要无功功率。根据各自的功率，需要连接或断开相应的电容器。对于孤立的系统来说，这个缺点更加严重。在德国或荷兰等国家，公用电网的运行可由现有电站提供配备同步发电机。异步发电机与同步发电机相比，通常价格低、稳定运行且需维护少。

（4）风向偏航结构。该系统是一个随动机构，风轮会自动对准风向。风向偏航机构连接机舱和塔头，机舱通常由安装在塔顶上的齿轮根据各自的风向进行调整，并由机械、液压或机电调节机构操作。小型风能变流器提供了机械偏航机构驱动的风向标，伺服电机或小型风车。大型变频器通常配备液压、电动或机电伺服驱动器，并具有成本低、尺寸小、扭矩大等特点。

（5）塔。水平轴变流器塔的主要功能是在地面上足够高的地方利用风能，吸收并安全地将施加在转子、动力总成和机舱上的静态和动态应力释放到地面。塔架尺寸和设计的另一个关键因素是塔架-机舱-转子整体系统的自然振动，以防止危险共振，特别是在转子启动时尤为重要。此外，其他主要影响因素是与运输要求有关的尺寸和重量。

（6）地基。地基用于锚定塔的基础类型，因此风能转换器进入地面取决于工厂规模、气象和运行压力以及当地的土壤条件。支护结构原则上分为浅基础和深基础。这两种技术都是最先进的技术，但在成本方面存在很大差异。通过适当的土壤调查确定最优的基础设计。

2. 单机式风力发电

大多数单机式风力涡轮机和风电场都与电网相连，也有许多电网独立的风力柴油系统。

（1）风力-电池系统。在大多数情况下，电网独立的风力电池（wind-battery）系统是小容量型风力涡轮机，配备电池和电池充电调节器，以供应一个或几个电力消费者使用。这些系统的额定容量从数百瓦到数百千瓦。特别是在发展中国家，经常可提供充足的太阳辐射和高于平均水平的风力条件，风电池系统可以另外结合一个或几个光伏组件（风电池光伏系统）。风电池系统通常配备更小的风能转换器，通常其标称容量为数千瓦，转子直径达 6 m。标称容量为 10～20 kW 的风力涡轮机称为小型风能变流器；同时，这一术语也适用于转子直径约为 16 m 和公称容量高达 100 kW 的转换器。小型变流器包括提供 2～3 个转子叶片的快速变流器以及众多转子叶片的缓慢变流器。

（2）风力泵。风力泵系统分为电动泵和机械泵系统。配备电动泵的风泵系统首先将风能转化为电能，然后再转化为机械能，通常用于高容量的场合。而泵的位置完全独立于风能转换器的位置，这在许多情况下是有利的，因为灌溉系统通常位于山谷和很少有风的地区。机械式风泵将空气中所含的动能直接转化为机械式泵能，而不先将能量转化为电能。风力灌溉系统如图 4-8 所示。典型的应用领域包括饮用水和牲畜用水供应，以及灌溉和排水。

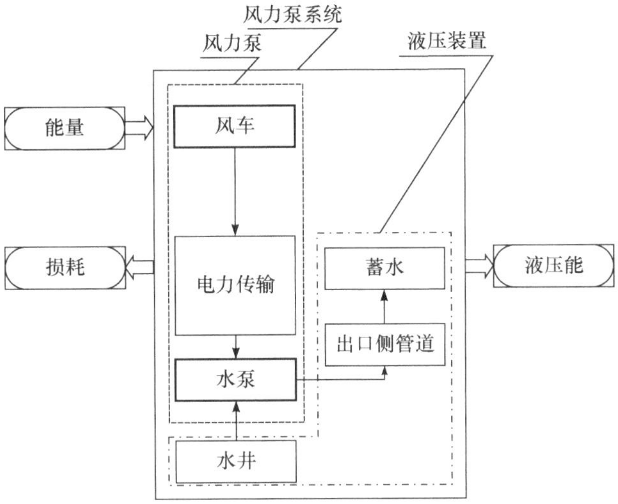

图 4-8　风力灌溉系统

（3）风力-柴油系统。风力-柴油（wind-diesel）系统用于容量在 100 kW 以下小型系统，甚至用于为城市或整个岛屿设计的孤立电网，最大容量可达 10 MW。与大型电网的风场相比，风力-柴油系统存在的主要问题是不适合作为缓冲区。在上述条件下，风能的入网率或某一时段内风能发电量占总能源需求的比例较低，或需要采取适当的措施来补偿风能波动或储存风能。此外，现有的电网在与风力-柴油系统结合时稳定性较差，特别是当风力转换器连接到电网时。除了发电调节困难（柴油和风力机运行的适应），电力分配也存在问题。因此，风力-柴油系统中风力部分的增加通常需要电网扩展或加固措施，主要应用于发展中国家或新兴国家，也可以合理地应用于工业化国家的岛屿。

（4）风浪海水淡化系统。海水淡化和风力发电站的联合系统是明智的，因为与电力相反，水的储存较为简单。在电力负荷低的时期，海水淡化可能会使用过多的电力，而在电力需求高的时期，海水淡化厂可能会与电网断开，而消费者的用水需求可能会被储存的水所覆盖。特别是对岛屿而言，风力海水淡化厂的组合有利于调整淡水短缺和高需求（如农业、旅游业）之间的失衡。因此，对海水淡化厂的需求可以理想地由风力发电站来满足，因为岛上的风力条件通常非常有利，如在加那利群岛和爱琴海建立了模范工厂。海水淡化厂还经常与风力-柴油系统相结合，后者的供应通常更可靠。

4.3.5 选址建厂

风力发电厂按地域来分，可分为陆上风力发电厂和海上风力发电厂。两者各具优劣，从建设角度来看，陆上风力发电厂在选址上更为严苛。

首先，选址地点需要有丰富的风能资源，一年四季刮风的日子要很多。风速的大小和稳定性也至关重要，风速不能低于 3 $m \cdot s^{-1}$，否则没有发电价值；也不能高于 25 $m \cdot s^{-1}$，否则会造成长期满载发电，影响风机使用寿命。

其次，要选在地势开阔的区域。由于风遇到障碍物会消耗能量，因此最好建在开阔的区域，可以有效提高风力发电的效率。但是不能建在机场附近，因为会影响飞行安全。

最后，要注意规避各种风险，如地震风险、火灾风险和雷电风险。我国的陆上风力发电厂大多建在西部、北部地区，这些地区的地震风险等级较高，一旦发生地震，相关风电设备如地基、地脚螺栓或地基环等受损，会造成塔架设备中的上部结构坠落，造成极大损失。由于风力设备中的电机组一般处于高处，一旦发生火灾，普通的消防水枪根本无法扑救，只能等待其自行熄灭，因此损失同样较严重。风力发电机的叶片很容易受到雷击，一旦遭受雷击，轻微的可做修理，严重的需要整体更换。

相对于在陆地上建设风力发电厂需要严格的限制条件，海上风力发电厂逐渐成为未来的发展趋势。2019 年，我国也制造出了 10 MW 海上风力发电机。海上风力发电厂的优点是无须占用陆地资源且地势开阔，但也存在成本相对较高的缺点，并且设备容易被海水腐蚀，养护维修成本也高。与陆上安装相比，现有技术需要适应海上作业框架条件的变化，技术也将得到不断优化改进。由于陆上风能转换器在大多数情况下都是针对最小噪声产生进行优化的，而且由于叶尖速度是噪声排放的决定性参数，因此随着转子直径的增加，转子的最大转数受到一定的限制。由于空气中高浓度颗粒物的长期侵蚀，大幅度提高的叶尖速度可能会损坏旋翼叶片。高含量的水滴和盐颗粒，加上相对较高的空气湿度和喷射，这在海上设备设计时必须予以考虑，此外还需要有效保护所有海上风力转换器组件，防止腐蚀和有害沉积物。电气和电子系统部件需要特殊的保护，以防止喷雾和沉积，如操作控制、传感器、发电机和变压器等。海上风能变流器的设计包括安装在没有昂贵外部起重设备的情况下，将发电机、齿轮箱等主要部件从机舱中取出并插入机舱内。此外，每个海上风能转换器需要配备登陆平台，以实现人员登陆和物资供应。为了确保电站安全和在停电情况下的安全启动，必须提供应急发电装置。可选项包括用于机电系统的电池或备用电源，用于液压机械系统的液压蓄能器和专用于机械系统的弹簧制动器。然而，这种短期蓄能器只能确保风力的关闭能量转换器，仍需要配备特殊备用装置以应对长时间的电力故障。为此目的，需要设计一个高度精密的操作控制系统，该系统应允许早期检测损害，在电网损害后设备可自发启动，并恢复风力转换器正常运行。为了使陆上控制面板以远程完成重新编程和重新初始化，需要有效的远程监测和可靠的通信技术。此外，转换器应充分配备振动监测仪、温度传感器等主要传感器，以及其他不可缺少的系统组件。

总之，对于常年风速较大的地区和沿岸海域，以及缺水、缺燃料和交通不便的沿海岛屿、草原牧区、山区和高原地带，利用风力发电符合国家统一发展战略方向，但在发电厂选址方面需要小心谨慎，兼顾效率和安全。

4.4 案例分析

1. 新疆风力发电供暖

我国风力发电装机容量正快速增加，冬季夜间时段风力发电量大，但用电负荷较低。与此同时，供暖期能源需求较大，特别是新疆北部，全年供暖期长达六个月。现阶段，我国北方供暖大量依靠燃煤供热，风力发电与燃煤热电联产机组之间的运行矛盾突出。大量依靠燃煤供热，造成了严重的环境污染，致使气候环境质量不断恶化。推广风力发电清洁能源供暖技术，替代燃煤锅炉供热，不仅可以有效利用风能资源，减少煤炭等化石能源消耗，而且对解决城镇供热等民生问题和提高大气环境质量具有重要作用，可以为社会创造可贵的环境效益。

风力发电清洁能源供暖指主要利用风力所发电量进行供暖。风力所发电力接入电网，供热站的电锅炉接入电网，利用低谷电量为储热设备蓄热，满足冬季全天的供暖需求，实现风能经电能转换为热能。

布尔津县水电一期、二期风电场位于规划的布尔津城西风电场地区，装机容量为 99 MW，选用单机容量为1.5 MW的风力发电机组，共计 66 台。这一风力发电清洁能源供暖项目热力站确定的供热规模为 3×5 MW 固体式电蓄热电锅炉和 2×5 MW 电阻式电锅炉，供暖面积为 2×10^5 m^2，利用电网低谷时段为蓄热电锅炉蓄能，实现 24 h 向热网供暖的目的。这一风力发电清洁能源供暖项目热力站年利用弃风电量为 3.52187×10^7 kWh，按供暖期实际用电 1∶1.3 的比例给予风电场增发电量配额考虑，风电场预计可增发电量为 4.57843×10^7 kWh。按《国家发展改革委关于完善风电上网电价政策的通知》中Ⅲ类资源区风力发电标杆上网电价 0.58 元·kWh^{-1} 测算，风电场年弃风电量增发收入为 2655.49 万元。

2. 高原高寒地区基于风力发电的氢储能集成系统

以高原寒冷地带民用住宅群为例进行集成系统容量优化研究。当地气候分为非供暖季（6 月～8 月）和供暖季（9 月～次年 5 月）。该住宅群目前完全依靠100 kW 小水电供电，非供暖季为丰水期，水电站具备全天100 kW 满发能力，可以满足用户电需求；供暖季为枯水期，水电发电功率约 60 kW，无法满足用户电需求；供暖主要依靠燃油热水锅炉，但因燃料及其运输成本高导致无法 24 h 连续供暖。因此，提出利用可再生能源与储能的集成供能系统解决该地区供能问题。

图 4-9 为基于氢储能的风光储集成系统流程图，该系统包含风力发电、光伏发电、水力发电、氢储能系统、槽式太阳能集热系统、蓄热系统、电加热器以及集成控制系统。

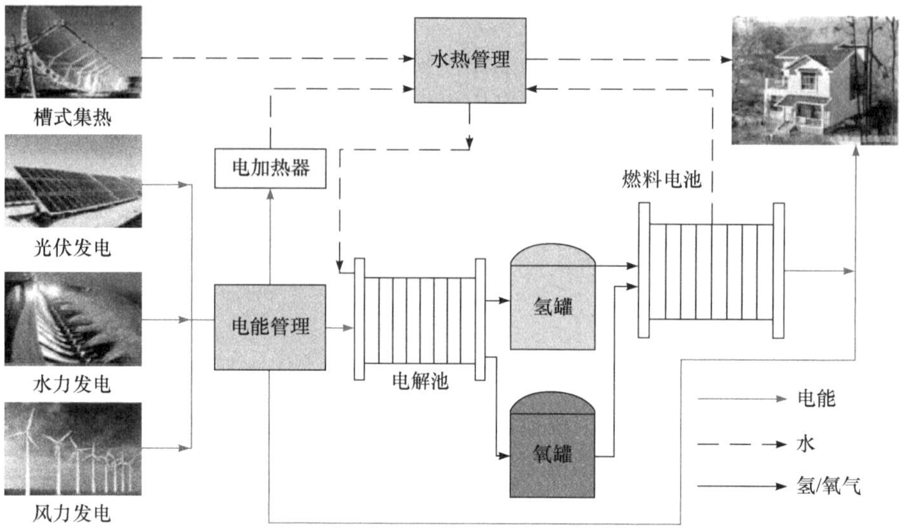

图 4-9 基于氢储能的风光储集成系统流程图

系统工作原理如下：

（1）供电。由水力发电作为主电源，风力发电和光伏发电作为补充电源，氢储能系统作为储电单元用以稳定系统输出和平抑负荷。用电低谷时，可再生能源产生的多余电力优先送入电解池系统，通过电解技术得到氢气和氧气，将氢气/氧气送入高效储氢/氧装置，若仍有剩余则送入供热系统作为补充热源；用电高峰时，主、补电源供电不足的部分由燃料电池补充。

（2）供热。由槽式太阳能集热系统作为基本热源承担系统热负荷，满足供电系统需求后的多余电力制热及燃料电池产生的热量作为补充热源，共同满足系统供暖季的热负荷需求。太阳能集热系统产生的热量、电加热器的热量和燃料电池产生的热量均将来自冷水箱的冷水加热后储存在热水箱中，供暖时热水箱中的热量释放给用户，释热后的冷水返回至冷水箱中。

通过案例对比分析发现，燃油供热、水电供电的原方案年成本为集成系统的 5.79 倍。集成系统环保、污染小，相比原方案污染物减少 $3.97\ t \cdot a^{-1}$。集成系统能量管理策略可实现热/电负荷实时跟踪，集成系统供电及供热的可靠性为 100%。系统连续运行性能较好，储电系统和储热系统的年度周期末与周期初相比，储电/储热量增幅分别为 2.35%和 32.65%，有利于下一周期的运行调度。

文献导读

1. 摩擦起电纳米发电机技术用于风能的回收

风能在当前能源结构中占有合理的比重，在全球碳中和时代，从风能中提取能源受到广泛关注。然而，传统的基于电磁发电机的风力发电机组在某些情况下并不经济，提出了与传统方法互补的新技术需求。近年来，基于接触起电与静电感应耦合的新兴摩擦起电纳米发电机技术以其高效、低成本、便携等优点被广泛研究并用于风能的回收。本文综述了基于摩擦起电纳米发电机技术的风力收集设备的研究进展，从材料、结构设计、电源管理以及基于摩擦起电纳米发电机技术的风力收集系统性能优化策略等方面进行了综述。

【参考文献】Ren Z W, Wu L T, Pang Y K, et al. 2022. Strategies for effectively harvesting wind energy based on triboelectric nanogenerators[J]. Nano Energy, 100: 107522.

2. 新兴纳米工程技术应用于风力发电

随着气候变暖和化石燃料资源的枯竭，全球各国正在寻找可持续的能源替代品，为子孙后代保护地球。基于纳米材料光伏电池的风力发电新技术可以利用基于注意力机制的卷积神经网络对风力发电应用中的风电场故障进行检测。仿真结果表明，该方法识别不平衡故障的准确率达到98%以上，证明了该方法在风电叶片不平衡故障识别中的有效性。该方法的准确率为95%，精密度为95%，召回率为82%，特异性为96%，阴性检出率为71%。

【参考文献】Vineet T, Vineet T, Abdulaziz H A, et al. 2023. Show more emerging nano-engineered materials for protection of wind energy applications photovoltaic based nanomaterials[J]. Sustainable Energy Technologies and Assessments, 56: 103101.

3. 风能的有效应用

随着能源危机和相关环境问题的挑战，开发和利用可再生能源已成为现代社会可持续发展的强制性要求。近年来，摩擦电纳米发电机在太阳能、风能、水电等可再生能源的采集中得到了广泛的应用。这里报道了一种基于天然无公害棉花的轮盘状摩擦电纳米发电机，用于同时收集风能和水能。采用棉花组装摩擦电纳米发电机在210 r·min^{-1}转速下电压和电流分别为782 V和8.9 μA。在匹配的负载电阻为330 MΩ时，最大峰值功率可达1.89 MW。此外，摩擦电纳米发电机可以作为自供电系统，为电子设备供电，并感知风速。该工作不仅为可持续、清洁的能源采集提供了可行的解决方案，而且为环境监测提供了可靠的自供电传感器。

【参考文献】Xia R H, Zhang R J, Jie Y. 2022. Natural cotton-based triboelectric nanogenerator as a self-powered system for efficient use of water and wind energy[J]. Nano Energy, 92: 106685.

知识拓展

风电是现今世界发展最快的能源产业，2012～2022年间它以每年30%的速度增长。然而，目前的风能利用仅限于几十米至百米的低空，其一大缺点就是不恒定可靠。而在几千米至10000 m的高空，不仅风速更大，且风力稳定，一年中不刮风的时间不足5%。专家普遍认为高空风能比地面高数百倍。斯坦福大学卡内基科学研究所的气候模拟专家肯·卡尔代拉认为，风中包含的总能量是地球上的人所需总能量的100倍，但是大部分风能都位于高空。澳大利亚悉尼科技大学机械工程学教授Roberts表示，海拔4600～10000 m的高空，气流强劲稳定，是理想的空中风电厂。

目前主要有两种高空风电的构架方式。第一种是在空中建造发电站，然后通过电缆输送到地面；第二种类似放“风筝”，通过拉伸产生机械能，再由发电机转换为电能。早在 2008 年，荷兰代尔夫特工业大学的科学家就将一只面积为 10 m^2 的风筝放入 1000 m 的高空，风筝通过拉与地面发电机连接的绳子最终产生了 10 kW 的电力。研究人员还设计了一个由众多风筝组成的梯形电站，能产生 100 MW 的电流。

思 考 题

1. 风形成的直接原因是什么？
2. 限制风能转换系统发展的最大技术瓶颈是什么？
3. 根据安装地点不同，风能转换系统能够分为哪几类？并简述其各自发展的优缺点。
4. 风力涡轮机的主要噪声有哪些？并简述各噪声来源。
5. 风速预测方法具体有哪几种？并简述其要义。
6. 简述风能致热的三种方式。
7. 风能具有哪些优势？
8. 简述贝兹理论的假设条件、推导过程及结论。
9. 风力发电的电网连接类型具体分为哪几种？
10. 陆地风力发电厂选址的基本要求有哪些？

参 考 文 献

[1] Hur J. Potential capacity factor estimates of wind generating resources for transmission planning[J]. Renewable Energy, 2021, 179: 1742-1750.

[2] Cao J F, Zhu W J, Shen W Z, et al. Optimizing wind energy conversion efficiency with respect to noise: A study on multi-criteria wind farm layout design[J]. Renewable Energy, 2020, 159: 468-485.

[3] González-Hernández J G, Salas-Cabrera R, Vázquez-Bautista R, et al. A novel MPPT PI discrete reverse-acting controller for a wind energy conversion system[J]. Renewable Energy, 2021, 178: 904-915.

[4] Boutoubat M, Mokrani L, Machmoum M. Control of a wind energy conversion system equipped by a DFIG for active power generation and power quality improvement[J]. Renewable Energy, 2013, 50: 378-386.

[5] Arshad M, O'Kelly B. Global status of wind power generation: theory, practice, and challenges[J]. International Journal of Green Energy, 2019, 16(14): 1073-1090.

[6] Sun Z Y, Chen J, Shen W Z, et al. Improved blade element momentum theory for wind turbine aerodynamic computations[J]. Renewable Energy, 2016, 96: 824-831.

[7] Ritter M, Shen Z W, López Cabrera B, et al. Designing an index for assessing wind energy potential[J]. Renewable Energy, 2015, 83: 416-424.

[8] Baloch M H, Wang J, Kaloi G S. Stability and nonlinear controller analysis of wind energy conversion system with random wind speed[J]. International Journal of Electrical Power & Energy Systems, 2016, 79: 75-83.

[9] Karakasis N E, Mademlis C A. High efficiency control strategy in a wind energy conversion system with doubly fed induction generator[J]. Renewable Energy, 2018, 125: 974-984.

[10] Noman F M, Alkawsi G A, Abbas D, et al. Comprehensive review of wind energy in Malaysia: past, present, and future research trends[J]. IEEE Access, 2020, 8: 124526-124543.

[11] Shoaib M, Siddiqui I, Rehman S, et al. Assessment of wind energy potential using wind energy conversion system[J]. Journal of Cleaner Production, 2019, 216: 346-360.

[12] Boghdady T A, Sayed M M, Abu Elzahab E E. Maximization of generated power from wind energy conversion

system using a new evolutionary algorithm[J]. Renewable Energy, 2016, 99: 631-646.

[13] Kiss P, Jánosi I M. Comprehensive empirical analysis of ERA-40 surface wind speed distribution over Europe[J]. Energy Conversion and Management, 2008, 49(8): 2142-2151.

[14] Rao H. Application of Bayesian Analysis for Wind Energy Site Evaluation[D]. Evanston: Northwestern University, 1981.

[15] Reboul S, Benjelloun M. Joint segmentation of the wind speed and direction[J]. Signal Processing, 2006, 86(4): 744-759.

[16] Chaurasiya P K, Warudkar V, Ahmed S. Wind energy development and policy in India: a review[J]. Energy Strategy Reviews, 2019, 24: 342-357.

[17] Sesto E, Casale C. Exploitation of wind as an energy source to meet the world's electricity demand[J]. Journal of Wind Engineering and Industrial Aerodynamics, 1998, 74-76: 375-387.

[18] Kaygusuz K. Wind energy: progress and potential[J]. Energy Sources, 2004, 26(2): 95-105.

[19] Anderson M B, Newton K, Ryle M, et al. Short-term storage and wind power availability[J]. Nature, 1978, 275(5679): 432-434.

[20] Chen L C, Ma X X, Xie H Z, et al. Start-up performance and optimization of the stirring wind-heating system[J]. IOP Conference Series: Earth and Environmental Science, 2021, 657(1): 012085.

[21] Tudorache T, Melcescu L. Outer rotor eddy current heater for wind turbines[J]. Renewable Energy and Environmental Sustainability, 2016, 1: 25.

[22] 卢月. 风力提水滴灌技术[J]. 农村牧区机械化, 2018, (1): 38-39.

[23] 胡建栋, 邹占武, 徐双信. FSH-400 型风力提水机的设计试验研究[J]. 太阳能学报, 2013, 34(5): 895-901.

[24] Gasch R, Twele J. Wind Power Plants: Fundamentals, Design, Construction and Operation[M]. Berlin: Springer, 2002.

第5章 地热能利用技术

距离我们一亿五千万千米的太阳为人类提供了光和热，是一个巨大的能量球。地球同样能为我们提供热量，剧烈的火山喷发就是地球内热释放的形式之一。温泉、医疗、地下热水取暖、建造农作物温室、水产养殖及烘干谷物等，是我们身边最为熟悉的地热能利用场景。地热能大部分来自地球深处，源于地球熔融岩浆和放射性物质衰变。还有一小部分能量来自太阳，大约占总地热能的5%，表面地热能大部分来自太阳。

科学之窗

地热能是一种储量丰富、分布较广、稳定可靠的可再生能源。大力开发利用地热能，对深入贯彻习近平生态文明思想，落实碳达峰碳中和目标具有重要意义。2021年1月27日，国家能源局发布《关于因地制宜做好可再生能源供暖工作的通知》，将地热能开发利用摆到更加重要的位置。2021年9月10日，国家能源局官网发布《关于促进地热能开发利用的若干意见》，提出了未来地热能行业发展的宏伟目标：到2025年，各地基本建立起完善规范的地热能开发利用管理流程，地热能供暖（制冷）面积比2020年增加50%，在资源条件好的地区建设一批地热能发电示范项目，全国地热能发电装机容量比2020年翻一番；到2035年，地热能供暖（制冷）面积及地热能发电装机容量力争比2025年翻一番。中国能建围绕构建新型电力系统、新基建产业圈所需的关键技术，加强资源整合和协同创新，在大规模压缩空气储能、地热能、综合能源调控等领域重点突破。地热作为清洁能源，将有助于碳中和远景目标的实现。从利用角度来看，地热能从高温到低温，从发电到供暖、制冷都可以加以利用。可以预见，“十四五”期间地热市场潜力巨大。

5.1 地热能概述

地球内部包含的热能称为地热能（geothermal energy），以热量形式存在于地下，是一种储量丰富、分布广泛、稳定可靠的零碳、清洁、环境友好型能源。

太阳能和风能虽然也属于清洁型可持续利用的能源，但是在其利用过程中，是极其不稳定的，而地热能是相对比较持续、稳定、可靠的可再生能源，因此科学家一直致力于研究开发利用地热能以减轻传统化石能源的消耗压力和随之带来的环境恶化问题。我国地热资源丰富，且分布范围广，将地热能应用于各个领域，以降低污染物的排放、减缓煤炭等化石燃料引发的温室效应，能够帮助我国实现能源结构的优化，对于经济可持续发展具有重要意义[1-2]。

5.1.1　地热能的产生与分类

地热能主要是由地球内部放射性物质衰变产生并储存在地球上的热能[3-4]。放射性元素在发生核反应的过程中，释放大量热能，再加上处于封闭、隔断的地层中，经过天长日久的积聚，便形成了现在的地热能，其形成原理见图 5-1。

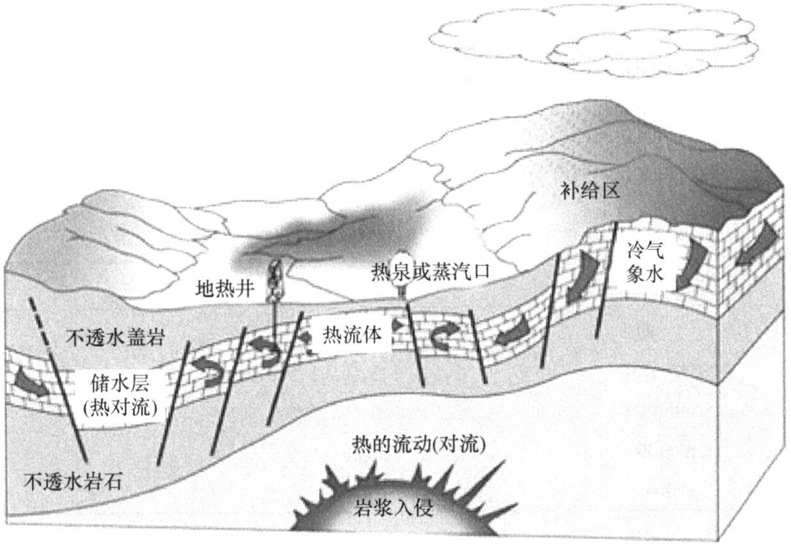

图 5-1　地热能形成原理图

地球内部中、长半衰期放射性元素蜕变产生的热量平均每年约 20.934×10^{20} J，然而地壳中放射性元素含量逐渐减少，目前产生的热量约为 30 亿年前的 40%，略少于地球每年向宇宙散失和由火山、温泉携带出的热量的总和，因而地壳在最近的地质历史时期正处在极其缓慢的冷却中。据计算，要使地壳上部的冷却区向下移至地心，约需 100 亿年的时间。除放射性元素蜕变放热外，地球内部的热源还可来自地球的熔融岩浆入侵、重力分异、潮汐摩擦、化学反应等，但这些都不占主导地位。

可产生衰变的放射性元素很多，但只有满足以下 3 个条件的元素才能作为地球的热源：①必须具有足够的丰度；②放射性热效率较高；③半衰期和地球年龄相当。目前所知，具备上述 3 个条件的放射性元素只有铀（U）、钍（Th）、钾（K）3 种，它们的半衰期见表 5-1，在地球各层的平均含量和生成热见表 5-2。

表 5-1　地球热源中放射性元素性能

放射性元素	半衰期/a	生热率/[J·（g·a）$^{-1}$]
^{235}U	7.53×10^{8}	13.72
^{238}U	4.50×10^{9}	3.10
^{232}Th	1.45×10^{10}	0.84
^{40}K	1.54×10^{9}	1.1297×10^{-4}

表 5-2 地球各壳层的放射性生成热 单位：$\times10^{18}$ J · a^{-1}

壳层	^{235}U	^{238}U	^{232}Th	^{40}K	共计	所占比例/%
地壳	22.59	535.55	544. 76	158.99	1261.89	76.3
地幔	5.86	144.35	168.61	46.02	364.84	21.7
地核	0.84	16.74	14.64	—	32.22	2.0
共计	29.29	696.64	728.01	205.01	1658.95	100
所占比例/%	1.7	41.7	44.3	12.3	100	—

根据放射性元素放热热源的分布，地球不同深度的热源所占的比例估计见表 5-3。

表 5-3 地球不同深度的热源所占的比例

地球不同深度/km	所占比例/%
0～100	50
100～200	25
200～300	15
300～400	8
>400	2

这些放射性物质在地球演化和分离过程中集中于地球上部，又以地壳上部酸性岩浆岩（如花岗岩）的生热率最多，达 3.422512×10^{-5} J ·（g · a）$^{-1}$。1 g 花岗岩中含的 K、U、Th 每秒可产生 10.88×10^{-3} J · g^{-1} 的热量，其他如 ^{236}U、^{146}Sm、^{244}Pu、^{247}Cm 等半衰期短的放射性元素，在地球形成后的 10^7～10^8 年间曾对地球产生热量。

赋存于地球内部的热能是一种巨大的自然能源，它通过火山爆发、温泉、间隙喷泉及岩石的热传导等形式不断地向地表传送和散失热量（图 5-2）。火山爆发时喷出的熔岩浆，或是从地下喷出或涌出的热水和蒸汽都是巨大的载热体，它们不断地将地球内部的热能带

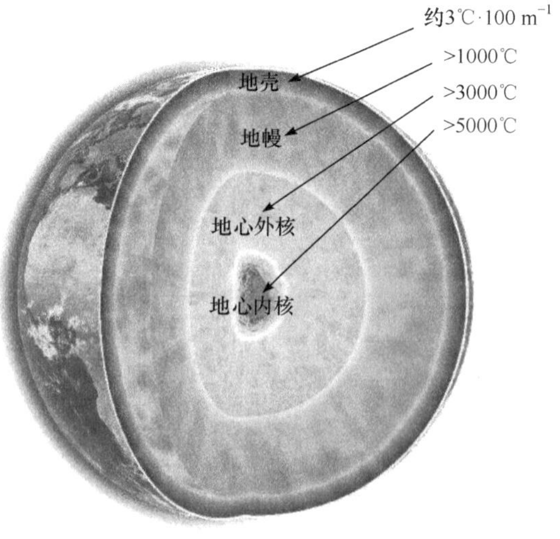

图 5-2 地球内部热能示意图

到地表，在地表或近地表处形成强烈的地热显示以及具有经济开发价值的地热田，为人类提供廉价的洁净能源。凡是在某一未来时间内能被经济而合理地取出来的那部分地下热能，称为地热资源。可见地热资源只是地热能中很小的一部分。

按照地热能的储存形式，可以把地热资源分成以下三类。

第一类是储存在地下 100～4500 m，也就是地球浅处的，可以肉眼直接看见的热水或者水蒸气，这一类称为水热型。热水资源是指地下热储中以水为主的对流水热系统，它包括喷出地面时呈现的热水以及水汽混合的湿蒸汽，主要存在于火山活动地区和沉积盆地，这类资源分布广泛，储量丰富。热水型地热资源根据温度可分为高温地热资源（温度≥150℃）、中温地热资源（90℃≤温度＜150℃）和低温地热资源（温度＜90℃），低温和中温地热资源主要用于地热直接利用。蒸汽资源是指地下热储中以蒸汽为主的对流水热系统，它以产生温度较高的过热蒸汽为主，掺杂少量其他气体，所含水分很少或没有。这种干蒸汽可以直接进入汽轮机，对汽轮机腐蚀较轻，能取得满意的工作效果。但这种蒸汽资源需要独特的地质条件，因而资源少、地区局限性大。水热型地热资源按构造成因，又可分为沉积盆地型地热资源和隆起山地型地热资源；按热传输方式，可分为传导型地热资源和对流型地热资源。

第二类是储存在地下 2～3 km，也就是处在某些大型沉积盆地深处的高温、高压流体，这一类称为地压地热能。地压地热被不透水的盖层所封闭，形成长 1000 km、宽数百千米的巨大热水体。地压水除了高压、高温的特点外，还溶有大量的碳氢化合物（如甲烷等），所以地压型资源中的能量实际上是由压力能、高温热能和化学能（天然气）三部分组成的。

第三类是以干热岩体形式存在的能源，称为干热岩地热能，这类地热能是由特殊地质构造条件造成的，虽然温度很高，但是水分很少，甚至无水。干热岩（hot-dry-rock，HDR）又称增强型地热系统（enhanced geothermal system，EGS）或工程型地热系统，一般指温度大于 200℃，埋藏深数千米，内部不存在流体或仅有少量地下流体的高温岩体。干热岩的热能赋存于各种变质岩或结晶岩类岩体中，较常见的干热岩有黑云母片麻岩、花岗岩、花岗闪长岩等。干热岩开发利用需要人工制造热储，向注水井（回灌井）中注入温度较低的水，使岩体产生裂缝。随着低温水的不断注入，裂缝不断增加、扩大，并相互连通，最终形成一个大致呈面状的人工干热岩热储构造。注入的水沿着裂隙运动并与周边的岩石发生热交换，产生了温度高达 200～300℃的高温高压水或水汽混合物，从生产井中开采出来，利用后的尾水通过注入井返回地下，形成一个闭式回路。目前能为人类开发利用的，主要是水热型的蒸汽和热水两类资源，人类对这两类资源已有较多的应用，干热岩和地压两大类资源尚处于试验阶段，开发利用很少，是未来发展的重点[5]。

5.1.2 地热能的分布

1. 全球地热能的分布

地热能资源储量丰富，分布广泛但不均衡。国际能源署、中国科学院和中国工程院等机构的研究报告显示，世界地热能基础资源总量为 1.25×10^{27} J（折合 4.27×10^{8} 亿吨标准煤），是当前全球一次能源年度消费总量的二百万倍以上（当前全球一次能源消费总量按 200 亿吨标准煤计算)。地热资源的分布主要受地质构造控制，20 世纪 60 年代以来，在大陆漂移、海底扩张和地幔对流等假说基础上发展起来的板块构造学说，是当今世界地质学界的一种新兴的全球大地构造理论，它将造山运动、岩浆活动、变质作用和成矿作用结合起来，构成一个统一的动力模型。应用这一学说来指导地质和地震科学研究，解释成矿作用和矿产分布规律，探索地热分布规律，都已取得很好的效果[6]。

根据热流实测资料，无论在大西洋、印度洋或东太平洋中脊处都已观测到高热流，热流平均值为 1.90 HFU，最高达 8～9 HFU；而在海沟处见到低热流，平均值为 1.16 HFU。热流值变化大的地方，正好与板块边界相吻合。这进一步说明，地球热场的分布与地壳运动和构造活动之间有密切的关系。

世界范围内地热资源的分布有明显的规律性。高温地热资源都集中在分布相对较狭窄的地壳活动地带，即公认的全球板块的边界；而低温地热资源则广泛分布于板块内部。但在板块内部一些存在热点、热柱的地方，也可能分布有高温地热资源。这就是说，地热的分布严格受板块构造的控制[7]。

全球地热能源主要分布于以下 5 个地热带：①环太平洋地热带。世界最大的太平洋板块与美洲、欧亚、印度板块的碰撞边界，即从美国的阿拉斯加、加利福尼亚到墨西哥、智利，从新西兰、印度尼西亚、菲律宾到中国沿海和日本。世界许多地热田都位于这个地热带，如美国的盖瑟尔斯、墨西哥的塞罗普列埃托、新西兰的怀拉基、中国台湾的马槽和日本的松川及大岳等地热田。②地中海、喜马拉雅地热带。欧亚板块与非洲、印度板块的碰撞边界，从意大利直至中国的滇藏，如意大利的拉德瑞罗地热田、中国西藏的羊八井及云南的腾冲地热田均属于这个地热带。③大西洋中脊地热带。大西洋板块的开裂部位，包括冰岛和亚速尔群岛的一些地热田。④红海、亚丁湾、东非大裂谷地热带。包括肯尼亚、乌干达、扎伊尔、埃塞俄比亚、吉布提等国的地热田。⑤其他地热区。除板块边界形成的地热带外，在板块内部靠近边界的部位，在一定的地质条件下也有高热流区，可以蕴藏一些中低温地热，如中亚、东欧地区的一些地热田和中国的胶东、辽东半岛及华北平原的地热田。

2. 中国地热能的分布

我国的地热能源储量相对比较丰富，总储存量大约占全球地热能源储量的 7.9%，其中可以开采利用地热能源储量的能量相当于 4626.5 亿吨标准煤，中低温热源中，盆地型潜在地热资源埋藏量约相当于 2000 亿吨标准煤[8]。

1）高湿地热资源

我国的高温地热资源主要集中在两个地区：一是藏南、川西、滇西地区，二是台湾地区，并呈现出两条沿板块边界展布的地热带，分别为藏滇地热带和台湾地热带。

（1）藏滇地热带。

藏滇地热带位于印度、欧亚两大板块的边界，又称喜马拉雅地热带，为全球性的地中海-喜马拉雅地热带的东支，其区域背景热流值为 80～100 $mW \cdot m^{-2}$，最高可达 364 $mW \cdot m^{-2}$。著名的雅鲁藏布江深断裂带为大陆板块碰撞的结合带，也称为地缝合线，在我国境内长达 2000 km。在其南部发育有我国最新的蛇绿岩带（年龄 1200 万年)，说明已深达上地幔。根据推测，从白垩纪开始至始新世，印度板块北移和亚洲板块的地壳开始接触并全面碰撞，引起了上部地壳中大规模断裂作用和岩浆作用，形成地壳重熔区。岩石圈的现代断裂作用和褶皱作用及其伴随的岩浆活动和地壳重融，为藏滇地热带提供了良好的通道和强大的热源，使该地热带成为我国地热活动最为强烈的一个带。正是由于这种高热背景的存在，一方面促使在地表出现强烈的高温热显示，如间歇喷泉、喷气孔、冒气地面、水热爆炸等；另一方面造成大量岩浆和火山活动，成为上述地表显示的深部附加热源。我国地热发电 88%集中在西藏，拉萨电网中地热发电占 60%。地球物理和地球化学研究表明，藏南地壳上部十几千米深处，很可能有尚未完全固结的滴珠状岩浆房存在，这些尚未完全固结的岩浆房是广布于该地热带高温（＞150℃）地热系统的深部热源。在藏滇地热带内，目前西藏已发现水热活动区 600 余处，其中经实地调查的有 354 处。在水热活动区内，水热活动十分强烈，类型俱全，有大量热泉、沸泉、喷泉、喷气孔、水热爆炸穴等，水热蚀变及泉华沉积也很发达。西藏水热区的海拔多在 4000 m 以上，在藏南，超过当地沸点的沸泉有 37 处。1993 年底，西藏羊八井热田 ZK4002 井（井深 1850 m）揭露的井底温度高达 329.8℃，流体干度 47%，是我国目前温度最高的超热井。近 20 年来，我国地热地质工作者已先后对西藏羊八井、羊易、那曲、朗久等地热田进行了勘查，目前羊八井、那曲和朗久等热田已步入电力开发和综合利用阶段。

云南地处太平洋构造与阿尔卑斯-喜马拉雅构造带的交汇部位，全省有水热区 654 处，其中沸泉区 15 处。根据云南省大地构造特点及地热资源分布规律，以红河-洱海大断裂为界，将云南地热资源划分为滇东和滇西两大区域。滇东为中低温水热区，滇西则为以高温为主的水热区。滇西地区水热活动强烈，温泉和热泉数量多、流量小、温度高、天然热流量大，属与岩浆活动有关的地热资源类型。腾冲地区是滇西高温水热区中最重要的地区。自 20 世纪 70 年代以来，已有众多的地热工作者对该地区开展了专业性的调查研究工作，取得了丰富的资料。全区共有水热区 100 处，其中沸泉区 5 处。根据水热活动的分布规律，腾冲地区又可划分成大盈江、龙川江和龙陵瑞丽三个水热活动带，其中大盈江水热活动带是全区地热资源最丰富的水热活动带。著名的热海热田、瑞滇热田就分布于此。

（2）台湾地热带。

台湾地热带位于太平洋板块与欧亚板块的边界，为西太平洋岛弧形地热亚带的部分。在著名的台湾大纵谷深断裂带内，蛇绿岩带发育，说明断裂已深入上地幔。岛上地壳活动活跃，第四纪火山活动强烈，地震频繁，是我国东南部海岛地热活动最强烈的一个带，水热活动区有 100 余处，100℃以上有 6 处。台湾岛北端北投附近大屯火山群共有 13 个地热区，水热活动尤为强烈，有大量热泉、沸泉和喷气孔，其中喷气孔温度高达 120℃。北投火山温泉区的一眼地热钻孔，深 1005 m，已获 294℃的高温蒸汽，但由于低热流体的 pH 很低，对金属腐蚀严重，给开发利用带来困难。

2）中低温地热资源

我国中低温地热资源主要分布于板块内部地壳隆起区和地壳沉降区。

（1）板内地壳隆起区。

不同地质时期发育形成的断裂带，经多期活动，有的在挽近时期活动性仍比较强烈，它们多数可成为地下水运动和上升的良好通道，大气降水渗入地壳深部经深循环在正常的温度梯度下加热，通常在相对低洼的地方，如山前或山间盆地、滨海盆地、河谷底部等，沿活动性断裂涌出地表形成温泉。

东南沿海地热带是地壳隆起区温泉最密集的地带，集中分布的温泉就有 500 余处。它位于太平洋板块与欧亚板块交接带以西中国大陆内侧，包括江西东部、湖南南部、福建、广东及海南等地，其中广东有 250 处以上，福建有 150 余处。温泉水温大部分为 40～80℃，也有少数为 80℃甚至 90℃以上。曾有不少国内外地热界人士认为，本区有可能出现温度高于 150℃的高温水热系统，甚至有干热岩体存在，广东和福建一些地热地质工作者也曾做过这方面的探讨。最近的研究表明，该区域并不存在出现高温水热系统或干热岩体的地质构造条件及高热背景，区域平均热流值在 75 $mW \cdot m^{-2}$ 左右。从该区已进行过不同程度勘探工作的几个地热系统来看，热储温度均小于或等于 140℃，地下热水循环深度在 3.5～4.0 km，属典型的中低温对流型地热系统，如福建的福州、漳州，广东丰顺县的邓屋，湖南宁乡县的灰汤以及江西宜春的温汤等。

除上述东南沿海地热带外，滨川地热带也有温泉 100 余处。该地热带位于印度与欧亚两大板块交接带以东纵贯镇川南北，沿南北构造带展布。这里新构造运动强烈，地震频发。温泉分布南段较密，水温多在 60℃以上，个别达 92℃；北段较稀，水温多在 60℃以下。

此外，山东半岛、河北山地、太行山、茶岭、天山北段、四川盆地的东南部、柴达木盆地东部等，温泉分布也较集中，多数温泉水温在 60℃以下，少数可达 80～90℃。

（2）板内地壳沉降区。

在板内地壳沉降区，即我国广泛发育的中、新生代盆地内，一般在断陷盆地的基底相对突起的地方，构造断裂系统发育，深循环的地下水经正常地温梯度加热后沿断裂通道上涌并富集于基岩顶面，通常形成热水的隐伏排泄源地或称隐伏热储体；在地壳活动相对稳定、无重大构造破坏的坳陷盆地内，在正常地温梯度下加热的地下水，在透水岩层中运移上升，通常在不同深度上形成具有区域性呈大面积分布的含热水层，水温多接近岩温。我国华北、江汉、四川等盆地，随着油气田和热田的开发，已相继获得热水及热卤水，其中尤以华北中新生代沉积盆地潜力最大，其大地热流值初步测定为 62.8 $mW \cdot m^{-2}$。目前开发的 70～90℃以上的热水井已有几百眼。山西省“阳高县-天镇县一带干热岩地热资源预可行性勘查”项目取得重大突破。该项目探获高温高压地热流体，是迄今华北地区 2000 m 以浅深度范围内温度最高的地热孔，面积 1309.64 km^2。勘查单位通过控制测量、专项地质测量、大地电磁测深、钻探、综合测井、岩矿测试等开采方式，在区内实施 GR1 勘探钻孔，勘探孔钻进至 1585.3 m 处，探获干热岩地热资源，孔内测温最高 167.94℃；钻进至 1624.01 m 处，探获高温高压地热流体，测得井口温度高达 160.2℃，井口压力 1.12 MPa，最大流量 231.15 $m^3 \cdot h^{-1}$，预计单井年可利用热能量为 11.45×10^8 MJ，折合标准煤 3.9 万吨 · 年$^{-1}$。经测定，地热流体中富含多种矿物质及微量元素，其中偏硼酸和锂达到医疗价值浓度[8]。

5.2 地热资源开采的主要设备

钻探是查明地下热流体分布和储存条件的基本手段，是地热能勘探中的重要环节。地热钻探主要采用石油钻探设备和工艺技术，地热钻探涉及的问题很多，开采设备主要包括钻机、钻井液、钻头、套管材料、固井水泥、井口装置等[9]。

5.2.1 钻机

用于水文地质勘查及成井钻探的设备一般选用回转、冲击、复合式或多种用途的钻机，这类钻机一般扭矩大（7500～20000 N·m）、转速低（50～300 r · min^{-1}），配套的动力设备功率较大（55～147 kW），钻具直径也大，但是操作笨重，工人劳动强度较大。有些大型钻机采用车装式或拖车式的运输方式。对于地热井钻井，应根据井孔深度、井孔直径、地层情况、钻井方法及地热层的温度和压力等条件选择适宜的钻机。一般水文地质勘查孔和水井的钻凿方法见表 5-4。从表 5-4 的分类可以看出，回转钻探是用得最普遍的钻凿方法，冲击钻探有某些特殊应用场景。

表 5-4　水文地质勘查孔、水井钻凿方法

钻探方式	钻进方法	钻进工艺	作用及其应用范围
回转钻探	冲洗液钻进	清水钻进	冲洗液排粉，静液力护孔，用于稳定地层
		泥浆钻进	冲洗液排粉，静液力护孔，用于次稳定、不稳定地层
	空气钻进	纯空气钻进	空气排粉，用于稳定地层，钻进快
		雾化清水钻进	空气排粉，水雾除去孔内潜水，用于润湿地层
		雾化泥浆钻进	空气排粉，液体排水及岩粉，平衡不稳定地层
		黏性泡沫钻进	泡沫清除岩粉，在大口径中除粉效果好
		充气泥浆钻进	泡沫清除岩粉，在大口径中除粉效果好，适用于漏失地层，减少漏失
	反循环钻进	清水反循环钻进	在冲积层中钻进大口径钻井，钻进快
		泥浆反循环钻进	在冲积层中钻进大口径钻井，钻进快
冲击钻探			钻进卵砾石层，致密脆性基岩效果好
冲击回转钻探	潜孔锤钻进	风动潜孔锤	适于钻进基岩硬地层（使用较多）
		液动潜孔锤	适于钻进基岩硬地层（使用较少）
震动钻探	震动钻进		震动取样钻孔，大口径浅井较适用
	震击钻进		较纯震动效率要高，大口径浅井较适用

1. 冲击钻机

冲击钻机采用一个顶部尖锐且很重的钻头，通过紧拉的钢丝绳索带动钻头，反复将它提起来又落下去，在井底冲击岩石，将井底岩石击碎。使用这种钻机，一个有经验的钻井工可以钻至任何地层，包括大的裂隙和岩洞，而这种裂隙和岩洞对其他形式的钻机都会带来麻烦。

在坚硬的岩层，钻进时不需要下套管。如遇塌陷的岩层，则钻进至 1.5～3 m 后下一个管套至井底（套管的边缘带有一个可驱动的防磨管头），然后在该套管处再钻进 1.5～3 m，如此反复运行。套管直径必须大于钻头直径，以便钻头在管内上下运动，不断扩孔并下套管，最后摩擦力使套管不再深入。此时，需在套管内再下一个较小的套管，并用一个较小的钻头继续钻进。

增加钻井深度可以通过一个装在套管边缘上可驱动的防磨管头慢慢地进入井孔，然后在套管四周填以膨润土泥浆，支撑不坚固的地层并对套管起润滑作用。膨润土也能防止套管周围的密封泄漏，因为井内存在自流压力，不同含水层之间也会存在压差。

钻井有诸多严格要求。多数情况下要求下到井孔的固井套管达到某一个比较坚硬的岩层。在地热井钻进中，一般黏封至地热层以防止地热流体和浅层地下水混合，也防止由于浑水造成的热流体温度下降。任何管子必须下到一定的位置，并须考虑有一根在固井前或固井时移走的临时套管。

当冲击钻进深度在450～600 m时，将十分耗时，但1953年在美国纽约创下了3397 m的世界纪录。大型冲击钻可钻直径为457～609 mm，井深可达几百米。

冲击钻机具有以下优点：①钻机运输和安装都比较容易，用水量少；②造价低，维护简单，适用于坚硬地层，只要一两个人即可运行；③不会发生泥浆堵塞生产岩层的危险；④取样和岩层测井既容易又精确；⑤可获得定性和定量的钻井数据，包括流量估算，水温、静水位、化学成分等测量。

冲击钻机的缺点如下：①深度和穿透性有限，钻进速度太慢；②不容易安装合适的防喷设备；③在不坚固的岩层，随井孔的延伸要不断下套管；④缺乏有经验的技术工人；⑤只限于钻垂直井。

高温下冲击钻进虽然通过冷却水连续冲刷已获成功，但是冲击钻进仍有一定局限。下列情况不能采用冲击钻进：①水温高于120℃时；②在地表获得大流量的自流热水；③井很深，使用冲击钻进经济性低。

2. 回转钻机

无论凿地热井还是一般水井，用回转钻机（又称转盘钻机）钻进是目前最常用的一种钻井方法，这类钻机型号很多，且各有优缺点。图5-3为回转钻机的主要部件。

井孔通过装在钻杆上的钻头旋转钻成，钻杆则由地面的动力设备驱动，它是由标准长度为9.144 m的厚壁管通过螺纹连接而成的。钻杆柱悬吊在钻塔支承的水龙头上，钻压则由钻头之上的特厚壁管的钻链提供。钻井液用泵从钻杆柱顶端的水龙头进入，经钻杆并由环空返回地面，将钻屑携带上来。当使用泥浆或盐水作钻井液时，需保持压力平衡，以防止热储流体从井眼内喷出。地表的钻进设备及钻进液循环均由柴油机驱动。为防止热储流体喷出，钻杆通过一个控制循环钻井液回压的旋转密封装置和一组可关闭的防喷阀门而旋转。井内无钻杆时，地面阀门可以关闭井口。

钻头通常采用硬质合金铣齿或碳化钨镶齿的三牙轮钻头，牙轮由空心环状轴和钻管带动，力矩通过工作台和方钻杆得到。钻进液沿着管子流下，进入钻头把钻屑从钻头下清洗出来，同时冷却钻头，并把钻屑带回地面。在地面将钻屑分离后，钻井液再进入钻管循环使用。钻管由游动滑车拉紧。由于钻头上压有重荷，要注意不要把钻孔打歪。在某些岩层，要慢慢钻进，不然钻进面来不及清理。

水力驱动的钻头不用回转工作台和方钻杆，而是用水动力把力矩由顶部直接传给钻管。在浅层钻探，通常使用一根很短很轻的套管，钻头靠自身的重量下伸。这种钻机虽然比常规回转钻机尺寸小，但是它能够钻探多数中低温直接利用的地热井。带有钻塔和升降机的钻机可以提升6.8 t重量并能获得15848 N · m的力矩。

地热井钻进的主要问题是钻头寿命短，牙轮钻头的轴承损坏和牙轮锥边保径齿圈的过渡口，过度磨损均是其损坏的主要原因。轴承和保径齿圈的磨损有直接关系，一种磨损将导致另一种磨损。在地热钻进中，为了延长轴承寿命要求降低钻压，而低钻压导致低钻速，其后果往往使地热钻进效率更低。

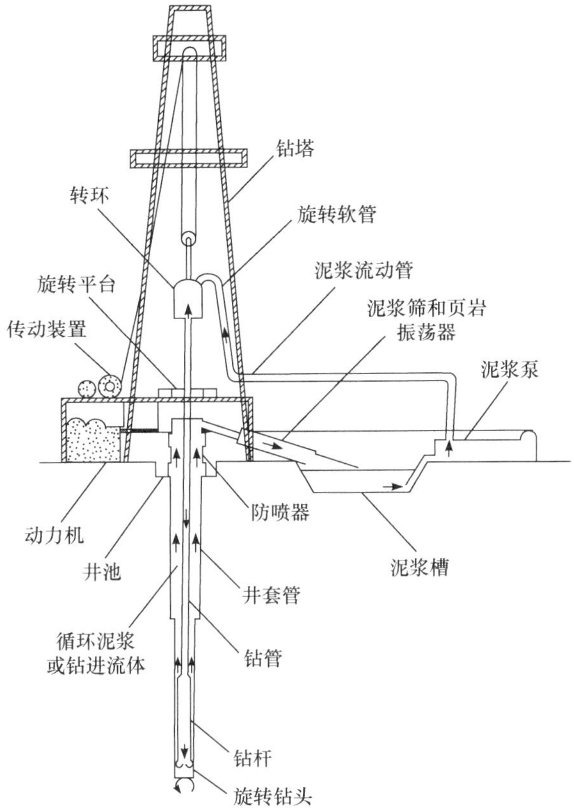

图 5-3　回转钻机的主要部件

3. 其他类型的回转钻进

1）潜孔锤钻进

地热钻井普遍使用的一种方法是用空气锤，这种方法适用于火成岩和变质岩。它不是一种真正意义上的回转钻进，而是一种适用于回转钻进的冲击方法，或者说，它是一种冲击回转钻探。

空气锤是一个利用气体动力的重锤，类似于一台大型风镐，通过 0.7 MPa 或更高压力的压缩空气使重锤在钻管底部撞击。重锤表面嵌有碳化钨的硬质合金，使其具有凿屑能力。空气锤的直径为 76～432 mm，每分钟的撞击次数为 800～2000 次。钻管和重锤缓慢旋转，使镶嵌的硬质合金不断以新的工作面来凿屑岩层，保证井孔的钻进和垂直。汽锤使用过的废气和过量空气都直接用于清除碎屑以提供清洁的表面。因此，这种钻进方法的钻进速率要比三维方轮钻头快 50%～100%。排出的空气将岩屑从环空带出钻孔。对于规格大的气锤，需要的高压空气量也大，因而将大幅增加其运行费和设备投资。

2）反循环钻进

反循环钻进是钻进液（一般用水或很薄的泥浆）从钻管（钻杆）外的环空流入，从钻管内流出进入泵的吸入口，并泵送到泥浆罐或泥浆池。岩屑从钻管中带出，其流通截面积要比管外环空的截面积小。泵的吸入扬程限制了此法的钻井深度，一般只能达到海平面以下 137 m 的深度。对于凿地热井，通常利用一根插在钻管内的空气管来提升岩屑，然后用一台旋风分离器或一台较小的分离器将空气从水和岩屑的混合物中分离出来。这种用空气来提升岩屑的方法极大地增加了钻井深度。流体在环空中的水位几乎和地表齐平。这种方法使用的钻管和常用的空气钻管相似（图 5-4）。

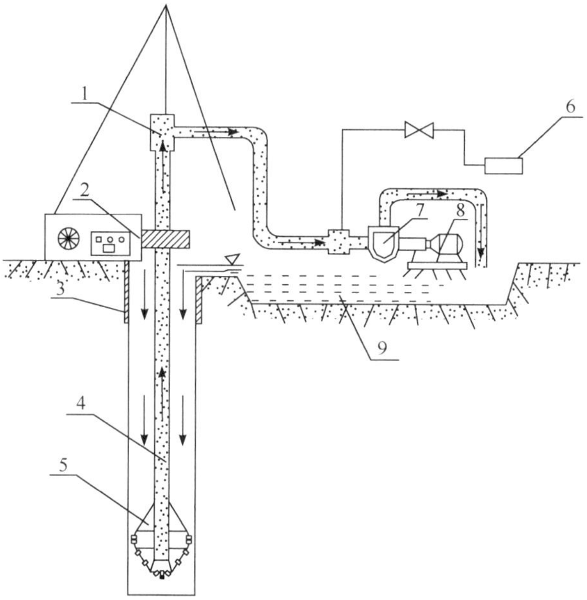

图 5-4　反循环钻进工艺原理图

1. 水龙头；2. 钻机；3. 护筒；4. 钻杆；5. 钻头；6. 真空泵；7. 砂石泵；8. 电机；9. 泥浆池

反循环钻进的优点是：可以减少井壁的磨损（环空套管中降低了流速）；冲洗液在钻管内的上升速度可达很高，从而缩短流体到达地面的时间，减少了岩屑的混合，使岩样质量提高；同时还可减少由于泥浆侵入使岩层被破坏的可能性。它的缺点是：用水量较大；流体成分由于大量空气混入而起变化，使水化学分析失准。

另一种反循环钻进系统是使用一个双管道的旋转接头和特殊的钻管，用它可将普通的顶部水力驱动钻进转换成反循环的顶部水力钻管外的管子，然后返回到钻管的主要部位，在那里，循环液和岩屑被提升到地面。流体和岩屑向上流经钻管并从旋转接头中的第二根管道流出。

3）套管驱动钻进

采用顶部水力驱动钻进的正循环空气回转钻机有一个系在钻机上的套管驱动器，该驱动器类似于一个空气驱动打桩机，套管底部装有驱动耐磨管头。钻井时，使用这个驱动器可使套管驱动钻进，就像冲击钻进一样。

当钻进非坚硬岩层时，钻头缩在套管内，此时，用耐磨的管头削刮岩层，使套管在钻头前钻进并取出岩心，也可让钻头在套管前钻进，然后缩回套管并用套管钻进；或者让套管刚好在钻头后面，并以和钻头同样的速率钻进。由于这类钻进其套管和井壁之间存在摩擦，因此套管用量不能太多，直径也不宜太大，其极限是要能够驱动钻进。当需要让套管穿过坚硬岩层时，可使用一种较小的扩孔钻头，一般是用井下重锤。由于套管隔绝了周围的岩石（除井底外），因此取得的岩芯质量极好。漏失循环液的问题也解决了，还可以精确地估算水量。此法的主要缺点是要求在固井前下入套管（与冲击钻进相同），套管驱动钻井时的吸力太大，使套管弯曲，会引起磨损或钻压升高的情况。

4. 取芯钻进

钻探过程中，保证质量最关键的环节是采取岩芯。岩芯是供地质人员正确描述地层岩性和真实地反映地层情况的依据。在钻井过程中，进入岩芯管的岩芯往往由于钻进振动而破碎、磨耗、产生变形等扰动，致使岩芯采取率达不到 100%。为了避免或减少这些干扰，必须根据地质情况和设备条件，合理地选择钻进方法和取芯工具，遵守操作规程，保证采取岩芯的质量。

取芯钻进是一种勘探方法，其技术广泛应用于民用水井勘查和打普查井，也用于需要取得精确岩性资料的地热试验井或地温梯度井。由于取芯钻成本高，最大标准孔径只有 123 mm，所以很少用它来打生产井。

取芯钻进有多种方法，常用于地热井的方法类似于电缆测井，这种方法的取芯过程是：空心套取钻头用钻杆回转推进。岩芯圆筒（一根长度一般为 3 m 的装岩芯的管子）用缆索放入钻杆内，高出岩芯的部分被切除。当圆筒充满岩样后拔出，另换新筒。岩芯从圆筒中取出后放入岩芯箱并标上编号，圆筒则留待下一次使用。这样就能在钻探的深度内近乎连续地取得岩层的岩样。

取芯钻进时，通常的做法是每钻进 60～150 m 用一个三维回转钻头。开机前要安装套管并密封，必要时装防喷设备。钻头前一般镶嵌人造钻石。钻头的冷却和钻杆的润滑靠水或稀膨润土泥浆液循环提供。取芯钻机体积很小，可以装在一辆汽车上，移动方便。通常开钻时用大号钻头，随着钻进深度增加，逐渐减小钻头尺寸，钻进时，一套钻杆和钻头可以放置不动，另一个较小的钻头可以穿过它继续钻进。钻孔打完后，这套钻杆移走并下入管套，或者将井封固废弃。

5.2.2 钻进液

地热钻井中最重要的一环是使用好钻进液。对多数中低温地热钻井的钻进液，在理想情况下，可以及时准确地探测地热流体情况，包括温度的变化和生产层的岩性。

钻进液的主要作用有：①冷却钻头；②清除钻进面上的岩屑，并把它带到地面；③防止井壁坍塌。除上述作用外，钻进液（通常为泥浆）还可起到下列作用：压住热储中的热流体并冷却它；减少流体向岩层流失；使岩层中流体流入井孔的量减到最少；对旋转部件起润滑作用，减少钻杆腐蚀；当钻进液不循环时可使岩屑悬浮；帮助收集和解释样品，进行井孔地球物理测井等。

通常，地热钻井时对泥浆有一定要求：①能有效地携带岩屑，清洗井底；②有利于快速钻井；③有保护井壁、防止井塌的作用；④液柱压力能在较大范围内调节，使之与地层压力平衡；⑤有一定的悬浮岩屑的能力；⑥具有抵抗可溶性盐类以及黏土侵污的能力；⑦使电测井及其他井下作业能顺利进行；⑧能使钻井总成本降低。

钻进液一般分为三类：油基、空气基和水基。油基钻进液一般用于石油钻井，不适用于地热钻井，因为油基钻进液可能会污染含水层。喷雾钻进液纳入空气基类分级，因为它的各种性质与空气类同。水钻进液纳入泥浆分级，因为再循环的水中带有悬浮的岩屑和岩层中的小颗粒，可以把它看成为极稀的泥浆。泥浆是使用最普遍的钻进液，它可以较好地完成上述功能。

钻进过程中，钻进液会从井孔穿过裂隙、缝隙或多孔岩层漏失。这种漏失可能是一部分，也可能是全部，视具体条件而定。通过返回地面的钻进液就可判知漏失的情况。钻进液的漏失将使它失去运送岩屑至地面的主要功能。岩屑不能从井孔中移走，必然要填塞钻头上部的钻杆，其后果将是卡住钻管，或损坏钻头及钻具，甚至使钻孔报废。

如果岩层有较大裂隙和缝隙，钻进液就可能携带岩屑进入岩层，这样虽然岩屑不会裹住钻具，但有时很难判断是否如此。没有钻进液循环的钻进被称为“盲钻”。若循环钻进液全部漏失将导致水位降到地表以下，其结果会使支持井壁的流体压力下降或完全损失，井壁就会因此而坍塌并卡住钻管。漏失钻进液是钻进中急需解决的难题之一，它将损失贵重的钻液，损耗钻进时间，并使固井发生困难，还可能损坏井内设备。

尽管有上述诸多问题，但是多数有经验的钻井人员认为，有半数钻进液的漏失问题是可以避免的，而且不少问题是钻井者本身引起的。完善的钻井计划和运行操作十分重要，需掌握以下几项技术：

（1）在可能的情况下，尽量利用附近已有井的测井资料和地质资料，仔细地做出井孔和套管的设计方案。

（2）对井孔要小心从事，要慢慢地升降钻杆和套管，避免铲刮和像活塞似的抽取。循环泵要低速启动慢慢加速。在保证岩屑能运送的前提下，保持循环液在环空中的流动速度最低即可，不要钻得太快而使环空运送岩屑的量超负荷。

（3）不断检测泥浆的性质以保持泥浆黏性最小和脱水最少。

5.3 地热能的利用方式

地热资源是一种可用于医疗、保健、工业、农业等方面的清洁能源。随着国家经济的发展，人民生活水平的不断提高，人们更加重视身体健康，地热资源能给人们的生活和健康带来巨大效益[10-12]。

开发地热资源，一是可解决 21 世纪能源短缺问题；二是为经济发展服务；三是改善城镇生活环境，为脱贫致富服务；四是利用地热资源提高引资能力；五是提高生活质量，保护生态环境[13]。

我国全面开始利用地热资源较晚，在 20 世纪 80 年代后期，地热资源的开发利用有了一定规模，并且在广度和深度上有较快发展。地热资源是热、水、矿物质“三位一体”的资源，它的用途广泛。地热资源的利用主要有两个方面，即直接利用和间接利用[8]。例如，地热发电是直接利用；供暖、医疗、洗浴、旅游、农业利用、水产养殖等是间接利用。近年来，全球直接利用地热能的国家数量不断增加。根据 2023 年世界地热大会发布的数据，全球有 32 个国家实施了地热发电；有 88 个国家运用地热开展除发电以外的直接利用。

截至 2022 年底，全球供热和制冷热能装机容量相当于 1.73 亿千瓦时，比 2020 年增加了 60%。

国际能源署预测，到 2035 年和到 2040 年，全球地热直接利用装机容量将分别达到 500 GW 和 650 GW。

我国地热直接利用装机容量和直接利用量连续多年居全球首位，对地热能的直接利用主要集中在供暖、制冷、养殖、洗浴等方面。20 世纪 90 年代以来，北京、天津、保定、咸阳、沈阳等城市开展中低温地热资源供暖、旅游疗养、种植养殖等直接利用工作。21 世纪初以来，热泵供暖（制冷）等浅层地热能开发利用逐步加快发展。截至 2019 年底，我国浅层和中深层地热能供暖建筑面积超过 11 亿平方米。地热资源每年利用量折合标准煤 0.21 亿吨，其中水热型地热资源开采率仅为 0.2%，浅层地热能开采率仅为 2.3%，地热资源开发利用具有良好的前景[8]。

5.3.1　地热发电

地热发电是地热能利用的重要方式[5]。与其他可再生能源发电技术相比，地热发电的机组利用率高、环境影响小、成本具有竞争性，且不受天气条件的影响，可提供基荷电力。地热发电是利用地下热水和蒸汽为动力源的一种新型发电技术，其基本原理和火力发电类似，都是利用蒸汽的热能推动汽轮发电机组发电。地热发电实际上就是把地下的热能转变为机械能，然后再将机械能转变为电能的能量转变过程（图 5-5）。与传统火力发电不同，地热发电无须消耗燃料和锅炉设备，不产生灰渣和烟气对环境造成二次污染，属于清洁能源。针对可利用不同温度的地热资源，地热发电分为地热蒸汽发电、地下热水发电、全流地热发电和地下干热岩发电四种方式[14-16]。

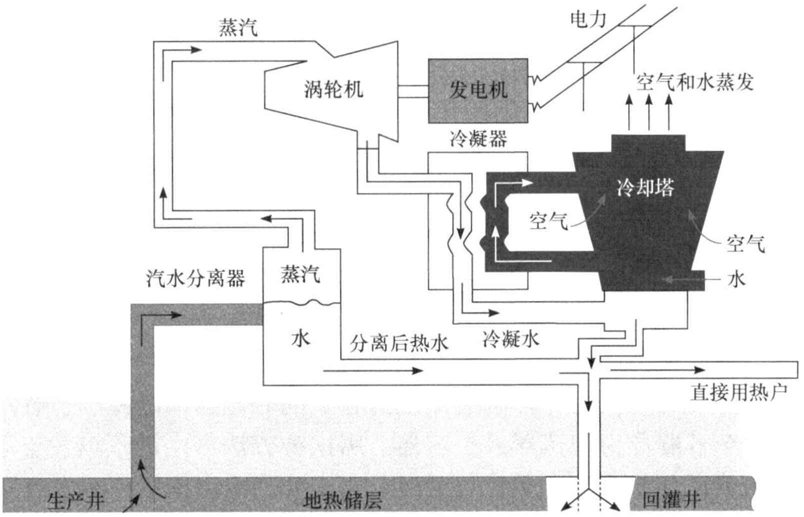

图 5-5　地热发电示意图

1. 地热蒸汽发电

地热蒸汽发电主要适用于高温蒸汽地热田，是把蒸汽田中的蒸汽直接引入汽轮发电机组发电，在引入发电机组前需对蒸汽进行净化，去除岩屑和水滴。这种发电方式最为简单，但是高温蒸汽地热资源十分有限，且多存于较深处地层，开采难度较大，故发展受到限制。地热蒸汽发电主要有背压式汽轮机发电和凝汽式汽轮机发电两种。

1）背压式汽轮机发电

背压式汽轮机发电系统是最为简单的地热蒸汽发电方式，见图 5-6。其工作原理是把干蒸汽从蒸汽井中引出，净化后送入汽轮机做功，由蒸汽推动汽轮发电机组发电。蒸汽做功后可直接排空，或者送热用户用于农业生产。这种系统大多用于地热蒸汽中不凝结气体含量很高的场合，或者综合利用排气于工农业生产和生活用水。

2）凝汽式汽轮机发电

为了提高地热电站的机组输出功率和发电效率，凝汽式汽轮机发电系统将做功后的蒸汽排入混合式凝汽器，冷却后再排出，见图 5-7。在该系统中，蒸汽在汽轮机中能膨胀到很低的压力，所以能做出更多的功。为了保证冷凝器中具有很低的冷凝压力（接近真空状态），设有抽气器来抽气，把由地热蒸汽带来的各种不凝结气体和外界漏入系统中的空气从凝汽器中抽走。

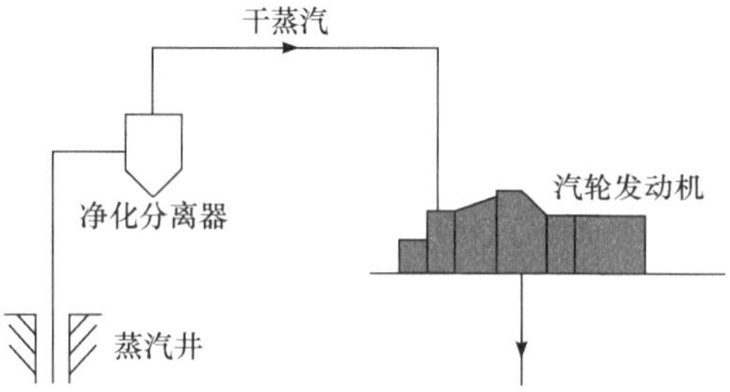

图 5-6　背压式汽轮机发电系统

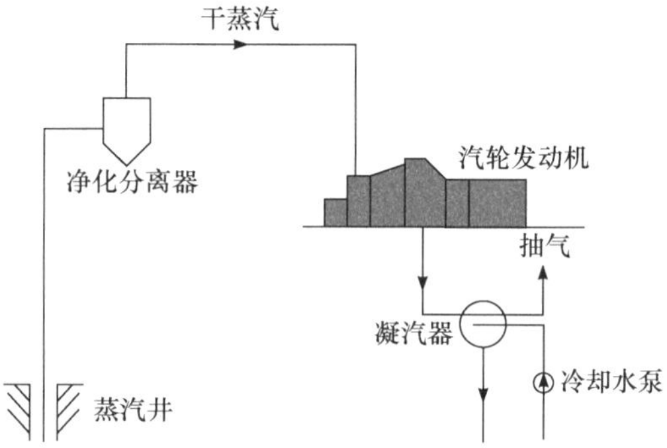

图 5-7　凝汽式汽轮机发电系统

2. 地下热水发电

地下热水发电是地热发电的主要方式，目前地下热水发电系统有两种方式：闪蒸地热发电和中间介质法地热发电。

1）闪蒸地热发电

闪蒸地热发电基于扩容降压原理从地热水中产生蒸汽。水的汽化温度与压力有关，在 1 个绝对大气压下水的汽化温度是 100℃，如果在 0.3 个绝对大气压下水的汽化温度是 68.7℃。通过降低压力而使热水沸腾变为蒸汽，以推动汽轮发电机转动而发电。由于热水降压蒸发的速度很快，是一种闪急蒸发过程，同时，热水蒸发产生蒸汽时体积要迅速扩大，因此这个容器称为闪蒸器或扩容器。用这种方法产生的蒸汽发电系统，称为闪蒸地热发电系统或减压扩容法地热发电系统。它又可以分为单级闪蒸发电系统和两级闪蒸发电系统。

单级闪蒸发电系统简单、投资省，但热效率较低，厂用电率较高，适用于中温（90～160℃）的地热田发电。单级闪蒸发电系统见图 5-8。

为了增加每吨地热水的发电量，可以采用两级闪蒸发电系统。即将闪蒸汽中降压闪蒸后的剩余水不直接排空，而是引入第二级低压分离器中，分离出低压蒸汽引入汽轮机的中部某一级做功。两级闪蒸发电系统热效率较高，一般可以使每吨地热水的发电量增加 20% 左右，但蒸汽量增加的同时冷却水量也有较快增长，这会抵消部分采用两级扩容后增加的发电量。两级闪蒸发电系统见图 5-9。

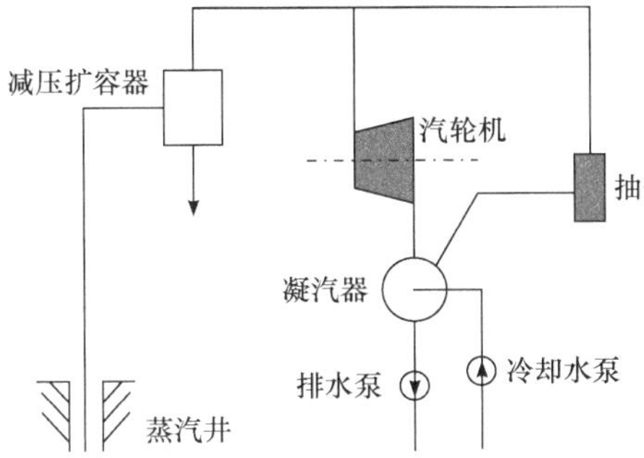

图 5-8　单级闪蒸发电系统

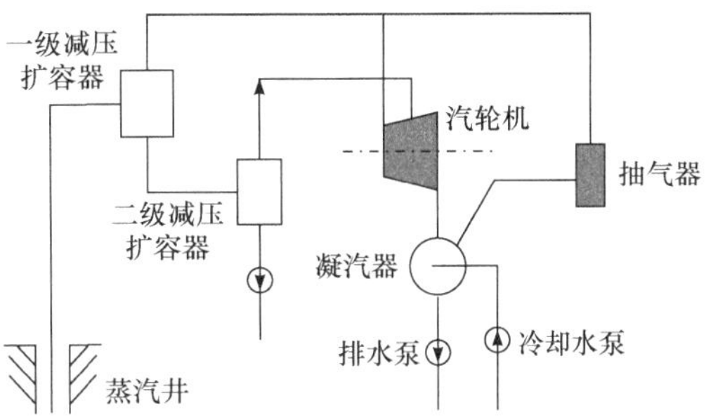

图 5-9　两级闪蒸发电系统

采用闪蒸法的地热电站，若热水温度低于 100℃时，全热力系统处于负压状态。这种电站的缺点是：设备尺寸大，容易腐蚀结垢，热效率较低；由于是直接以地下热水蒸气为工质，因而对于地下热水的温度、矿化度以及不凝气体含量等均有较高要求。

2）中间介质法地热发电

中间介质法采用双循环系统，即利用地下热水间接加热某些低沸点物质来推动汽轮机做功的发电方式。例如，在常压下水的沸点为 100℃，而有些物质如氯乙烷和氟利昂在常压下的沸点温度分别为 12.4℃及–29.8℃，被称为低沸点物质。根据这些物质在低温下沸腾的特性，可将它们作为中间介质进行地下热水发电。利用中间介质发电方法，既可以用 100℃以上的地下热水（汽），也可以用 100℃以下的地下热水。对于温度较低的地下热水来说，采用降压扩容法效率较低，而且在技术上存在一定困难，而利用中间介质法较为合适。

中间介质法地热发电系统采用两种流体：一种是采用地热流体作热源，它在蒸汽发生器中被冷却后排入环境或打入地下；另一种是采用低沸点介质流体作为工质（如氟利昂、异戊烷、异丁烷、正丁烷、氯丁烷等），这种工质在蒸汽发生器内由于吸收了地热水放出的热量而汽化，产生的低沸点工质蒸汽送入汽轮机发电机组发电。做完功后的蒸汽从汽轮机排出，并在冷凝器中冷凝成液体，然后经循环泵打回蒸汽发生器再循环工作。该方式分单级中间介质法和双级（或多级）中间介质法系统。图 5-10 所示为单级中间介质法地热发电系统。

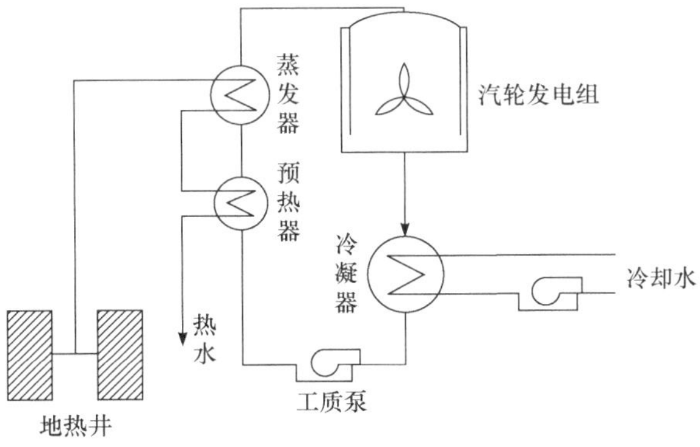

图 5-10　单级中间介质法地热发电系统

单级中间介质法地热发电系统的优点是：能够更充分地利用低温度地下热水的热量，降低发电的热水消耗率，设备紧凑，汽轮机尺寸小，易于适应化学成分比较复杂的地下热水。缺点是：设备较复杂，大部分低沸点工质传热性都比水差，采用此方式需有相当大的金属换热面积，增加了投资和运行的复杂性；而且有些低沸点工质还有易燃、易爆、有毒、不稳定、对金属有腐蚀等特性，安全性差，如果发电系统的封闭稍有泄漏，工质溢出后容易引发事故。

单级中间介质法地热发电系统发电后的热排水还有 50～60℃的余温，因此可采用两级中间介质法地热发电方式以充分利用排水中的热量并再次用于发电。采用两级利用方案，要综合考虑各级蒸发器中的蒸发压力，选择最佳数值，可使两级中间介质法比单级中间介质法的发电能力提高 20%左右。

3. 全流地热发电

全流地热发电系统是将来自地热井的地热流体通过一台特殊设计的膨胀机，使其一边膨胀一边做功，最后以气体的形式从膨胀机的排气口排出。为了适应不同化学成分范围的地热水，特别是高温高盐的地热水，膨胀机的设计应该给予普适综合考虑。螺旋转子膨胀机发电系统是典型的普适试验机组之一。流体由膨胀机的喷嘴调节阀进入高压气室，当转子旋转时，高压气室逐渐加长、体积不断增大，地流体依次通过由一对双相流体啮合转动蒸汽，冷却水螺旋转子膨胀机所构成的通道不断膨胀，直至排出。流体在这对转子间的有效体积膨胀产生做功。该系统由螺杆膨胀器、汽轮发电机组和冷凝器等部分组成。它比闪蒸地热发电系统中的单级闪蒸法和两级闪蒸法地热发电系统的单位净输出功率可分别提高 60%和 30%左右。从现有地热资源来看，人们对地热发电最有兴趣的地热水温度范围是 150～300℃，而水中总溶解固态物的范围为 0.1%～25%。尽管地热资源已成为蕴藏的清洁可再生能源，但其发展速度却受到化学成分范围和经济性两个方面的限制。

全流地热发电系统见图 5-11。这种装机结构简单，而且由于两个转子之间以及转子与壳体之间进行相对运动而具有自清洁作用。为了获得全流系统的优越性能，膨胀机效率必须达到 70%以上，但目前的实验机组还没有达到这一指标。因此，虽然从这一概念的提出到现在已有 20 多年的时间，全流地热发电系统仍未进入商业应用阶段。

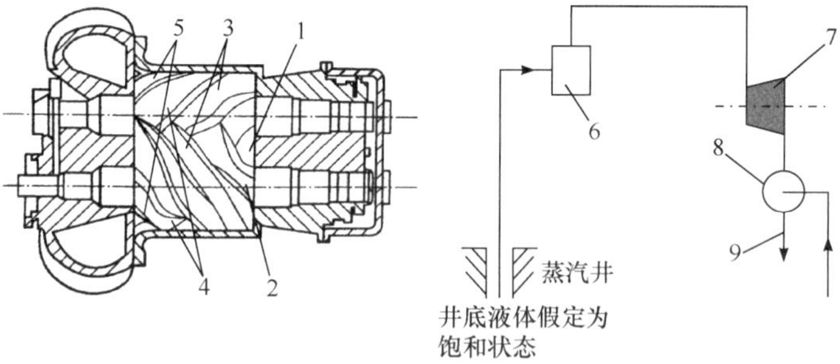

图 5-11　全流地热发电系统

1. 高压气室；2～4. 啮合螺旋转子；5. 排出口；6. 全流膨胀器；7. 汽轮发电机组；8. 凝汽器；9. 热水排放

4. 地下干热岩发电

干热岩是指地下不存在热水和蒸汽的热储岩体。干热岩地热资源专指埋藏较浅、温度较高且具有较大经济开发价值的热储岩体，它是比蒸汽热水和地压热资源更为巨大的资源[17]。要取出干热岩体中的热能，无法通过地下自然的热水和蒸汽作为媒介。

从干热岩取热的基本原理：首先钻一回灌深井至地下 4～6 km 深处的干热岩层，将水用压力泵通过注水井压入高温岩体中，该岩石层的温度大约在 200℃，用水力破碎热岩石。然后另钻一生产井，使之与破碎岩石形成的人工热储相交。这样从回灌井压入的水经地下人工热储吸取破碎热岩石中的热量，变成热水或过热水，再从生产井流出至地面。在地面，通过热交换器和汽轮发电机将热能转化成电能。而推动汽轮机工作的热水冷却后再通过注水井回灌到地下供循环使用。干热岩发电系统见图 5-12。

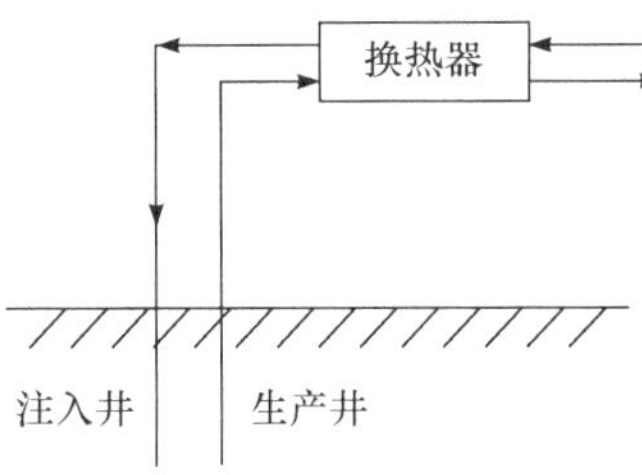

图 5-12 干热岩发电系统

在特定地区内，干热岩资源的开发很大程度上取决于在经济合理的深度内获取岩石高温的方法。寻求高品质干热岩资源的难度和成本比开发水热资源和矿物燃料小，这是因为开发水热资源或石油、天然气时，勘探者必须弄清岩石的渗透率、孔隙率、裂隙和填充物。而勘探干热岩时，只要找到干热岩就可以钻进和完成任意数量的井。

干热岩发电在许多方面比天然蒸气或热水发电优越。首先，干热岩的储量较大，可以比较稳定地供给发电系统热量，而且使用寿命较长；其次，从地表注入地下的清洁水被干热岩加热后，热水的温度高，并且由于热水在地下停留的时间短，来不及溶解岩石中大量的矿物质。因此，热水所夹带的杂质较少。

5.3.2 地热供暖

仅次于地热发电的地热利用方式就是地热供暖，即将地热能直接用于采暖、供热和供热水[18-19]。作为我国首个地热开发利用专项规划，2017 年发布的《地热能开发利用“十三五”规划》提出，“十三五”时期，新增地热能供暖（制冷）面积 11 亿平方米，其中：新增浅层地热能供暖（制冷）面积 7 亿平方米；新增水热型地热供暖面积 4 亿平方米。新增地热发电装机容量 500 MW。到 2020 年，地热供暖（制冷）面积累计达到 16 亿平方米，地热发电装机容量约 530 MW。国家能源局 2021 年 9 月发布的《关于促进地热能开发利用的若干意见》指出，到 2025 年，地热能供暖（制冷）面积比 2020 年增加 50%，在资源条件好的地区建设一批地热能发电示范项目；到 2035 年，地热能供暖（制冷）面积比 2025 年翻一番。在我国北方地区此种方式深受人们的欢迎，因为此种利用方式简单直接，节约煤炭资源，减轻环境污染，同时地热水温比较稳定，故供暖质量更高。

1. 地热间接供暖系统

地热间接供暖是考虑地热水有腐蚀性，因而采用换热器将地热水与供暖循环水隔开，地热水通过换热器把热量传递给洁净的循环水后排放或综合利用，循环水通过散热器供暖后再返回换热器加热循环使用。

由于不锈钢材在含有氯离子的地热水中会被腐蚀，特别是地热水接触空气（氧）后腐蚀加剧，因此间接供暖系统的换热器一般都采用耐腐蚀性好的钛材而不用不锈钢材。但是钛材价格较贵，为不锈钢材的2～3倍，因而使用钛板换热器需要增加投资。然而，为保证系统完好而长期稳定地运行，增加投资利多弊少，国外绝大多数地热间接供暖系统均采用钛板板式换热器。

图 5-13 为某住宅小区采用的地热间接供暖系统工艺流程图，小区建筑面积 8 万平方米，建筑集中锅炉房一座，装两台 6 t · h^{-1} 热水锅炉供暖。小区周围还拥有建筑面积 20 余万平方米的居民住宅区，其中一部分也需要由小区供热站供暖。由于小区所在地区的地热资源条件较好，热力公司在该供热站旁打了一眼地热生产井（斜井），井斜深 2010 m，垂深 1800 m，水温 92.5℃，水量 156 t · h^{-1}，并建设配置了地热井口装置、潜水电泵、除砂器、井泵房、换热站、循环水泵及动态监测仪表等，原有的两台 6 t · h^{-1} 锅炉保留作为地热供暖系统的调峰锅炉房。

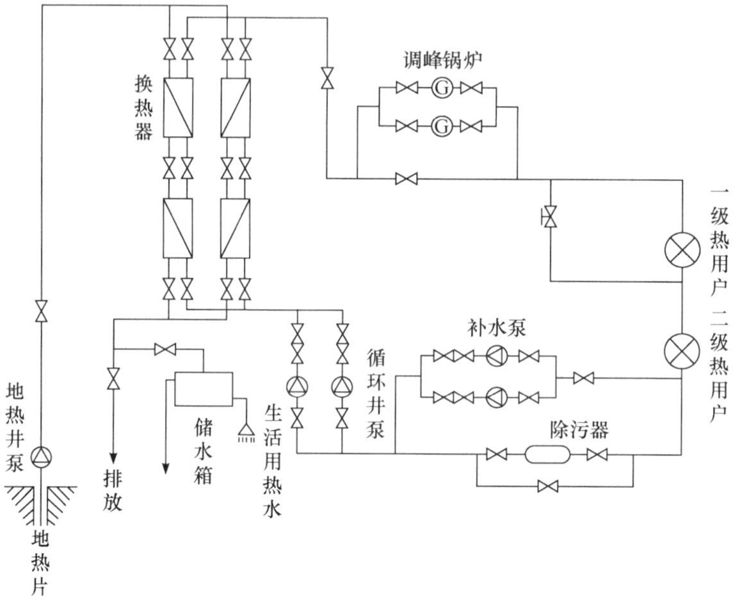

图 5-13　某住宅小区地热间接供暖系统

为提高地热利用率，地热排水可供地热浴室、地热浴疗等综合再利用。来自地热井的地热水（92.5℃）进入热交换站，经板式换热器换热后降至 45℃，其中部分作为地热浴室热源，剩余部分在回灌实施前，就近排入下水道。供暖回水在板式换热器内被加热后，经锅炉升温至 90℃进入用户，为了充分利用地热资源，加大利用温差，采用两级串联供热方式，其中第一级供回水温度为 90℃，第二级供回水温度为 40～65℃。由于小区原有的建筑物已有按锅炉供暖设计的采暖设施，改用地热供暖后用第一级的参数比较符合原来的设计，新增的建筑物原来没有供暖设施，因此可按第二级的参数设计配置散热器。为确保大温差的实现，在二级热用户热力系统回水管上设置了回水温控阀。

地热供暖系统采用量、质混合调节方式，量调由调速循环泵控制，质调由锅炉升温控制。专用的地热井口装置允许井管伸缩，设有专用泵座可方便地互换使用大、小泵，为减缓地热水对井口的腐蚀，可采用氮气隔氧措施，另外还留有动态水位自动监测口。井泵选用耐温100℃的潜水电泵，井口设置易于排气且能防腐的除砂器。

考虑到冷热流体流量的差异，采用了不等截面板式换热器，使流量大的介质流经宽流道，流量小的介质流经窄流道，这种形式的换热器在单流程的情况下，可使冷热介质在板间的流速比较接近，换热能力提高，从而减少换热面积，节省投资。同时，单流程单侧连接有利于安装、调试和维修。经计算，共选用四台换热器，每两台换热器串联成一组，两组并联安装。

室内供暖第一级按单管系统设计；第二级按双管系统设计，采用温控阀控制回水温度。供热系统的基本功能是维持建筑物内部环境的稳定。在整个供暖季节，室外温度随机变动，室内外温差及相应的热耗必然有较大幅度的变化，这种变化要求系统的工况适应变化的需要，实现供暖系统的动态平衡。

通常，变频调速器都装在地热井口系统上。鉴于地热供暖处于连续运行工况，地热负荷不会在短时间内大起大落，地热井的流量以满负荷或固定某一负荷运行为优，因此将变频调速器安装在循环水系统中。根据回水温度控制阀可调节和恒定回水温度的特性，流经某组室内散热器的循环水量是和室外温度相关联的。当室外温度降低时，流量增大；当室外温度升高时，流量减小。因此，供暖系统宏观的表现，必然反映在循环水泵泵前压力的高低波动。应用这一波动压力作为变频调速器的控制变量，循环泵流量将在自动式温控阀的配合下，实现供暖系统的动态流量控制。

2. 地热直接供暖系统

地热直接供暖系统是指来自地热井的地热水经由传输分配系统直接送往用户的供暖系统，供暖后的尾水综合利用或回灌。由于多数地热水对金属有腐蚀性，因而供暖系统必须采用装有钛板板式换热器的间接供暖系统，导致整体系统管路繁杂化，增加了初投资和运行维修费用。通常，地热用户会要求设计部门尽可能地按直接供暖方式设计或者自行将热供暖地热水直接接入原有的供暖系统和设备，排水综合利用或废弃。图5-14为地热直接供暖系统。

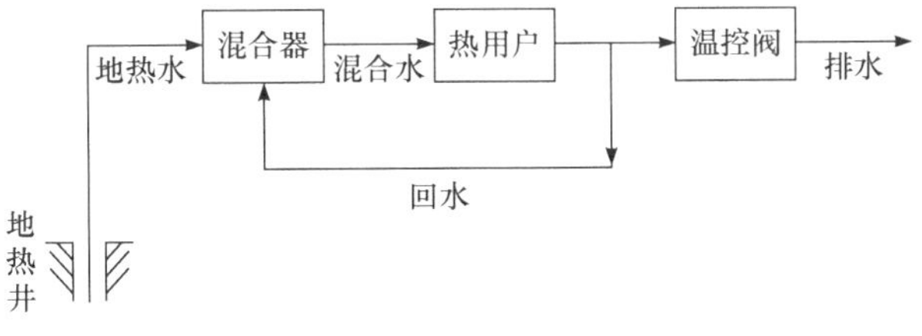

图5-14 地热直接供暖系统

地热直接供暖系统由下列几部分组成：①地热井口系统，包括地热生产井、井泵、井口装置和动态监测仪表，根据水中含砂情况，有的井口系统还配有除砂器；②流体输送分配系统，包括地热流体的输送管道和配套的附属设施，它将地热水从地热井输送到用户系统并分配给各个热用户；③用户系统，用户内部的供暖设备；④排放系统，供暖后的地热尾气，综合利用后地面排放或通过回灌井回灌地下；⑤调峰或备用设施。

地热直接供暖系统常采用井泵直流供暖方式，它有如下特点：①整个供暖期内管网供水温度基本恒定；②供暖回水不循环使用，地热水供暖后排放或综合利用，排放水量等于地热井供水量；③系统为开放式，井泵承担全部流动阻力和位能损失，需要较大扬程；④由于系统不用换热设备，与间接供暖系统相比投资较低，也避免了因换热温差带来的不可逆能量损失；⑤对水质有一定要求，经水质分析及水型判断，若该地热水属于腐蚀型水，则不宜采用直接供热系统，否则腐蚀问题会严重影响系统的可靠性和寿命，增加维修工作量和费用。

为使区域供暖系统符合设计要求且稳定供暖，供热调节是一项非常重要而且必需的技术设施。目前，区域供暖中常用的供热调节方式有质调节、量调节、分阶段变流量式质调节和间歇调节四种。

（1）质调节：只需在热源处改变供水温度，运行管理方便，管网热水流量保持不变，水力工况稳定，但消耗电能较多。

（2）量调节：只改变热网热水流量，供水温度保持恒定。采用量调节时，随着室外温度的升高，管网的热水流量必将减少，从而容易产生水力失调，导致热力失调。这种调节方式一般可作为质调节的一种辅助方式。

（3）分阶段变流量式质调节：是在供暖期中按室外温度分成几个阶段，分别进行分阶段质调节。在室外温度较低的严寒阶段，系统中保持较大的流量；而在室外温度较高的供暖初末阶段，则保持较小的流量。每一阶段中循环水量保持不变，可以减少循环泵运行电耗。

（4）间歇调节：即改变每天供暖小时数，可以在室外温度较高的供暖初期和末期，作为一种辅助的供热调节措施。当采用间隙调节时，管网流量和供水温度均保持不变，供暖系统每天供暖小时数随室外温度的升高而减少。

地热供暖的地热水温基本恒定，对于有调峰设备的地热直接供暖系统，在供暖调峰期可以通过改变调峰设备供热量来改变管网供水温度，实现质调节；对于无调峰的地热直接供暖系统或有调峰系统的无调峰阶段，则可以通过调节地热水量来改变供暖系统的供热量。目前多数地热直接供暖系统都属于无调峰的地热井泵直流供暖系统，然而这种系统由于井泵供水量的变化会引起管网流量的变化。因此，这种调节方式很容易导致水力失调，最终导致热力失调。

为了在供热调节时使系统的水力工况稳定，可以采用让部分供暖排水返回，并将其与地热水相混合，混合后由循环泵供给用户系统，以保证管网流量的恒定。当室外气温升高时，适当减少地热水量增加回水量，管网供水温度就可以降低，而循环水量保持不变。反之，当室外气温降低时，可通过增加地热水量减少回水量使混合后的供水温度提高，而循环水量仍保持不变。这样，通过改变地热水量与回水量的混合比来改变管网供水温度，可以保证管网流量恒定，从而既实现地热直接供暖系统的调节，也使系统水力工况稳定。

调节地热水量的方法主要有间歇运行法、井口回流法、节流法和井泵调速法四种。

（1）间歇运行法：是利用储水箱使井泵间歇运行来调节地热水量。由于井泵间歇运行，时停时开，会使井泵产生比较严重的振动负荷，导致井泵损坏，缩短使用寿命。同时，储水箱的存在，会使箱中地热水因接触空气而增加溶氧量，加剧系统的腐蚀。

（2）井口回流法：是将泵出的地热水一部分回流至井内，以调节地热井向外界的实际供水量。这种方法虽然可以节约地热水，但地热井泵却始终处于满负荷工作状态，既不节电，也不利于管网压力的稳定，有时还会造成井内设施的损伤。

（3）节流法：是用阀门来调节水泵的出水量。这种方法实质上是通过改变管路特性曲线来调节流量。根据井泵的特性，阀门节流后，出水量减少，泵的工作点沿特性曲线偏移，扬程有不同程度的提高。因此，节流法的特点就是简单地通过外加的摩擦阻力消耗这部分过剩扬程，因井泵工况点离开了额定工况点也将导致井泵效率降低。可见，节流法虽然简便，却增加了不可逆损失，浪费了能量。流量变化越大，浪费也就越严重。若是在井口直接采用这种方法，水泵一直处于满载，还容易损坏井泵。因此，一般不提倡采用这种调节方法。

（4）井泵调速法：是采用调节井泵转速的办法来调节地热水流量。这种调节方法能减少或消除节流产生的剩余扬程，降低井泵耗电。这是因为井泵调速后，根据相似理论可得到一组密集的特性曲线，这组井泵特性曲线与管路性能曲线的交点就是井泵变速后的一系列工况点。当水量变化时，改变井泵转速，并配以适当的恒压控制方式，泵工作点就可沿系统管路特性曲线移动而无剩余扬程。值得注意的是，井泵工作扬程下降，井泵转速随之下降，由流体机械相似理论中的比例定律可知，泵的高效率区会发生相应改变，井泵仍处于高效区运行，因而减少了井泵的电耗。可见，井泵调速法在节水的同时可以降低井泵输出功率，减少井泵电耗，是节水节电、延长井泵寿命的地热水调速方法，现已普遍应用。

井泵调速方法有多种，如变极调速、变频调速、无换向器电机调速、闸流管串级调速、绕线型异步电动机转子串电阻调速、液力耦合器调速、电磁离合器调速以及定子降压调速等。其中，变频调速是一种高效无级调速方法，它通过改变井泵的电机电源供电频率达到井泵变速运行的目的。变频调速的优点是被调速的电机具有优良的变速运转性能，可实现无级调速，工况点稳定，节能效果好，而且整套设备安装使用方便，占地小，可以达到节水节电减少能源浪费的目的，因而受到广大用户的重视和采纳。

3. 低温地热辐射采暖

辐射采暖是一种利用建筑物内部的地面、顶面、墙面或其他表面进行供暖的系统。供暖的散热设备实际上就是埋设在地板或其他表面内的管道，地热水在管内通过，热量经管壁传出加热地板，产生对室内空间的辐射，这就是地板辐射供暖[20]。在辐射供暖系统的总传热量中，辐射传热量的比例通常占 50%以上，所以习惯上将这种系统称为辐射供暖。由于辐射供暖的卫生条件和舒适标准都比较高，早在 20 世纪 30 年代，国外有些高级住宅就已经开始采用。近几十年来，由于埋管管材的不断发展，应用范围逐渐扩大，几乎各类建筑物都有采用地板辐射供暖的实例，效果也比较满意。地板辐射采暖需用低温热源，这也为降低地热排水温度创造了条件[21]。

早期的地板埋管均用钢管，尽管传热性能好，但容易结垢，抗腐蚀能力差，施工困难，且损坏后无法更换。20 世纪 70 年代以来，随着塑料工业的发展，许多国家用塑料埋管代替金属埋管，并取得成功。由于地板辐射供暖的埋管长期埋在地板中，必须选择良好材质才能保证其长期稳定性能。

低温地板辐射供暖就是在地板下敷设供暖管道，并通以热媒（45～55℃）来加热地板，再由地板向室内放出热量的一种供暖方式。它具有以下特点：

1） 降低室内设计温度1～3℃会达到同样的舒适效果

采用低温地板辐射供暖的最大特点是舒适。它与采用以对流散热为主的散热器供暖房间相比较，其室内温度分布均匀，地面的有效温度高，上部的空气温度低，室温比较稳定，无效热损失少，创造了专门的微气候条件。更重要的是，它具有辐射照度和温度效应的双重作用，造成符合人体要求的热环境，从而产生最佳的舒适效果；其次是辐射热在人的脚部较强、头部温和，这也符合人体足部血液循环较差、头部温度较高的生理学调节特点，给人以脚热头凉之感，使人感觉更舒适。研究指出，人体的舒适度取决于室内平均辐射温度（MRT）。当采用地板辐射采暖时，由于室内围护结构内表面温度的提高，其平均辐射温度也要加大，一般MRT比室温高1～3℃。因此，室内设计温度降低1～3℃仍可达到同样的舒适效果。

2）节能

在各国能源消耗行业中，建筑业占很大比例。例如，美国建筑能耗占全国一次能源的35%，日本占一次能源的19%，我国占25%～30%。因此，各国都把建筑节能问题放在重要位置。在建筑能耗中，供暖能耗是大户，占全国总能耗的9%，是建筑能耗的30%左右。低温地板辐射供暖系统，不仅改善室内环境条件，同时与对流供暖系统相比可节能25%左右，它包括辐射节能、控制节能和材料节能三部分。

（1）辐射节能。辐射换热是人与环境交换能量的一种重要形式。从理论上讲，采用辐射供暖可以提高室内空气温度，实现节能的目的。通过有关资料论述和工程实测得知，在建立同样舒适的前提下，低温地板辐射供暖的房间设计温度可比对流采暖的设计温度低2～3℃，可节省采暖能耗。

（2）控制节能。地板辐射供暖系统中的各环路是相互独立的，人们可以根据自己的实际需要调节室温，为供暖系统充分有效地节能和安全可靠地运行提供保障，达到控制不必要能耗的节能效果。

（3）材料节能。低温地板辐射供暖系统的加热管采用非金属管，造价占采暖系统的1/2左右，它不仅有防腐、避免结垢等优点，其节能效果更为显著。根据统计，室内设计温度每降低1℃可节约燃料6%～7%，当室温降低1～3℃时，节约燃料可达6%～18%。

3）不破坏和不占用室内空间

采用常规的散热器供暖，无论选用何种形式的散热器，都要占用一定的房间面积和空间。采用低温地板辐射供暖系统，没有地面散热器，也没有连接散热器的水平支管，不仅节省了房间面积与空间，还使室内更加美观和便于布置家具。

4）便于单户热计量

按北欧经验，用热计量收取热费代替按面积收取热费的方法，可以节约能源20%～30%。我国常规采暖系统的改造、增设控制及调节仪表和热量表的费用较高，工程量较大，很难实现。即使是新建住宅，采用水平串联形式等分户控制和计量时，不仅有投资方面的问题，而且室内水平管道数量增加，布置上难度也很大。采用地板辐射采暖时，由于单户自成系统，只要在分配器处加装热计量装置，即可实现单户热计量。

5）以塑代钢，节约金属材料，符合建材发展

地板辐射供暖是一种卫生条件和舒适度都十分理想的供暖方式。由于低温地板辐射供

暖方式应用于地热供热系统可提高地热利用率，可以塑代钢防止地热水对系统的腐蚀，所以，地板辐射供暖系统在地热供暖领域有广阔的应用前景。

对于已有的建筑物，要采用或改用地板辐射供暖系统会有一定困难，因为加热管要敷设于地板内，不但增加地板的厚度，影响层高和门的开启，同时也增加了建筑物的承重。所以地板辐射供暖系统只适合于新建的建筑物，它可以从设计一开始就全面考虑这些技术上的问题，使建筑物完全适合这种供暖系统。

4. 地热热风供暖

热风供暖适用于热耗量大的建筑物、间歇使用的房间和有防水防爆要求的车间。热风供暖是比较经济的供暖方式之一，具有热惰性小、升温快、设备简单、投资小等优点。

我国现有的地热供暖系统多数采用普通的自然对流散热器。实践证明，这类散热设备体积大，传热效率低，往往达不到理想的利用温降，使有些地热供暖系统排放的地热水温高达 45～50℃，让许多尚可利用的热量白白地浪费掉。美国、法国、新西兰等地热资源比较丰富的国家，采用地热供暖的机械循环热风系统十分普遍，使热风供暖的特点在地热供暖系统中得到了充分发挥[22]。

地热热风供暖系统包括水系统和风系统两大部分。

（1）水系统。地热水系统通常包括直接式和间接式两种形式。直接式系统比较简单，投资也小，但供暖系统受地热水的腐蚀比较严重，特别是腐蚀性较强的地热水。为此，通常需采用钛板板式换热器将地热水与供暖系统循环水分开，也就是间接供热系统。

（2）风系统。地热风系统部分一般可分为集中式和分散式两种形式。集中式系统是将空气集中加热到一定参数，然后输送到供暖房间承担热负荷。分散式系统是在各供暖房间内分别独立地加热空气进行供暖，其供暖设备通常是暖风机或风机盘管。分散式系统灵活方便，适用范围广，尤其是暖风机系统。它既可用于一般公用建筑、工业厂房的供暖，又适用于农业温室以及畜禽舍的供暖。

暖风机设备主要由轴流风机和加热盘管构成。风机与加热盘管的组合有两种形式：鼓风式和引风式。引风式的优点是翅片管束内风速分布均匀，传热效果好，缺点是电机散热差，功率消耗略大。由于低温地热热风供暖送风温度较低，因此一般采用引风式比较合理。

5. 地热生活热水供应

生活热水是人们生活中不可缺少的部分，一般来说，宾馆、公寓、大学、中学、餐馆、医院、疗养院、幼儿园等建筑物的生活热水需要量较大，办公楼、商场、剧院、小学等建筑物的生活热水需要量较小。由于受能源的制约，我国大多数建筑物还缺乏常年的热水供应，一般宾馆也不能保证每天 24 h 都有热水供应。

能源是发展国民经济和提高人民生活水平的重要基础，人均生活能源占有量是体现一个国家人民生活质量的重要指标。生活热水供应就是这种生活质量指标的重要组成部分。地热供暖的尾水，其温度正适合生活热水的需要，供应量又大，也不需要消耗常规燃料，因此是地热综合利用重要而有意义的内容（图 5-15）。例如，一眼地热井，水量 $100\,m^3 \cdot h^{-1}$，水温为 75℃，供暖后的排水温度为 45℃。如果将这部分排水再用作生活热水，那么可以节省多少煤？假设冬季自来水温度为 5℃，用燃煤锅炉将 100 $m^3 \cdot h^{-1}$ 的 5℃冷水加热成 45℃热水，煤的发热量按 5000 $kcal \cdot kg^{-1}$ 计，锅炉效率按 70%计，一个采暖季（135 天）这些地热排水都用来供应生活热水，可以节约的燃煤量为

$$\frac{100\times10^3\times(45-5)\times24\times135}{5000\times1000\times0.7}=3707(t)$$

可见，节约的燃煤量是相当可观的。其实，从供暖的温差（75℃–45℃= 30℃）和生活热水加热的温差（45℃–5℃= 40℃）相比就可以看出，地热供暖的尾水利用十分重要。

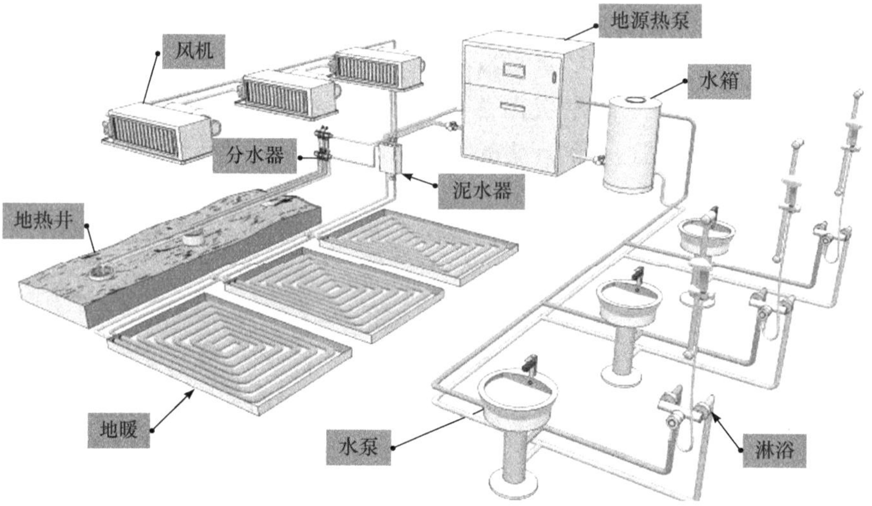

图 5-15　地热热水供应

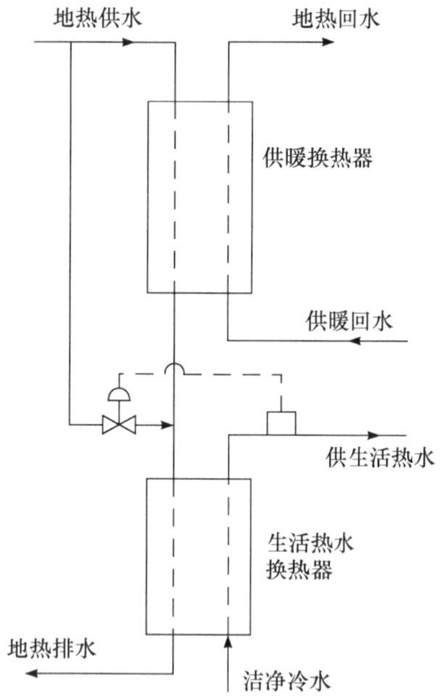

图 5-16　生活热水间接供应系统示意图

地热生活热水供应系统也可分为直接供应系统和间接供应系统两种类型。

（1）直接供应系统。对于腐蚀性较轻的地热水，无论是直接供暖系统还是间接供暖系统，其采暖后的地热尾水可直接泵入生活热水储水罐，再输送到需用热水的场合。用户不但可以得到廉价的热水供应，还能享受到水中有益矿物成分的温泉浴。这种系统简单经济，很受用户欢迎。然而，多数地热水对金属是有腐蚀性的，生活热水供应系统必须改用非金属材料制造的管道、储水罐、管道配件、水龙头、洗浴喷头等设施，既满足要求，又耐腐蚀，投资也不高。

（2）间接供应系统。对于某些不采用非金属材料又对生活热水水质要求甚高的建筑物，就要采用热水间接供应系统，此时需增加一台生活热水换热器，用供暖后的地热排水来加热洁净的冷水，使之达到生活热水需要的水温，然后送入储水罐再分别输送到用户。图 5-16 为生活热水间接供应系统示意图。

在某些情况下，供暖用热交换器的地热水流量较小，不能将生活热水加热到所需的温度，在这种情况下，需要在地热水供水管与生活热水换热器之间连接一根旁通管路，或将旁通管接到热水储罐上，以提高生活热水换热器的地热水入口温度，从而使生活热水温度达到使用要求。

5.3.3 地热务农

地热在农业中的应用范围十分广阔，利用地热能可以为农业温室供暖，与此同时，地热水中富含的矿物质元素还可以为生物提供所需的养分，地热能源还可以用于种植经济型的瓜果类、菜类、食用菌、花卉等。

1. 地热温室大棚

温室是我国北方寒冷地区冬季蔬菜育苗、生长发育的必备场所，是人类在建筑场所内控制和模拟自然气候从事植物栽培的一种高级园艺设施，按照栽培使用季节可以划分为两大类——冬季温室和春季温室。前者多为加温温室，后者多为不加温或短期加温温室。近年来，温室已经突破了园艺领域，开始比较广泛地应用于农、林、牧、副、渔等产业的科学研究方面。随着基础工业的发展和生产体制的变革，温室的结构、材料、形式也在不断地发展和进化。

温室的初投资和运行费用很大，其中能源消耗是一笔很大的支出。近年来，常规能源价格不断攀升，使大量结构简易、保温性能差的温室出现了燃料费远大于生产总收入的亏损局面。而地热在农业中的应用范围十分广泛，如利用温度适宜的地热水灌溉农田，可使农作物早熟增产；利用地热水养鱼；利用地热建造温室，育秧、种菜和养花；利用地热给沼气池增温，提高沼气的产量等。我国很多地区地热资源丰富，地热能是一种十分经济的能源，可将其用于建造地热温室，地热温室的最大优点是比较经济，其初投资不依赖于供热的热量，运行费用小。

2. 地热养殖

利用地热水进行水产养殖，可以解决鱼、虾类等名贵水产的亲本保种、种苗早繁以及冬季养殖问题。与天然水相比，利用地热水冬季养殖是一种省能源、易掌握的有效途径。特别对于高纬度寒冷地区水产的养殖、越冬来说，提高和稳定水温是至关重要的。近几年来，华北地区在利用地热水进行罗非鱼以及对虾、罗氏沼虾的亲本保种、苗种越冬，均取得了可喜的进展。地热养殖在保护不耐低温的亲鱼和鱼种安全过冬，提早产卵和孵化方面更显示出它的优越性。

3. 地热孵化

随着地热能源的开发，地热孵化悄然兴起。对于家禽孵化，温度和翻蛋时间起决定作用。地热孵化与其他人工孵化相比，改变了热源，取消了箱内鼓风，整个孵化过程有所创新，地热孵化主要的几个技术环节是水温水量、孵化前试水试温、升温入孵、节流调温、水盘散湿、定时不定位翻蛋、落盘更温和照蛋胚检。

随着家禽业的发展和农场规模的不断扩大，大型孵化机的需求量日益增加。目前我国投入使用的万枚孵化机均以电为能源，这不仅能耗大，而且不利于广大农村和边远地区使用。近年来，由于能源紧缺状况加剧和地热资源的开发利用，以地热为热源的孵化机日益受到人们的重视，电孵化和地热孵化的原理都是利用加热器提供孵化机内需要的温度，保持鸡蛋在最适宜孵化的环境温度（37.8℃），胚蛋在此温度下经过21天孵化发育成为雏鸡。

与电孵化相比，地热孵化有以下优点：①节能电力，合理利用了低品位能源；②减少了采用电加热器加热时对胚蛋热辐射的影响；③地热水水温较低（一般在50～80℃），孵化机内的温度较易控制。

1980年以来，福建省农业科学院地热农业利用研究所从事地热孵化机的研究工作，并先后成功研制了D-801型半自动和D-802型全自动孵化机，但是蛋容量较小，只有1600枚。1982年起，天津市宝坻县里自沽农场进行了万枚地热孵化机的研究工作，试制出DF822和DF23型地热孵化机，蛋容量可达12672枚，但它存在自动化程度低、能耗高、温度不均匀等缺点。1990年起，里自沽农场与天津大学地热研究培训中心合作，承担了国家科技委员会“七五”攻关课题在原有孵化机的基础上研制出新一代万枚地热孵化机。于1993年通过了国家技术鉴定，此新型万枚孵化机达到了以下指标：改进了原有孵化机的加热系统，采用了紧凑高效的散热器；改进了排列方式，使孵化机内温度场分布均匀，上下部最大温差不超过0.3℃，降低了热耗和能耗；增加了孵化机内的温度自动控制、报警和自动加温系统；研制了自动翻蛋系统，提高了自动化程度。

4. 地热干燥

地热干燥是地热能利用的重要项目。它是利用中低温地热水中的高焓部分经过换热器产生热风，对不同物料进行脱水干燥，干燥后的尾水还可进行其他项目的综合利用。地热干燥在地热资源丰富的国家，如美国、日本、冰岛和匈牙利等国早已开展，并已达到较高水平。美国夏威夷州的社会地热技术计划第一阶段（1986～1987年）有两项地热干燥项目：果品干燥和木材干燥。用于果品干燥的装置为一地热能干燥室，该室尺寸为5.5 m×1.2 m×1.8 m。由地热蒸汽盘管加热的空气靠七台风机在干燥室中充分循环，保证料盘上的果品均匀干燥，并有一台备用的电加热器。该干燥室可容纳三部装满片状果品料盘的“车轮式”手推车。果品干燥温度约为49℃。用于木材干燥的装置为一座地热干燥窑炉，被干燥的木料为相思树木板，木板干燥周期从自然空气干燥需一年缩短到1～2个月。在美国内华达州布雷迪温泉地区，设有一座利用地热能的蔬菜脱水加工厂，用被地热水加热的空气作干燥流体，进行洋葱、芹菜和胡萝卜等蔬菜的脱水。另外，在冰岛还将地热用于硅藻土干燥，在日本用地热水干燥香菇，匈牙利则通过地热水加热空气进行农副产品脱水等。国外地热干量所用的地热流体温度大多在10℃以上。

我国最早的地热干燥装置是1979年在广东省丰顺县利用82℃的地热水建成的面积为37 m^2的地热烘干和催芽两用室。我国地热干燥利用具有以下特点：

（1）地热干燥的地热流体温度多在100℃以下。有的干燥装置可利用60～70℃的地热水作为热源进行干燥，这在国外尚未见报道，为低温地热能用于干燥开辟了新的途径。

（2）地热干燥利用大多与地热综合梯级利用相结合，使地热流体的“高温”段得到充分合理的利用，提高了单井的能源利用率，同时提高了单井地热利用的经济效益。

（3）多功能地热干燥装置和多能互补的地热干燥装置是我国地热干燥的又一特点。由于一套装置多种用途，全年利用提高了装置的利用率，增加了经济效益。由于采用多能互补，使低热焓的新能源叠加，进行高热焓的干燥利用，提高了能源品位。

从节能角度出发，地热干燥应作为地热综合梯级利用的一部分[17-18]。我国大部分地热资源都在农村，因此大规模的地热采暖只能在少数城镇实现。在广大农村还是以地热种植和地热养殖为主，这两项利用对地热水的温度要求不高，容易将高焓地热水当作低焓地热水来使用；同时，种植业和养殖业存在生产周期长、经济效益不稳定等问题。地热干燥需要地热水中的高焓部分，属于加工业，生产周期短，经济效益较稳定。所以，将地热干燥和其他地热利用结合起来，使各项目互补，地热能利用更合理，从而提高了地热综合利用的总体经济效益。

5.3.4　地热行医

地热在医疗领域的应用有诱人的前景，热矿水就被视为一种宝贵的资源，世界各国都很珍惜。由于地热水从很深的地下提取到地面，除温度较高外，常含有一些特殊的化学元素，从而使它具有一定的医疗效果。

随着人民生活水平的不断提高，温泉治疗或疗养已成为常用的保健资源。地热浴疗利用热水中的化学成分、矿物质和热水的温度来刺激人体，加快血液循环，促进新陈代谢，提高人的抵抗能力和免疫力。对关节炎、风湿病和部分妇科病都有明显的疗效，有效率达80%以上。含碳酸的地热水可平衡胃中的酸碱度，治疗胃病；含铁的矿泉水可治疗贫血；硫化氢泉可治疗皮肤病等。我国利用地热治疗疾病的历史悠久，如黑龙江五大连池利用含硫的温泉和沸泥等治疗皮肤病、关节炎等。

5.4　地热资源开采中的主要问题及解决方法

腐蚀和结垢是地热开发利用中比较普遍存在的问题，特别是地热水对金属的腐蚀。地热水中普遍含有多种腐蚀成分，在与空气接触后更加剧对金属的腐蚀，使金属设备和管道的使用寿命缩短，维修工作量增加，严重影响地热系统正常运行和经济性。中低温地热系统水温低，焓值小，可以利用的能量不多，而开发的投资相对较大，如果系统不能较好地解决设备的使用寿命问题，就会出现发展受阻的不利局面。

为了有效地解决地热利用系统的防腐、防垢问题，使设备得以长期地使用，现代地热工程都十分重视防腐、防结垢工作的设计。要求地热工程规划设计前，必须掌握确切的水质分析资料进行必要的调查研究，确定防腐、防垢的必要性，然后正确选材，采取包括回灌在内的各种有效措施，加强地热技术人员与管理人员的培训，以期最大限度地解决由于地热系统腐蚀和结垢带来的问题。

5.4.1　地热腐蚀

埋入地下的井管和套管，由于施工技术、设备选材以及井的深度、温度、水质、土壤等条件的不同以及生产工况条件的差异，不同地热井的腐蚀情况（包括腐蚀速度和腐蚀形态）也各不相同。有的因土壤的侵蚀性造成管外壁严重腐蚀。对于没有套管保护的井，井管因内外部腐蚀、穿孔和腐蚀报废的可能性更大。

井口装置的主要设备有泵、电机，其关键部件是阀门。这些部件和设备长期处于工作状态，最易被腐蚀。地热水的输送，大量使用的是普通碳钢管。有些地热井部分使用了非金属管，如塑料管、水泥管、石棉管等。但由于塑料耐温性能差，除部分改性塑料外，大部分只能用于低温热水的输送。

在地热系统的设计中，腐蚀控制与合理选材同等重要，设计与选材是相互影响的。地热系统的防腐措施针对不同情况会采取不同的措施。设计地热系统时，一般应伴随防腐工程设计。选择防腐措施有两条重要原则：一是简便可行，使用寿命长；二是成本低，经济性好。

低温地热利用系统中存在三种基本的腐蚀工程设计方案：①整个系统采用耐腐蚀材料；②将地热系统密封，不让氧（空气）进入，或在系统中加除氧剂（如亚硫酸盐）除去氧，使整个系统都采用碳钢并达到防腐的目的；③采用在系统中安装热交换器的办法，使地热流体将热量传给洁净的无腐蚀性的循环水而不直接进入系统。这样，与地热水直接接触的部件将减到最少，这就为系统采用耐蚀材料来制作这些部件创造了条件。

采用第一种方案可以得到一个非常可靠的地热系统，并且几乎不需要维修，但是费用很高，而且市场上生产的许多地热设备并不是用所要求的材料制成的。如果整个系统采用非金属材料制造（除换热设备和采暖用的散热器外），那么造价有可能降低，但是系统的承压将受地热水温度的限制。国内已在 92℃以下的地热系统做过采用非金属（改性聚丙烯）管材的工程试验，结果是满意的。

对于区域性地热供热系统，如果它具有较多的设备和输送管道，并且有氧气（空气）进入的潜在可能性，则可考虑采用第二种方案。因为这时地热水可用连续加入过量亚硫酸盐作为除氧剂来进行缓蚀。采用这种措施后，如果 $pH>8$，可用碳钢来制作换热设备。冰岛已成功地将这种方案用于城市供热系统。采用这种方案时，系统密封是关键。系统设计中必须尽量减少氧的进入，以降低亚硫酸盐的用量，尽量少用非密闭的通大气的罐。

除氧剂的主要品种有亚硫酸钠、水合肼、二甲基酮肟（DMKO）、异抗坏血酸盐、乙醛肟、碳酰肼、氢醌、吗啉、二乙基羟胺（DEHA）和二乙氨基乙醇（DEAE）等。水合肼曾是高温热水回路中的有效除氧剂和钝化剂，但由于其致癌性，用量已大幅下降。DEHA 作为除氧剂可替代水合肼，毒性比水合肼小，成本差不多。美国 Drew 公司新开发了一种挥发性除氧剂 MIKORr，可替代目前的水合肼。

但是第二种方案存在较大的缺点：首先，亚硫酸盐添加设备比较复杂，而且需要仔细操作和维修；其次，如果亚硫酸盐添加设备故障或添加剂不够，则碳钢换热器可能迅速破坏；最后，由于亚硫酸盐添加设备比较复杂，所以对较小的系统可能并不经济。

在井口设置氮气保护装置，让氮气始终充满地热井水位以上的空间，使氧气（空气）无法进入，也是有效的密封和防腐办法。但是这种方法必须让系统的所有地方都处于良好的密封状态，不然，仅有地热井的隔氧是不够的。

第三种方案是通过热交换器传递热量而使暴露在地热水中的部件种类和数量减到最少。这种方案对所有大小的地热系统都具有许多优点。首先，这种系统操作简单，因而比第二种方案可靠；其次，整个系统只在换热器之前需要少数耐地热水腐蚀的部件和设备，并且设计一个对除氧要求并不那么严格的系统也比较容易；最后，对地热系统来说，即使经过慎重的选材，地热加热系统的维修工作仍然比换热后的普通洁净水系统要多。尽量减少与地热水接触的部件和数量，可进一步降低维修费用。

除了上述三种防腐方案以外，还可采用对非传热的金属表面涂敷防腐涂料的办法及针对不同类型的局部腐蚀采取相应的防腐措施。涂敷防腐材料，虽然简易可行，效果也还可以，但其经济性取决于涂料的成分、涂敷工艺及使用寿命，应用范围也有限制。例如，金属表面处理不净或未加处理，涂料就容易脱落。对于有些设备如水管的内壁，涂敷工艺比较复杂，一般不易处理。例如，对电偶腐蚀，设计选材时应尽量避免异种金属相互接触，或选用腐蚀电位相近的金属；在设备的结构上，切忌造成大阴极小阳极的不利面积比；对缝隙腐蚀，设计时应尽量减少缝隙形成的积液死角区，垫圈采用不吸湿的材料，如橡胶、聚四氟乙烯等。但是上述两种方法除局部应用外，都不能全面解决整个地热系统的防腐问题。

5.4.2　地热结垢

地热水的结垢因水质而异。地热水一般都有较高的矿化度，随着地热流体的开发，压力降低，饱和度也随之下降。一旦这些溶解在地热流体中的溶解物如碳酸钙等超过饱和度，即处于过饱和状态，在一定的物理条件下，它们就会自地热流体中析出并附着在设备或管道的表面上，成为碳酸钙垢、硅酸盐垢等不同形式的垢。如果地热流体输送管道表面结垢，并逐渐增厚，不但会使系统阻力增加，泵的输送功率增大，严重时甚至堵塞管道，造成系统停运或破坏。若换热设备传热面结垢，换热器的传热系数就要下降，换热能力削弱，使系统达不到原设计的热负荷。

水温较低的地热井，结垢严重的较少，一般不结垢。水温较高矿化度也高的地热井，特别是水温接近或超过当地水的沸点时，结垢现象比较严重，有的还会成为整个系统能否持久稳定运行的关键问题。

地热流体的成垢主要是由于平衡遭到破坏。在地热流体被开发以前，它在地下热储和岩层中处于一种热化学平衡状态。当钻井开发时，地热流体沿井管向上运移，温度和压力随之发生变化，从而影响地热流体中各种矿物的溶解度。随着温度的降低，二氧化硅和金属硫化物的溶解度降低，当达到其饱和值时，多余的溶解物就可能析出成垢。随着地热流体压力的下降，流体本身的状态也发生变化：一方面由于流体的饱和温度随压力的下降而降低，使一部分饱和液体沸腾，于是水中的离子浓度逐渐上升，固体物质的溶解度下降；另一方面，随着流体压力的下降，原来溶解在地热流体中的部分气体开始逸出，使流体的值发生变化，从而也影响硫化物、碳酸盐等矿物质的溶解度。所以，随着地热流体的开发，其原有的化学平衡被破坏，固体物质的溶解度下降，使原先溶于地热流体中的一些矿物质析出成垢。

近年来，国内外对地热阻垢的方法进行了不少探索，希望地热系统在结垢前就设法防止垢的形成，这样可省掉成垢后再除垢的麻烦。目前已知的地热阻垢方法有多种，且各有利弊，至今还没有找到一个既经济方便又持续有效的好方法。

1. 化学法

加化学药物处理是常见的阻垢方法之一。化学药物分为两类：一类是酸性溶液，投放到地热水中使水的 pH 降低，从而使碳酸钙不致沉淀出来，即所谓的 pH 法。但是由于生产井出水量大，用这种加酸控制值的方法是不经济的，而且会带来腐蚀问题。还有一种回注 CO_2 的方法，此法从原理上是成立的，关键是回注工艺及设备问题，目前尚无成熟的方案和经验。另一类化学阻垢剂为聚磷酸盐、磷的有机化合物和聚合物，如聚丙烯酸、聚甲基丙烯酸、聚马来酸酐。由于聚磷酸盐和磷有机化合物既是阻垢剂也是缓蚀剂，它在高温时会产生有害影响，因而聚合物得到较多的应用。

2. 增压法

增压法是采用深井泵或潜水泵输送井中地热流体，使其在系统中保持足够的压力，从而使流体的饱和温度高于实际的流体温度，这样，流体在井内始终处于未饱和状态，因而不会发生汽化现象和汽、液两相共存区域，防止了 $CaCO_3$ 在井管内壁的沉淀。

地热流体在热水型热储中以单相液态形式存在，此时，O_2 全部溶于水中。当地热流体上升时，压力逐渐降低，饱和温度下降，引起扩容分离，随之出现气相和液相。由于压力降低，水中的 CO_2 达到饱和状态并开始进入气相。在闪蒸区，大部分 CO_2 逸出，使 $CaCO_3$ 垢在闪蒸部位迅速沉积而堵塞井管。根据井压和井温，可以估计闪蒸区的部位。因此，只要将泵安装在闪蒸区以下一定的位置就可防止闪蒸发生，井管也就不会结垢。

3. 磁法阻垢

磁法阻垢技术在工业生产中已有 40 多年的应用历史，近年来逐渐在地热系统中试用。它的阻垢方法是：将一套磁法除垢装置安装在地热水的输送管道外侧，当地热水流过装有该磁化装置时被磁化处理，使垢减轻或呈疏散状，便于清洗。但是，由于地热水成分比较复杂，结构多样，再加上磁场强度、梯度等多种因素影响，因此至今对这种阻垢方法的机理还没有得到确切的结果。

4. 涂层法防垢

涂层法是选择适合的材料，如类似工程塑料的材料涂衬在管壁内，防止管壁结垢，但是这种技术比较复杂，成本较高，所以，除选用如工程塑料类材质做管道外，一般在地热工程中很少用涂衬的方法来实现阻垢。然而，用涂层法防腐蚀是比较普遍的，它在防腐的同时，有时也起阻垢的作用。

5. 载体法除垢

载体法除垢是在地热利用设备之前（距井口不远处）安装一个除垢装置，它为圆筒状的罐，内装诱垢载体（稻草等均可），用来提供析晶自由能更低的表面，使垢集中结在除垢设备中，从而使其后的地热利用设备不再结垢。一定时间后打开除垢装置，将结满水垢的诱垢载体取出，更换新的诱垢载体。采用载体法除垢必须要根据井口压力和温度计算管内压力降至何值时水垢就要析出，这样，就可以将除垢装置放置于管道的析垢适当位置，达到有效除垢的目的。

载体法除垢的原理是：根据结晶学的原理，水溶液中溶质的量大于其溶解度时，如有诱发成核因素（如水中的其他固体颗粒或器壁等），则可成核析出晶体。理论上看，何种表面上析出晶体时的自由能最低，则该处最易成垢。同时，不同的材料，其表面析出的自由能也不相同，锈蚀的表面就较新加工的表面容易成垢。在水壶中放入棉纱球，垢将优先在棉纱球上生成，就是这个道理。

载体法除垢是我国新创的一种除垢技术，国外文献尚未见到这类报道。

6. 高频电子除垢

高频电子除垢法是，水经过高频高强电场时，利用高频振荡加剧水的运动，达到消除水垢的目的。其作用原理为：一方面，当水通过电场时水被激化，改变了水及其所含各种矿物质的物理结构，原来缔合链状的大分子，断裂成单个水分子，水中溶解盐类的正、负离子（垢分子）被单个水分子包围，水中的钙、镁、盐等结垢物的针状结晶变为粒状结晶体，它们相互黏附与聚积的特性受到破坏；另一方面，经电场处理过的水，其水分子偶极矩增大，从而与盐类的正、负离子吸引力增大，器壁上原有的旧垢逐渐龟裂、疏松而自行脱落，达到除垢的效果。由于高频电子除垢技术不仅具有防垢效果而且具有清除老垢的功能，因而被广泛应用于各个相关领域。

7. 静电除垢

静电水处理技术是当今世界水工业的一门先进的新技术。其作用原理是：通过高压或低压静电场的作用，改变水分子结构或改变水分子中的电子构造，使水中所含阳离子不致趋向器壁，更不致在器壁上集聚，从而达到阻垢、除垢的目的。目前，国内外开发的静电水处理设备分为两类：一类是静电除垢器，利用高压静电场进行水处理；另一类是电子水处理器，水流经低压静电场，由于电极直接与水接触，在微电流作用下，水中大量电子被激励，从而达到处理目的。

5.4.3　其他问题

1. 井孔倾斜

成因分析：钻井人员对钻井地区的地质构造、各层段的岩性变化不清楚，因而心中无数，单纯求快而出事故或者是钻机安装质量不高，特别是天车、转盘、井口三点没有对准成直线，甚至钻机的机座不平，转盘面倾斜；也可能是由于对钻井参数执行不严或随意改变钻井参数，钻具下部结构不符合要求，钻链、扶正器受到严重磨损仍在使用；给进不均、溜钻、盲目加压、钻压表不准而无法正确使用钻压等。以上是造成井孔倾斜的主要原因。

防范措施：钻井前要严格验收钻机的安装质量，钻井时要严格执行钻井参数，选择适宜的扶正器外径，用满眼钻具钻井。要采用适宜的泥浆泵排量，使正常情况下，刮刀井段上返速度为 1～1.2 $m \cdot s^{-1}$，牙轮井段上返速度为 0.6～0.8 $m \cdot s^{-1}$。泵压要保持稳定（用高泵压钻井），保证转盘转速在 100～150 $r \cdot min^{-1}$ 的范围内。钻压要适宜，不能在禁压范围内加压。还要做到给进均匀，不能突然加压或减压。对于钻压表、记录仪、测斜仪等仪表要管好用好，做到及时分析情况指导生产。

2. 井喷

成因分析：当钻进高压气、水层时，由于压力过大并侵入泥浆，引起泥浆密度急速降低，此时极易发生井喷，同时泥浆槽流量增大，泥浆池液面上升，泥浆密度和黏度下降，泵压下降，井口有外涌现象。

防范措施：应迅速提高泥浆密度，用泥浆栓、搅拌器、泥浆筛进行除气。钻遇高压气、水层前，要做好一切防喷准备工作，在均匀提高泥浆密度的同时，要加入羧基纤维素（CMC）以提高泥浆的悬浮能力。一旦发现井喷要迅速发出警报，全队紧急集合上岗；提出方钻杆，接回压阀门，打开放喷闸门，关死封井口；关闭井架灯，打开探照灯，从二层平台迅速下撤，并打开冷却水，迅速开泵循环压井。

遇到不同井喷情况时采取处理措施如下：①钻进中井喷，先上提方钻杆，停泵，控制井口；②起下钻杆时井喷，先抢装回压阀门，喷势大时，立即抢接方钻杆（带回压阀门）；③空井井喷，应抢下钻杆式防喷短节，带回压阀门，控制井口；④下套管时井喷，先接循环短节与方钻杆，关井控制循环；⑤电测时井喷，立即起电缆，喷势大时，切断电缆，强行下入钻具，控制井口；⑥下井管时井喷，应抢装井管，控制井口。

对于高温井的井喷，要切实做好预防工作。孔内泥浆温度过高（一般不应超过沸点）时，特别对浅井，地热蒸汽容易经岩层裂隙进入孔内而引起温度升高，这样，蒸汽就可能喷出井外。此时，若井口防喷器关闭，而护口管外固井不好，则蒸汽、热水会自管外喷出并包围钻机，造成井口坍塌，钻机倾斜。为了防止出现这种情况，应在钻进中随时测定泥浆指标和温度，充分利用冷却塔进行冷却，如泥浆指标出现问题或温度过高，应立即采取措施。如果发现有井喷迹象，应立即关闭防喷器，向孔内注入大量冷水以冷却蒸汽喷出层，并注入密度和黏度大的泥浆，使井喷立即停止。此外，钻具内必须安装逆止阀门，防止蒸汽沿钻具和胶管上升，否则，胶管将因高温高压而损坏。

3. 牙轮钻头落井

成因分析：密封槽位遭到腐蚀或喷嘴座端面冲蚀时，会出现钻头落井现象。

防范措施：为防止牙轮钻头落井，当钻头使用到后期，出现跳钻、蹩车、相同地层钻速显著变慢、关车后转盘有不正常倒转现象时，应考虑起钻检查。钻进中要注意观察钻压表的指针摆动，以判断钻头情况。要严格控制钻进时间，并比较同地层前几次钻头的进尺，来检查钻头可能存在的问题。操作时要均匀给进，严防顿钻、溜钻、整掉或顿掉牙轮。不合格的三牙轮钻头禁止下井。

4. 钻具粘扣

成因分析：①新接头未磨扣；②丝扣刷洗不净涂油不匀；③未按规定扭矩紧扣；④车扣光洁度不够，有毛刺和用柴油洗后没用清水冲净柴油。

防范措施：为防止钻具粘扣，加工的钻链保证质量，丝扣要磷化，钻具要带好护丝；钻链下井前丝扣要洗净，应无毛刺、无损伤，上下钻台要戴好护丝；钻链上扣前丝扣要涂专用丝扣油，上卸钻链要做到不跳扣、不磨扣、不顿扣。

5. 井漏

成因分析：由于地层疏松，开泵过猛或地层出现断裂带、溶洞时都会造成井漏。此外，渗透性地层由于泥浆相对密度过高也会引起渗透性漏失。当泥浆池液面降低泥浆量减少，或井口返出泥浆量减少甚至不返出泥浆时，就可判断有井漏出现。钻进中如果钻速突然变快，钻具放空，泵压下降，往往也是发生井漏的信号。

防范措施：针对井漏事故应采取以下相应处理措施。①渗透性漏失时，要设法提高泥浆黏度、切力，同时降低泥浆相对密度和泵的排量。②严重漏失时，可在泥浆中加入堵漏物质，如蛭石、锯末、碎麻纤维、黏土块等并注入胶质水泥，将石乳配成相对密度为 1.35～1.40 和相对密度为 1.20～1.25 的新泥浆，其配比为 1∶1、1∶2、2∶1。然后加入烧碱水和水玻璃，使其具有一定的流动性，注入漏失层封堵其裂缝。

有时还会碰到上涌下漏等更复杂的情况。此时主要是用套管或其他措施先将上涌的地层隔开，然后采用清水钻进的方式。

6. 钻具淤塞孔内

因泥浆快速漏失会造成钻具淤塞，此时可注入润滑油，即将重油或其他高黏度油注入钻具被淤塞处，以使其松动，当钻具被油浸泡 8～21 h 且已松动后，可以一次提出来，也可用冲击器或回转活环打捞器打捞钻具；还可用卸扣工具卸开淤塞位置钻具的丝扣以提出上部的钻具，若卸开困难，可用钻杆爆破制断器切断。

文献导读

1. 地热能储层建模的最新进展

地热资源的可持续利用与准确评估与能量注入/提取的地热反应密切相关。在此背景下，从水库能源需求的平衡出发，计算优化策略和规模方法。因此，准确地模拟地下换热器的热力学行为对地热储层的优化设计至关重要。本文介绍了地热系统的数值模拟方法，作为地热发电厂规模和设计的框架。此外，还概述了用于热提取目的的地热储层建模的关键综述。讨论了用于模拟和描述地热井、地热储层和地热能桩换热过程的有限元法、有限差分法、有限体积法等不同数值方法。此外，在油藏模拟的局限性概述中，提出了综合分析的一般方法学观点。讨论了影响地热换热器排热性能的管径、管距、管材、管长、井深等参数的研究进展。

【参考文献】Zayed M E, Shboul B, Yin H M, et al. 2023. Recent advances in geothermal energy reservoirs modeling: Challenges and potential of thermo-fluid integrated models for reservoir heat extraction and geothermal energy piles design[J]. Journal of Energy Storage, 62: 106835.

2. 地热能开发中的相平衡研究

地热能已成为储量大、环境友好的新兴资源，在当前能源转型进程中发挥越来越重要的作用。本文建立了考虑氢键对多组分流体相平衡状态影响的热力学一致性 NVT 闪速模型，解决了水作为主要工作流体的特殊热力学特性带来的挑战。为了给行业提供切实可行的建议，研究人员对相平衡状态的一些可能影响进行了研究，包括氢键、环境温度和流体成分。计算得到的相稳定性和相分裂结果可以为建立多组分多相流模型提供热力学基础，也有助于优化发展过程以控制相变，具有多种工程用途。

【参考文献】Zhang T, Gong L, Sun S Y, et al. 2023. Phase equilibrium studies in the geothermal energy development: the effect of hydrogen bond on the multi-component fluid[J]. ACS Omega, 8: 22195-22202.

3. 地热能：地下城市景观

城市活动导致气温不断升高。这种“城市热岛”效应是大多数城市的主要环境问题。一个鲜为人知的影响在地下产生，由于地下室、人行道和地下基础设施产生的废热，地下比农村地区更温暖。来自地面的热量可以通过地热能转换来利用，其中热量在地面和载液之间进行交换。来自苏黎世联邦理工学院的 Jaime Rivera 和其同事表明，地下热岛效应可能导致城市中心地热能转换的技术潜力增加 6%～16%，用于实测的基础设施和地面参数。

【参考文献】Couderc E. 2017. Geothermal energy: Underground urban scene[J]. Nature Energy, 2: 16212.

知识拓展

地热作为可再生能源家族的重要成员，未来在发电领域的贡献不可低估。之前与风电、光伏、水电等可再生能源电力相比，受资源可获得性成本较高等因素影响，地热发电总体较为滞后，这是个世界范围的普遍现象。地热发电发展较快阶段集中在 20 世纪 70 年代石油危机时期。这一时期以美国为代表的发达国家为保障国家能源安全寻求能源多元化供应路径，建立了一批地热发电项目。对地热发电发达的印度尼西亚和菲律宾等国来说，发展地热更多的是资源禀赋推动。时代在发展，社会在进步，有关电力发展的环境也在变化，当前全球碳中和行动的兴起也将成为地热发电快速发展的重要动力。

从全球资源分布情况看，目前适于地热发电的高温资源分布多与风力、太阳能资源分布呈区域叠加态势，为其在工业化、现代化环境下的产业化协同提供了难得的条件。我国也是地热资源大国，根据目前的勘查，高温地热资源主要集中在滇藏、四川和京津冀等地，这些地区恰恰也是风力、太阳能和水力资源富集区。目前在上述地区的可再生能源产业建设正在进一步加快推进，碳达峰碳中和目标的提出更是成为地区可再生能源开发利用整合的助推器。反观世界也是大致如此。碳中和目标被多数国家确定为国家战略之后，从多角度挖掘可再生能源潜力的行为自然而然地触及地热。根据 2021 年的世界地热大会和 IEA 统计报告，未来 5 年全球地热能发电站总装机容量增量可能达到 3.4 GW，呈持续稳定的增长态势。到 2040 年全球地热发电装机量将增至 82 GW，是当前水平的 5 倍以上，全球地热发电发展空间巨大。碳中和行动催生的气候技术投资增长将有力带动地热发电技术进步继而拉动地热投资增长。据 Rystad Energy 数据报道，未来 10 年全球与地热发电相关的钻井工作量投入将呈现大幅度增长态势。各国对地热先进地热系统技术和增强型地热系统技术等前沿技术研发的持续投入增长将有力推动地热发电技术迈上新台阶，继而带来全球地热发电装机容量的跨越式上升以及运营成本的大幅下降。

我国碳达峰碳中和目标及路线图出台之后，电力系统大发展是大势所趋，目前有条件的地方都在加快推进可再生能源电力建设，这将为地热发电打开发展之门。可再生能源电力面临的一个现实问题就是供应存在间歇性短板。2021 年发生的以欧洲为“震中”的全球性能源供应短缺就与极端气象条件下可再生能源出力不足有很大关系。因此，建设稳定的可再生能源供应系统成为碳中和背景下各国能源发展规划的重点。理论上讲稳定的可再生能源系统建设可以有多条路径，其中依靠可再生能源之间的相互协同和优化是最为基础的路径，也是最应该考虑的。如前所述，地热资源分布与风力、太阳能分布往往是叠加在一起的，地热发电发展起来了，从区域角度看可以有效地对已建成的风电和光伏发电进行调峰支撑，或单独作为基荷电力。能源双控改为碳排放双控后，目前具备条件的地区发展地热的积极性肯定会较之前有所增强，推动地热发电产业快速发展的条件正在逐步具备。

风电、太阳能发电在全球已经广泛发展起来，我国的发展规模与技术水平位居全球前列，但纵观其过程可以发现，风电与太阳能发电之所以能实现产业化突破与其发展初期一定程度的补贴支持是分不开的。通过补贴扶持，风电、光伏实现了“强身健体”并最终走向去补贴和平价上网。目前以太阳能、风电和水电为核心的可再生能源装机容量已经突破 10 亿千瓦，占总装机容量比例已经突破 43%，到 2030 年还将有大的增长。地热产业整体处于发展初期，后发优势必然会被进一步激发出来。当前地热发电还需要做大量的勘查与基础投入，面临初始投资大的挑战，面临系列成本制约，所以在发展初期予以必要的财税价格政策支持是非常有意义的。发展初期的困难解决了，待其发展起来之后可以考虑逐步去补贴。

思考题

1. 地热能是如何生成的？主要分为哪几类？
2. 地热能的分布取决于哪些因素？主要分布在哪些地区？
3. 我国地热资源主要分布在哪些地区？
4. 回转钻探有哪些方法和工艺？其不同之处有哪些？
5. 国家为什么大力发展地热资源？
6. 哪些措施可以有效地预防地热腐蚀？
7. 面对地热能开发中的问题，政府应当如何做以减少损失？

参考文献

[1] Shortall R, Davidsdottir B, Axelsson G. Geothermal energy for sustainable development: a review of sustainability impacts and assessment frameworks[J]. Renewable and Sustainable Energy Reviews, 2015, 44: 391-406.

[2] Lin Y F F, Abesser C, Epting J, et al. Groundwater: a key factor for geothermal energy systems[J]. Groundwater, 2023, 61(2): 159-160.

[3] Lund J W, Toth A N. Direct utilization of geothermal energy 2020 worldwide review[J]. Geothermics, 2021, 90: 101915.

[4] Demirbas A H. Global geothermal energy scenario by 2040[J]. Energy Sources, Part A: Recovery, Utilization, and Environmental Effects, 2008, 30(20): 1890-1895.

[5] Balat M, Balat H, Faiz U. Utilization of geothermal energy for sustainable global development[J]. Energy Sources, Part B: Economics, Planning, and Policy, 2009, 4(3): 295-309.

[6] Gunatilake T. Dynamics between earthquakes, volcanic eruptions, and geothermal energy exploitation in Japan [J]. Scientific Reports, 2023, 13(1): 4625.

[7] Kaur S, Yadav J S, Bhambri R, et al. Assessment of geothermal potential of Kumaun Himalaya: A perspective for harnessing green energy[J]. Renewable Energy, 2023, 212: 940-952.

[8] Wang Y Q, Liu Y X, Dou J Y, et al. Geothermal energy in China: Status, challenges, and policy recommendations[J]. Utilities Policy, 2020, 64: 101020.

[9] Huang G, Hu X, Ma H, et al. Optimized geothermal energy extraction from hot dry rocks using a horizontal well with different exploitation schemes[J]. Geothermal Energy, 2023, 11(1): 1-31.

[10] Adams C A, Auld A M C, Gluyas J G, et al. Geothermal energy-The global opportunity[J]. Proceedings of the Institution of Mechanical Engineers Part A: Journal of Power and Energy, 2015, 229(7): 747-754.

[11] Meller D C, Bremer D J, Baur S, et al. Integrated research as key to the development of a sustainable geothermal energy technology[J]. Energy Technology, 2017, 5(7): 965-1006.

[12] Shao Q, Zhang C W, Sun M Y, et al. Research and application of shallow geothermal energy development and utilization in Shandong Province[J]. ACS Omega, 2023, 8(26): 23545-23553.

[13] van der Zwaan B, Dalla Longa F. Integrated assessment projections for global geothermal energy use[J]. Geothermics, 2019, 82: 203-211.

[14] Green S, Mclennan J, Panja P, et al. Geothermal battery energy storage[J]. Renewable Energy, 2021, 164: 777-790.

[15] Qi S, Wang W J, Shen S Y, et al. Geothermal and solar energy utilization for the development of a sustainable power and cooling production[J]. Process Safety and Environmental Protection, 2023, 172: 473-485.

[16] Hai T, Radman S, Abed A M, et al. Exergo-economic and exergo-environmental evaluations and multi-objective optimization of a novel multi-generation plant powered by geothermal energy[J]. Process Safety and Environmental Protection, 2023, 172: 57-68.

[17] Huang W B, Cao W J, Jiang F M. A novel single-well geothermal system for hot dry rock geothermal energy exploitation[J]. Energy, 2018, 162: 630-644.

[18] Johnston I W, Narsilio G A, Colls S. Emerging geothermal energy technologies[J]. KSCE Journal of Civil Engineering, 2011, 15(4): 643-653.

[19] Hall A, Scott J A, Shang H. Geothermal energy recovery from underground mines[J]. Renewable & Sustainable Energy Reviews, 2011, 15(2): 916-924.

[20] Cetin T H, Kanoglu M, Yanikomer N. Cryogenic energy storage powered by geothermal energy[J]. Geothermics, 2019, 77: 34-40.

[21] Arslan O, Arslan A E, Boukelia T E. Modelling and optimization of domestic thermal energy storage based heat pump system for geothermal district heating[J]. Energy and Buildings, 2023, 282: 112792.

[22] Zarrouk S J. Postgraduate geothermal energy education worldwide and the New Zealand experience[J]. Geothermics, 2017, 70: 173-180.

第6章 水能、水力发电与海洋能利用

水是生命的源泉，是维持生命必不可少的物质，是人类生存和发展的重要物质资源。水的重要性不仅体现在日常生活方面，在农业、工业、养殖业、医用等方面也起着重要作用。此外，水也具有观赏和娱乐的作用，如喷泉、观赏鱼缸、瀑布等。水还是一种能量的载体。

随着矿物燃料的日渐减少，水能是非常重要且前景广阔的替代资源。水能资源最显著的特点是可再生、无污染。人们利用水能最早可以追溯到远古时代，经过数千年的发展，人类文明走到了电气时代，利用水能这一可再生能源发电的构想和实践应运而生。本章主要介绍水能、水力发电与海洋能的利用。

科学之窗

三峡工程是治理开发长江的关键性骨干工程，也是世界上承担综合功能任务最多的水利水电工程。1919 年，孙中山先生就提出了开发三峡的宏伟设想。新中国成立后，毛泽东等历届党和国家领导人高度重视和关心三峡工程论证工作。在历经半个世纪的勘测设计、规划论证后，1992 年 4 月，全国人大通过《关于兴建长江三峡工程决议》。历经二十多年艰苦奋斗，三峡工程初步设计建设任务于 2009 年如期完成。三峡工程坝址地处长江干流西陵峡河段、湖北省宜昌市三斗坪镇，控制流域面积约 100 万平方千米。三峡工程的成功建成和运转，使多少代中国人开发和利用三峡资源的梦想变为现实，成为改革开放以来我国发展的重要标志。目前，三峡工程已经连续十年实现 175 m 试验性蓄水目标，防洪、航运、发电、补水等巨大综合效益显著发挥，在长江经济带发展中的重要地位和作用日益凸显，对保障流域防洪安全、航运安全、供水安全、生态安全以及我国能源安全发挥着越来越重要的作用。

6.1 水能概述

水能资源（water power resources）是以位能、压能和动能等形式存在于水体中的能源资源，也称水力资源。水能利用主要是指对水体中位能部分的利用。河道中水的位能在自然状态下绝大部分都消耗于沿途摩擦作用，或挟带沙石、冲刷河床等做功过程中。因此，即使高山上的水流具有大量位能，但它向下流达海洋时，其位能已消失殆尽。要开发利用水的位能，首先必须将位能汇集一处，形成集中的水位差。例如，在河道上筑坝使水位提高，或者修筑平缓的引水道，使其与原河道间出现很大落差，或者利用天然瀑布等。然后，通过简单机械做功或通过水电站，将水能转变为电能。此外，在沿海地区，还可以利用海湾水面的潮汐涨落时所具有的位能，造成集中的水位差发电[1]。

水能资源是可再生能源。广义的水能资源包括河流水能、潮汐能、波浪能和海洋热能等资源；狭义的水能资源指河流水能资源。水能是世界能源的重要组成部分，与煤炭等化石能源发电相比，水能具有无温室气体排放、资源可再生等优点，是符合可持续发展要求的重要能源[1-2]。

6.1.1 水能与水力资源的特点

水能为自然界的可再生能源，随着水文循环周而复始，重复再生。可以用“取之不尽，用之不竭”来描述水能资源的可再生性。水能资源有如下三个显著特点：①循环不息的水流及其落差所蕴藏的能量可以不断再生，属于可再生能源；②利用水力发电，可节省火力发电所需煤炭、石油、天然气和核能发电所需铀等宝贵且不可再生的能源资源；③利用水力发电不排放有害气体、烟尘、灰渣等污染物，无核辐射危险。

6.1.2 水能与水力资源的利用

中国是最早利用水力机械进行农业生产的国家之一[3]。水作为一种能源，是可以再生的、用之不竭的，它在农业上的应用，不仅使劳动者摆脱了某些重体力劳动，提高了生产率，同时还为部分生产环节实现机械化和自动化创造了条件。水能机械是运用水力作为动力来源。一般通过水的动能，即流水的冲击力带动水能机械的水轮转动，再通过齿轮和轮轴的转动传导来进行工作。

水能资源可以产生水电能源。水电能源是一种可再生、清洁廉价、便于调峰，且能修复环境生态，兼有一次与二次能源双重功能，能极大促进地区社会经济可持续发展，具有防洪、航运、旅游等综合效益的电能资源。水电能源在生产运行中，不消耗燃料，不排放有害物质，其管理运行费和发电成本费以及对环境的影响远比燃煤电站低得多，是成本低廉的绿色能源。水电能源与矿物能源同属于资源性一次能源，转换为电能后称为二次能源。水电能是一次能源开发和二次能源生产同时完成的能源，兼有一次能源建设与二次能源建设的双重功能；它不需要一次能源矿产开采、运输、储存等过程的费用，降低了能源成本。

水能资源开发修建水库，改变了局部地区的生态环境，可修复该地区的小气候，形成新的水域生态环境，有利于生物生存，有利于人类进行防洪、灌溉、旅游和发展航运。一个水能资源工程的开发，必然使该地区的社会经济发展，人口增长，并形成一个新的城市和经济强势区。

6.2 水力发电

为了有效利用天然水能，需要人工修筑能集中水流落差和调节流量的水工建筑物，如大坝、引水管涵等，因此工程投资大、建设周期长。但利用水力发电（hydroelectric power）具有效率高、发电成本低、机组启动快、调节容易的优点。由于利用自然水流，因此受自然条件的影响较大。水力发电往往是综合利用水资源的一个重要组成部分，与航运、养殖、灌溉、防洪和旅游组成水资源综合利用体系。

6.2.1　水力发电的基本原理

水力发电的基本原理是利用水位落差，配合水轮发电机产生电力，即利用水具有的位能转为水轮的机械能，再以机械能推动发电机，从而得到电力（图 6-1）。科学家们以水位落差的天然条件，可有效地利用流体力学及机械物理等，精心优化设计以达到最高发电量，供人们使用廉价又无污染的电力[4]。

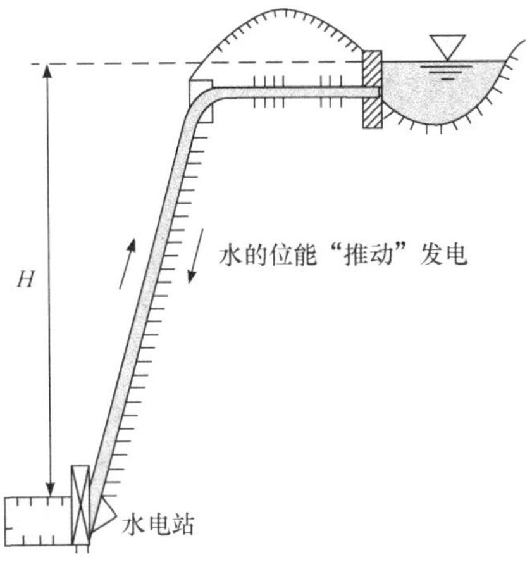

图 6-1　水力发电的基本原理示意图

水力发电是由水循环中流动的水“推动”的。水循环是由太阳能驱动的：到达地球表面的太阳辐射被转化为热量，热量反过来蒸发水分。近 50%的太阳能输入地球用于蒸发和转化为水蒸气中的潜能。部分水蒸气（22%）被带到陆地上，凝结成云和雨。一些水在重力的影响下流向大海，在陆地表面的降水产生径流。由于水循环是由太阳能驱动的，只要有阳光，水循环就会持续下去，这使得水电可再生和可持续。

径流状况（流量的大小和可变性）取决于当地的气候。首先，取决于降水、气温和潜在蒸发量，以及土壤类型、地形、植被和土地利用等流域特性。在大多数河流中，径流在时间上表现出相当大的变化，无论是在短期（每小时）、季节（夏季和冬季），还是在年与年之间（干湿年）。径流的这种可变性导致了可变发电量，这可能会导致产生是否能满足电力需求方面的问题。解决这一问题的传统方法是建造水库，在水量富余期间储存水，在低流量期间使用。

发电厂的容量系数是发电厂在一段时间内（通常是一年）的实际产量与电厂在全年满负荷运行时的潜在产量之比。水电站的典型容量系数一般为 0.4～0.6。水力发电潜力的评估过程与其他可再生能源（风能、太阳能、生物能源等）的评估过程不同，因为水力发电总是针对特定的地点，并由具体地点的可用流量和可用水头的组合决定。所有对水力发电的评估都是基于已知地点的数据，在已知地点测量流量和水头，并决定适合这些参数的技术设计。

为了计算一个地区的水力发电潜力，应确定所有可行的地点，如能找到水流和水头的合适组合，即可建立水电站。每个站点潜力的计算同时考虑了水流总量及其时间变异性。然而这种水力发电潜力的定义并不精确，因为“可行地点”的选择将取决于选定的技术、经济参数以及社会和环境偏好。因此，水力发电潜力可被延伸定义为：理论潜力、技术潜力和经济潜力。一些人还主张使用“可持续潜力”。关于使用不同类型的潜力定义及其估算方法，总结在表 6-1 中。

表 6-1　全球水电潜力定义及估算方法[5]

估算方法	潜力/ EJ	备注
水循环中的能量	504000	地球表面 40%的太阳辐射
径流的理论潜力	200	径流总质量×g×H
技术潜力	140～145	已知地点的技术潜力

续表

估算方法	潜力/ EJ	备注
成本＜20 美分 · kWh^{-1} 的技术潜力	57.4	成本低到足以证明场地评估合理的部分技术潜力
成本＜8 美分 · kWh^{-1} 的经济潜力	29.8	与大型火力发电厂竞争的站点的潜力

表 6-1 中成本＜8 美分 · kWh^{-1} 的经济潜力为 29.8 EJ。这一数值通常被用作未来水电部署的一个限制，因为 8 美分 · kWh^{-1} 大约是大型火电厂的电力成本，不包括碳捕集和储存的成本。如果将碳捕获和碳储存成本加到目前的火电价格上，或者将水电与风能或太阳能等其他更昂贵的可再生能源进行比较，经济潜力的价值上限将会增加，并接近技术潜力。

6.2.2 水电站的分类

水力发电是一项成熟的技术，具有成熟的方案以及良好的可靠性。水力发电厂应具备土木、机械和电气工程等基本部件。在规划和运行过程中，将水文、水力学、环境工程与社会、政治学结合起来，以寻找最优运行方案。

按照集中落差方式、径流调节程度，水源性质、水电站利用水头大小以及水电站装机容量大小等，可以将水电站划分为多种类型。下面将介绍几种常见的水电站类型。

1. 径流式水电站

径流式水电站（图 6-2）主要利用河流中的可用流量发电。通常没有储水装置或储水装置很小，对天然水流具有较小的调节能力，或不具备对水流量的调节能力。

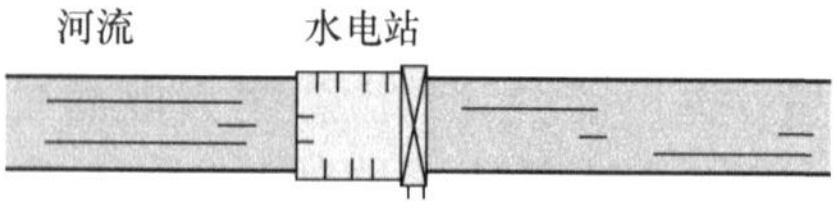

图 6-2 径流式水电站示意图

2. 蓄水式水电站

蓄水式水电站（图 6-3）设有一定容量的水库，并对天然水流具有调节能力。有水库的水电站可以蓄水供以后使用，通常是在高流量季节（春季、雨季）蓄水，在低流量季节（冬季、旱季）放水。水库为水电站提供了更大的灵活性，并使水力发电厂能够更好地适应短期（小时、天）和季节性的需求状况。

3. 抽水蓄能水电站

抽水蓄能水电方案通常包含一个可逆电站和两个水库，其通过管道或隧道连接。抽水蓄能水电站（图 6-4）的主要目的是在低需求时期，通过将水抽到上层水库储存能量，并在高需求时期通过将水释放回涡轮机产生（峰值）电力。

4. 其他分类方式

根据装机容量的不同，将水电站划分为“小”或“大”，这已经成为一种流行。人们似乎相信小型水电更为环保。在一些国家，小型水电计划被接受用于发展并获得补贴，而大型水电计划则没有补贴。从水电站对环境影响的角度出发，已知大型水电厂与若干小型水电厂总和容量相同的情况下，一个大型水电站的环境影响（每千瓦时）普遍比许多小型水

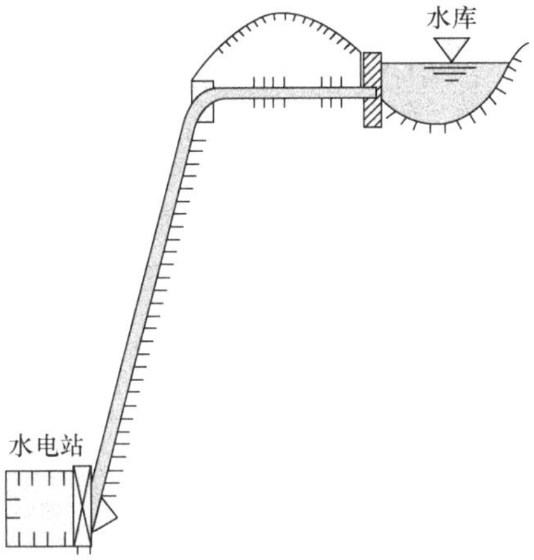

图 6-3　蓄水式水电站示意图

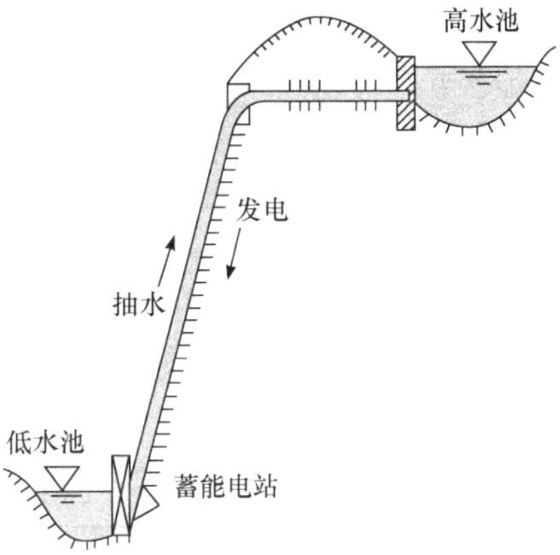

图 6-4　抽水蓄能水电站示意图

电厂的总和还要小。对此进行讨论后得出的结论是应避免使用根据规模进行分类，因为规模和对环境的影响之间没有明确的联系，也因为不同国家对“小型”和“大型”的定义差异很大，如表 6-2 所示。甚至有人试图将小型水电归为“可再生”，将大型水电归为“不可再生”。这当然是错误的分类方式，小型和大型水电站都是可再生能源，但它们对环境可能产生不同的影响。因此，应该根据项目是否可持续，以及可持续发展指数进行分类。

表 6-2　不同国家/地区按装机容量划分的小型水电站定义[6]

国家/地区	由装机容量定义的小型水电站/MW
中国	≤50
加拿大	<50
巴西	≤30
欧盟	≤20
印度	≤25
挪威	≤10
瑞典	≤1.5
美国	5～100

6.2.3　水电站的组成

为实现将水能转换为电能，需要兴建不同类型的水电站。水电站是由一系列建筑物和设备组成的工程措施。建筑物主要用来集中天然水流的落差，形成水头，并以水库汇集、调节天然水流的流量；基本设备是水轮发电机组。当水流通过水电站引水建筑物进入水轮机时，水轮机受水流推动而转动，使水能转化为机械能；水轮机带动发电机发电，机械能转换为电能，再经过变电和输配电设备将电力送到用户。

水电站通常由进水口、水道、压力管、带有电气和机械设备的电站以及最后通往出水口的水道组成。它通常包括大坝和蓄水水库。电气和机械设备的三个主要组成部分是：水轮机、发电机和变压器。此外还有许多其他部件，如闸门和阀门、用于控制电站运行的电子设备、电力电缆、开关站和电网连接。

水轮机和发电机是基本设备。为保证安全经济运行，在厂房内还配置有相应的机械和电气设备，如水轮机调速器、油压装置、励磁设备、低压开关、自动化操作和保护系统等。在水电站升压开关站内主要设升压变压器、高压配电开关装置、互感器、避雷器等以接收和分配电能。通过输电线路及降压变电站将电能最终送至用户。

水电站的流量和水头通常是量身定制的，已开发出了许多不同类型的水轮机匹配不同情况，如表 6-3 所示。

表 6-3　不同类型水轮机的原理及匹配的水头、流量

水轮机	水斗式（佩尔顿式）水轮机	弗朗西斯式水轮机	卡普兰式水轮机
水头和流量	高和中等水头	高和中等水头	低水头和大流量系统
原理	冲击式水轮机的一种，其原理是利用水流动并冲击水车时来取得能量	也称混流式水轮机，属反击式水轮机的一种，水流从水轮机四周水平方向向中心流入转轮，然后转为向下方向出口，水流进入转轮内通过叶片时推动转轮	一种转桨式水轮机，从水头与水流两者的动能上取得能量

6.2.4　水力发电面临的主要问题

1. 可持续性问题

与火力发电相比，水力发电具有可再生、清洁无污染、低碳或无碳等诸多优点，适合于集成到电网系统，通常支持电网的稳定性。但水电也会产生负面影响，如水坝和堰可能成为阻止鱼类迁徙的障碍，因此水坝、堰、分流和河流流量的变化可能会扰乱生态系统并造成生态区域问题。

水能系统和生态系统有复杂的关系，这对各国的经济发展和环境保护具有重要的战略意义[7]。但区域能源政策很少考虑这种联系。目前的区域能源政策主要是根据技术和社会经济方面制定的，缺乏可能使这些政策的生态系统和可持续性恶化的生态考虑。水力发电计划经常改变河流的水流状况以及湖泊和水库的水位状况，因此可能对生态系统和生物多样性产生负面影响。径流工程通常不会改变水流状况，而蓄水工程通常会导致年流量状况的变化。泥沙的自然迁移也可能被改变，在大坝下游、泥沙经常沉积处的水库和进水池等地，泥沙浓度降低可能导致河岸和河床侵蚀严重性增加、稳定性下降。

水坝和水库的建设会导致部分土地流失，需要重新安置因土地流失导致无居住地的库区居民。在规划阶段应分析所有可能的影响，并在平衡成本和经济效益时加以考虑，不仅包括货币价值，还应包括广义上对环境和社会造成的影响。但是，如果在规划阶段无法避免负面影响，通常也应尽可能将其减轻。大多数负面影响可以通过水坝及水库的精心设计来减小，或完全避免，甚至能够创造一个“双赢局面”。

水电项目的可持续性问题对其发展已越来越重要，如温室气体排放、能源回收比等参数，以及水力发电量受水文、气候等环境因素的影响均与水电项目的可持续性相关。

1）温室气体排放

大部分水力发电设备的生命周期中，其全球温室气体排放量在 4～14 g CO_2 eq · kWh^{-1} 之间。与燃煤电厂的 1000 g CO_2 eq · kWh^{-1}、石油电厂的 800 g CO_2 eq · kWh^{-1} 和燃气电厂的 500 g CO_2 eq · kWh^{-1} 相比，水力发电的全球温室气体排放量要小得多。其他可再生能源（如风能）的全球温室气体排放量也很低，与水电相当或略高（图 6-5）。

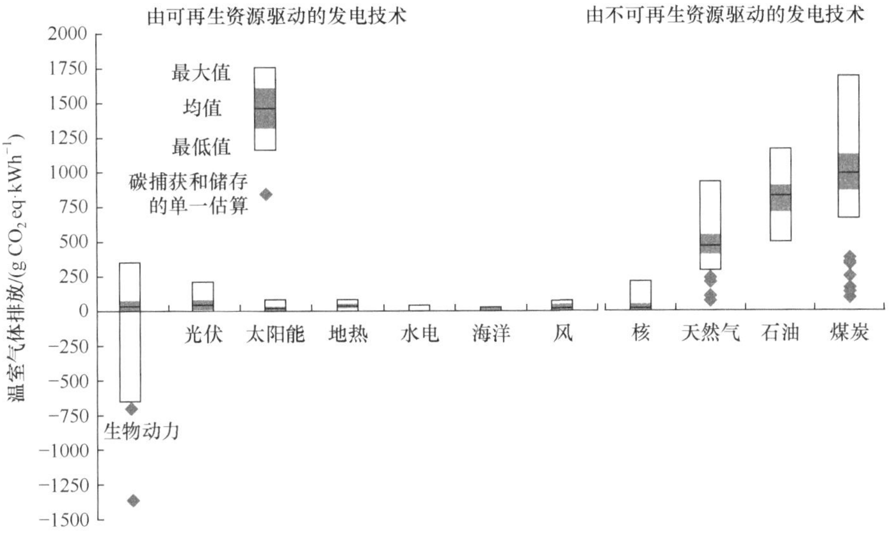

图 6-5 发电过程中全球温室气体排放估算[6]

2）能源回收比

能源回收比定义为在系统正常寿命期内产生的总能量与建造、维护和提供燃料所需的能量的比值。比值高表示环境性能好。如果一个系统的能源回收比接近 1，那么它产生的能量几乎和它消耗的能量一样多。在所有发电技术中，水力发电的能源回收比最高，径流水电站的能源回收比为 170～267，蓄水水电站的能源回收比为 205～280。与此相比，化石燃料的典型比值为 1.6～7，大型风力涡轮机为 18～34，核电站为 14～16（图 6-6）。

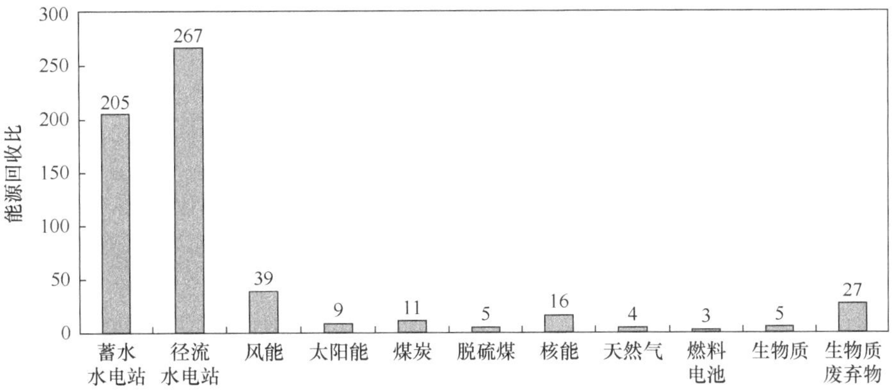

图 6-6 不同发电技术的能源回收比[8]

3）气候变化影响

表 6-1 和表 6-2 中的资源潜力评估是以历史水文条件为基础的，因此仅对当前气候有效。水力发电一定程度上对气候条件存在影响，而气候变化对水电产量的影响同样较大[9]。由于气候变化对水力发电所依赖的水资源的影响，水力发电的开发潜力会随着未来气候的变化而发生变化：河流流量变化、河流流量变异性/季节性变化、极端流量事件（洪水、干旱）变化、影响水库库容的泥沙变化都会对水力发电造成影响。

基于对 2050 年气候变化及其对河流流量的影响的全球评估，调查了现有水电系统的区域和全球水力发电的变化[10-11]。在高纬度和大部分热带地区，气候模型大多预测的降水和径流量会增加，而在中纬度地区，预测降水通常会减少。地中海沿岸、非洲南部、澳大利亚以及中美洲和美国西部地区的水资源和水力发电量都在减少。北欧、俄罗斯大部分地区、东亚、东非、加拿大和南美洲部分地区的水资源和水力发电量都在增加。

2. 成本问题

因水电建设项目不同，会造成较大成本差异。主要成本包括：前期投资成本、运行和维护成本、退役成本。平准化度电成本包括项目整个生命周期的所有成本要素，通常以美分每千瓦时为单位。水电平准化度电成本取决于这些成本成分，还取决于容量因素、项目寿命和资本成本。

基建成本包括土木建筑、设备、通路、电线、规划和补偿措施的成本。土木工程成本通常是大型项目的最大份额，但对于小型项目，设备成本可能更大。目前，大型水电的典型资本成本从小于 1000 美元 · kW^{-1} 到 3000 美元 · kW^{-1} 不等，小型水电的资本成本从 1500 美元 · kW^{-1} 到 6000 美元 · kW^{-1} 甚至更高。但也有许多成本低至 500 美元 · kW^{-1} 的项目的例子。水力发电的典型寿命从 40 年到 80 年不等。设备的使用寿命通常较短，而土木结构的使用寿命较长。在 80 年的使用寿命中，通常需要更换大部分设备，此项成本包含在每年 2.5% 的运行和维护成本中。表 6-4 给出了一些最关键参数的典型组合计算的水电平准化度电成本：投资成本和利率，每一个生命周期为 40 年和 80 年。运营和维护成本设定为每年 2.5%，容量系数固定为 45%。表中列出了 1.5～9.5 美分 · kWh^{-1} 范围内的平准化度电成本，并且大多数组合的范围在 3～5 美分 · kWh^{-1} 或 30～50 美元 · MWh^{-1} 范围内。

表 6-4 水电项目典型参数的能源成本估算[6]

投资成本/(美元 · kW^{-1})	利率/%	运行和维护成本/（% · a^{-1}）	容量系数/%	使用寿命/a	平准化度电成本/（美分 · kWh^{-1}）	使用寿命/a	平准化度电成本/（美分 · kWh^{-1}）
1000	3	2.5	45	40	1.7	80	1.5
1000	7	2.5	45	40	2.5	80	2.4
1000	10	2.5	45	40	3.2	80	3.2
2000	3	2.5	45	40	3.5	80	2.9
2000	7	2.5	45	40	5.1	80	4.8
2000	10	2.5	45	40	6.5	80	6.3
3000	3	2.5	45	40	5.2	80	4.4
3000	7	2.5	45	40	7.6	80	7.3
3000	10	2.5	45	40	9.7	80	9.5

这可以与其他技术的平准化度电成本进行比较，见表 6-5。表中所列数据均来自国际可再生能源署汇编项目数据。它们显示了过去几年最重要的可再生技术成本的传播和趋势。平均而言，水力发电仍是平均成本最低的技术，其次是陆上风能、地热和生物能源。对国际可再生能源机构成本数据库的研究表明，小型水电的成本一般高于大型水电，而且存在巨大的地区差异。欧洲和北美等已开发了较大份额可用资源的地区，其成本高于东亚和南美等具有巨大未开发潜力的地区。

表 6-5 不同发电技术的最小、平均和最大平准化度电成本 单位：美分 · kWh^{-1}

	生物能	地热能	太阳能(光伏)	太阳能(光热)	水力发电	陆上风能	海上风能	化石燃料
最小值	6.1	4.3	5.3	18.2	1.8	2.4	9.6	4.5
平均值	8.1	6.4	13.1	24.2	5.1	5.6	12.3	10.0
最大值	17.0	11.3	27.9	31.2	24.6	14.1	20.8	14.0

3. 增强能源形式的灵活性

除了提供满足电力需求的能源和能力外，水力发电还有几个特点，使电力系统运行更可靠。水力发电厂可以在很短的时间内开始发电，启动成本低，并具有较高的部分负载效率，能够根据系统需求快速改变输出而不会大幅降低效率，这些特点使得水电站非常适合提供被称为调节和负荷跟踪的平衡服务。水力发电还可以在不依赖输电网的情况下使电站恢复运行。

传统上，电力系统的设计使发电紧密遵循负荷（即需求）模式，通常被称为“按需生成”模式。多变的可再生能源对这种传统方式提出了挑战。随着电力系统中可变性可再生能源数量的增加，发电过程中的可变性升高，对负载平衡的额外容量的需求将会增加。这种可变性存在于从几分钟到几周的时间尺度上。水力发电可以很快地改变运行方式，启动延迟仅为几分钟。当可变可再生能源的份额增加时，还可能需要在电网中引入储能，以在低需求时期节省多余的发电量，并在高需求时期启用储存的能量。在这样的前提条件下，抽水蓄能式水电站是一个很好的选择。例如，丹麦和德国通过海底电缆连接挪威的水力发电来平衡高水平的可变风力发电。研究表明，可以通过在挪威建造新的抽水蓄能水电站来提高这种平衡能力。

水电在平衡其他可再生能源和提供能源储存方面的重要作用日益得到承认。向更清洁和更可持续的能源系统过渡，将需要显著提高电力系统的灵活性，以在面临潜在的供需快速变化时保持可靠和连续的服务。

国际能源署在报告中指出，目前，在全球能源领域，风能和太阳能等可再生能源的规模持续快速扩大，清洁能源技术快速发展，一种电气化、高效化、互联化和清洁化的能源经济正在形成。然而，全球煤炭消费量仍在大幅增长，能源产业本身维持现状的强大惯性抵消了能源转型的速度，因此当前能源转型依然面临巨大压力。国际能源署在此次报告中提出了数项具有较高成本效益的能源转型措施，其中一条就是大规模推进清洁电气化，增强包括水力发电在内所有能源形式的灵活性。

6.3 海 洋 能

海洋能（ocean energy）通常是指海洋本身所蕴藏的能量。海洋能主要包括潮汐能（tide energy）、波浪能（wave energy）、温差能、盐差能，不包括海底或海底下储存的煤、石油、天然气等化石能源和“可燃冰”，也不含溶解于海水中的铀、锂等化学能源。

6.3.1 海洋能的特点

与常规能源相比，海洋能有如下特点[12]：①海洋能是可再生能源；②是一种洁净能源；③能量多变，具有不稳定性，运用起来比较困难；④总量巨大，但分布不均，利用效率不高，经济性差。

6.3.2 潮汐能

潮汐能是海水受到天体引力作用而产生的一种周期性海水自然涨落现象。潮汐是由太阳和月球对地球的引力及地球和月球围绕彼此旋转产生的离心力引起的海洋表面的上升和下降现象。潮汐自古以来就为人所知，在古代，人们便已经认识到了潮汐与月相间的关系[13]。如图 6-7 所示，高潮是指与地月系统一致的陆块周围的水位上升，低潮是指与地月系统成90°的陆块周围的水位上升[14]。在地球自转的每个周期中，高潮和低潮都会发生两次。因此，潮汐不同于其他资源，它在时间和规模上是可预测的，而且绝对不会耗尽。

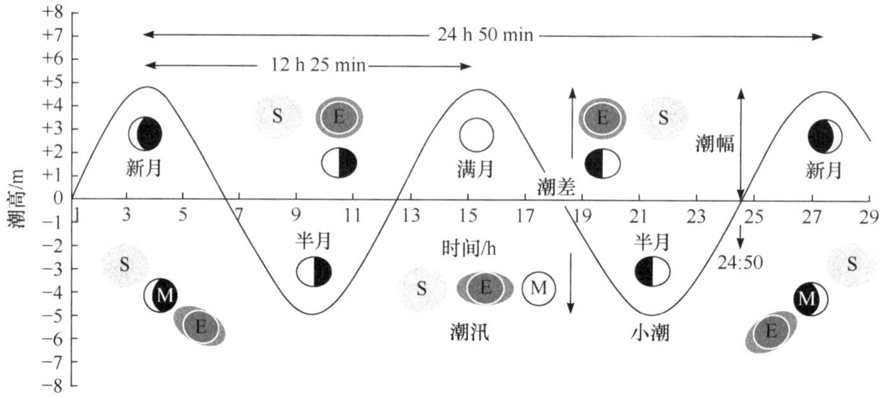

图 6-7　潮汐变化示意图

潮汐依其特点一般分为以下几类：

（1）半日潮。一般可分为正规半日潮和不正规半日潮，正规半日潮是指一个地点在 24 h 50 min 内（天文学上称为一个太阴日）发生两次高潮和低潮，两次高潮和低潮的潮差近似相同，涨潮时和落潮时也近似相同。不正规半日潮是指一个太阴日内的两次高潮和低潮的潮差均不相同，涨潮时和落潮时也均不相同。

（2）全日潮。全日潮可分为正规全日潮和不正规全日潮。正规全日潮是在一个太阴日内只出现一次高潮和低潮。不正规全日潮是指在月亮圆缺的一个周期中的大多数天数为不正规半日潮，少部分天数为正规全日潮，正规全日潮不超过七天。

（3）混合潮。混合潮为正规半日潮和全日潮之间的过渡型，一般可分为不正规半日潮和不正规全日潮两种情况。

海水垂直涨落运动称为潮汐，海水水平运动称为潮流。人们通常将潮汐和潮流中所包含的机械能统称为潮汐能。潮汐的势能可以通过建在容易发生潮汐活动的海湾入口处的潮汐坝来利用。在潮汐坝的帮助下，海洋潮汐是利用海洋可再生能源的关键，潮汐坝在概念上类似于水坝。潮汐坝建在潮汐差超过 5 m 的水体上。常规的拦河坝具有一个跨越洋流的水坝，用于创建水池和涡轮机运行的水头；包含一组带有发电机的涡轮机，用于在潮汐时将积聚的水团的势能转化为电能；以及含有一个控制流经水池的水流的闸门[15]。

用于发电的潮汐坝站点的要求如下：①足够的水深以允许安装大型涡轮机；②足够大的面积以安装最大数量的涡轮机，使站点具有成本效益；③水流流速高；④均匀海床，减少湍流；⑤靠近岸上的供电网络，使之有效获取输送电力。

潮汐涡轮机只有在能源足够集中的地方才可行。这种情况通常发生在海岸线的几何形状导致水流收缩，从而增加流速的地方。如图 6-8 所示，展示了潮汐能站点的一些典型几何形状以及涡轮机的位置。（a）通道站点。一条水道连接两个不同水位的水体，从而推动水流通过水道。（b）岬角站点。强流通常是由横跨岬角的水头差和沿海岸线集中在岬角周围的强水流共同引起的。（c）盆地站点。这些现象发生在有异常大的潮差驱动的大流量的地方。为了有效提取潮汐量，潮汐范围通常也必须很大，潮差驱动的海水流量也必须很大。

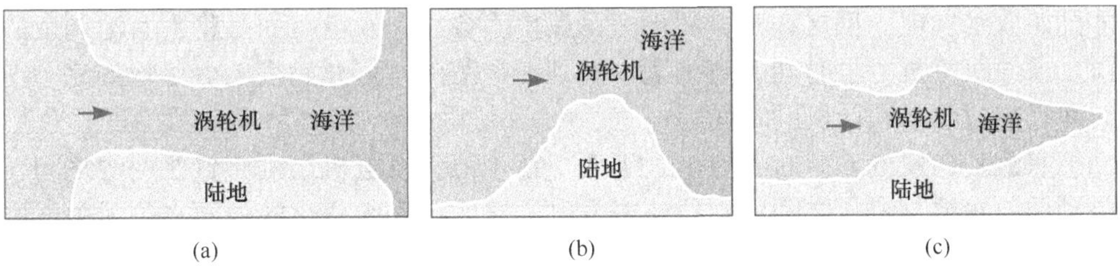

图 6-8　潮汐能站点的一些典型几何形状以及涡轮机的位置[16]

Prandle[17]总结了发电的各种运行模式。当涨潮通过拦河坝的闸门和空转的涡轮机进入水池时，就会发生退潮，随后闸门会关闭，以保持水池内的最大水位，而当落潮形成足够的水头时，就会产生电力。同时还提出了双向发电的概念，即在涨潮和落潮时提取能量，在涨潮和落潮前后进行排水。Rourke 等[18]指出了使用双池代替单池进行拦潮坝安装的利弊。在退潮阶段，主水池产生电力的一部分被用来将水泵入第二个水池，用于储存水以及储备足够的电力生产能力，以满足消费者的需求。然而，由于低水头涡轮机的低效和高成本的拦河坝，它们的使用受到了限制。尽管潮汐坝已被证明是一种有效的可再生能源，Ferro[19]指出，主要的挑战是这些发电厂与海岸线电网的可达性，而海岸线电网大多脆弱且拥挤。潮汐能拦河坝必须克服巨大的建设成本和对海洋生物和水质的环境影响最小的障碍，才能成为未来重要的能源资源。

潮汐能主要分布在一些浅窄的海峡、海湾和江河口区域。潮汐能是人类认识和利用最早的一种海洋能。潮汐能发电与水力发电的原理、组成基本上是一样的，也是利用水的能量使水轮发电机发电。问题是如何利用海潮所形成的水头和潮流量推动水轮发电机运转。潮汐流量虽然很大，但它的水头很低，所以发电机的转速并不高。因此，用于发电的潮汐必须是幅度足够大（至少要几米高），海岸边地形必须能储蓄大量的海水，并可以进行土建施工的地方。

潮汐发电系统主要由水轮发电机组、输配电设备、起吊设备、中央控制室、下层水流通道、闸门、蓄水池等组成。利用潮汐能发电可以采用单池单向、单池双向或双池双向三种形式，如图 6-9 所示。

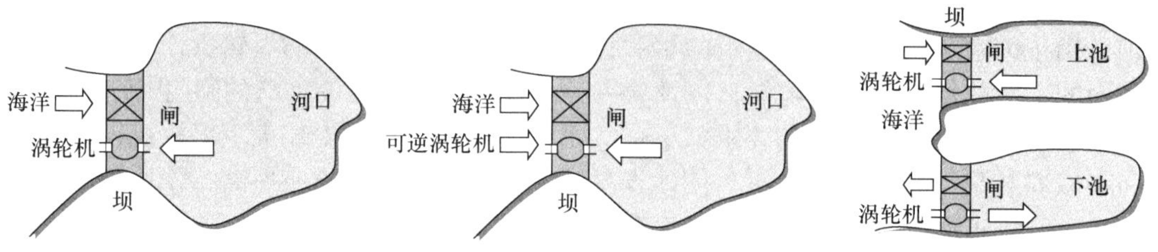

(a) 单池单向发电　(b) 单池双向发电　(c) 双池双向发电

图 6-9　潮汐发电站示意图

（1）单池单向发电。单池单向发电即落潮发电，涨潮时坝门打开，海水充满蓄水池；落潮时坝门关闭，潮水驱动涡轮机发电。

（2）单池双向发电。单池双向发电即落潮和涨潮都发电，且与扬水并用。为了保持落差，并非落潮一开始就发电，而是向蓄水池泵水，然后停机待机，直到潮水落到潮差的一半时才开始放水发电。反之亦然，涨潮一开始也不会立即发电，而是将蓄水池剩余的水抽向大海，再停机待机一段时间，直到潮水涨到一半潮差时再开始发电。尽管如此，用于发电的时间远超过泵水和待机的时间。

（3）双池双向发电。此时备有上、下两个蓄水池，发电机组则布置在两池之间，落潮时不是利用蓄水池与海面之间的水位差来发电，这就与不断变化的海面水位无关。涨潮时上池被充满，落潮时将下池放水，从而形成两池之间的水位差。利用该水位差可使机组连续运转。但这种发电形式在经济上不划算，实际应用很少。

潮汐发电与普通水力发电原理类似，通过出水库，在涨潮时将海水储存在水库内，以势能的形式保存，然后在落潮时放出海水，利用高、低潮位之间的落差，推动涡轮机旋转，带动发电机发电[14]。

6.3.3　波浪能

波浪能是指海洋表面波浪所具有的动能和势能。波浪能主要依靠于海浪，海浪可以说是一种非常强大的能源，因为其不仅局限于近海，还可以沿着海岸线。风是造成海洋表面波浪的主要原因，因为风能集中在海洋表面附近最大。波浪能是指大气层和海洋在相互影响的过程中，由于在风和海水重力作用下形成永不停息、周期性上下波动的波浪，这种波浪具有一定的动能和势能。波浪能是一种可再生能源，并且可能是海洋中分布最广的可再生能源，大海里很难找到没有波浪的地方。这意味着，首先波浪能可通过较小的装置实现其利用；其次，波浪能可以提供可观的廉价能量，以及波浪能可以为边远海域的国防、海洋开发等活动提供能量。因此，世界各海洋大国均十分重视波浪能的利用研究。根据估计，全球波浪能资源总量达 2 TW，这仍是一个保守的估计。海洋中的波浪能以最小的能量耗散长距离传播，它的大小与波高的平方和波动水域面积成正比。Reikard等[20]利用基于物理的模型和统计技术相结合，对波高、波周期和波能通量进行了准确预测。另一方面，Özger[21]试图通过对海浪能与风速、气温、海水温度等气象变量之间的非线性关系进行模糊逻辑建模来预测海浪能，在没有海浪记录的情况下这种方法是有效的。海洋波浪能总量很大，整个不冻海洋的波浪能大约为 2.7×10^9 kW，每平方千米海面的波浪蕴藏的能量有20万千瓦，海浪最高时有二三十米，最大的冲击力可达 60 t · m^{-2} 以上，能把1.7万吨的巨轮推到岸边。波浪能属于一种低开发能源，全世界可以开发的波浪能仅是其总量的1%。在自然状态下，大部分波浪运动并没有周期性，人类还不能对它加以经济性的开发利用。波浪特性的高度可变性导致的低效率和间歇性是现有波浪能技术中的普遍问题[22]。目前，日本、英国、美国、德国、加拿大、中国等都在研究波浪能发电，日本、英国、挪威等国开发利用的水平较高。

解决波浪能发电的关键是波浪能转换装置[12]。波浪能发电装置按固定的位置来分，有海洋式波浪发电装置和海岸式波浪发电装置两种。按原理来分，有利用波浪上下运动直接转换成机械运动的；有利用波浪上下运动产生气流或水流去驱动涡轮发电的；也有利用波浪装置的摆动或转动产生气流或水流去驱动涡轮机发电；或把低压大波浪变成小体积高压水，然后引入高位水池产生水头带动涡轮机发电等。

通常情况下，人们采用三级转换的方式，即将大海波浪能吸收进来，再通过中间转换装置来优化第一级转换，并产生足够的能量，最后用这些能量来驱动发电装置发电。目前，气动式波浪能发电、液动式波浪能发电、蓄水波浪能发电是人们运用波浪能最多的三种方式。

气动式波浪能发电是利用波浪的起伏力量，均匀地把波浪能转换成气流能，以推动空气涡轮机发电。液动式波能发电装置是把波浪能转换成液压能，再通过液压电机发电。蓄水波浪能发电是利用气泵原理，使海浪“聚集”，并提高波浪的高度，以涌进岸边高处的蓄水池，再用高水头来冲击水轮电机发电。

风力产生的波浪中波浪能的潜力与随机波的有效波高有关。通常，在北纬10°和南纬10°之间的国家，该潜力为10～15 kW · m^{-1}。对于高纬度地区，潜力在20～70 kW · m^{-1} 之间变化。包括岛国在内的大多数国家都具备这种潜力。尽管与风能相比，来自波浪的能量可变性较小，但实际的波浪功率会不时地在季节之间发生变化。近海装置具有更高的潜力，因为深水波具有更高的能量。

在所有的波浪能转换设备中，振荡水柱设备是欧洲和亚洲许多国家最经常研究和测试的设备（图6-10）。

振荡水柱装置有一个浸入式开口，波浪通过该开口进入腔室，波浪使腔室内部的水位振荡并导致双向气流进出腔室。动力输出系统由空气涡轮机和发电机组成。已经开发了多种带整流阀和不带阀的涡轮机。涡轮机类型从威尔斯型到脉冲涡轮机不等。同样，也开发了不同类型的发电机/控制装置。在日本、挪威、英国、葡萄牙和印度建造的基于振荡水柱的工厂已经证明了用海浪发电的技术可行性。

下面列出了几种很有前途的波浪能设备（图6-11～图6-13）。海上设备主要由垂直起伏的水下浮标或多个铰接在一起的浮体组成。

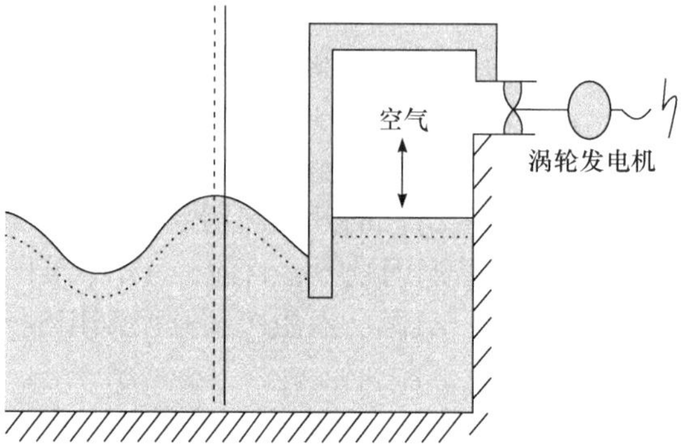

图 6-10 振荡水柱示意图[23]

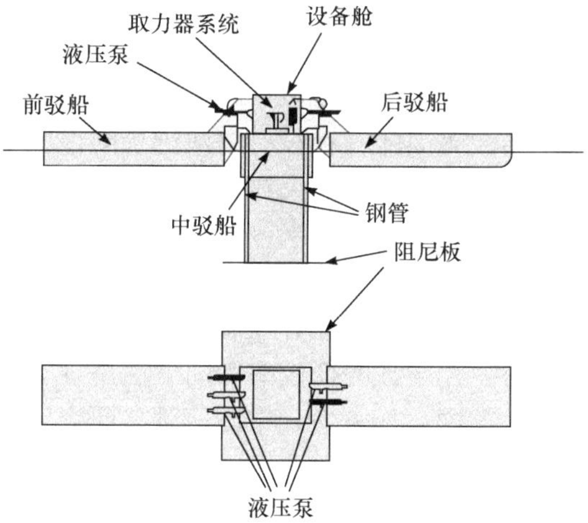

图 6-11 McCabe 波浪泵示意图[23]

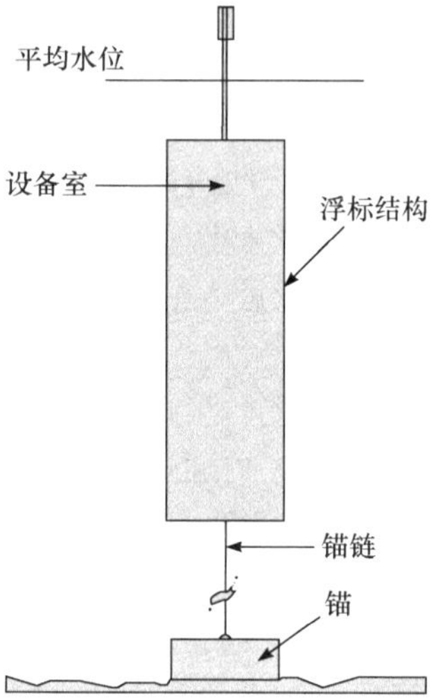

图 6-12 海洋动力技术波浪能转换装置示意图[23]

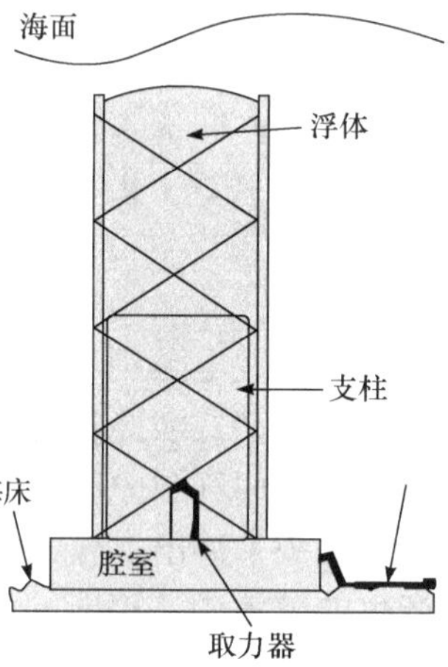

图 6-13 阿基米德波浪摆动装置示意图[23]

6.3.4 温差能

温差能（ocean thermal energy）是由于深部海水与表面海水温度差而产生的能量。太阳辐射能约有 80%被海水所吸收，仅有 5%的能量可以透入 5 m 以下的深处，1%的能量可以透过海面到达 10 m 以下的深处。因此，海水温度沿垂直方向是随深度逐渐下降的，在表层（海面至 60 m 深）26～27℃，60～300 m 为变温层，温度变化不大，而在 300 m 以下温度则降至 4℃左右。

温差能发电方式有三种：第一种是开放循环式，即将海水直接在低压下蒸发，产生蒸汽，推动涡轮发电机发电。第二种是封闭循环式，即利用海水上下温度差（超过 17℃）使低沸点工质（如氟利昂、氨等）产生蒸汽，再用蒸汽推动涡轮发电机发电。第三种是混合循环式，它具有以上两种发电方式的特点，且效率更高。由于海水温差不大，温差发电效率很低，一般只有 2%左右，目前还难以达到 4%以上。海洋热能转换中的小温差导致热力过程对温度和电力负荷等扰动具有高敏感性，需要有效的热力过程控制策略[24]。在建设海水温差发电站时还存在许多困难，如发电设备庞大，伸向海底深层的冷水管很长，技术难度大，同时还涉及耐压、绝热、防腐材料，以及热能的利用等许多问题[12]。

海洋的温度随着深度增加而下降，这种自然存在的温度梯度可以通过运行热机来发电。热机的基本原理是利用温度较高的海洋表层水沸腾工作流体，最终让工作流体通过涡轮机，在涡轮机中，工作流体在低温下被泵入深海进一步冷凝。海洋热能转换器使用大量的海水来产生足够的电力。

Sun 等[25]认为氨是海洋热能转换器中使用的有机兰金（Rankine）循环的更好选择，可以产生更大的净功率输出。Etemadi 等[26]指出，海洋热能转换系统会对环境造成一些重大威胁。他们强调了海水加热、有毒化学品释放、生物撞击进水网、生物被进水管夹带，以及由于大量排放混合温度的海水以及珊瑚和鱼类的高死亡率，形成了下沉的冷水羽流。

6.3.5　盐差能

盐差能（ocean salinity gradient power）源于海水的盐度梯度。海水属于咸水，它含有大量的矿物盐，而河水属于淡水。因此，当陆地河水流入大海的交界区域，咸淡水相混时就会形成盐度差和较高的渗透压力，淡水会向咸水方向渗透，直至两者盐度平衡，即当水压和盐水的潜在渗透压达到平衡时，渗透即会停止[15]。涡轮机是靠海水通过薄膜运动产生的动力来发电，这种动力通常被称为“渗透作用”，利用这种能量发电就是海洋盐差能发电。根据估算，全球可以开发利用的盐差能约有 26 亿千瓦。

盐差能发电最早是在 1939 年提出的。美国人还提出一种利用渗透压力式的盐差能发电方案。该方案是利用半透膜来分隔海水与淡水，淡水会通过半透膜向海水一侧渗透，海水一侧因水量增加而液面不断升高，利用这一原理可以使海水容器的水柱上升，从而形成势能。在容器中间开洞，使水喷出（或从溢流口流出），推动涡轮机发电。另一种设想是利用离子交换膜将海水和淡水隔开，产生电动势并导出电流[12]。

目前研究人员开发了以下几种典型的盐差能发电装置：

（1）渗透压能法发电装置：主要组件包括渗透管（半透膜组件）、淡水泵、淡水过滤箱、海水过滤箱、海水泵、大管套、电机、淡水调节箱、海水调节箱、涡轮机、发电机和导流罩。

（2）蒸压法发电装置：由反应室、发电机、淡水进口管、太阳能加热器、海水进口管、淋水式冷凝器、分隔板和汽轮机组成。蒸压法发电的最大优势是不需要使用渗透膜，这样避开了渗透膜有关的问题，但随着渗透膜成本的降低和性能的提升，无须渗透膜的优势也逐渐丧失，并且该种方法还存在装置太过庞大以及昂贵的缺陷。

（3）反电渗析法发电装置：包括阴、阳离子交换膜分隔而成的膜隔室组，设置于膜隔室组两侧的阳极电极室和阴极电极室，以及分别连接阳极电极室和阴极电极室的外部负载。该方法的核心是渗透膜，渗透膜材料的渗透性能、制造成本及使用寿命等决定了该发电装置的前景。并且该装置发电还存在成本高、设备投资大、能量转化率低、能量密度小等诸多问题。

对于盐差能发电膜材料，目前研究较多的有聚酰亚胺（PI）膜、电改性聚乙烯（PE）膜等材料，此外，还有一些新兴膜材料。例如，Janus 三维纳米多孔膜，被用作基于离子-整流效应的异质结构薄膜盐差能发电器件。在电场或化学梯度场下，该 Janus 膜在高盐环境下具有离子电流整流特性和阴离子选择性，展现出卓越的盐差能发电性能。研究人员制备出了利用天然的蚕丝与大规模生产的阳极氧化铝组装成异质结构复合膜，实现高性能离子交换功能。复合膜的性能优于单一的蚕丝膜以及氧化铝膜，而且盐差能量转换的能量密度达到了 2.86 $W \cdot m^{-2}$。

Norman[27]提出，盐差能发电技术的开发利用有可能破坏河口环境。Gerstandt 等[28]优化了该技术的核心，即膜。他们研究了薄膜复合材料膜和醋酸纤维素膜，发现两种类型都能达到令人印象深刻的 5 $W \cdot m^{-2}$ 膜性能的理论目标。

Jones 等[29]认为盐差能发电技术存在以下明显缺陷：①设备安装的成本高；②无法令设备达到理想的效率水平；③膜成本和膜效率都关系到能源成本；④膜本身易被污染。

尽管存在缺点，但建立这种技术的标志性位置将是工业区域，这些区域将大量低盐度的水排放到海洋中，使自然产生盐度梯度。

6.4 国内外发展现状和趋势

6.4.1 水力发电

1. 国内水力发电发展现状

我国有丰富的水能资源，理论蕴藏量为 6.9 亿千瓦，经济可开发装机容量近 4 亿千瓦，水电的战略地位显得非常突出。在我国电力需求增长的拉动下，我国水力发电行业进入快速发展期，水电发电量持续增长，从 2016 年的 10518 亿千瓦时，增长到 2022 年的 12020 亿千瓦时。

伴随我国水电建设与水电技术的快速发展，小型水电站逐渐暴露出诸多问题。例如，电站自动化水平和效率较低，难以保证生态流量下泄，对河流生态环境影响较大。目前，我国小型水电站发展已受到严格控制，对一些小型水电站已进行相关的改造与技术升级，对于不符合要求的电站已经及时进行关停。

由于国家“西部大开发”战略和“西电东送”战略的实施，我国水电在装机容量与发电量、电站设计施工、水电设备制造与电站运行管理等方面得到了全面发展，为今后大型水电站的开发建设打下了良好基础。如今，我国水电建设呈现出流域梯级开发的趋势，大渡河中下游、雅砻江中下游、金沙江中下游等梯级群开发已逐渐形成规模，流域梯级“群”的综合效益逐渐显现。

国家能源局发布的“十四五”水电发展规划的主要目标是推动水电的高质量发展，提升水电在能源结构中的作用，并助力我国碳达峰和碳中和目标。到 2025 年将水电装机容量增加到约 38000 万千瓦，其中包括大型水电站和抽水蓄能水电站。要科学有序推进大型水电基地建设，特别是在西南地区如四川、云南等地的重点水电基地，以提高能源供应的稳定性和可靠性。积极推进大型水电站优化升级，发挥水电调节潜力。充分发挥水电既有调峰潜力，在保护生态的前提下，进一步提升水电灵活调节能力，支撑风电和光伏发电大规模开发。在中东部及西部地区，适应新能源的大规模发展，对已建、在建水电机组进行增容改造。推进水电与其他可再生能源的协调发展，探索水电与风电、太阳能等形式的综合利用，提高能源利用效率。做好生态环境保护，推动可持续发展，保护水域及周边生态系统，减少对生态环境的不良影响。

水力发电建设初期，水电站设备的开启或关闭需要人工操作完成。随着电力科学技术不断发展和计算机监控水平提高，水电站综合自动化水平也逐步提升，目前大中型电站基本实现中控室现场控制和集控中心远程控制。未来，水电站逐步实现少人值班，最后将达到无人值班（或少人值守）的目标。

水力发电是技术成熟且可大规模开发的清洁可再生能源。我国水电资源蕴藏量居世界首位，积极开发水电不仅是有效降低温室气体排放的重要途径，还是应对气候变化、推进节能减排、实现可持续发展的重要措施[30]。促进水电可持续发展需要根据项目所在区域经济社会发展的需求，结合流域水资源水能资源特点和工程具体情况，开展重大关键技术研究，在建设过程中解决工程建设的可行性、可靠性、经济性和协调性等问题。在工程运行中，要通过梯级联合调度，最大限度发挥工程的作用，取得预期的工程效益。加强安全监测评估、设施设备运行管理及维护，解决水库泥沙淤积、大坝健康状态诊断及消缺补强修复，延长其使用寿命，确保其永续利用。

2. 国外水力发电发展现状

全球水电开发程度按照年均发电量计算，约占技术可开发量的 27.3%。分地区看，欧洲、北美洲国家水电开发程度较高，增长潜力有限。非洲以及除中国以外的南亚及东南亚地区水电开发程度较低，开发潜力大。南美洲基本与全球平均水平持平。总体而言，全球水能资源开发程度不高，未来还有很大的发展空间。

受地理环境和气候条件影响，全球水能资源分布很不均匀。从技术可开发量分布来看，亚洲占比为 50%，南美洲 18%，北美洲 14%，非洲 9%，欧洲 8%，大洋洲 1%。国际水电协会发布 2022 年全球水电状况报告，报告显示全球水电开发稳步增长，但远低于实现净零排放所需增速。2022 年，全球水电装机容量增长 2.2%，新增 34 GW，高于 2021 年的 26 GW，总装机容量累计达到 1393 GW。抽水蓄能电站新增超过 10 GW。预计到 2035 年，全球水电装机容量将达到 1750 GW，年发电量 6100 TWh。全球新增水电装机约 480 GW，开发率达 38.6%；2050 年，水电装机容量将达 2050 GW，2035～2050 年，新增装机容量 300 GW。要实现 2050 年的目标，水电装机容量年均增长估计将达到 2.0%。在未来更长的时间里，全球水电开发仍具有相当的潜力。

6.4.2　海洋能

1. 中国海洋能发展现状

总体而言，我国海洋能开发起步较早，但一定时期内发展速度较缓。2010 年，中央财政设立海洋可再生能源资金，从示范工程、关键技术装备产业化、新技术研究试验以及公共支撑服务体系建设等方面予以重点支持，有力推动了我国海洋能发展。

近年来，我国海洋能技术实现了跨越式发展，海洋能资源利用整体水平显著提升。其中，浙江潮汐能发电项目采用总成平台和涡轮机模块化集成方式，可根据海底地形和水深条件灵活布置涡轮机，提升了对海洋能集约利用的能力和机组可靠性及可维护性。该项目总装机已达 1.7 MW，连续运行时间超过 41 个月，累计发电量超 195 万千瓦时，均居国际前列。

我国潮汐能装机规模不断扩大，已具备规模化开发能力。截至 2019 年底，全国潮汐能电站总装机达 4350 kW，累计发电量超 2.38 亿千瓦时。此外，我国波浪能应用领域不断扩展，已处于国际先进水平。目前已有超过 40 台装置完成了海试，最大单机功率达 500 kW。

2019 年 6 月，全球首台半潜式波浪能养殖网箱“澎湖号”完成交付，并在渔业养殖基地开展养殖示范。“澎湖号”可为海水养殖活动提供 120 kW 的绿色电力以及超过 1 万立方米养殖水体，获得国内外多个意向性订单，已具备产品化推广能力。2020 年 6 月，自然资源部支持的“南海兆瓦级波浪能示范工程建设”项目首台 500 kW 鹰式波浪能发电装置“舟山号”正式交付中国科学院广州能源研究所，该装置是我国单台装机功率最大的波浪能发电装置。

如今，我国已成为世界上少数具备规模化开发利用海洋能资源能力的国家。海洋能产业发展公共支撑服务体系已经初步建立，一批企业进军海洋能产业，产学研紧密结合的海洋能开发队伍初步形成。我国已加入国际能源署海洋能系统技术合作计划，与多个国家签订海洋能开发合作协议，我国在海洋能领域的国际影响力显著提升。

2. 世界海洋能发展现状

海洋能目前虽仍属于海洋新兴产业，但是以潮汐能和波浪能技术最为先进，在不同国家和地区都具有巨大潜力。2022 年，全球海洋能总装机容量 530 MW，其中大部分位于欧洲（55%）、亚太地区约占 28%，中东和非洲为 13%。

2021 年 7 月，位于威尔士安格尔西海岸的 Morlais 潮汐能项目通过当地政府的审批，Morlais 项目是“北威尔士增长协议”中首批启动的 5 个低碳能源项目之一，将在安格尔西海岸建设潮汐能试验场，面积 35 km^2，最大装机容量 240 MW，总投资 3500 万英镑，旨在将北威尔士定位成低碳能源领域的前沿，并推动到 2050 年实现净零排放目标。2021 年 5 月，瑞典 CorPowerOcean 公司在斯德哥尔摩建成了世界上最大的波浪能测试平台，该测试平台最大可为装机 7.2 MW 的波浪能发电装置提供测试。该平台的建成，为葡萄牙海岸安装的第一个全比例波浪能发电装置提供测试。2021 年 6 月，美国 C-Power 公司的 SeaRAY 波浪能自主海上电力系统在美国国家可再生能源实验室进行最终验证。该系统旨在支持水下航行器、传感器等需要无人操作的海上活动。实验室测试完成后，该系统将在美国夏威夷海域开展示范，最后安装在位于瓦胡岛的夏威夷海军陆战队基地附近的美国海军波浪能试验场，目的是推动美国国防安全、海洋能开发、水产养殖以及科学研究等关键行业的创新。2021 年，欧洲波浪能计划发起首轮招标，所有符合条件的波浪能研发机构均可参与竞标。该计划由苏格兰波浪能源公司（Wave Energy Scotland，WES）、巴斯克能源机构（EVE）和欧洲海洋能源公司（Ocean Energy Europe，OEE）发起，为期五年，总经费投入近 2000 万欧元，目的是分阶段对波浪能技术从概念到最后海上测试进行支持，选出最有前景的波浪能技术进行项目示范，从而推动波浪能的商业化。2021 年 7 月，苏格兰波浪能计划投资 180 万英镑，用于波浪能发电装置快速连接和拆解系统的研发，目的是降低运维成本，提高海上作业的安全性。Apollo 公司利用连接器将发电装置与系泊系统连接起来，并控制其连接与拆解；而 Blackfish 公司则控制发电装置与浮标系统的连接和拆解；Quoceant 公司主要承担模块化的配置工作和连接工作，能够在波浪能和潮汐能中广泛应用。2021 年 7 月，芬兰 Wello 公司在西班牙巴斯克地区 BiMEP 海洋能测试中心布放了 600 kW 的“企鹅”波浪能发电装置，计划持续运行两年。在此期间，Wello 公司将进行多项测试，以全面验证其波浪能技术。“企鹅”波浪能发电装置长 44 m，该项目旨在优化“企鹅”技术的安装程序和可操作性，并展示类似合作的竞争优势。

2021 年 7 月，美国能源部宣布为 7 个水电及海洋能项目提供 810 万美元资金支持。美国能源部水能技术办公室从第一阶段计划支持的项目中择选出具备市场潜力的水电及海洋能小企业进入到第二阶段，继续推进其技术可行性研究。其中海洋能相关项目如下：①一种经济高效的小型自适应波浪能发电装置，可以根据周围环境优化其功率输出，可用于科研和国防应用。这将有助于开发可在水下中长期运行且不受电力限制的可再生能源动力系统。②自动水下航行器波浪能充电系统，未来将应用到军事监测活动中，增强防御及监测能力。③利用紧凑型波浪能转换器发电为海洋生化传感器供电，以减少生物附着。④波浪能驱动的海洋观测浮标，该项目将设计一种点吸收式波浪能装置，可使浮标功率提高 2 倍。⑤一种紧凑型集成电源转换器，体积小巧，可提供适用于大型海上可再生能源应用的超导发电机等装置所需的高波形电能。其模块化和可扩展的功率调节系统将利用宽带隙半导体材料和功率器件制造技术减小装置尺寸和重量，从而降低运输、安装及维护成本。

2022 年 9 月，爱尔兰 GKinetic Energy 公司在斯特兰福德湾完成了装机容量为 12 kW 的潮流能机组示范，在各种环境和天气条件下对装置进行了充分评估。装置兼具移动性和灵活性，能够实现快速交付和部署，新的混合叶片节距控制设计能够使设备自启动，提高了发电效率。2022 年 10 月，法国 Sabella 公司与印尼国家电力公司建立战略合作伙伴关系，签署潮流能开发协议，共同开展潮流能阵列开发可行性研究，以加快印度尼西亚的能源转型计划。法国 Sabella 公司拥有多种型号的潮流能机组，目前布放在法国海域，并实现并网发电。2022 年 9 月， Sigma Energy 海洋能公司在亚得里亚海布放了一个全比例波浪能装置，该全比例装置装机容量为 30 kW，属于点吸收式装置，能够利用专有的圆形浮子吸收波浪能，浮子底部采取开放设计，并装有单向阀系统，能够保持适当的重量，使浮子在极端海况下保持稳定。

近十年来，欧盟已在潮汐能和波浪能领域投入超过 26 亿欧元，全球约 50%的潮汐能企业、45%的波浪能企业以及一半以上的海洋能试验场都位于欧洲。根据欧盟发布的《海上可再生能源战略》，海洋能到 2025 年装机将达到 100 MW。爱尔兰、葡萄牙和西班牙在其国家能源和气候计划中设定了到 2035 年总计 230 MW 的海洋能装机目标。根据目前宣布的项目计划，预计到 2025 年全球海洋能装机将达到 2.5 GW，到 2030 年将达到 10 GW。关于海洋能技术的研究和开发主要由欧盟及其成员国在欧洲进行。这些研究改进了可用技术和海洋能源的政策及规划程序。国家和国际政策制定者需要专注于成功建立海洋能源市场，其中包括鼓励利用潮汐能并帮助实施提高研究和技术水平的战略的激励措施，还需鼓励公司企业专注于开发和安装海洋能技术。

鉴于海上可再生能源在能源转型中的重要性，意大利作为 2021 年 G20 峰会轮值主席国，委托国际可再生能源署分析并制定海上可再生能源行动议程以促进全球海上可再生能源发展。国际可再生能源署于 2021 年 7 月发布了关于《海上可再生能源：部署行动议程》的报告。该报告表示，促进海上可再生能源发展可加速能源转型，使 G20 国家能够建立有弹性和可持续性发展的能源体系。报告中列举了 G20 国家在制定海上可再生能源国家战略时可以采取的 50 项具体行动方案。建议采取的行动包括根据联合国海洋法加强海洋治理，将海上可再生能源纳入国家海洋空间规划以及水下电缆和电网等基础设施的早期规划。报告指出，制定政策框架、加强国际合作和加大研发投入是推动全球海上融资的重要途径，并建议在 G20“金融轨道”内促进海上可再生能源领域融资。国际可再生能源署称，由海上可再生能源推动的蓝色经济也有助于岛屿和沿海国家实现《巴黎协定》和 2030 年可持续发展议程的国家战略目标。截至目前，G20 拥有超过全球 80%的海上可再生能源装机容量，海上风能装机容量占全球的 99.3%。根据国际可再生能源署预测，未来几十年海上风能、海洋能和漂浮式光伏发电将大规模增长。例如，到 2030 年，全球海上风能装机将从目前的 34 GW 增加到 380 GW；到 2050 年，全球海上风能装机将超过 2000 GW，海洋能将达 350 GW。

2023 年 3 月，欧洲海洋能组织发布了《2022 年海洋能产业发展趋势和统计数据》报告。根据统计，截至 2022 年底，欧洲潮流能发电量累计达 8060 万千瓦时，相比 2021 年增加了 1260 万千瓦时。自 2021 年以来，潮流能累计装机 30.2 MW，波浪能累计装机 12.7 MW。欧盟委员会在《海上可再生能源战略》中设定了 2025 年 100 MW、2030 年 1000 MW 和 2050 年 40000 MW 的目标。

3. 海洋能开发面临的问题

目前，世界海洋能的蕴藏量约为 750 亿千瓦，潮汐和海洋热能转换器主要分布在欧洲和亚洲；波浪能主要分布在欧洲、南非、中南美洲；盐差能则以欧洲为主[31]。

海洋中产生的水动能（海洋可再生能源），如从潮汐、洋流、海浪、温度和盐度梯度中获取的水动能，具有巨大的发电潜力。事实上，海洋能源的收集技术还没有发展完全，需要的设备类型有很多（波浪、潮汐、洋流、热力），以及有许多可选择的地点（偏远、大都市、近海、近岸）。因此，很可能在不久的将来，在全世界范围内海洋能设备的数量将大幅增加[32]。当这种情况发生时，应监测、减轻并将环境影响保持在最低限度，以减少与风险相关的不确定性[33-34]。换句话说，虽然新技术前景广阔，但其发展伴随而来的环境问题也需要解决[35-36]。

随着对海洋能开发的进行，人们需要标准化的方法和指标，以监测基线条件以及任何人为和气候变化对生物多样性、生态系统功能和生态系统服务的影响[37]。因此，了解项目场地的环境基线（包括物理、地貌、化学和生物特征），同时处理自然环境和能源生产设备之间的关系是有必要的。这方面的知识将有助于制定为尽量减少新技术的环境影响所需要的监测方法和缓解战略。至关重要的是，要确定能从海洋中产生多少能源，并选择海洋和沿海生态系统的功能不会受到新技术巨大影响的位置和条件，因为沿海生态系统是在气候变化面前保护海岸的根本。

海洋能发电技术潜在的环境影响在很大程度上是未知的，想要完全探明必须经历一个复杂的过程，原因如下：①自然地理环境、人类住区的存在和适当地点的位置差别很大；②海洋、沿海和陆地栖息地等可能受到潜在影响的栖息地、生态系统、物种和食物网非常多样化；③海洋和海岸是动态的，在空间上具有异质性，因此影响和缓解策略可能只针对特定地点；④由于有许多新技术，它们与环境（水动力、地貌、化学、生物、生态和社会经济）的相互作用也是多重的。此外，评估海洋可再生能源的环境影响、确定监测时限和缓解影响的理论背景和方法战略也仍处于初级阶段[38]。

Boehlert 和 Gill[39]提出了一个评估海洋能量环境效应的理论框架，包括不同时间和空间尺度的潜在影响，并考虑了应激源（因素）和受体（结果）。虽然这一理论框架是一个很好的起点，但要有效评估并减弱海洋能发电设备的潜在环境影响，还有很多工作要做。如果线性地考虑因果关系并使用有限的变量集，则可能出现副作用。在海洋能源收集和环境影响等复杂系统中，因果关系通常是间接的，并且随时间和空间的变化而变化。此外，海洋能源生产可能对环境产生负面影响（如栖息地退化和物种丧失）或正面影响（使用海洋可再生能源装置保护地点）。如果环境条件得到改善，海洋可再生能源的部署也可能有利于减缓气候变化，从而促进海洋能源生产。

总之，海洋能的利用虽然问题很多，难度很大，但是随着人类科学技术的不断发展，作为一种蕴藏量很大、清洁、可再生的新型能源，其前景是十分广阔的。人类解决未来能源的希望也许就在海洋。

文献导读

1. 基于碳-水-能源-生态系统关系的水电站优化

水力发电厂通常被认为是满足日益增长的能源需求的一种气候友好型方法，而来自水库的温室气体及其对生态系统的巨大影响不容忽视。该研究有助于基于碳-水-能源-生态系统关系的水电站多目标优化，拟议的框架可用于全球面临类似挑战的水力发电厂的优化。

【参考文献】 Liu X C, Xiao S J, Pan H Y, et al. 2022. Optimizing hydropower plants based on carbon-water-energy-ecosystem nexus[J]. Energy Conversion and Management, 270: 116191.

2. 用于海洋能量收集的固-固接触摩擦纳米发电机的研究进展

海洋能广泛分布于世界各地，是最有发展前景的可再生能源之一。摩擦纳米发电机在从低频水波运动中收集能量方面比电磁发电机具有明显的优势。该综述总结了固-固接触摩擦纳米发电机在海洋能领域的应用前景和挑战，提出了固-固接触摩擦纳米发电机收集海洋能的结构设计创新方向。

【参考文献】 Zhai H, Ding S, Chen X Y, et al. 2023. Advances in solid-solid contacting triboelectric nanogenerator for ocean energy harvesting[J]. Materials Today, 65: 166-188.

知识拓展

1. 中国第一座水电站——石龙坝水电站

1910 年，石龙坝水电站开工建设，于 1912 年建成。石龙坝水电站拉开了中国人开发水利资源的序幕。抗日战争期间，石龙坝水电站是昆明地区唯一的发电站。如今，这座水电站化身为一座博物馆，向人们展示着它见证的历史。

2. 世界第一大水电站——三峡水电站

三峡水电站，即三峡工程，位于中国湖北省宜昌市，是目前世界上最大的水电站，也是中国历史上最大的建设项目。该项目始于 1994 年，于 2009 年完成。共安装水电机组 32 台，单机容量 70 万千瓦，总装机容量 2240 万千瓦。

思 考 题

1. 简述水电能源的定义、特点及性质。
2. 什么是水电技术？有什么特点？
3. 简述水电站的类型。
4. 什么是海洋能？具有什么特点？
5. 海洋能可分为哪些种类？
6. 开发海洋能有什么重要意义？
7. 潮汐能发电的原理是什么？
8. 常见的波浪能发电装置有哪些类型？分别有什么特点？
9. 温差能的发电方式有哪些？
10. 盐差能发电有哪些优缺点？

参 考 文 献

[1] 张庆杰. 水能——可再生能源的开发应用前景[J]. 石河子科技, 2009, 34(2): 5-6.

[2] 汪建文. 可再生能源[M]. 北京: 机械工业出版社, 2012.

[3] 许臻. 中国古代水能利用研究[D]. 南京: 南京农业大学, 2009.

[4] Killingtveit Å. 15-Hydroelectric Power // Future Energy[M]. 3rd ed. Amsterdam: Elsevier, 2020.

[5] Global Energy Assement Writing Team. Global Energy Assessment: Toward a Sustainable Future[M]. Cambridge: Cambridge University Press, 2012.

[6] Edenhofer O, Pichs-Madruga R, Sokona Y, et al. Renewable Energy Sources and Climate Change Mitigation[M]. Cambridge: Cambridge University Press, 2011.

[7] Pelin T, Elcin K, Emre A. Development of a site selection methodology for run-of-river hydroelectric power plants within the water-energy-ecosystem nexus[J]. The Science of the Total Environment, 2023, 856(2): 159152.

[8] Gagnon L. Civilisation and energy payback[J]. Energy Policy, 2008, 36(9): 3317-3322.

[9] Osman A I, Chen L, Yang M, et al. Cost, environmental impact, and resilience of renewable energy under a changing climate: a review[J]. Environmental Chemistry Letters, 2023, 21(2): 741-764.

[10] Hamududu B, Killingtveit A. Assessing climate change impacts on global hydropower[J]. Energies, 2012, 5(2): 305-322.

[11] Milly P C D, Dunne K A, Vecchia A V. Global pattern of trends in streamflow and water availability in a changing climate[J]. Nature, 2005, 438(7066): 347-350.

[12] 周善元. 21 世纪的新能源——海洋能[J]. 江西能源, 2002, 19(1): 38-41.

[13] Heilig B. Lunar modulations[J]. Nature Physics, 2023, 19(4): 467-468.

[14] Khan N, Kalair A, Abas N, et al. Review of ocean tidal, wave and thermal energy technologies[J]. Renewable and Sustainable Energy Reviews, 2017, 72: 590-604.
[15] Shaw S. Ocean: A vast reserve of renewable energy[J]. Journal of Physics: Conference Series, 2021, 1834(1): 012017.
[16] Adcock T A A, Scott D, Willden R H J, et al. The fluid mechanics of tidal stream energy conversion[J]. Annual Review of Fluid Mechanics, 2021, 53(1): 287-310.
[17] Prandle D. Simple theory for designing tidal power schemes[J]. Advances in Water Resources, 1984, 7(1): 21-27.
[18] Rourke F O, Boyle F, Reynolds A. Tidal energy update 2009[J]. Applied Energy, 2010, 87(2): 398-409.
[19] Ferro B D. Wave and tidal energy[J]. Refocus, 2006, 7(3): 46-48.
[20] Reikard G, Pinson P, Bidlot J R. Forecasting Ocean wave energy: the ECMWF wave model and time series methods[J]. Ocean Engineering, 2011, 38(10): 1089-1099.
[21] Özger M. Prediction of ocean wave energy from meteorological variables by fuzzy logic modeling[J]. Expert Systems with Applications, 2011, 38(5): 6269-6274.
[22] Cai Y Q, Huo Y Q, Shi X Y, et al. Numerical and experimental research on a resonance-based wave energy converter[J]. Energy Conversion and Management, 2022, 269: 116152.
[23] Ravindran M. Ocean energy[J]. Proceedings of the Indian National Science Academy, 2015, 81(4): 983-991.
[24] Fan C C, Wu Z, Wang J D, et al. Thermodynamic process control of ocean thermal energy conversion[J]. Renewable Energy, 2023, 210: 810-821.
[25] Sun F M, Ikegami Y, Jia B J, et al. Optimization design and exergy analysis of organic Rankine cycle in ocean thermal energy conversion[J]. Applied Ocean Research, 2012, 35: 38-46.
[26] Etemadi A, Emdadi A, Asefafshar O, et al. Electricity generation by the ocean thermal energy[J]. Energy Procedia, 2011, 12(10): 936-943.
[27] Norman R S. Water salination: a source of energy[J]. Science, 1974, 186(4161): 350-352.
[28] Gerstandt K, Peinemann K V, Skilhagen S E, et al. Membrane processes in energy supply for an osmotic power plant[J]. Desalination, 2008, 224(1-3): 64-70.
[29] Jones A T, Finley W. Recent development in salinity gradient power[C]. Proceedings of the OCEANS 2003. Celebrating the Past Toward the Future, 2003.
[30] 任海波, 钟杰, 彭梁, 等. 我国水力发电的历史与发展[J]. 南方农机, 2019, 50(2): 225.
[31] Martínez M L, Vázquez G, Pérez-Maqueo O, et al. A systemic view of potential environmental impacts of ocean energy production[J]. Renewable and Sustainable Energy Reviews, 2021, 149: 111332.
[32] Waggitt J J, Scott B E. Using a spatial overlap approach to estimate the risk of collisions between deep diving seabirds and tidal stream turbines: A review of potential methods and approaches[J]. Marine Policy, 2014, 44: 90-97.
[33] Hammar L, Gullström M, Dahlgren T G, et al. Introducing ocean energy industries to a busy marine environment[J]. Renewable and Sustainable Energy Reviews, 2017, 74: 178-185.
[34] Cisneros-Montemayor A M, Ducros A K, Bennett N J, et al. Agreements and benefits in emerging ocean sectors: are we moving towards an equitable Blue Economy?[J]. Ocean & Coastal Management, 2022, 220: 106097.
[35] Henkel S K, Conway F D L, Boehlert G W. Environmental and human dimensions of ocean renewable energy development[J]. Proceedings of the IEEE, 2013, 101(4): 991-998.
[36] Panwar N L, Kaushik S C, Kothari S. Role of renewable energy sources in environmental protection: A review[J]. Renewable and Sustainable Energy Reviews, 2011, 15(3): 1513-1524.
[37] Bravo M E, Brandt M I, van der Grient J M A, et al. Insights from the management of offshore energy resources: Toward an ecosystem-services based management approach for deep-ocean industries[J]. Frontiers

in Marine Science, 2023, 9: 994632.

[38] Mendoza E, Lithgow D, Flores P, et al. A framework to evaluate the environmental impact of OCEAN energy devices[J]. Renewable and Sustainable Energy Reviews, 2019, 112: 440-449.

[39] Boehlert G, Gill A. Environmental and ecological effects of ocean renewable energy development: A current synthesis[J]. Oceanography, 2010, 23(2): 68-81.

第7章 可再生能源物理储能科学与技术

在资源短缺和环境恶化的双重压力下，传统能源发展受到一定限制，新能源技术在政策支持下迅速发展。随着物理储能在储能系统中所占份额的增加，物理储能技术也经历了长足的发展与创新。先进的物理储能技术已成为调峰调频、构建智能电网以及保障间歇式新能源入网的关键核心技术之一，在发电、输电、配电和用电的四个互联环节中发挥重要作用。物理储能技术可以提高供电安全性、保证性能质量。不同应用场景对物理储能设备有不同的要求，物理储能技术需要多样化发展以满足不同场景的储能需求。

科学之窗

2021年12月30日，世界上规模最大的抽水蓄能电站、国家电网丰宁抽水蓄能电站投产发电。国网丰宁抽水蓄能电站位于河北省承德市丰宁县，规划安装12台单机容量30万千瓦机组，总装机360万千瓦，总投资192亿元，是目前世界上装机容量最大、储能能力最强、单体地下厂房规模和洞室群规模最大的抽水蓄能电站。工程还首次实现抽蓄电站接入柔性直流电网，首次在国内采用大型变速抽水蓄能机组技术，首次系统性攻克复杂地质条件下超大型地下洞室群建造关键技术，为抽水蓄能高质量发展提供了工程示范。丰宁抽水蓄能电站是助力北京冬奥会实现碳中和的重点工程，是践行绿色办奥理念的一张亮丽名片。首批2台机组投产发电后，助力所有冬奥场馆绿色用电；全部机组投产发电后，能够显著提升华北电网灵活调节能力，促进张北新能源开发利用，保障电力安全可靠供应，有效减少京津冀地区碳排放，同时还将带动旅游、促进就业、增加地方财政收入，综合效益十分显著。基于国家能源系统的发展历程和能源产业长期发展趋势，电网公司目前承担着国家抽水蓄能开发的主要任务。当前抽水蓄能电站的发展模式促进了抽水蓄能电站的健康有序发展。

7.1 物理储能战略需求

当前世界正在展开全新的能源技术革命，实现能源结构多元化，完善储能格局。建设绿色、低碳、清洁、有效、安全的能源系统是世界能源发展的主要方向。中国能源生产与消费总数量都居世界前端，但是依然存在能源结构不科学、能源使用效率较低、可再生能源使用比重低、能源安全使用水平低等问题。物理储能能够为高压传输电网工作供应调峰、调频、替补使用、黑开启、需求反应支撑等多类综合服务，提高电力系统的多样性、适用性与稳定性，可明显提升风、光等可再生能源的使用效率与消纳水平，推动能源生产消费公开共享与灵活交易、完成多能联合，是建设能源互联网，改善提升电力机制与推动能源新业态发展的关键基础。中国对物理储能的发展十分关注，国家能源局、科学研究院、各级地方性政府等都对物理储能的发展展开重要布局，如表 7-1 所示。

表 7-1 我国物理储能相关的战略规划与指导意见

名称	重点任务
1.《关于促进储能技术与产业发展的指导意见》	10 MW/100 MWh 级超临界压缩空气储能系统、10 MW/1000 MJ 级飞轮储能阵列机组、大容量新型熔盐储热装置、应用于智能电网及分布式发电的超级电容电能质量调节系统等
2.《能源技术革命创新行动计划（2016—2030 年）》	太阳能光热高效利用高温储热技术、分布式能源系统大容量储热（冷）技术，面向电网调峰提效、区域供能应用的物理储能技术，面向可再生能源并网的储能技术
3.《能源技术创新“十三五”规划》	10 MW/100 MWh 先进压缩空气储能系统示范、2.5 MW/5 MJ 高温超导储能装置研制、新型高效储能材料技术开发
4.《能源生产和消费革命战略（2016—2030）》	发展抽水蓄能技术，推进飞轮、高参数高温储热、相变储能、新型压缩空气等物理储能技术的研发应用

7.2 主流物理储能技术

物理储能总体规模大、运营费用少、时间长、环境友好，具备广阔的使用前景与发展实力。物理储能技术一般包含主流物理储能技术与新兴物理储能技术两大类。主流物理储能技术发展时间久，使用较为广泛，通常包含抽水蓄能、压缩空气储能、飞轮储能。

7.2.1 抽水蓄能

1. 发展历程

抽水蓄能（pumped-storage hydroelectricity or pumped hydroelectric energy storage，PSH 或 PHES）是目前成熟度最高、经济效益最佳的大型蓄能技术，其突出优点是规模大、使用寿命长、运行成本低。全球第一座抽水蓄能电站于 1882 年在瑞士建设，大型开发始于 20 世纪 50 年代。

抽水蓄能主要经历了四个阶段的发展：20 世纪上半叶，抽水蓄能电站发展缓慢。抽水蓄能电站的重要定位目标是通过蓄水应用调控普通水力发电站发电的季节周期性不均衡，通常都是汛期蓄水与枯水季节时期发电。20 世纪 60 年代至 80 年代，美国、日本、欧美国家等陆续建设了大量核反应发电站，大幅增加了电力输出，同时也带来了很大的调峰需求。为了配合核电的工作，这一阶段各个地区国家建设更多的抽水蓄能电站，核反应发电站与抽水蓄能电站的建设维持了一致。这一阶段是抽水蓄能电站建设蓬勃发展的黄金阶段。抽水蓄能电站主要担负调峰、储存电能的功能。1990 年世界抽水蓄能装机设备容积实现 83 GW，30 年时间里，装机设备容积增加近 23 倍。

20 世纪 90 年代至 21 世纪初期，抽水蓄能电站发展步入成熟阶段，增加速率开始减缓，这是因为欧美国家经济增长速率减缓，造成电力载荷增加放慢。同时，天然气传输管网快速发展，液化天然气（liquefied natural gas，LNG）与液化石油气（liquefied petroleum gas，

LPG）电站迅速增长，也占据部分抽水蓄能电站的发展分布空间。21世纪之后，伴随着新能源的飞速发展，抽水蓄能电站以其灵活熟练的调控特征成为保障风能、太阳能等难以监控新能源发电的主要应用方式。抽水蓄能电站的策划与建设再一次进入国家策划发展范畴。迪诺威克抽水蓄能电站位于英国北威尔士圭内斯诺登国家公园附近，装机容量为1800 MW。它是英国最大的抽水蓄能电站，也是欧洲最大的抽水蓄能电站之一。其抽水蓄能响应速度是世界上最快的，能够在10 s内向电网提供1320 MW的电力。电站满足蓄能和释能的循环要求，效率为78%。在美国，当前大概有150座抽水蓄能电站在工作，总装机设备容积超过25 GW，抽水蓄能占据总发电量的2.5%。欧盟国家抽水蓄能电站供应的电能估测占据欧盟国家所需电能的5%。全球的抽水蓄能设备设施总发电总量超过90 GW，占全球发电总量的30%。国际可再生能源机构的相关研究也体现了各国建设抽水蓄能的展望，在全球可再生能源组织机构的报道《电力储存与可再生能源：2030年的成本与市场》中指出，到2030年世界抽水蓄能装机容量将增加40%～50%。

中国在20世纪60年代才逐渐开启发展抽水蓄能，虽然开启较晚，但起点较高。广州蓄能水电厂总装机设备容积达到了2400 MW，是中国自主综合系统设计与建设施工的第一座高水头、大体积容量的抽水蓄能站。我国抽水蓄能的发展主要经历了三个阶段：在20世纪60年代末开启了抽水蓄能的研究分析与开发应用，先后在岗南（11 MW）与密云（22 MW）施工建造了两座微型抽水蓄能电站。引进与发展阶段：20世纪80年代，中国经济进入高速发展阶段，能源负荷的峰谷差不断加大。为了满足能源发展的需要，投资建设抽水蓄能电站势在必行。河北潘家口水力发电工作站从外国引入了三台90 MW抽水蓄能设备机组，并相继投产，揭开了中国抽水蓄能强劲发展和建设的新篇章。在20世纪90年代和21世纪初，20多个大中型抽水蓄能电站相继在华北、华东、华南建成，现阶段，抽水蓄能电厂的单机容量和装机容量已达到较高水平，但抽水蓄能电厂的建设和生产所需部件均以进口为主。

自主开发阶段：为满足适合新能源与特高压传输工作电网的迅速发展，打造抽水蓄能开发工作新高峰，在"十二五"和"十三五"期间，河北丰宁、安徽鸡西等抽水蓄能电站建设已共同启动。抽水蓄能电站需要大规模建设，根据"十三五"能源发展规划的要求，预计到2025年，中国抽水蓄能电站总装机容量将达到90 GW左右，经国家能源局批准，福建、海南等22个省（区）59个电站的抽水蓄能电站选址规划，我国新一轮抽水蓄能电站选址规划基本完成。经过五十多年的发展，我国于2016年6月建成了浙江仙居抽水蓄能电站，这是我国第一台完全独立综合系统设计、生产、安装和运行的抽水蓄能设备，代表我国破除外国的技术垄断，全面掌握大规模抽水蓄能电站的高精尖专业应用技术和配套系统技术，实现由弱到强的根本性跨越，彻底突破技术瓶颈。在设计、运行、维护和管理方面积累了丰富而宝贵的经验，形成完整的技术体系。目前我国抽水蓄能工程通过不断引进、消化、吸收和创新，已达到世界先进水平。

2. 传统抽水蓄能技术应用

抽水蓄能有发电与抽水两大类运行工作模式，通过这两种操作模式，可以适应不同的工况。发电、输电和用电是同时进行的，在电力需求快速变化的情况下无法正常储存。通常白天的用电量很高，而在下半夜用电量大幅下降，在这种情况下，发电系统必须在用电量高的时期高负荷运转，在用电量低期间须降低发电功率，甚至暂时关闭。所以需要采取一些必要措施，根据能源需求协调相关发电装置的使用。建设抽水蓄能电站可以间接储存电能，有利于解决用电需求高峰期与低谷期之间的矛盾。传统的抽水蓄能需要建造于上下之间具有高度差的两座水库，如果用电量较低，剩余的电能则会用于抽回下游水库的水到上游位置，这一过程中电能转化为机械能，机械能再转化为势能。当用电量较高时，抽水蓄能电站会从上游水库释放水到下游水库，水会驱动发电机发电，补充电网所需电能，降低用电高峰期的供电压力，工作原理如图 7-1 所示。抽水蓄能电站能弥补高峰用电量、缓解用电压力，并在低峰时储存电能，抽水蓄能电站还可具备调频、调相、应急等动态功能，因此抽水蓄能电站具备发电和用电的特点。抽水蓄能已成为保证电网稳定运行的重要工具之一，是保证安全、经济、稳定发电的支柱。

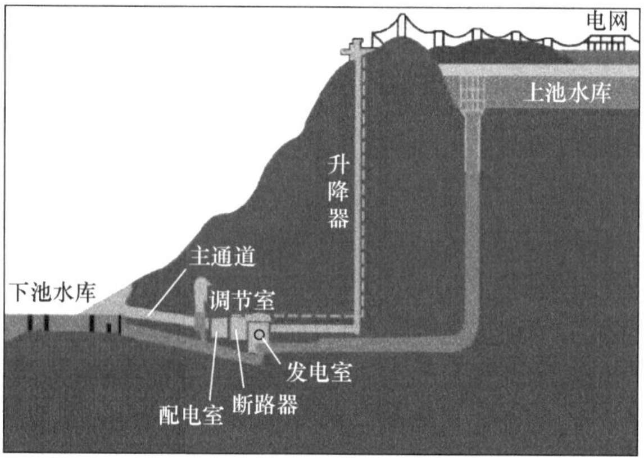

图 7-1 抽水蓄能工作原理图[1]

正常运行时，抽水蓄能电站应具备以下功能：

（1）发电功能。传统水力发电站的重要工作业务是发电，为高压传输电网供应电源。通常，年使用时间较长，一般为 3000～5000 h。储能发电厂本身无法向电网供电。只是把系统中其他发电厂的偏低电能与多余电能，经过泵送保存在上游水库里的水成为势能，同时在高压传输电网要求时释放用于发电的水。

（2）调峰功能。通常抽水蓄能电站不会在低负荷期的夜间发电，在夜间会利用多余的电能或其他能源（包括热能、核能、风能等）将水抽到上游水库储存起来，并选择在电网高负荷时发电。所以，蓄能电站在抽水时类似于一个大的能量消耗器，可以完成填平载荷曲线的低谷，也就是“填谷”。同时，抽水蓄能发电厂还可通过径流式水力发电站的方式弃水实施保存。

（3）调频功能。传统水电站和抽水蓄能电站都有调频功能。对于传统水电站来说，从启动到满负荷运转通常需要数分钟。然而工程师在设计抽水蓄能电站时，加入快速启动和快速负荷跟踪的设计。所以现代大型抽水蓄能装置从启动到满负荷运转通常只需要 1～2 min，功率增加速率达到 10000 $kW \cdot s^{-1}$。

（4）调相功能。调相工作用于稳定高压传输电网电压，包含发送无功的调相工作模式与吸收无功的进相工作模式。普通水电机组的发电机功率因数是 0.85～0.9，机组能够减少功率因数工作，多发无功，完成调相功能。抽水蓄能机组在设计上有更加发达的调相功能，不管在发电工况还是在抽水工况，都能够完成调相与进相来工作，而且能够在水轮机与水泵两大类旋转方向展开。除此以外，蓄能电站一般比普通水力发电站更接近载荷中心，因此对稳定系统电压的主要作用要比普通水电机组更加良好。

（5）突发事故替补功能。有比较多库容的普通水力发电站都会有事故替补使用功能。

（6）黑开启功能。黑开启是指产生系统解列事故之后，需求机组在无电源时快速启动。

3. 海水抽水蓄能技术应用

海水抽水蓄能不仅可以高效使用海水资源，而且具备传统抽水蓄能技术的优势，可作为传统抽水蓄能技术的核心补充。与传统抽水蓄能相似，海洋具有充足的水源和低海拔的特点，可视为低位水库，降低了建造低位水库的成本。同时，海水抽水蓄能技术以海水为工作中间介质，脱离抽水蓄能电站对淡水资源的依赖，对于靠近海洋、淡水资源缺乏的岛国与城市，具备十分辽阔的发展前景。

海水抽水蓄能系统是在传统抽水蓄能系统的基础应用上，将海水作为工质的全新抽水蓄能方式，基本理论如图 7-2 所示。高位水库建在离海面有一定距离的高地上，海洋作为低位水库。储能时，电能驱动水泵或可逆式水泵水轮机将海水从海洋抽送到高位蓄水池，将电能转化为水的势能储存起来；释能时，海水从高位蓄水池排放至海洋驱动水轮机或可逆式水泵水轮机发电，将水的势能转化为电能。

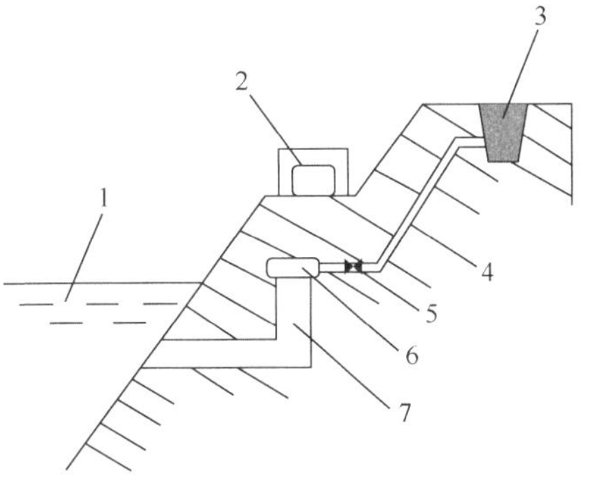

图 7-2　海水抽水蓄能系统[2]

1. 海洋；2. 可逆式电动发动机；3. 上水库；4. 压力水管；5. 阀门；6. 可逆式水泵水轮机；7. 尾水管

日本于 1991 年在冲绳施工建造了全球第一座同时也是唯一一座海水抽水蓄能电站[3-5]，该电站最大输出功率为 30 MW，有效水头为 136 m，最大流量为 26 $m^3 \cdot s^{-1}$，其高位水库建在距离海岸 600 m 的高地上并且按照八角形挖掘而成，低位水库就是大海。五年的实践运行证明了日本冲绳抽水蓄能电站在利用海水资源蓄能上的可靠性、经济性和调峰调频的可行性，同时通过对海水抽水蓄能系统的建设与工作累积了一定的实践经验，为后续可能产生的问题提供了对应的处理和解决问题的方式[6]，为以后建设大体积容量、高水头的海水抽水蓄能电站打下了技术应用综合实践基础。

日本建成的第一座海水抽水蓄能系统于 1999 年投入工作后，即 2000～2007 年，全球对于海水抽水蓄能系统的科研成果基本处于空白状态（图 7-3），更多的是对传统抽水蓄能系统的研究分析。近年来，传统抽水蓄能的发展面对很多问题，如环境问题、选址日渐困难等。同时因为可再生能源的大量开发与使用包括沿海发达区域与海岛经济发展的要求，从 2008 年起，世界各个地区增加了对海水抽水蓄能系统的研究力度。

海水抽水蓄能系统不仅具备开启关闭快、工作灵活熟练、在高压传输电网里能够调峰调频等普通抽水蓄能系统具有的优势，而且使用海洋作为水库，水量充沛、水位变幅小，有助于水泵水轮机的稳定工作，同时减少了建造费用，节省了淡水资源，能够提升可再生能源的发电渗入比例。然而，与海水自然生态环境相比，淡水自然生态环境腐蚀变质严重，基本工作条件苛刻，系统研究分析及使用依然面对多个技术性问题。

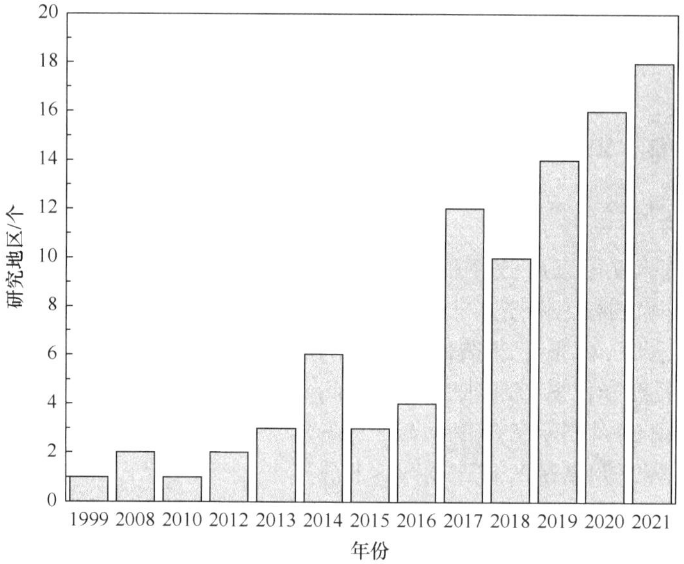

图 7-3　海水抽水蓄能近年来的研究增长趋势[2]

（1）海水腐蚀问题：海水较活泼的化学特性会导致水泵水轮机、压力管道等机器设备腐蚀变质，减少机器设备运行时间，同时增加机器设备的维修成本。

（2）细菌微生物附着问题：海洋生物如藤壶容易附着在管道与海水抽水蓄能机组上，直接干扰降低系统水轮机与水泵效率，从而降低系统的总体效率。

（3）渗入与泄漏问题：上水库的海水可能渗入到土壤里，造成地表或者地下矿物质水资源被污染。上水库海水的泄漏也会对四周的动植物造成严重干扰。

（4）稳定工作问题：在海浪比较多时，大浪会直接影响进/出水口处海水持久地吸入与排出，进而影响系统的稳定工作。

（5）环境问题：在抽水与发电的过程中，吸水与放水将会对在进出水口处日常活动的海洋生物（如珊瑚等）造成严重干扰。

以上问题急切要求展开系统研究分析，提升对海水抽水蓄能的认知程度，把握关键的控制模式，达到科学合理设计与科学应用的目的。例如，优化完善电力系统调配工作，确定保障清洁能源优先发电的实行实施细则，统筹水电流域综合监测和梯级联合优化运行，发挥电力系统的灵活性和大电网的统筹协调作用。

4. 抽水蓄能发展趋势与展望

1）常规抽水蓄能电站建设展望

为实现碳达峰碳中和目标，我国非化石矿物自然能源在能源使用消费中的比重将会从2020 年的 15%提高到 2050 年的 38%左右。为满足适合能源结构调配的要求，风电、核电的大型开发建设要求配套建设一大批具备良好调控功能的抽水蓄能电站。我国幅员广阔，但物质资源分布不均衡。西部区域具有充足的水能、风能与太阳能，但主要能源消耗集中在东部，因此需要进行从西向东的能源输送。能源自动传输项目一般具备距离规模远、输送总体规模大等特征。为保障电力交通运输的安全、稳定、高效性，要求在受端与送端配套一定总体规模的抽水蓄能电站。随着国家政府职能部门颁布实行激励社会资金投资水电建设的有关文件，建设与发展抽水蓄能电站的热情与主动性越来越高。2014 年开始，国家能源局相继颁布实行相关抽水蓄能建设综合管理机制与电价体制等有关管理政策，确定将社会资金引进抽水蓄能方面，经过招标明确开发主体，为抽水蓄能的加快开发奠定良好基础。当前，社会资金对抽水蓄能电站建设的投资十分热情，中国抽水蓄能电站的开发建设将呈现良好的发展态势。

从物理储能技术层面分析，抽水蓄能是一类技术成熟、可靠并且经济的能源储存模式。其优势是储能总体规模大、寿命长、节能减排，并具备与其他电源联合运行的必要性和可行性，储能效益及附加效益显著。最近几年，中国抽水蓄能电站的建设脚步表现加快，核准开工数目与总体规模都实现历史新高。未来，伴随着中国社会经济的发展，电力系统总体规模的逐渐扩张，耗电载荷与峰谷差连续增大，电力客户对供应电源质量需求持续提升，概率性、间断周期性新能源大型开发，对抽水蓄能电站发展提出了更高需求。加快抽水蓄能电站的开发建设是未来中国电力发展的核心对象之一。

抽水蓄能电站的建设总体规模与电力系统总装机设备容积紧密相互联系。从整个电力系统适用性分析抽水蓄能电站占据系统总装机设备的比重为 10%～15%是最科学合理的，变速抽水蓄能机组占据抽水蓄能机组容积的 25%以上。根据《国家发展改革委关于促进抽水蓄能电站健康有序发展有关问题的意见》(发改能源〔2014〕2482 号)，2025 年中国抽水蓄能电站建设发展目标总体规模是 1 亿千瓦，抽水蓄能行业发展具备发展势头强劲的交易市场。

2）常规抽水蓄能技术发展趋势展望

国家发展全世界能源互联网，对抽水蓄能技术发展提出了更高需求，要求紧密追踪变速抽水蓄能机组、海水蓄能机组包括更大体积容量、更高水头蓄能机组等前端技术，加快抽水蓄能技术创新，推进中国抽水蓄能专业技术综合应用水平再上新台阶。变速抽水蓄能机组技术是最具经典性的全球前端技术，是抽水蓄能方面重大技术改革与高压传输电网柔性技术的核心表现。变速抽水蓄能机组在发电和抽水状态下都可灵活调节电网的有功功率，有效增加旋转备用容量，提升电网对风电、太阳能发电等间歇性新能源的消纳水平。同时，将变速抽水蓄能机组作为储能产业发展的重要方向，可实现机组小型化，以满足分布式电源对储能装置的需求。目前，欧洲、日本等发达国家垄断了抽水蓄能变速机组的重点技术，我国变速抽水蓄能技术依然处于空白状态，积极开展变速抽水蓄能机组的科研工作，争取早日掌握变速抽水蓄能机组核心技术，实现工程应用，赶超世界先进水平，为“中国制造”争光。

3）我国海水抽水蓄能技术应用前景

我国沿海社会经济繁荣区域如浙江省、广州市等，电力载荷与峰谷差日渐加大。同时，近年来我国沿海区域可再生能源如风电与太阳能发电发展非常迅速，但可再生能源的间断周期性与不确定性也迫切需要稳定的电力储能系统。因此，在海边建立启停快、运行灵活的海水抽水蓄能系统不仅能够充分利用大量的海水资源，解决沿海地区电力供求的矛盾，而且有利于电网的经济多元化运行。我国海域分布着很多海岛，大部分海岛因为与内陆隔绝，其开发深受电力、饮用水短缺与道路交通困难的约束。针对近海海岛，天然矿物能源提供严重依赖海底传输控制电缆或者架空高塔横跨输电连接线路自动传输的电力，然而这类供能模式存在初始投资高、修整完善时间久、维护保修成本费用高等问题；偏远海岛，严重依赖燃料供应电源系统，但是这类供应电源系统不仅对燃料的传输与储存要求严格，而且成本费用高、燃料使用效率低，同时其对生态环境造成污染破坏。另一方面，因为海岛独特的地理位置，其风能、太阳能、海洋能等可再生能源充裕，如果在海岛上建设可再生能源的海水抽水蓄能系统，将降低海岛对燃料能源的依赖。

海水抽水蓄能系统的建设，可以全面充分地利用中国沿海区域与海岛充足的物质资源优势，同时可以促进其他行业的发展，进而推动沿海区域与海岛的开发建设。为推动和加快海水资源的综合使用，全国现有很多研究者对沿海区域与海岛的可再生能源的使用展开研究分析[7-8]，然而针对沿海区域与海岛的电力储能技术的研究分析还相对较少，海水抽水蓄能系统研究仍具备广阔的发展前景与潜力。

7.2.2 压缩空气储能

压缩空气储能（compressed-air energy storage，CAES）已成为一项大型物理储能技术，具有容积大、技术成熟、商业化较成熟等优点。与电池储能、飞轮储能等其他方式的储能技术相比，具备储能效率高、生命周期长、建设总费用相对偏低的优势。压缩空气储能电站选址较灵活熟练、对地理自然环境等客观基本条件要求宽松，因此受到充分关注，有可能成为将来大型储能技术的重要发展方向。压缩空气储能技术复杂，完成技术手段上和抽水蓄能有巨大差异。抽水蓄能仅仅是将电能以水的势能方式保存起来，目标固定，理论清晰，机器设备加工制作技术与运行技术相对成熟，而压缩空气储能在工作过程中除了气体势能改变外，还有大量热量转换，将会造成气体温度激烈变化，又反过来干扰气体压强。温度差太大造成总热量传输中的不可逆转的能量损失，进而造成储能效率降低。针对电力储能这类大规模项目工程而言，储能发电效率降低导致成本费用迅速增加，所以工作时的温度控制就会显得特别关键。至此形成了各类温度控制技术，各自的作用效果不同，促使压缩空气储能的理论与有关机器设备获得了更多元化的发展。压缩空气储能是一类能够完成长期电能储存的电力储能系统，将用电低谷的多余电量、风电、太阳能等不容易储存起来的电能应用在压缩空气中，将压缩后的高压空气密封储存在储气设备中，在需要发电时，释放压缩空气推进透平发电机发电，产生电能。

当前，地下储气站里应用报废矿井、沉降反应作用在海底的储气罐、山洞、过期油气井与最新建设储气井等多种方式，其中最为优秀的是水封恒压储气站，可以维持输出恒压气体。地上储气站应用高压储气罐方式。压缩空气储能是一类基于燃气轮机的储能技术，技术十分成熟，早已完成大型商业化使用，具体优势如下：

（1）适合建造大规模电站，压缩空气储能系统能够连续工作数小时甚至数天，工作总时间长。

（2）建造生产总费用与运行成本费用非常低，小于钠硫电池，也小于抽水蓄能电站，具备较好的适用性。仅使用少数或者不使用天然气或石油等燃料加热处理压缩空气，伴随着绝热材料的使用，燃料成本费用比例逐渐降低。

（3）场地严格制约少。将压缩空气储存在恰当的地下矿井或者熔岩下的洞穴中是最为节省开支的模式。

（4）时间长，经过保护能够实现 40～50 年的运行时间，接近抽水蓄能的 50 年。而且其效率能够实现 60.0%左右，接近抽水蓄能电站。

（5）稳定性与可行性高。压缩空气储能以空气作为原料，不会燃烧，没有爆炸的危险，不形成任何有毒有害气体。若发生储气罐漏气事故，罐内压力会突然减少，空气不会爆炸也不会燃烧。

在中国自然生态环境不适合建设抽水蓄能电站的一些地区，特别是远离消费中心的大规模风能工作电场与太阳能工作电场，急切要求研究开发一类可以大型长期运用的储能技术。因为压缩空气储能优势显著，能够补偿抽水蓄能的先天不足，将会成为高效处理和解决中国大型储能问题的核心选择。但明显缺点如下：

（1）需要寻找大的洞穴以保存压缩空气，这与地理环境紧密相关，所以合适的地点有限。

（2）要求燃气轮机配合，并且要固定量的燃气作燃料，适合于用作能量综合管理、载荷调平和削峰。

（3）非绝热压缩空气储能技术，空气在压缩时所排放的热，还没有保存，经过冷却已经消散，而压缩的空气在进入透平前还要求再次加热处理。所以总体流程效率偏低，一般小于 50.0%。

1. 压缩空气储能技术关键设备及发展历程

1）压缩空气储能技术关键设备

因压缩空气在第二产业中使用较为广泛，有关压缩机器设备与配套技术发展快速。其中，压缩空气储能时应用的空气压缩机设备类型非常多，商用机器设备早已能够实现较高的技术标准。发电类商用机器设备通常都是各种透平式机械设备，其他技术依然处于研发时期。透平式空气压缩机设备（又被称为叶片式空气压缩机设备）包含离心式、轴流式及其组合式三类，其工作基本原理是通过叶片与气体的互相作用，提升气体的压力和动能，并且使用陆续的通流元部件设备使气体减小速度，将动能转化为压力的提升。透平式机器设备结构简易，在高压下体现出较高的效率。在当代空压机生产公司中，阿特拉斯·科普柯（Atlas Copco）企业颇负盛名，其空压机生产技术成熟，全世界占有作用比例最大，旗下透平式空压机最大排气作用压力能够达到 20 MPa。活塞部件式空气压缩机设备包含无油型与油润滑型两类，通过电动机直接驱动压缩机设备，使中心控制曲轴形成旋转机械运动，驱动连杆使活塞部件形成往复运动，引发气缸设施容积改变[9]。活塞部件式机器设备经过选用恰当的密封处理模式，能够实现比较大的压力，康普艾（Comp Air）企业旗下活塞部件式空压机最大排气作用压力能够达到 41.4 MPa。

透平式空压机与活塞部件式空压机自身的设备效率可达 80.0%～90.0%。但当其工作于绝热压缩状态时，因为内部气体温度在短时间内快速增加，极大部分能量以热量的方式损耗。与等温压缩过程相比，当将气体压缩到相同压强后，因为最后所保存的能量相同，能量消耗加大，造成了机器设备的综合效率降低，一般活塞部件式空压机总体效率仅有 60.0%，透平式空压机总体效率更低。

螺杆式空气压缩机设备是以工作容积作回转运动的容积式气体压缩机械，能够直接划分为单螺杆与双螺杆两大类，工作周期重复循环能够直接划分为进气、压缩与排气三个过程。螺杆式空压机应用高容积压缩构件展开油气混合压缩，油不仅发挥密封处理作用，又吸收压缩空气的总热量使压缩机设备工作时气体温度降低，减少压缩能量消耗，明显提升了压缩机设备的总体效率，因此螺杆式压缩机设备在压缩机设备方面逐步占据主导地位。然而，因为螺杆式压缩机设备的压力随压强持续增加，全面密封处理越来越困难，当前还未找到有效措施以完成较大压力级别[10]。例如，美国寿力（SullAir）企业是全世界最大的螺杆式空气压缩机设备加工制造厂，其旗下螺杆式空压机最大排气作用压力只有 1.3 MPa。

2）压缩空气储能的发展历程

随着压缩空气有关机器设备与技术的持续更新换代和发展，压缩空气储能技术也在持续发展提升和创新，相关研究经历了以下三个时期。

最早的研究始于 20 世纪 70 年代，以燃气发电为基础。燃气发电以耗电驱动空压机形成高温高压气体，再混合天然气燃烧驱动燃气轮机发电，当将压缩过程与发电过程脱离，不同时展开，就可完成压缩空气储能使用。现有德国与美国的 2 个大规模电站应用这类模式，并且完成了商业化运作。第一座是 1978 年投入商业工作的德国汉特福（Huntorf）电站[11]（图 7-4），目前仍在运行，是世界上最大容量的压缩空气储能电站。机组的压缩机功率 60 MW，释能输出功率为 290 MW。系统将压缩空气储存在地下 600 m 的废弃矿洞中，矿洞总容积达 $3.1\times10^5\ m^3$，压缩空气的压力最高可达 10 MPa。设备机组可持续充气 8 h，持续发电 2 h。该电站在 1979～1991 年期间共启动并网 5000 多次，平均启动可靠性 97.6%。实际运行效率约为 42%。第二座是 1991 年投入商业工作的美国亚拉巴马州的 McIntosh[11]压缩空气储能电站（图 7-5）。储能电站压缩机设备组功率为 50 MW，发电功率为 110 MW。储气洞穴在地下 450 m，总容积为 $5.6\times10^5\ m^3$，压缩空气储气压力为 7.5 MPa，可以实现连续 41 h 空气压缩与 26 h 发电，机组从开启到满载荷大概需 9 min。该电站由亚拉巴马州电力企业的能源监控中心展开长距离自动智能化操控管理，实际工作效率约为 54%。由于两座大规模压缩空气电站储能效率仅有 50%左右，并且因为空气压缩时温度增加，保存时温度降低，能量散失，发电时，还要求针对气体展开补热升温，实际发电效率更低，以致没有逐渐宣传推广[12]。

图 7-4　德国 Huntorf 压缩空气储能电站[11]

图 7-5 美国 McIntosh 压缩空气储能电站[11]

第二时期始于 20 世纪 90 年代，以规避无谓热量散失，提升发电效率为目的。新模式抛弃燃气补热模式，使用分级压缩并且增加中间热转换中间介质等方式将压缩过程中形成的总热量保存于中间介质中，在发电过程中为气体补热升温所应用，降低额外附加热量需求，进而提升总体工作效率[13]。但该设计方案的效率一般不足 50%。我国在芜湖也建设了一个示范项目，发电效率仅为 35%～40%。为了提高效率，需要完善空压机与燃气轮机的应用设计，提升压缩与发电过程中的温度控制能力。而改进完善技术的大规模化设计却碰到困难，成本费用也极大提高，所以这类技术还没有成功的商业化示范。

第三时期始于 21 世纪，以等温压缩空气储能技术为主要代表的全新一代压缩空气储能技术，经过液体活塞部件、液压控制作用活塞部件配合液压控制作用马达等技术来取代传统燃气轮机与空压机技术发电，经过液体比热大的特征遏制气体温度改变，原理上能够大范围提高效率[14]。美国相关企业在有关技术方面有科研成果，陆续得到了美国政府管理职能部门基金与盖茨基金的保障。我国科学研究学者也展开了有关方向的研究分析，华北电力大学研究分析队伍自主独立研制的压缩空气储能技术，已获取美国与中国的多种专利授权，该设计方案集中了抽水蓄能和压缩空气储能两者的优势，经过液体活塞部件等技术方式，为水轮机供应了稳定水头发电，高效提升了系统的总体效率，为完成大型储能发电供应了技术支持，已经过理论实验论证，正向项目工程化发展目标推动[15]。

2. 工作原理

压缩空气储能是根据燃气轮机技术发展起来的一类储能系统，工作原理十分相似。燃气轮机设备由压气机、燃烧器（燃烧反应室）与透平 3 个重要部分构成。燃气轮机的工作基本原理是：叶轮部件式压气机从外界吸收空气，压缩后输入燃烧器，同时燃料（气体或者液体燃料）也喷入燃烧反应室和高温压缩空气混合，在定压下开始燃烧。自动形成的高温高压烟气进入透平膨胀做功，推进动力叶片快速旋转，同时驱动压气机旋转增压空气，燃气轮机设备中大概 2/3 的功率应用在驱动压气机。

如图 7-6 所示，压缩空气储能一般包含 5 个主要组成构件：压气机、燃烧反应室及换热处理器、透平、储气设备（地下或者地上洞穴或者压力容器）、电动机/发电机。其工作原理和燃气轮机存在差异的是：压气机与透平不同时工作，电动机和发电机共同使用一机。

3. 压缩空气储能方式分类

压缩空气储能根据绝热模式可分为非绝热压缩空气储能和带绝热压缩空气储能。根据热源差异，非绝热压缩空气储能可分为无热源的非绝热压缩空气储能和燃烧燃料的非绝热压缩空气储能；带绝热压缩空气储能可分为外来热源的带绝热压缩空气储能和压缩热源的带绝热压缩空气储能（图 7-7）。

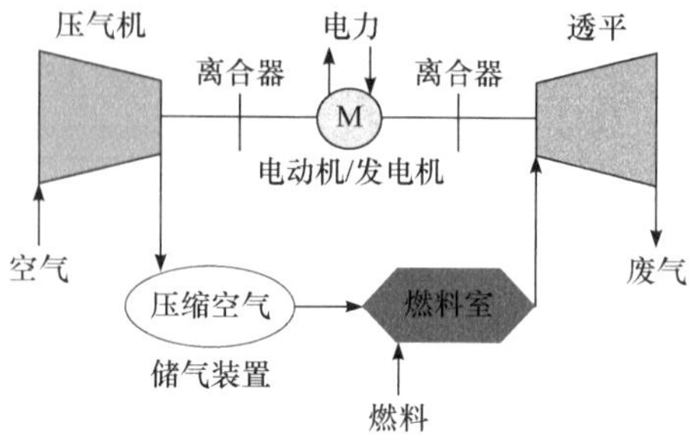

图 7-6　压缩空气储能装置[16]

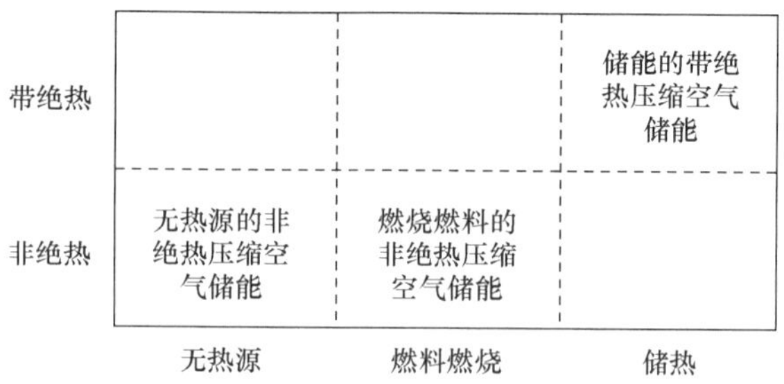

图 7-7　压缩空气的绝热方式[16]

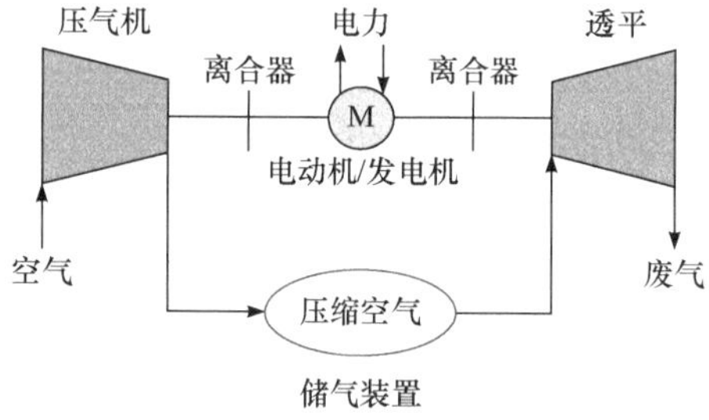

图 7-8　无热源的非绝热压缩空气储能[16]

1）无热源的非绝热压缩空气储能

无热源的压缩空气储能系统既不采用燃烧燃料加热，也不采用其他外来热源和绝热装置。储能时，电动机驱动压气机压缩空气并存于储气设备；放气发电过程，高压空气从储气设备排放，驱动透平驱动发电机输出电能（图 7-8）。无热源的非绝热压缩空气储能优势是结构简易，但是系统能量密度与效率偏低。所以，仅被推广使用到微小微型系统中，用作备用电源、空气马达动力与车用动力等，不适合大型储能。

2）燃烧燃料的非绝热压缩空气储能

燃烧燃料的非绝热空气压缩储能要求向系统供应额外附加燃料，放气时加热从储气设备中流出的空气。典型代表为德国的 Huntorf 压缩空气储能电站（图 7-9）。在储能过程中，电动机驱动压缩机设备，空气经过两级压缩成高压空气，同时运用冷却设备，在进入储气设备以前被冷却，之后存于储气设备中。能量释放时，高压空气从储气设备排放，经过两次补燃，驱动透平驱动发电机输出电能。

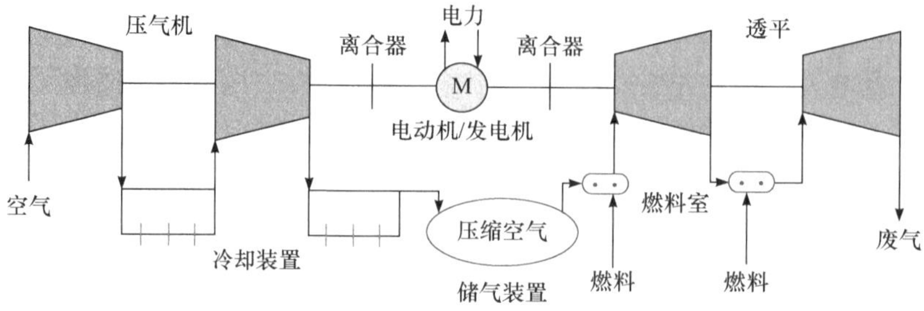

图 7-9　燃烧燃料的非绝热压缩空气储能（不带回热）[16]

美国亚拉巴马州的 McIntosh 压缩空气储能电站和德国的 Huntorf 压缩空气储能区别在于 McIntosh 电站是带有余热回收设备的压缩空气储能系统（图 7-10），可以经过回收涡轮排气中的废热预热压缩空气，来提高系统热效率。因为具备了回热系统，McIntosh 电站的单位发电燃料损耗相比 Huntorf 电站节约了 25%。

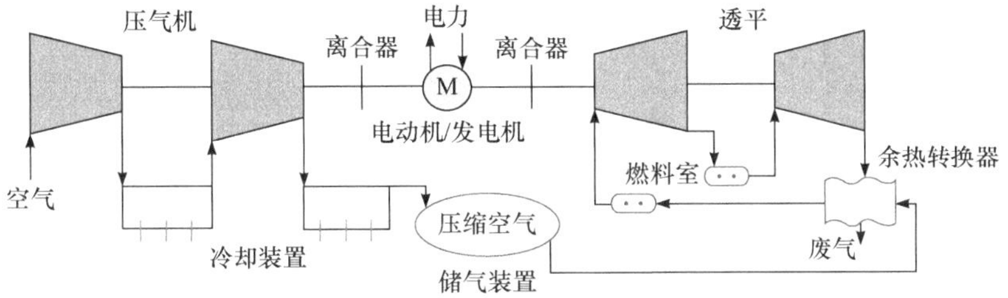

图 7-10 燃烧燃料的非绝热压缩空气储能（带回热）[16]

3）外来热源的带绝热压缩空气储能

外来热源的带绝热压缩空气储能，是经过储存外来热源替代燃料燃烧的加热处理。外来热源可为太阳能热能、电力、化工、水泥等产业的余热废热等。当前使用最广泛的是太阳能热能，经过太阳集热器可获取 550℃以上的高温，但是因为太阳能的间断周期性与不确定性，在太阳能系统中需要使用储热设备。储能时，电动机驱动压缩机设备，压缩成高压空气存于储气设备中，外来热源热能保存在储热设备中。释能时，使用保存的外来热源加热压缩空气，驱动透平驱动发电机输出电能（图 7-11）。

4）压缩热源的带绝热压缩空气储能

压缩空气储能系统中空气的压缩过程接近绝热过程，形成压缩热。如理想状态下，压缩空气至 10 MPa，可以形成 650℃的高温。储能时，压缩热源的带绝热压缩空气储能将空气压缩过程中的压缩热保存在储热设备中，高压空气存于储气设备中。释能时，使用储存的压缩热能加热处理压缩空气，之后驱动涡轮做功（图 7-12）。与非绝热压缩空气储能相比较，综合效率最大可达 70.0%。同时，此系统中压气机的出口会达到 650℃的高温，增加了对压气机耐热材料的各项要求。系统即使去掉了燃烧室，然而增加的储热设备会造成管道与控制阀门部件数目的增长和储气设备体积太大的问题。

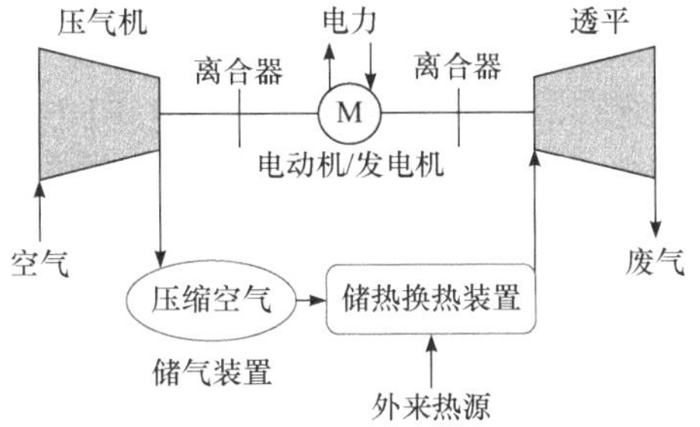

图 7-11 外来热源的带绝热压缩空气储能[16]

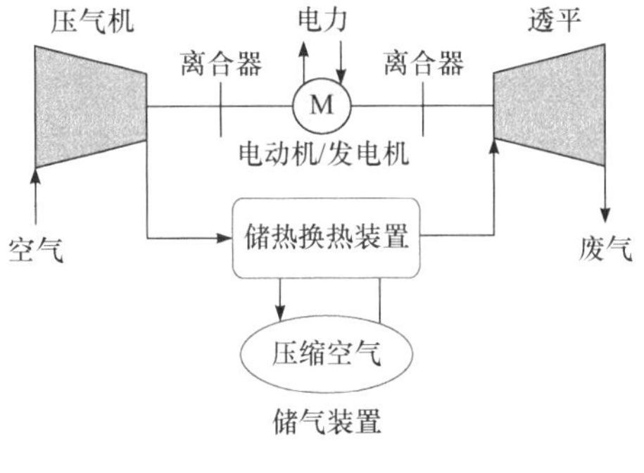

图 7-12 压缩热源的带绝热压缩空气储能[17]

综上所述，压缩空气储能在容积、功率、对外放电时间、成本费用等多个层面都与抽水蓄能技术接近，特别在大型（如数百兆瓦）储能而又没有条件实施抽水蓄能时，压缩空气储能将有广阔未来发展前景。压缩空气储能在大型储能技术上的 3 个主要参数：容积或者额定功率（数百兆瓦）、对外放电时间（几个或几十个小时）、能源成本费用（数百美金每千瓦时）方面表现优秀。同时，普通压缩空气储能存在依赖大规模储气室、化石燃料等问题，在地形地貌基本条件与供天然气共同保障时才能大型使用。压缩热源的带绝热的压缩空气储能系统，具有效率高、环境污染小等优势，并且能够便利地与太阳能热系统结合，是压缩空气储能技术的核心发展方向。

7.2.3 飞轮储能

1. 背景及工作原理

飞轮储能（flywheel energy storage）于 100 多年前被提出，然而受限于技术条件，在很长时间内没有获得技术突破。飞轮储能是可将电能、风能、太阳能等能源转化成飞轮的旋转动能加以储存的一种新型高效的机械储能技术。飞轮储能的重要特征为[17]：①储能密度高、功率密度大，因此在短时间内能够输出较大能量，这有助于电磁炮的自动发射与电动汽车的迅速开启；②能量转换率高，一般能够达到 85%～95%；③对温度不敏感，环境友好无污染；④使用寿命与储能密度不会由于过充或者过放而遭受严重干扰，只取决于飞轮电池中电子元设备的时间，一般能够运行 20 年；⑤容易测量放电深度和剩余“电量”；⑥在分钟级别就可以充满电；⑦与某一些其他设备组合运用时，它的应用优势更为显著，如与其他动力设备一起应用在电动汽车上，与传统发电机组混合应用在分布式发电系统中，与卫星姿态控制设备结合应用在卫星上。飞轮储能又被称为飞轮电池，是一类可以实现机械能和电能互相转换和储存的设备，飞轮储能系统通常是由转子、轴承、电动/发电机、永磁电机和真空室五部分组成，结构如图 7-13 所示。

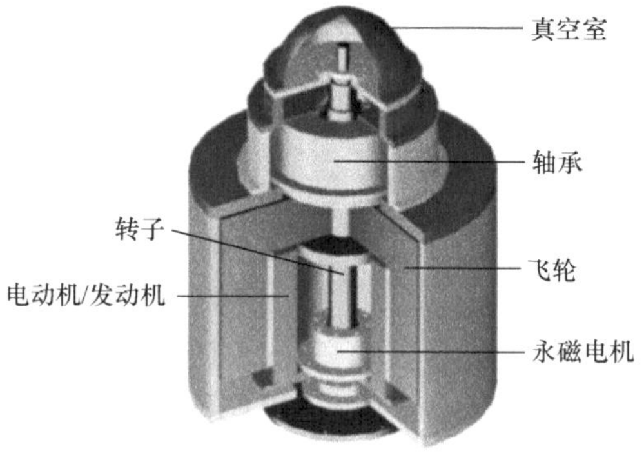

图 7-13 飞轮储能结构图[18]

其工作原理是：外界输入的电能驱动电动机运转，电动机驱动飞轮旋转，飞轮保存动能（机械能），当需要向外界输出能量时，用飞轮驱动发电机运转，将动能转换为电能，再经过电力电子转换设备转化为实际所需要的相应频率和电压的电能，从而满足不同场合的需求。

2. 系统关键技术分析

1）飞轮转子

飞轮储能系统中最关键的控制环节是飞轮转子，依靠飞轮旋转实现整个系统能量的转化。飞轮旋转时动能 E 可根据以下公式计算：

$$E=\frac{1}{2}J\omega^2 \tag{7-1}$$

式中，J、ω分别为飞轮的机械转动惯量与机械转动角速率。根据式（7-1）可知，提升飞轮储能量可通过增大飞轮转子机械转动惯量与提升飞轮旋转速率。需处理和解决 4 个问题：①转子材料选用；②转子结构专业综合应用设计；③转子加工生产工艺；④转子的配置设计生产工艺。

（1）飞轮转子材料的选择。经过提升旋转速率来增强动能，旋转速率超越一定数值，飞轮就会因离心力而产生损坏，原因是受到制造飞轮所用材料强度的限制。储能运算方程式为

$$e = \frac{2.72K_s\sigma}{\rho} \tag{7-2}$$

式中，e 为飞轮的储能密度，$Wh \cdot kg^{-1}$；K_s 为飞轮形状系数；ρ 为材料的密度，$kg \cdot cm^{-3}$；σ 为材料的许用应力，MPa。

根据式（7-2）可以算出不同材料加工制作的飞轮储能密度。在综合系统设计飞轮时要选择一些低密度、高强度的复合材料，如超强碳纤维组织或者玻璃纤维组织-环氧树脂复合材料作为飞轮固定机械转子的材料，材料的选用将严重干扰飞轮储能体系稳定。

（2）飞轮转子结构设计。飞轮转子最适合应用复合材料加工制作，因为复合材料具备可设计性，但是相应的生产制作工艺较复杂，复杂形状的飞轮不易制作，所以复合材料飞轮通常为圆环形状，如果飞轮的结构能够得到精妙的设计，飞轮的形状系数能够得到提升。可以设计多层转子结构来提高飞轮线速度与储能密度。目前飞轮有纺锤状、伞状、实心圆盘、带式变惯量和轮辐状等形状，而且在相应的实际系统中能发挥应有的作用[19]。出于复合材料飞轮本体的特征，通过缠绕成形法来制造飞轮本体。在复合材料飞轮的缠绕过程中常采用湿法缠绕生产工艺，湿法缠绕工艺具有成本低、缠绕制品的气体密封性能好的特点。

2） 飞轮储能的轴承系统

支承高速飞轮的轴承技术与飞轮的储能效率和使用寿命有直接关系，飞轮储能的轴承包括以下四类。

（1）机械轴承。机械轴承通常包括滚动轴承、滑动轴承、陶瓷轴承与挤压油膜阻尼轴承等，其中滚动轴承与滑动轴承经常用作飞轮系统的保护轴承，陶瓷轴承与挤压油膜阻尼轴承只在特定的飞轮系统中使用[20]。

（2）被动磁轴承。被动磁轴承分为两大类，即永磁轴承与超导磁轴承。随着永磁材料的迅速发展，永磁轴承的承载作用力快速增加，且具有能耗低、无须电源、结构简易等优势。然而只用永磁轴承无法完成稳定悬浮，要求至少在一个方向上引进外力，如电磁力、机械设备力等[21]。在外界磁场（磁体）靠近超导体时，在超导体内部自动智能感应工作电流，感应电流形成的磁场恰好和外界磁场大小相同，方向相反，这类似于在超导体背后产生了外界磁场的镜像磁场。至此，形成超导体与磁体之间的电磁斥力，可以使超导体或者永久磁体处于稳定悬浮状态。

（3）主动磁轴承。主动磁轴承，又称电磁轴承，经过控制电磁金属线圈的工作电流大小形成电磁力，能主动控制轴承的位置，具备能够调节阻尼与刚度的优势。电磁铁须同时供应静态偏置磁通及控制磁通，在稳态悬浮时，要靠功率放大电路提供静态偏置电流，因此功耗较大，需要较大体积的散热器。

（4）组合式轴承。除了以上轴承外，当前飞轮储能系统常选用多种类别的轴承组合到一起运用[22]。组合方式有：①永磁轴承和轴承相混合；②电磁轴承和轴承相混合；③永磁轴承和电磁轴承相混合，其中永磁体提供混合轴承的静态偏置磁通，在平衡位置时吸力盘无须控制工作电流，仅依赖永磁体形成的磁通使转子悬浮于平衡具体作用位置，降低能耗与磁悬浮轴承重量；④永磁轴承和超导电磁轴承相混合，通常用高温超导体作稳固定子，普通永磁体作转子。液氮作用下，高温超导体进入超导混合态后，由于钉扎中心的存在磁通线被其阻滞运动，即被超导体俘获，当超导体俘获了充足的磁通时，便使转子自由悬浮在某一具体位置上；同时超导体独有的磁通钉扎能力阻拦俘获磁通运动，保障侧向的持续稳定，进而实现转子稳定的悬浮。

3）力转换装置

飞轮储能系统中心是电能和机械能的相互交换，因此能量互相转换过程是不可或缺的，它决定了能量的转换效率，支配着飞轮系统的工作运行状况。电力交换设备是储能飞轮系统的监控设备器件。它控制电机、完成电能和机械能的互相交换。输入电能时，一般将交流型电交换成直流，驱动电动机；输出电能则将直流转化为交流，从电能转化为机械能，机械能成为电能转换的控制环节，并具备调频、整流、恒压等功能。

（1）电能转化为机械能。飞轮储能系统输入能量时，电力电子交换器接通充电工作电流展开修改调配，将高压传输电网的交流电转换为直流，驱动电动/发电机，加快飞轮的旋转速度，并且保障飞轮的稳定运转。电机升速，能够通过两大类变频控制模式：恒功率控制与恒转矩控制。

（2）以动能方式保存电能。通过飞轮的快速旋转来保存动能。飞轮达到一定的旋转速率后进入低压模式，由电力电子设备提供低压，这样能保持飞轮储能的机械损耗保持在最低水平，保持飞轮的旋转速率。

（3）机械能转化为电能。这是飞轮储能系统向外输出能量的具体过程，电力电子交换器将输出的电能交换成与高压电网频率和相位一致的交流电，传输到电网中。根据高压传输电网的实际运行状况，快速旋转的飞轮通过电机将飞轮的动能转换成电能，此时，电机作为发电机工作，随着转速的变化，电机的输出电压和频率也在随之变化。经一段工作时间后，飞轮转速越来越慢，输出电压持续地减少，无法保障输出电压稳定，为确保输出电压平稳，需要升压系统来提高电压。储能时，系统要有快速反应和快速储能的特点，要维持系统的稳定工作和最低的损耗；输出能量时能满足外界负荷所需的频率与电压的各项需求。将以上几个控制环节协调一致、持续工作，就能够实现电能的高效储存与输出。

4）发电机/发动机

发电机/发动机是飞轮储能中的一个集中组成构件，主要担任能量转换角色，接通充电时担任发电机，而对外放电时担任发动机，所以能够充分节省系统的空间和重量。选用电机时，需要考虑多个方面的影响因素：①经济方面，选用能符合实际设计需要的性价比最高的电机；②使用寿命长，因为飞轮储能系统需要进行长期储能工作，要求电机的空载损耗极低，因此电机需要符合这一要求；③能量转换效率高，调控速率范围大；④飞轮储能过程需求系统有尽量快的储能速率，要求电机作为电动机使用时有较大的转矩和输出功率。电机能耗还取决于电枢电阻、涡流工作电流与磁滞损耗，所以无铁静子获得大规模推广和运用，转子选择钕铁硼永磁磁铁。

5）真空室

真空室是飞轮储能体系运行工作的辅助体系，保护体系不受外部影响，不会直接干扰外部作业环境。真空度是保障系统工作效率的主要因素之一，主要作用有：①提供真空环境，以减少风损；②屏蔽干扰。

3. 飞轮储能的应用研究

电力调峰是电力系统需要深入思考的核心问题。飞轮储能技术能快速储存能量，也可以快速输出能量，环境友好，所以全球大部分研究分析组织机构为解决电力调峰大力开发飞轮储能技术。德国于1996年开始研究分析储能5 MWh/100 MWh的超导磁悬浮储能飞轮电站。电站由10只飞轮模块构成，每只飞轮模块重30 t、直径3.5 m、高6.5 m，转子的工作旋转速率为2250～4500 $r \cdot min^{-1}$，最大外缘线速率600 $m \cdot min^{-1}$，最大拉应力810 MPa；通过发电机/发动机来储存和输出能量，系统效率达到96%[23]。

1）电动汽车的飞轮电池

随着自然生态环境逐渐恶化及石油储量逐渐减少的问题日益严重，汽车研发者已经把目光转向电动汽车。电动汽车目前的主要供能模式有：电化学、氢、飞轮、熔融盐储能等[24]，下面详细介绍飞轮电池研究发展情况。

（1）飞轮电池。在电动汽车中的飞轮储能系统，作为电动汽车的动力源，被称为飞轮电池。重量达到2200 kg的电动汽车，具有200～250 km的续驶里程和10 s达到百公里每小时的加速度，大约需要78 kWh储能量以及94 kW的发电功率[24]。20世纪80年代初期，瑞士Oerlikon项目工程企业成功研发出完全由飞轮供能的第一辆公共汽车。飞轮直径1.63 m，重1.5 t，飞轮在氢气氛围中以3000 $r \cdot min^{-1}$转速运转。该车额定乘客数为70，在每一个车站停车时，需要充电2 min[25]。

（2）飞轮混合电池。飞轮安装设置在化学电池或者内燃机供能的汽车上，以起缓冲器作用，与系统联合工作，将其称为飞轮混合电池。飞轮混合电池的工作原理：在汽车运行过程中，通过发电机/发动机可以将制动能耗转化成飞轮的机械动能并储存起来，成为再生能源。在汽车需大功率工作时（如上坡、全速推动等），飞轮再经过发电机将动能释放，产生的电能以供系统运行。从普通汽车功率负荷图里发现稳定工作时，汽车功率需求只有最大峰值功率的1/4。

2）飞轮储能其他应用

（1）结合风力发电系统。

因为风速时常变化，加上时起时停，这就给风力发电造成了困难。传统方式是风力发电系统中安装柴油发电机，但是柴油发电机开启后需要30 min才可以停机，而风力经常中断数秒、数分钟，随机变化，启动柴油发电机容易引起不必要的能源损耗。这反映出两个问题：首先，柴油发电机设备组频繁启动，影响其使用寿命；其次，柴油发电机还在工作而风机已经重启运行发电了，容易造成发电量过剩问题。

考虑到飞轮储能具有储能密度高、充放电快速、充放电次数不受限制等优点，所以很多科学研究组织已把飞轮储能引进风力发电系统，即风力发电机组+内燃机组+储能飞轮。英国布里斯托尔大学长期从事飞轮储能结合风力发电系统的研究，主要包括：①边际风速情况下，储能飞轮和风力发电系统的协同运行；②飞轮储能和风力发电系统的能量互流问题，因此他们提出同步连接与异步连接两种方式[26]。美国的 Davies 将飞轮引进风力发电系统中，实现了全程调峰。试验表明，风力发电系统电能输出性能及经济性能良好，较未采用飞轮储能有很大改善[27]。

（2）航空航天。

当前航天器化学蓄电池存在储能密度低、使用寿命有限、工作性能不稳定等缺点，飞轮储能系统的成功应用，获得了航天部门的高度关注。美国自 20 世纪 80 年代就开启了飞轮储能系统在航天方面的研究，飞轮储能系统不仅可代替化学蓄电池作为航天器的储能设备，还能够使用飞轮储能的动量矩对航天器的姿态展开高效控制，节省航天器应用在姿态控制的反作用轮，充分减少航天器的重量，节约空间，飞轮储能系统代替镍氢电池与陀螺时，航天器重量将降低 50.0%～70.0%[28]。

（3）其他应用。

电磁炮强力对外放电：美国的 Kaman 电磁企业利用飞轮储能的快速强力放电的特点，将其应用在电磁炮和电化学炮的研发中。电磁炮需要在 1～5 ms 内输出数百千安的强电流脉冲[29-30]。卫星姿态控制：美国的 Satcon 技术企业、美国国家航空航天局-刘易斯（NASA Lewis）研究中心、马里兰大学都已开发卫星姿态控制的飞轮系统。其他还有如大功率机车、赛车、鱼雷、大电焊机、通信系统数字信号传输中应用飞轮储能的情况等。

4. 飞轮储能技术未来重点研究方向

伴随着现代科学技术的发展，人类对飞轮储能技术的研究也在向更多的领域拓展。飞轮储能技术的未来研发重点将会从列阵化、自动智能化、人工智能化、高性能、高稳定性等方面进行，通常包含以下方面。

（1）新型飞轮复合材料的研制。飞轮转子的材料强度极大制约了储能系统的能量密度与转换效率，运用更高强度的新型复合材料可获得更大的储能密度。

（2）新型超导磁悬浮轴承的研制。先进的轴承系统可以高效降低飞轮转子旋转过程中的摩擦损耗，提升转子的极限速度，降低对外放电损失，提高系统工作的持续性和稳定性。

（3）高速永磁电机的研发。飞轮储能系统的电机需要满足不同工况下的转速、提高飞轮的极限转速、降低损耗率的特点，在永磁电机目前基础上，依然需要开展深入完善和优化设计。

（4）大容量飞轮储能列阵式运行和控制技术。将储能系统基本单元展开模块功能化，完成多个飞轮储能系统排布列阵式的工作，能够大范围提高储能的总体规模，更容易实现大容量负荷需求的工况。杰出的操控管理系统能够增加系统效率，降低系统反应时间，并且减少因为控制不当导致的飞轮电机损坏等问题。

另外，飞轮储能系统应用领域依然在向小型化、低价化的方向发展，如将飞轮储能制作成手机等小型移动用电设备的电池。随着飞轮技术与材料学的发展进步，飞轮储能系统就会像蓄电池与燃料电池一样，作为独立存在的能源端向系统供应电源，并且有可能成为具备最大储能密度的能源供应系统。

7.3　新兴物理储能技术

新兴物理储能技术通常包含机械弹性储能、电磁储能、蓄热储能。

7.3.1　机械弹性储能

1. 机械弹性储能技术的提出

机械弹簧当受到压缩时会具备一定量的弹性势能，如手表发条、玩具发条是现实生活中获得广泛应用的弹性储能元件。机械弹性储能技术于 2009 年由华北电力大学机械弹性储能技术团队首先提出，属于物理储能的范畴，储能介质为大规模平面涡卷弹簧，物质能量保存方式为弹性势能。从工业应用来看，涡卷弹簧最常用于机械手表。此外，机器臂控制、发条玩具和断路器操作机构等领域也常用到涡卷弹簧。涡卷弹簧储能的原理简单易懂：涡簧一端固定，外部扭矩加载于另一端使其产生弹性变形而产生弹性势能，实现能量从机械能或动能向弹性势能的转变；释能时涡簧恢复形变，将势能转化为外界需要的机械能或动能。应用涡簧来储能，不仅效率高，还具有成本较低、对环境无污染等优点。

依据平面涡卷弹簧簧片相互之间接触的实际状况，涡卷弹簧可分为接触型与非接触型。非接触型涡卷弹簧在工作时，其簧片之间没有接触，涡簧受到的弯矩能够看成作用在弹簧片全长上，弯矩运算相对简单，然而其储存的能量比较少，一般只作为短时间方面的扭矩输出，或释放瞬间动能的动力源使用。接触型涡卷弹簧在工作时簧片有一个从接触到脱离，再到接触的具体过程。弯矩作用的簧片有效作用长度可变，有关数据信息运算也相对复杂，然而其能够保存的能量比非接触型涡卷弹簧要多，一般作为能量的保存基本单元使用。在机械弹性储能技术中，大规模接触型平面涡卷弹簧是储能元部件设备的第一选择，同时也是要研究分析的重要对象。

储能技术是解决电力负荷持续攀升、新能源占比不断扩大造成电网调峰、调频以及安全运行等问题的关键核心技术，鉴于机械涡卷弹簧优异的性能，一种基于涡卷弹簧的机械弹性储能方式被提出，能量转换示意图如图 7-14 所示，由于涡卷弹簧是机械弹性元件，故将这种储能方式称为机械弹性储能。机械弹性储能技术的基础工作过程包含储能和发电两个过程，其工作原理为：储能时，电网电能驱动电动机转动，拧紧涡簧实现储能，实现电能向弹性势能的转化；发电时，涡簧排放弹性势能，带动发电机转动并向电网送电，这一阶段弹性势能转化为电能。

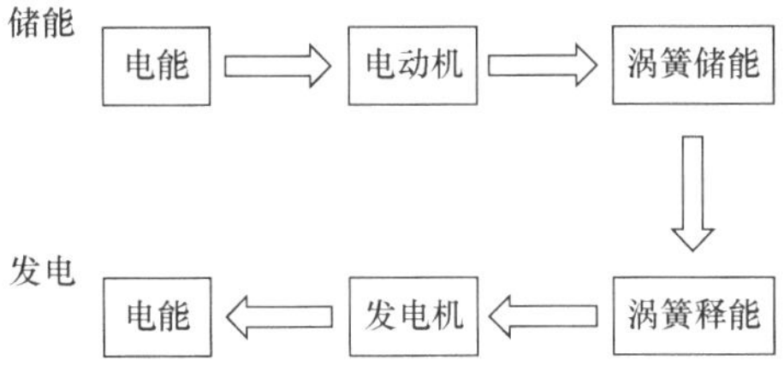

图 7-14　机械弹性储能能量转换示意图

2. 机械弹性储能机组结构组成

机械弹性储能机组结构如图 7-15 所示，主要包括四大部分：储能控制系统、发电控制系统、联动式储能箱组以及逻辑保护系统与监测控制系统。其中储能控制系统包含永磁同步电动机、储能控制器、减速齿轮箱、传感器及电磁制动器等；发电控制系统包含永磁同步发电机、发电控制器、加速齿轮箱、传感器及电磁制动器等；联动式储能箱组由多级单体储能箱串联而成，每节单体储能箱内被并列固定着多个涡卷弹簧；逻辑保护系统负责机组储能和发电等过程的动作逻辑判断，只有各部件状态正常以及动作程序正常相关指令才会被执行；监测控制系统负责监测整个机组各个部件的运行状态、设置储能和发电运行参数、下达储能和发电控制指令以及实时显示机组储能和发电曲线等，是整个储能机组的“大脑”。

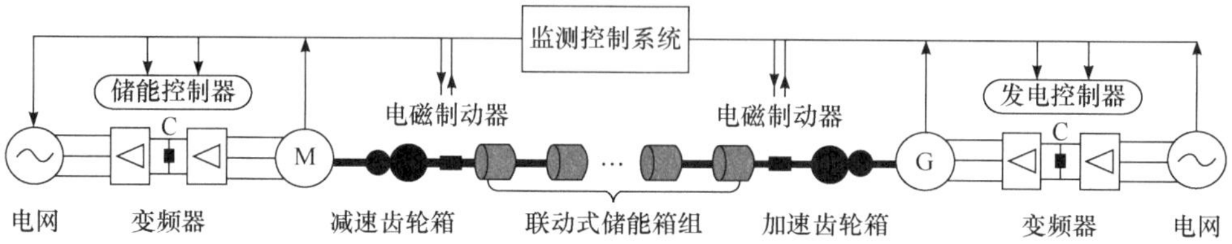

图 7-15 机械弹性储能机组结构示意图[31]

机械弹性储能机组的运行方式为：储能时，发电侧电磁制动器制动，储能侧电磁制动器打开，储能控制器从电网吸收能量驱动永磁同步电动机旋转，逐渐拧紧联动式储能箱中的涡卷弹簧，电能转化为弹性势能储存起来；发电时，储能侧电磁制动器制动，发电侧电磁制动器打开，大型平面涡卷弹簧驱动储能箱旋转带动永磁同步发电机并网发电，储存在涡卷弹簧中的弹性势能转化为电能供负荷使用。

机械弹性储能系统由储能机械系统与电气控制系统两大组成部分构成，其中涡簧储能机械系统以大规模涡卷弹簧作为储能关键零件，是机械弹性储能系统工作的基础，电气控制系统以电机、发电机与变频器等电气机器设备及操控应用软件组成，控制机械弹性储能系统的工作。涡簧储能机械系统作为能量储存中心，以电气控制系统与机器设备为监督管理控制方式，完成能量的储存与排放，具备完成难度小、便于控制等特征。

1）储能机械系统

从储能机械系统的综合设计方案与工作过程来看，储能箱是系统中的重点组成构件，对储能箱的选用十分关键，对储能箱内部之间的储能方式与储能材料的选用，确定了储能系统工作模式与控制战略。对储能箱的应用设计需求是：大储能容积、高反应速率、长运用时间、对场地无特殊需求和不会污染环境。全方位思考多类储能方式与储能结构，选用了以大规模涡卷弹簧为储能零部件的涡簧储能箱作为储能系统的储能部分。涡卷弹簧是设备组成构造，受到弯曲应力后会产生弯曲形变，储存弹性势能，当弯矩消除后，涡卷弹簧保存的弹性势能能够排放出来，示意图如图 7-16 所示。

图 7-16 储能箱运行示意图[32]

储能箱运行过程中会发生弹性形变，对环境没有影响，属于清洁储能过程。涡卷弹簧储能过程是弯矩驱动涡簧旋转做功，加大涡簧的厚度与延长有效作用长度，能够加大涡簧的弯矩与旋转作用角度，进而加大涡卷弹簧的储能量。如果选用大规模接触型涡卷弹簧，储存的弹性势能能够进一步增加。

为了加大涡簧机组储能容积、提升可行性，多个涡簧被密封处理于单体储能箱中，多个单体储能箱串联驱动。单体储能箱机械设备组合安装设置结构和储能箱组机械设备驱动结构的科学合理与否直接决定了机组的功能。徐以坤研究团队研发了一类全新驱动式储能箱[33]，如图 7-17 所示，图中给出了四个弹簧盒的详细连接方式。每一弹簧盒内沿主轴方向安装多组弹簧，涡卷弹簧的一端被固定于弹簧盒外壳，另一端固定于主轴。弹簧盒 1 和弹簧盒 3 的外壳分别通过中间轴与弹簧盒 2 和弹簧盒 4 的外壳固定相连，即弹簧盒 1 和弹簧盒 2 的外壳为一整体，角速度和角加速度相同，弹簧盒 3 和弹簧盒 4 也是如此；弹簧盒 2 和弹簧盒 3 通过中间轴相互连接；弹簧盒 1 的主轴与通过联轴器与电机转轴相连；弹簧盒 4 的主轴固定不动。能量储存阶段，电机转轴带动弹簧盒 1 主轴转动，拧紧弹簧盒 1 内的涡卷弹簧，同时带动弹簧盒 1 与弹簧盒 2 的外壳沿相同方向旋转。弹簧盒 2 外壳的转动将使盒内的弹簧拧紧，并依此带动弹簧盒 2 和弹簧盒 3 的主轴。同理，剩余弹簧盒的外壳将会被依次转动，盒内的涡卷弹簧也最终会被拧紧，基于这一联动方式，电能将会被依次储存在弹簧盒 1 到弹簧盒 4 中。在能量释放阶段，弹簧盒外壳及涡卷弹簧的运动方式与上述相反，与电机距离越远的弹簧盒，其中储存的弹性势能将越早被转换为电能。

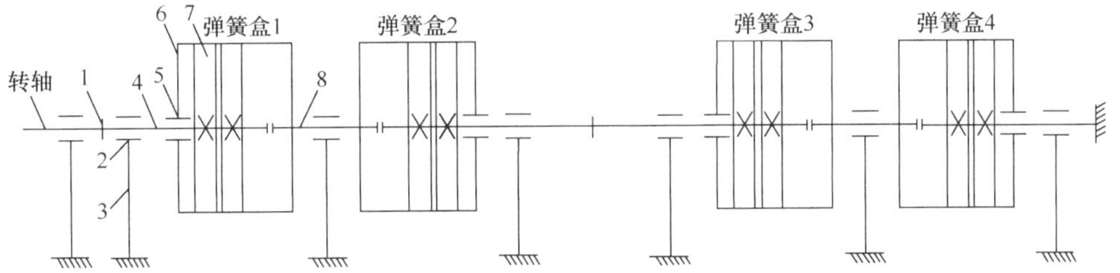

图 7-17 机械联动储能箱组结构示意图[33]

1. 联轴器；2. 轴承；3. 支架；4. 主轴；5. 轴承盒；6. 弹簧盒外壳；7. 涡卷弹簧；8. 中间轴

如图 7-17 所示储能箱为例，每一个弹簧盒内安装三条涡卷弹簧，四个弹簧盒组成了一个大储能箱，其储能容量是单涡簧的储能箱容量的 12 倍。而且这种新型的联动式储能箱所能连接的弹簧盒数目理论上并没有限制，其数量可以达到几十个甚至数百个，从而使机械弹性储能机组的容量获得大幅度提升。同时，对于联动式储能箱而言，机械弹性储能机组的驱动力矩与单涡卷弹簧的机组一致，并不会随着弹簧盒数量的增加而增加，即联动式储能箱提升储能容量的同时，并不会增加电机成本。

涡卷弹簧储能箱整体都是机械结构，运行简单、寿命长、故障率低，还可以回收再利用。涡卷弹簧材料的选择可以多样化，根据机械弹性储能系统应用的不同场合和具体要求，可以选择弹簧钢、碳纤维、玻璃纤维作为涡卷弹簧的制作材料。将这三种材料的各项性能进行比较，结果如表 7-2 所示。弹簧钢存量大、获取容易，价格便宜，弹性模量适中，但材料密度大，抗疲劳性能相对弱，单位质量的储能量偏低；玻璃纤维存量较大、增量获取也较容易，市场实际价格相对低廉，密度较低，但是弹性模量偏低；碳纤维抗疲劳性能好，弹性模量高、密度低，但制造相对困难，价格也较为昂贵。因此，在机械储能系统原理验证与技术研发阶段，适合选用普遍易得、价格低廉的弹簧钢作为储能材料；在实验性样机研发阶段，可选用玻璃纤维或碳纤维作为涡卷弹簧储能材料。

表 7-2 三种适合机械弹性储能的材料性能比较

性能比较项目	弹簧钢	玻璃纤维	碳纤维
存量	大	大	较大
增量获取	易	较易	较难
价格	低	适中	贵
抗疲劳	低	中	高
抗拉强度/ MPa	2700	4800	7000
弹性模量/ GPa	200	90～120	250～400
密度/（$kg \cdot m^{-3}$）	约 7850	约 2520	约 1780

2）电气控制系统

在电气控制系统中，电动机是驱动涡卷弹簧储能箱实现储能过程的电气设备。发电机在涡卷弹簧储能箱输出的扭矩驱动下发电，实现释能过程的电气设备。机械弹性储能系统对电动机和发电机的要求是：电动机可以定速输入，且扭矩稳定；发电机能够适应涡簧储能箱输出力学特性，平稳发电。

电动机的平稳输入扭矩是储能系统稳定储能的保障，这需要电动机的输出扭矩要能够追踪到涡卷弹簧储能箱的弯矩变化。综合考察电动机市场，选择永磁同步电动机作为储能的驱动电机，永磁同步发电机作为系统释能发电设备。永磁同步电机的转子是永磁体。这类电机最大的优势是能够准确控制电机工作，并处理和解决电刷时间问题。

永磁同步电机的主要特征包括：①自身效率和功率因数高；②发热小，所以电机冷却系统结构简易、容积小、噪声小；③系统应用完全密闭结构，无机械转动齿轮摩擦损失、无机械转动齿轮噪声，减少润滑油的使用；④最大负载工作电流大，可行性明显提升；⑤整个机械转动系统质量轻，单位质量的功率大；⑥电机能够总体安装设置在机械转动轴上，产生总体直驱系统。

电气控制系统主要包括永磁电动机和永磁发电机、变频器和扭矩传感器等电气设备。永磁电动机和永磁发电机是系统中电气系统的执行机构。扭矩传感器可以实时测试系统的储能和释能过程中的扭矩和转速，为系统的控制提供必要的参数。

永磁同步电机的驱动分为定速驱动、调速驱动和精密控制驱动。可以根据实际情况选择电机驱动方式，控制灵活。永磁同步电机可以通过选择最佳的控制策略达到电机的最佳性能，非常适合作为机械弹性储能系统储能和发电的执行机构。

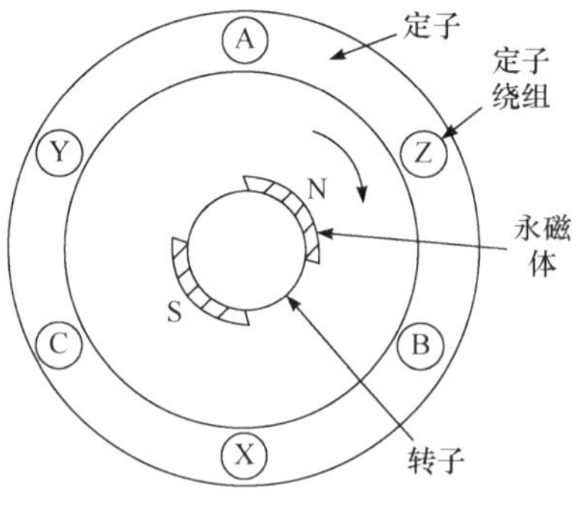

图 7-18 永磁同步电机结构示意图[34]

永磁同步电机由固定的定子和旋转的转子两大部分组成，定子主要由电枢绕组、硅钢片、机壳及端盖等组成。在定子铁芯内圆中均布定子槽，在定子槽内按规律嵌放着三相星形连接的对称交流绕组。转子由永磁体磁钢、转子铁芯、转子轴和套环等组成。图 7-18 是永磁同步电机的结构示意图，转子铁芯上装有成对特定形状的永磁体，由它们产生恒定的磁通。永磁同步电机工作时，定、转子之间存在相对运动，安装于转子上的永磁体与三相电枢绕组，以及三相电枢绕组之间均会互相影响，因此永磁同步电机电磁关系极为复杂。

当前，应用于风力发电的永磁同步电机额定功率已达到兆瓦级，与此相关的电机设计、制造、控制等技术均已成熟。在驱动领域，由于使用场所的不同，百千瓦级及以下的永磁同步电机应用已十分广泛，兆瓦级永磁同步牵引电机也正在研发中。与风电中风能为动力源不同，机械弹性储能系统是以涡卷弹簧的弹性势能作为能量储存形式的，涡卷弹簧具有自身的力学特点，需要选择与涡卷弹簧的力学特性相匹配的电机，研究相应的控制策略。

3. 主要优点

（1）机械弹性储能具有极低的自放电率，这是该储能技术最突出的特点，运行费用低、对场址无特殊要求，机械弹性储能在运行中无须额外的辅助条件，其安装和使用对地理条件也无特殊要求，运行费用小、环境适应力强。在一些需求能量不多但需要长时间热备用的场合，机械弹性储能具有突出的优势。

（2）使用次数较高，机械弹性储能的储能材料为弹簧钢或者纤维复合材料，使用次数一般能超过 60000 次以上。

（3）能量转换效率高，因机组储存的能量是机械能，而机械能是一种较高级的能量形式。机械弹性储能整体运行效率能超过 80%。

（4）储能容量可大可小，最大发电功率能达到百千瓦级，通过选择高模量、低密度和抗疲劳的储能材料作为储能涡簧介质，并设计合理的串并联组合储能箱结构就可以大幅提升机械弹性储能的发电功率和储能容量。

（5）功率响应快，实践证明，机械能向电能转换的时间是较短的，且机械弹性储能功率大小可通过储能涡簧材料关键物性参数的设计与优选来调整，因而机械弹性储能适合做功率型储能方式。

（6）对环境友好，对环境温度不敏感，使用寿命长；采用涡卷弹簧作为储能介质的机械弹性储能运行中对环境不造成影响，无污染。

另外，若采用纤维复合材料作为储能涡簧介质，其对温度不敏感，在−40～300℃均具有与室温相同的特性。若采用高强度、高模量、低密度的碳纤维复合材料作为储能介质，其抗拉强度能达弹性钢材的 8 倍以上，弹性模量超过弹簧钢 2 倍，密度约为钢材的 1/4，比不锈钢耐腐蚀，且具有极长的使用寿命。

7.3.2 电磁储能

1. 超导储能

1）超导储能发展历程

1911 年，Onnes 研究发现温度降至 4.2 K 时汞的电阻为零，并且很多金属与合金都具有相似的低温丧失电阻的特征。Onnes 将这类独特的导电功能称为“超导态”。人们将位于超导状态的导体称为“超导体”。超导体的直流电阻在一定低温下忽然消失，称为“零电阻作用效果”。用超导体金属传导线制作加工成螺旋形金属线圈，金属线圈接通电源时形成磁场，其所储能量和工作电流的平方和电感的乘积成正比关系。如果金属线圈导体有电阻，物质总能量会以焦耳热的方式损耗，而超导体在深冷状态下电阻是零，不存在焦耳热消耗，将螺线管两侧短接，磁能可被永久储存。将金属线圈两侧外接负荷，就能将保存于金属线圈内部的磁能转变成电能。自 1969 年第一次提出超导储能后，由于其在响应时间、功率密度、使用寿命与环境友好性等多个层面的优势，世界各个地区国家都展开了全面的研究分析，包括美国、日本、英国、德国等。其中，美国的研究分析开始较早并且遥遥领先，在 20 世纪 80 年代展开了第一次并网实验，并网目标对象是 1982 年研发的 30 MJ/10 MW 超导磁储能设备，位于美国西海岸的两条 500 kV 高压连接线路，为提升连接线路输电容量包括调节电网发展潮流。在 2000 年，美国施工建造了一系列超导储能应用在完善阿拉斯加高压传输电网的供应电源可行性，该套设备储备了 1.8 GJ 的能量，磁体金属线圈内径 6.7 m，外径 8.44 m，高 2.44 m，总重 250 t。美国佛罗里达大学完成了 100 MJ/50 MW 超导储能的设计与组装工作[35]，利用其为脉冲功率输出试验供能，图 7-19 为该系统的储能线圈模块。

图 7-19　储能线圈模块[35]

我国对超导储能的研究起步较晚，但发展迅速。中国科学院电工研究所于 1999 年设计制造了一台微型超导储能设备，容量等级 25 kJ。5 年后又制造出 100 kJ/25 kW 的超导限流-储能装置。2005 年，我国首台直接冷却高温超导储能在华中科技大学超导电力研究中心研制成功，并顺利进行动模试验，样机参数为 35 kJ/7.5 kW。2011 年，在甘肃省白银市，全球首座工作电压 10.5 kV 的输配电级超导变电工作站顺利建设发展并且成功并网工作，站内安装设置了 0.5 MV·A/1 MJ 的高温超导储能系统。同年，中国电力科学研究院有限公司研发出千焦层次的高温超导储能系统，同时在动模条件下成功展开功率补偿实验，使得国家电网公司具备开展高温超导电力装备设计与研究能力。该系统的超导磁体使用混合高温超导材料，进一步扩大了储能容量；2015 年，国家电网湖北电力公司、中国科学院等离子体物理研究所等单位为一水电站研制安装了一台可移动超导储能系统，减小了发电机功率振荡与负载电压波动的幅度，如图 7-20 所示[36]。

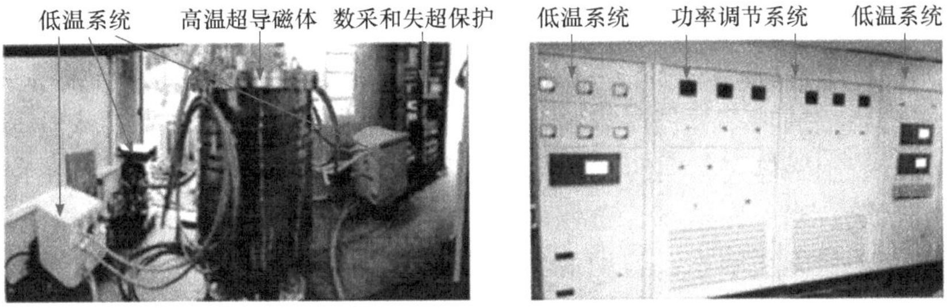

(a) 储能线圈单元　　(b) 控制单元

图 7-20 可移动超导储能系统[36]

2）超导储能系统组成

超导储能在可再生能源领域的作用主要包括以下方面：①平滑可再生能源输出功率，解决可再生能源发电的波动性问题，提高电网的频率稳定性；②提高基于可再生能源的分布式电网和微电网的频率稳定性和电压稳定性；③提高可再生能源发电的故障穿越能力；④与其他超导电力装置的优化配置和协调控制。

一台典型的超导储能装置如图 7-21 所示，该装置按功能模块划分，由超导磁体、低温系统、变流器、状态实时监控和操控管理系统、保护系统等组成。图 7-21 的变压调节器设备是为简化全面处理超导储能和电力系统连接的电压匹配机器设备，不是超导储能的必需组成构件。旁路开关日常处于开启状态，仅在危急状况下才关闭排放超导磁体中的能量来维护磁体的安全。

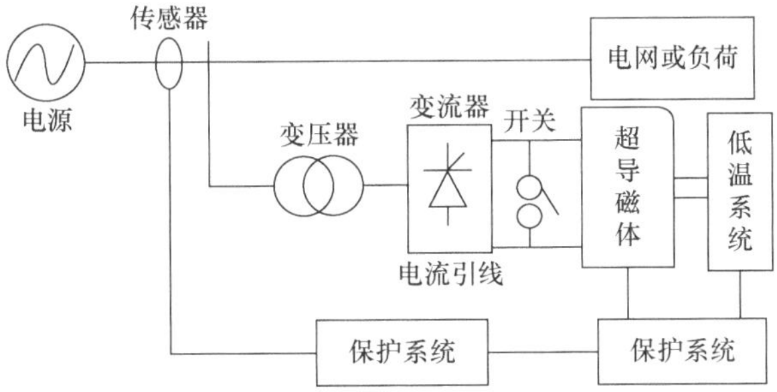

图 7-21 超导储能装置的构成[37]

超导储能的关键部件及技术特性如下。

（1）超导磁体：超导磁体是超导储能的中心组成构件，能够应用单螺管、多螺管或者环形结构磁体。其中，螺管磁体结构简易、四周杂散磁场比较多，环形磁体则完全相反。

（2）工作电流引线：工作电流引线需具有从低温环境到室内温度的绝缘功能，同时也是超导设备热损耗的重要热源之一，是直接影响超导储能制冷机功率的重要因素。

（3）低温系统：超导磁体仅在足够低的温度条件下，才可以在超导状态工作。针对高温超导磁体，即高温超导的临界温度超过 77 K（−196℃）。但由于超导导体在磁场的主要作用下临界工作电流具有衰减作用，而为提升储能密度需尽量提升磁场强度，高温超导磁体应用在储能时，一般需将温度冷却到完全低于 77 K。现今比较成熟的制冷技术有低温液体浸泡冷却和经过制冷机直接传导冷却。

（4）变流器：超导磁体在储能状态承担直流工作电流，为完成超导磁体和高压传输电网相互之间的有功功率与无功功率的转换，要求双方向变流器展开交、直流的转换和控制。

（5）监督管理控制系统：监督管理控制系统经过测试电力系统与超导储能的工作系数，并且研究出电力系统的功率补偿需求以及磁体的功率补偿能力，明确功率补偿设计方案，并且指示变流器控制磁体实行实时动态的功率补偿，必要时也能对保护系统发送指令。

（6）保护系统：当工作电流、磁场强度、温度中的任意一个系数超越临界数值时，超导体会从超导态转化为正常态，这种现象称为失超。超导储能的超导磁体在功率补偿过程中承担实时动态工作电流，会在磁体中形成热量导致温度增加。为保障超导储能的安全，要求对超导磁体实行失超保护也要求对超导磁体低温系统变流器包括电力系统的工作状态实时在线监督管理控制，并且实行高效的全面保护。

（7）技术特征：超导储能的超导磁体在储能状态下不会形成焦耳热消耗，能够长期无消耗地保存能量，储能效率最高实现 95%。超导金属导线的通流能力比铜金属传导线高 1～2 个数量级，这促使超导磁体具备较高的储能密度（0.9～9 MJ · m^{-3}）。

超导储能的储能和释能是电磁能量的直接交换，物质总能量交换速率及效率超过电能-化学能、电能-机械能等能量转换形式，这促使超导储能的反应速率快、功率密度高及可重复充放电。在变流器的控制下，超导储能的实行功率补偿的反应时间低于 10 ms，可满足电力系统暂态持续性、瞬间电压大幅降低等功率补偿需求。

3）超导储能的工作原理

超导储能是一类电感储能技术，电感储能的工作原理如图 7-22 所示。

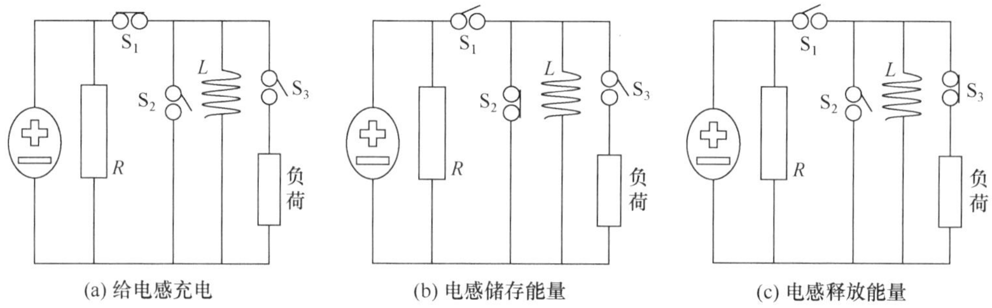

图 7-22 基于超导的电能储存与能量利用的基本原理图[38]

（1）给电感充电：开关 S_2 与 S_3 位于起端状态下关闭开关 S_1，电源对储能电感接通充电。

（2）电感储存能量：合上开关 S_2、断开开关 S_1，S_2 和电感 L 产生关闭循环作业回路。

（3）电感释放能量：合上开关 S_3、断开开关 S_2，电感对负载放电而释放能量。由于在直流工作电流下超导体是零电阻，用超导导线制作储能电感（一般称为超导磁体）的超导储能能够完成长时间的储能。超导导线的通流能力比铜导线高 1～2 个数量级，并且工作电流保持不变时导线（磁体）本身不发热，运用超导磁体能获取远超过普通电感的储能密度、功率密度。图 7-22 仅为电感储能的原理示意设计流程图，参考依据不同的使用渠道，储能电感和电源、载荷的连接模式也不完全一致。

4）超导储能的应用

（1）解决可再生能源的波动性问题。可再生能源因其自身的随机性而造成发电的波动性。可再生能源发电的波动性导致 2 个负面影响：①可再生能源发出电能的峰值决定电网的传输容量，极大地增加了电网的建设成本；②可再生能源发电的波动性对电网的稳定性和电能质量产生不利影响，其中对电网频率稳定性的影响尤为突出。研究表明，波动幅值在常规发电容量5%以上的功率波动将可能使系统频率偏差超过±1%，从而限制系统对可再生能源的消纳能力。大容量光伏并网也会带来功率波动的问题，国家标准规定光伏发电站有功功率变化速率每分钟应不超过10%的装机容量。

基于超导储能高效快响应速度的特性，将其应用于可再生能源发电场中可有效地平抑功率波动，并提高电网的频率稳定性。目前，超导储能在抑制可再生能源功率波动方面采用三种方式：①直接平抑可再生能源功率波动；②与电池储能结合，构成混合型储能系统后用于平抑波动功率；③与氢储能深度融合，构成融合型储能系统后应用于可再生能源发电。

（2）解决暂态功率失衡引起的稳定性问题。新能源发电的不稳定性和与电网的弱连接特性给电网的稳定性带来巨大挑战。而超导储能具有快速功率响应的特性，可以快速地补充电网和负载之间的不平衡功率，从而治理暂态功率失衡引起的稳定性问题，其应用主要包括解决电网故障引发的暂态稳定性问题和辅助孤岛模式切换两个方面。

（3）解决故障穿越问题。新能源发电中的双馈感应发电机是风力发电的主力机型，具有体积小、重量轻、成本低等优点，占据超过50%的风电市场。虽然有上述优点，但是双馈感应发电机对电网故障极其敏感，当电网发生故障产生电压暂降或者骤升时，会在双馈感应发电机的定子上产生零负序磁链，感生出超过转子变流器控制能力数倍的电压，产生过电流和过转矩，危害双馈感应发电机的安全运行。利用超导储能快响应和大电感的特性可以在故障状态下提高双馈感应发电机故障穿越能力，主要包括以下方式：①并联稳压，将超导储能与双馈感应发电机并联连接，通过注入电流作用在电网的阻抗上形成补偿电压，从而抬升或者降低电网电压，以尽可能将电网电压恢复到额定值；②通过串联稳压控制的方式，通过串联变流器输出与电网突变幅值相同、相位相反的电压，保持机端电压稳定，进而维持双馈感应发电机正常运行；③采用串联限流的方式，通过将超导储能系统中的超导磁体串入双馈感应发电机和电网之间，限制双馈感应发电机的定转子过电流和过转矩。

（4）超导储能与其他超导电力装置的结合。超导储能和其他超导电力设备，特别是和超导限流器相互融合，对高压传输电网与电力设备提供更加系统深入的保护与支持。例如，应用超导限流控制器设备与超导储能设备来提升双馈感应发电机的低电压穿越能力和功率输出稳定性。其中超导限流器用来限制故障电流，减轻双馈感应发电机端部电压暂降，并抑制故障过程中的功率波动，而超导储能用来进一步平滑功率波动。

5）超导储能未来展望

超导储能技术的快速发展和高效利用，大力推动了中国电力事业的发展进步，有效减少供应电源和输电过程中的能量消耗，使用该技术能够保障电力系统的稳定和安全，对当代社会的发展进步具有十分深远的影响。但由于其费用较高，超导储能技术也未能大量实现商业化，技术可行性和经济价值是将来超导储能技术发展面对的重大挑战。未来研究分析将大量分布在怎样减少成本费用与优化完善高温超金属传导线的特征，研究全新的超导储能技术与转换器的控制战略，以节约成本费用，提升金属线圈的储能持续性与增强保护失超等。由于高温超导材料能够充分减少超导储能的费用成本，提升超导储能的功能，日本、韩国等很多国家都应用了高温超导材料展开超导储能技术系统研究。高温超导材料的持续发展与成熟将降低整个超导储能系统的成本，充分简化冷却方式与工作基本条件，全速推动超导储能技术发展，有可能成为电力基础保障性应用设施的重要技术之一。

2. 双电层超级电容器

1）发展历程

电容器的研发始于18世纪中期，莱顿瓶（Leyden jar）被公认为是电容器的开山鼻祖。1957年，美国人Becker获得了双电层电容器的专利，为超级电容器（supercapacitor）的发展打下了坚实基础。20世纪60年代，超级电容器持续迭代更新，并且于80年代逐步朝向交易市场。1969年美国参考标准石油（Standard Oil）公司第一次完成了碳材料电化学电容器的商业化。截至目前，Panasonic、NEC、EPCOS、Maxwell等企业在超级电容器方面的研究分析都十分活跃，美国、日本、俄罗斯仍位于世界前列。

我国超级电容器的研究起步晚。2008年以前，电极技术曾一度约束我国超级电容器产业的发展。但随着中心电极技术的突破，全国有关公司又从高分子科学层面进行思考，自主独立研制干法电极技术，为我国汽车产业的超级电容使用干法电极电池的发展打下了坚实基础。2010年起，国内生产超级电容器已相继开始在新能源汽车、电力配网机器设备等方面使用。2015年后，我国超级电容器首先使用在储能式有轨电车、超级电容客运车等方面；在轨道公共交通、风力能源自主发电、电动船舶等方面的使用总体规模早已实现世界领先水平。通过数十年的自主独立创新，我国超级电容器的研制与生产能力明显提高，商品专业技术综合应用水平与产能总体规模都趋近全球领先综合水平。2016年，我国在全球建立第一个超级电容行业联盟，当前已有176个注册会员单位，总体规模更有甚者超过欧美及全球电容器厂家的总和。至2020年，根据超级电容行业联盟统计分析，最近五年我国超级电容器行业的交易市场增加效率为35%以上。其中部分商品赶上产业改革发展提升更新换代的好契机，市场增长率甚至超过了100%。

2）双电层电容器储能原理

当导电电极材料浸没在离子导电的电解质中，如图7-23所示，充电时，电解液中的阳离子和阴离子与符号相反的同浓度电荷被物理吸附在电极与电解质的界面附近，则电容保存在电极材料和电解液相互之间定向分布的电荷中。放电时，离子从电极表层脱附反转到电解液中。简单来说，充、放电过程是电子与离子在电极与电解液相互之间定向移动的过程。电容器的比电容的计算公式（7-3）如下

$$C = \int \frac{\varepsilon S}{4\pi d} \tag{7-3}$$

式中，ε 为介质的介电常数；S 为电极有效比表面积；d 为双电层的厚度。双电层电容器在正常工作过程中电极和电解液相互之间没有电荷转化，即不产生氧化还原反应。双电层电容器的比电容在一定水平上取决于电极材料的比表面积及其外貌与表层的官能团性质[39]。双电层电容器保存电荷是物理吸附作用的具体过程，不涉及电化学反应，此过程高度可逆且迅速（10^{-8} s），因此双电层电容器具备比较大的功率密度与超长的循环寿命。

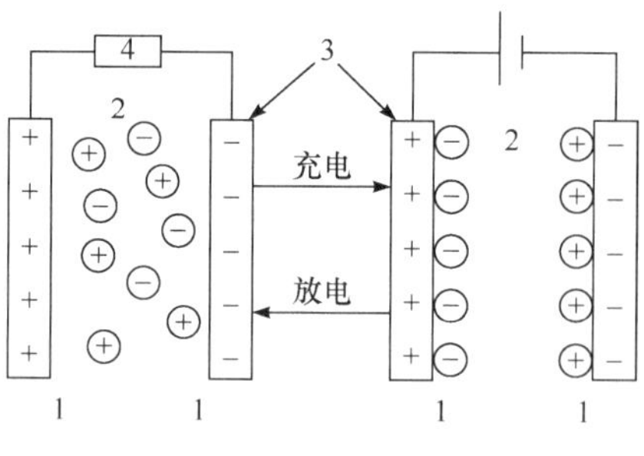

图7-23　双电层电容器充放电过程[39]

1. 双电层；2. 电解液；3. 极板；4. 负载

3）双电层材料

用作双电层超级电容器的材料通常为碳基材料，包含活性炭、纳米级碳、石墨烯等。碳基材料具有成本较低、持续性高、电导率高等优点，并且根据物理吸附作用的双电层储能体制，其功率密度较高，输出工作电流可以实现几百安（输出电压在3 V左右），因此高功率用碳基材料是科学研究分析和商业使用的核心热点之一。针对普通碳基材料，充电时电解液离子的吸附作用只产生在电极表层，而内部材料通常没有被高效且全面利用。同时，这类物理吸附作用自身的严格制约，导致电极材料的能量密度非常低。Sun 等[40]以活性炭为电极材料，以 Li_2SO_4 为电解液制作加工成超级电容器，在输出功率 200 $W \cdot kg^{-1}$ 时能量密度为16.9 $Wh \cdot kg^{-1}$，将输出功率密度提高到4 $kW \cdot kg^{-1}$ 时，总能量密度降为8.4 $Wh \cdot kg^{-1}$。提升碳基材料能量密度的核心影响因素是提升其比表面积、完善孔径分布、修改调配微小颗粒长度与修饰表层状态。Joseph 等[41]使用具有不同孔径的 3D 介孔二氧化硅作为模板，过期的碳酸饮料作为碳源合成了具有高比表面积、可调孔径和功能化表面的高度有序的中孔碳材料，该材料具有高比表面积（1400～1810 $m^2 \cdot g^{-1}$）、大孔体积（1.45～2.81 $cm^3 \cdot g^{-1}$）和可调孔径（3.5～5.2 nm）等优异性质，制成的电极在 1 $A \cdot g^{-1}$ 电流密度下比电容最高为 284 $F \cdot g^{-1}$。Peng 等[42]将 5 种废弃茶叶进行高温碳化，经 KOH 溶液活化后得到无定形活性炭，比表面积高达 2245～2481 $m^2 \cdot g^{-1}$。以该材料为电极、KOH 为电解液，制成的超级电容器在电流密度为 1 $A \cdot g^{-1}$ 下比电容最大达到 330 $F \cdot g^{-1}$，且循环稳定性非常良好。

碳纳米管是一类纳米尺度无缝中空管状碳材料，可看作由石墨卷曲而成，可分为单壁碳纳米管与多壁碳纳米管。碳纳米管的电导率非常高，并且孔径均在2 nm以上，更利于产生双电层，被视为最优秀的超级电容器电极材料。除端头外，全部的碳原子都应当以六边形的方式键合，然而在大规模生产时会引入很多五边形碳与七边形碳，致使性能降低，并且制作加工成电极后存在自放电和团聚等问题。Huang 等[43]将多壁碳纳米管作为电极组成超级电容器，在1 $A \cdot g^{-1}$ 电流密度下比电容为62.9 $F \cdot g^{-1}$，与二硫化钼复合后 MoS_2/多壁碳纳米管复合材料电极的比电容大幅提高到452.7 $F \cdot g^{-1}$。石墨烯是一种单层二维材料，理论比表面积高达2630 $m^2 \cdot g^{-1}$，稳定性高，比电容能达到200 $F \cdot g^{-1}$ 以上，功率特性和循环稳定性也十分优异，在超级电容器中也广泛应用。

碳基材料对任何一类超级电容器而言都是一类性能优异的化学活性物质，但实际上，碳基超级电容器依然存在比电容低、能量密度低、可选用性低等问题。比电容低是由于碳基材料表层使用效率低及孔隙分布不均衡等形成因素导致的，常见处理和解决方法包含灵活熟练地选用碳素来源、灵活设计生产工艺路线、科学合理使用功能样板等模式，研发出表层外貌特殊、孔隙平均、分布性好和电解液浸润好的全新碳基材料。能量密度低可经过开发全新材料增加比电容，选用恰当的电解液增加电势服务应用窗口，包括和赝电容材料搭配加工制作不对称型超级电容器等模式完善。可选用性低是因为相比于赝电容材料，碳基材料的类型非常少，处理和解决方法是完成材料复合化，使用不同材料各自的优势，针对不同实际状况灵活熟练地研发出不同的材料系统。

4）超级电容器的应用

（1）分布式发电及其并网。超级电容器在分布发电的多个构成方面早已完成实际应用。在分布性发电中，能够将超级电容器应用在单独储能，或者与其他储能设备展开复合储能，发挥其功率密度大、周期重复循环时间长、储能效率高、无须维护等优点，可解决分布式发电系统中发电设备的输出功率不稳定和不可预测的问题，这些领域包括风力发电、光伏发电等。在分布性发电系统中，超级电容器能够对系统发挥瞬间功率补偿的主要作用，并且能够在发电间断时作为替补使用电源，以提升供应电源的持续性与可行性。中国科学院电工研究院和江苏省双登集团股份有限公司合作开发应用在太阳能路灯的超级电容器基础模组，成功应用在2008年北京奥运会场馆。此外，分布性发电当前也面临着并网难度高、脱网事故多发的严峻问题。将分布性发电形成的电能，经整流与升压为高压直流；将超级电容器（基础模组）串联，增加耐受电压，再经升降压直流斩波转换器连接到直流连接母线上。在电源产生暂降或者断供等不确定问题时，超级电容器储能系统会增加电压，保持连接母线电压并且稳定在规定要求数值周围；当产生电源功率增加或者载荷变小时，超级电容器会吸收能量接通充电，减少并且稳定连接母线电压。所以超级电容器储能系统可保障直流连接母线电压稳定在许可的范围内，降低分布性发电并网时对高压传输电网的冲击负荷。

（2）电力调节与电能质量调整。稳定持续的电能对高压传输电网的安全、经济运行、保障工业产品质量与科学实验的正常展开以及降低能耗等多个层面都有重要的作用。将超级电容器科学合理地推广使用到电力调控与实时动态电压补偿系统中，能够高效地调整电能综合质量。在高压电网或者配电网的电力调节中，能够将超级电容器作为储能设备应用在实时动态电压补偿系统。在高压传输电网或者配高压传输电网产生电压大幅降低、闪变与中断等电能综合质量问题时，超级电容器经过逆变器释放能量，及时迅速输出补偿功率并且保持一定的时间，以保障高压电网电压稳定，使敏感用户机器设备正常、不中断地工作。

（3）汽车。因具备充放电快、功率大的特征，超级电容器可使用在汽车发起开始、全速推动及驱动操控过程中的能量回收与排放。配置了超级电容器启停系统的汽车，因瞬时功率高，加速性能得到提升；当汽车制动减速时，超级电容器又可快速回收能量。除此以外，化学蓄电池因降低大电流与重复周期，所以使用寿命得以延长。与传统汽车相比，配置超级电容启停系统的汽车，能够达到减少燃油成本费用、提升汽车性能、降低排放、优化完善驾驶体验的效果。此外，在低温下超级电容器也能够在汽车使用中正常开启。将超级电容器和化学蓄电池并联，化学蓄电池的启动速度就会得到提高。由于冬季气温偏低，化学蓄电池性能严重降低，传统汽车可能无法正常启动，因超级电容器在低温下依然功能完好，应用超级电容器和化学蓄电池并联的系统，能够显著改善汽车在低温时的启动，对于单一的化学蓄电池系统具备明显的优势。

（4）工业机械。起重机在港口、建筑与矿业等方面使用非常广泛，其储能需求的典型特征为高占空比的深度放电周期。使用超级电容器能量管理应用系统，利用制动和下降过程中的能量回收，能够为起重机节约40%的燃油。此外，因不需要发动机引擎提供最大峰值功率，还可以减少发动机的体积进而节约燃油。在当今全球气候变暖与污染废气对外排放日渐严重的环境下，减少了燃油的使用量，提高了能源的使用效率，为节约能源和减少排放做出一定贡献。

电梯运行中，重载下行、轻载上行及减速时会产生势能与制动能量。应用超级电容器，在电梯制动时回收能量，在电梯加速启动时进行释放，可起到大幅节能的效果。除此以外，当电梯产生停电或者故障时，超级电容器电源系统可维持灯光照明、通风与通信，将电梯送往邻近楼层并开门，提升电梯的安全稳定性。

国外的部分超级电容器企业凭借多年的积累，在产业化和市场占有方面处于领先地位。伴随着相关政策对新能源方面的帮助支持，我国超级电容器方面的研究与行业化水平也逐年提升。随着单体的性能不断获得提升、模组技术日渐成熟，超级电容器当前已在多个方面获得了广泛的应用。但因受限于能量密度相对偏低，超级电容器仍无法完全代替传统电池。急需提升超级电容器的能量密度，需要研发出高性能的电极材料、高稳定性的电解液，以及新型的非对称性结构的超级电容器，优化完善单体制造生产工艺，将会是未来超级电容器领域重要的研究与发展方向。风力发电与光伏发电，发电与环境密切相关，这就需要储能设备配合发电设备来提供稳定的功率输出。当前在可再生能源与分布式发电系统中经常使用的储能设备大部分为蓄电池，但是当前蓄电池并不能完全满足所有要求，需要超级电容器有效发挥其特点与功能，弥补蓄电池的问题和不足。

7.3.3　蓄热技术

1. 发展历程

蓄热技术（thermal energy storage，TES）通过不同技术实现多余热能被储存起来，并在数小时、数天、数月后使用，其规模从单个过程、建筑到多用户建筑、地区、城镇或地区等。可平衡白天和晚上的能源需求，为冬季供暖储存夏季热量，或为夏季空调储存冬季冷量（季节性热能储存）。

国外于 20 世纪 70 年代开展对蓄热材料的研究，国内于 20 世纪 80 年代开始。蓄热系统具备许多不同种类，最普遍的是家庭生活住宅使用的蓄热水箱，水箱体积一般为 100 L 左右。普遍使用的还有地下含水层蓄热及地埋管系统，总体规模较大。蓄热模式通常包括显热蓄热、潜热蓄热。显热蓄热即经过加热处理中间介质，使温度增加，而蓄热也被称为“热容式蓄热”，技术最成熟。但是物质显热有限导致机器设备庞大复杂进而成本费用较高，不方便宣传推广民用。潜热蓄热是使用蓄热中间介质被加热处理到相变温度产生相变时吸收大量相变热而蓄热，也被称为相变式蓄热。潜热蓄热密度高，储热释热过程温度基本不变，因此相变蓄热系统的效率高、容积小、成本低，方便宣传推广民用。因此，这类蓄热模式近年来在全球受到充分重视并成为研究热点。

2. 技术运用

（1）移峰填谷及电余热的储存。伴随着经济发展与人民日常生活质量的提升，人们对日常生活与办公作业环境提出了更加严格的要求，采暖、通风与空调的使用量也大幅增加，造成高压电网负荷峰谷差持续增大。近几年，国家电力职能部门为缓解高压电网荷峰谷差太大，保障高效稳定用电，采用昼夜电价分计制。应用蓄冷技术，在夜间用低谷电制冷蓄冷，在白天用电高峰时排放冷量来满足需求，成为平衡电网峰谷负荷的一类有效方法。

（2）太阳能热保存。在中国一些高山地区如甘肃、西藏等，因为太阳光照辐射强度大，而其他能源短缺不足，促使太阳能的使用比较普遍。太阳光照辐射，受天气、地理、昼夜与季节等周期性的约束，为维持供热或者供应电源设备不中断工作，需通过蓄热设备将太阳能储存，从而满足生产与日常生活用能持续的需求。在外层分布空间，在地球运行轨道上工作的航天器因为受到地球阴影的遮挡，对太阳能的接收也不连续，所以分布空间发电系统也需要蓄热系统来保持其持续的工作。

（3）保温及缓冲作用。在太空方面，人造卫星等航天器的研发关系到仪器设备、仪表或者材料的恒温调控。人造卫星在工作时，时而位于太阳的照射下，时而没有阳光照射，促使人造卫星表层温度标准差非常大。为了保障人造卫星内温度恒定在指定的温度作用范围，需要使用相变蓄热材料在指定温度下的吸热和放热来控制温度的改变，使人造卫星正常运行作业。在外部温度超过指定温度时，相变材料开始熔化，吸收热量；当外部温度小于指定温度时，相变材料开始结晶，放出热量，使温度保持不变。

3. 蓄热材料的性能要求及分类

储热技术的核心是储热材料，已成为全球学者研究分析的核心热点。储热材料的类型分为显热储热材料、潜热储热材料与热化学储热材料。

1）显热储热材料

显热储热（sensible heat storage）是利用改变储热材料的温度来实现热量储存与释放，技术相对成熟，材料丰富、成本较低，广泛用于储热与蓄冷用途。显热是由改变物体或系统温度的热力系统进行的热交换，通过物体的质量（m）、比热容（c）和产生的温差（ΔT）来计算，如式（7-4）所示。通常基于材料比热、运行温度范围以及使用环境特征等因素选择匹配的显热储热材料。

$$Q = m \cdot c \cdot \Delta T \tag{7-4}$$

2）液态显热储热材料

使用较广的液态储热材料通常包括水、导热油、熔融盐。水体显热储热通常包括太阳能电池、太阳能热水系统的短时间和长时间储热、转化高峰负荷的电锅炉水储热等应用场合，当前研究工作全面集中于储热设备和储热模式，在材料方面研究分析少有报道。在储热材料方面，集中在导热油与熔融盐两大类。导热油又称为热载体油，是一类热量的传输中间介质，因为传热效果好、运行温度范围宽、温度最大极限高、抗氧化性好、挥发性小、使用寿命长、标准规范操控下不会产生火灾爆炸，具备对机器设备腐蚀小、经济实用、原有材料充沛等特征，近年来被大量用在各类场所。根据化学构成，导热油可划分为天然矿物型与合成加工型两大类。

天然矿物导热油通常为重的石油馏分，基本都是环烷烃与链烷烃混合物，具备长、直链化学结构，容易产生断裂，因此热稳定性差，工作温度通常小于300℃。此外，天然矿物型导热油低温黏度非常大，劣化后不可再生。主要优势是安全性较高、运行成本低、原材料广泛、生成物毒性小。加工合成型导热油通常都是对称烷基苯结构的芳香烃类化合物，经过对基础化工原有材料展开合成、脱离与提纯制得。因为馏程窄、初馏点高、原子之间的键合分子结构具备完整系统的共轭结构，促使导热油具备良好的高温热稳定性。

熔融盐工作温度作用分布范围宽、充分饱和蒸汽压低、运营费用少、密度大、黏度低、热稳定性好、与许多金属兼容性好，被认为是目前最为理想的高温显热储热材料[43]。其中以 Coastal Chemical 公司研发的二元混合硝酸盐 Solar Salt（晒制盐）最为著名，应用也最为广泛，其熔融态温度范围为 240～565℃。但 Solar Salt 熔融盐较高的凝固点使系统运行维护成本较高，近年来多家研究机构都在争相研发低熔点熔融盐，如吴玉庭团队[44]提出的四元硝酸盐 HTS 的熔点降低到 86℃，Radde 团队[45]提出的五元混合硝酸盐将熔融盐的熔点降低到 65℃。除了硝酸盐外，在氯化盐、碳酸盐等方面也取得了一定的研究进展。此外，熔融盐还具有较低的黏度和成本。常压下，高温液态熔融盐的饱和蒸气压绝大多数是负压，300℃时混合硝酸盐的黏度仅为常温水的 3 倍左右，具有较好的流动性。

3）固态显热储热材料

固态显热储热材料主要有鹅卵石、导热油、水泥、铸铁等。水泥与浇注作业陶瓷是近年来研究分析较多的显热储热材料。因为水泥、浇注作业陶瓷优良的传热作用功能与偏低的费用成本，西班牙与德国近期展开了较多研发利用。

4）潜热储热材料

潜热储热是利用相变材料发生相变时吸收或放出热量来实现能量的储存，具有单位质量（体积）蓄热量大、温度波动小（储、放热过程近似等温）、化学稳定性好和安全性好等特点。潜热系统储存热量如公式（7-5）所示：

$$Q=\int_{T_1}^{T_{pc}} c_s \cdot dT + \Delta H_s + \int_{T_{pc}}^{T_2} c_l \cdot dT \tag{7-5}$$

式中，T_{pc} 为相变的温度差；ΔH_s 为熔化热，即单位质量的晶体在熔化时变成同温度的液态物质所需吸收的热量；c_s、c_l 为相变材料在固态和液态时的比热容。

潜热储热材料可归纳为四类：纯相变材料、包裹类、混合烧结类和吸附浸渍类。

纯相变储能材料：技术实现了能源的科学合理分配，提升了能源使用效率，在工业余热回收、电力调峰、新能源开发等方面有效发挥了关键性影响。相变储能材料又被称为潜热储能材料，是直接影响相变储热技术发展与使用的核心影响元素，能够在相变过程中储存或释放能量。储热密度高，储能/放能过程近似恒温，容易管理与控制，近年来得到了充分关注。

纯相变储能材料按照相变方式分为四类：固-固相变材料、固-液相变材料、固-气相变材料和气-液相变材料。固-液相变材料具备高潜热数值、相变体积变化小等优势，是当前研究分析最多、使用最广泛的一种材料。有机类相变材料具备化学反应特性稳定、无相分离问题、过冷度小、腐蚀变质性小等优势，但同时也存在储能密度低、导热系数小等问题。

包裹类储能材料：部分相变材料在使用过程中存在易燃、低导热率、热不稳定性、腐蚀性等缺点。为了解决上述难题，应用密封包裹技术对相变材料进行优化完善，制作加工成纳米/微胶囊相变材料，不仅提升了热传递面积，抑制了过冷问题，同时降低了相变体积变化。与微胶囊相变材料相比，纳米胶囊相变材料的长度从微米级降为纳米级，胶囊表面积与体积的比例增大，相变材料的导热参数有所提升；同时由于尺寸减小，纳米胶囊相变材料在使用时碰撞，减少破坏的可能性。纳米/微胶囊相变材料的构成如图 7-24 所示，聚合有机物质材料可在芯材表层产生分子薄膜，不与芯材产生反应，具备化学相容性。

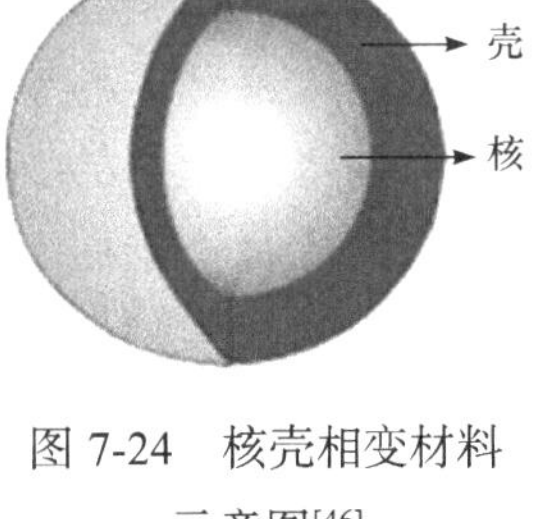

图 7-24　核壳相变材料示意图[46]

混合烧结类中的定型复合相变材料：定型复合相变材料能够维持自身形态稳定，无须容器密封处理就能和换热流体直接接触进行换热。从 19 世纪 80 年代开始，定型复合相变储热材料就受到充分关注。混合烧结法是制造定型复合相变材料的普遍模式，其生产工艺简单，可操作性强，适合大批量生产。混合烧结法的顺序流程如图 7-25 所示，首先将相变材料、骨架材料与添加剂各自研磨筛分后根据一定比例混合均匀，再通过成型、高温烧结后，得到结构定型的复合相变材料。其中，骨架材料作为相变过程的组成构造支撑，熔点较高。此外，骨架材料还要求和相变材料具备优良的润湿性，烧结后的复合相变材料则不容易发生泄漏与分层。

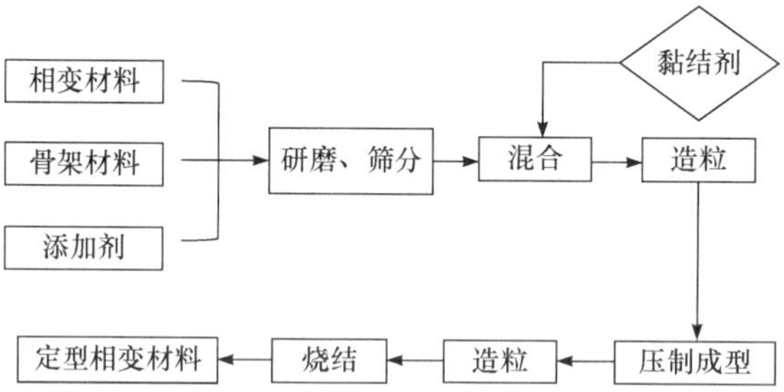

图 7-25 混合烧结制备流程[47]

4. 蓄热技术展望

储热技术是一项节约资源、环境友好的技术，近年来备受重视。在储热技术方面，目前最受重视的是潜热储热，显热储热的充分重视度最低。显热储热已充分全面发展，潜热储热也逐步趋同到成熟。两大类储热技术各具特征，如：显热储热的储能密度最低，但是成本费用最低，同时十分适合大型储能；潜热储热能够在恒定的温度放热。各储热技术使用方面的选用和对外延伸应该深入思考各自的技术特点。在未来储热技术创新方面，储热中间介质的创新和储能方式的创新是重点。混合储热是一类创新储能方式，可重点处理和解决一些储热系统的实际问题。

7.4 物理储能技术的挑战与建议

影响物理储能技术产业化应用的重大技术难关，还需进一步处理和解决，如大规模抽水蓄能设备机组国内生产化的作用程度偏低；100 MW 级及以上压缩空气储能中高负荷压缩机和膨胀机技术尚未完全掌握；飞轮储能的高速电机、高速轴承与高强度复合材料等核心技术还未突破；超导储能体系的高温超导材料与超导限流技术等还需继续攻关。

除抽水蓄能外的物理储能技术正处在重要阶段：一方面技术急需实用性检验，另一方面在不同场合下选用不同技术时又充满疑惑。这就对技术的持续创新提出了更高要求，急切需要明确相关物理储能技术发展路线。

增强物理储能产业化核心技术的持续发展，针对多类使用，激励并发展具备不同特点的多类储能技术。对具有重大应用发展未来前景、全国已进行基础研究工作，但还未掌握新型的储能技术。对已获支持的储能技术，在充分且全面的考虑下，对确有重要发展前景、进展良好、技术成熟的技术，逐渐增加支持力度，突破技术难关，推动有关技术向商业化发展。

文献导读

1. 用于高温电容储能的梯形烷共聚物

对于高温下的电容式储能，介电聚合物需要将低导电性和高导热性结合起来。这些看似矛盾的特性的共存仍然是现有聚合物面临的持续挑战。本研究描述了一类梯形烷共聚物，其在高电场和高温下表现出比现有聚合物低一个数量级以上的电导率。因此，梯形嵌段共聚物在 200℃下具有 5.34 $J \cdot cm^{-3}$ 的放电能量密度和 90%的充放电效率，优于现有的介电聚合物和复合材料。梯形共聚物通过 π-π 堆叠相互作用自组装成高度有序的阵列，从而产生（1.96 ± 0.06）$W \cdot m^{-1} \cdot K^{-1}$ 的本征贯穿平面热导率。共聚物薄膜的高导热性允许有效的焦耳热耗散，因此在高温和高电场下具有出色的循环稳定性。共聚物击穿自愈能力的证明进一步表明了梯形结构在极端条件下运行的高能量密度聚合物电容器的前景。

【参考文献】Chen J, Zhou Y, Huang X Y, et al. 2023. Ladderphane copolymers for high-temperature capacitive energy storage[J]. Nature, 615（7950）: 62-66.

2. 基于不同研究尺度回顾物理吸附储热技术

物理吸附是一个可以用来储存热能的过程，其能量密度高于显性或潜性储存。在欧洲，26%的最终能源消耗与家庭的能源系统有关，其中 80%的能源需要用于供暖。本文首先介绍有关物理吸附储热的基础知识。随后，基于材料尺度、反应器尺度和系统尺度三个尺度系统回顾文献中的研究发展。通过回顾与评述，商业系统的发展面临着必须解决的科学和技术问题，以达到更高的技术准备水平和可接受的系统成本。

【参考文献】Kuznik F, Johannes K, Obrecht C, et al. 2018. A review on recent developments in physisorption thermal energy storage for building applications[J]. Renewable and Sustainable Energy Reviews, 94: 576-586.

3. 用于跨学科应用的相变蓄热材料

能够在等温相变过程中可逆地储存和释放巨大热能的功能相变材料（PCM）最近在跨学科应用中受到了极大的关注。PCM 与功能性支撑材料的智能集成实现了多个前沿交叉学科的应用，包括光学、电学、磁学、声学、医学、机械和催化学科等。本文系统地讨论了储热机制、热传递机制和能量转换机制，并总结了 PCM 跨学科应用的最新进展。特别是，PCM 在声学、机械和催化学科中的应用仍处于起步阶段。同时揭示了对复合 PCM 的微观结构与热物理性质之间相关性的深入见解。最后，根据 PCM 的最新跨学科应用，还强调了当前的挑战和未来的前景。本综述旨在引起跨学科的广泛研究兴趣，为探索下一代先进多功能 PCM 的跨学科应用提供建设性参考，从而促进其在基础研究和商业应用方面的重大突破。

【参考文献】Wang G, Tang Z D, Gao Y, et al. 2023. Phase change thermal storage materials for interdisciplinary applications[J]. Chemical Reviews, 123（11）: 6953-7024.

知识拓展

1. 我国首个大型压缩空气储能电站

2021 年 9 月 30 日，江苏金坛盐穴压缩空气储能国家试验示范项目并网试验成功，向国家电网发出我国首个大型压缩空气储能电站第一度电，标志着我国新型储能技术的研发和应用取得重大进展。盐矿开采采用水溶开采方式，先在地表打一口井，把水注入地下，盐溶于水后再从地下将卤水抽上来，晒干后即可获得食盐。所谓盐穴，即地下盐层被开采后形成的腔穴。地下盐穴具有体积大、密闭好、稳定性高的天然优势，可为压缩空气储能提供优良的储气条件。盐穴压缩空气储能是利用低谷电能将空气压缩到盐穴中，用电高峰时再释放压缩空气发电，从而实现电网削峰填谷，提升电网调节能力和新能源消纳能力，是一种极具发展前景的大规模清洁物理储能技术。

目前，世界上已有两座商业运行的压缩空气储能电站，分别位于德国和美国，遗憾的是，这两座电站采用的均是补燃式技术，浪费了压缩空气时产生的热量，发电时又要燃烧天然气，加热进入透平的空气，能耗非常大，电能转换效率只有 20%左右。而金坛盐穴压缩空气储能项目采用了世界上最先进的非补燃式技术，回收压缩空气时产生的压缩热，电能转换效率可达 60%以上。这次投运的地下盐穴容积约 22 万立方米，相当于 105 个奥运会游泳池，一期工程发电装机 60 MW，发电能力为 60 MW×5 h，预计年发电 1 亿千瓦时。假设一个家庭每天用 10 度电，那么可以支撑 3 万户家庭每天的用电量。金坛盐穴压缩空气储能电站二期项目规模计划 400 MW，三期项目规模预计达到 1000 MW 以上，从金坛拥有的盐穴储气库总量来看，将来储能能力可达现在的 60 余倍，可供 180 万户家庭每天的用电。

2. “黑科技”兆瓦级飞轮储能技术首次实现商用

2019 年 7 月 8 日，“黑科技”兆瓦级飞轮储能技术在北京地铁房山线广阳城站首次实现商用，填补了国内应用飞轮储能装置解决城市轨道交通再生制动能量回收方式的空白。不但可减少热排放，一座车站一年还能节省 50 万度电。飞轮储能是通过飞轮旋转，转速提高时充电、转速降低时放电将地铁列车进站刹车时产生的巨大电能储存起来，当列车出站启动时，再将其释放。地铁进站刹车时，会产生巨大的电流，以往都浪费了，如今可以利用它加速飞轮旋转，相当于将电能储存下来。当列车出站启动时，将电能释放出来，不但能实现变废为宝，而且还减少了电能消耗。这个车站平均每天可节省近 1500 度电。此外，利用飞轮储能还能通过减少热排放，起到节能减排的作用。

思 考 题

1. 物理储能在电力系统中起什么作用?
2. 阐述抽水蓄能的系统组成及工作原理。
3. 海水抽水蓄能的应用前景如何?
4. 压缩空气储能的优、缺点分别是什么?
5. 阐述压缩空气储能的系统组成及工作原理。

6. 压缩空气储能方式分类有哪些？
7. 飞轮储能由哪五部分构成？
8. 飞轮储能转子应选用哪种材料？
9. 阐述飞轮储能未来的发展方向。
10. 机械弹性储能概念是在何时被提出的？其储能介质是什么？
11. 机械弹性储能的系统组成及工作原理是什么？
12. 机械弹性储能的优点有哪些？
13. 简述超导储能的工作原理及应用。
14. 双电层超级电容器的材料有哪些？
15. 物理蓄热技术分为哪两类？适合蓄热储能的材料有哪几类？

参考文献

[1] 刘英军, 刘畅, 王伟, 等. 储能发展现状与趋势分析[J]. 中外能源, 2017, 22(4): 80-88.

[2] 谭雅倩, 周学志, 徐玉杰, 等. 海水抽水蓄能技术发展现状及应用前景[J]. 储能科学与技术, 2017, 6(1): 35-42.

[3] 刘布谷. 世界上首座海水抽水蓄能电站上库的设计与施工[J]. 水利水电快报, 2012, 33(11): 15-17.

[4] 孟祥科. 冲绳海水抽水蓄能电站[J]. 山东电力技术, 1999, 26(2): 75-77.

[5] 大岛胜宏, 松浦润, 关存良. 海水抽水蓄能技术及其展望[J]. 水利水电技术, 2002, 33(1): 71-73.

[6] 石文辉, 查浩, 罗魁, 等. 我国海水抽蓄电站发展初探[J]. 中国能源, 2015, 37(12): 36-40.

[7] 任岩, 翟兆江, 郭齐柯, 等. 海岛风/光/抽蓄/海水淡化复合系统的配置优化[J]. 水力发电, 2015, 41(12): 101-104.

[8] 欧阳丽, 葛兴凯. 海岛智能微电网技术综述[J]. 电器与能效管理技术, 2014, (10): 56-59, 66.

[9] 韩杰, 谢元华, 李拜依, 等. 活塞式压缩机的研究进展[J]. 节能, 2014, 33(12): 17-23, 2.

[10] 徐军. 15T2 半无油活塞式空气压缩机设计和开发[D]. 南京: 南京理工大学, 2010.

[11] 陈海生, 刘金超, 郭欢, 等. 压缩空气储能技术原理[J]. 储能科学与技术, 2013, 2 (2): 146-151.

[12] 糜洪元. 国内外燃气轮机发电技术的发展现况与展望[J]. 电力设备, 2006, 7(10): 8-10.

[13] 张远, 杨科, 李雪梅, 等. 基于先进绝热压缩空气储能的冷热电联产系统[J]. 工程热物理学报, 2013, 34(11): 1991-1996.

[14] 高朋艳. 风力发电厂压缩空气蓄能的研究[D]. 北京: 华北电力大学(北京), 2011.

[15] 姜彤, 毕经天, 陈伟丽, 等. 基于压缩空气储能的虚拟抽水蓄能电站及储能发电方法: CN103114564A[P]. 2013-05-22.

[16] 余耀, 孙华, 许俊斌, 等. 压缩空气储能技术综述[J]. 装备机械, 2013, (1): 68-74.

[17] 汤双清. 飞轮电池磁悬浮支承系统理论及应用研究[D]. 武汉: 华中科技大学, 2004.

[18] 张雷, 姜茜. 物理方式电力储能系统的现状和发展[J]. 东方电气评论, 2018, 32(1): 83-88.

[19] 李文超, 沈祖培. 复合材料飞轮结构与储能密度[J]. 太阳能学报, 2001, 22(1): 96-101.

[20] 王健, 戴兴建, 李奕良. 飞轮储能系统轴承技术研究新进展[J]. 机械工程师, 2008, (4): 71-73.

[21] 戴兴建, 唐长亮, 张剀. 先进飞轮储能电源工程应用研究进展[J]. 电源技术, 2009, 33(11): 1026-1028.

[22] 汤双清. 飞轮储能技术及应用[M]. 武汉: 华中科技大学出版社, 2007.

[23] Bornemann H J, Sander M. Conceptual system design of a 5 MWh/100 MW superconducting flywheel energy storage plant for power utility applications[J]. IEEE Transactions on Applied Superconductivity, 1997, 7(2): 398-401.

[24] Hoolboom G J, Szabados B. Nonpolluting automobiles[J]. IEEE Transactions on Vehicular Technology, 1994, 43(4): 1136-1144.

[25] Flavin C, Lenssen N. Reshaping the electric power industry[J]. Energy Policy, 1994, 22(12): 1029-1044.
[26] Davies T S, Jefferson C M, Mayer R M. Use of flywheel storage for wind diesel systems[J]. Journal of Wind Engineering and Industrial Aerodynamics, 1988, 27(1-3): 157-165.
[27] Davies T, Larsen N. A regenerative drive for incorporating flywheel energy storage into wind generation systems[C]. Washington D C: Proceedings of the 24th Intersociety Energy Conversion Engineering Conference, 1989: 2065-2069.
[28] Pieronek T J, Decker D K, Spector V A. Spacecraft flywheel systems-benefits, and issues[C]. Dayton, OH: Proceedings of the IEEE 1997 National Aerospace and Electronics Conference, 1997: 589-593.
[29] Curtiss D H, Mongeau P P, Puterbaugh R L. Advanced composite flywheel structural design for a pulsed disk alternator[J]. IEEE Transactions on Magnetics, 1995, 31(1): 26-31.
[30] Muterbaugh R L, Mongeau P P, Acharya B, et al. Pulsed disk alternators as energy storage devices for electrothermal chemical guns[J]. IEEE Transactions on Magnetics, 1995, 31(1): 73-77.
[31] 郑晓明. 机械弹性储能机组集成设计与控制方法研究[D]. 北京: 华北电力大学(北京), 2019.
[32] 郑晓明, 米增强, 余洋, 等. 机械弹性储能参数辨识自适应调速控制[J]. 电工技术学报, 2018, 33(24): 5768-5778.
[33] 徐以坤. 永磁电机式机械弹性储能机组储能箱优化设计与并网控制[D]. 北京: 华北电力大学(北京), 2016.
[34] 汤敬秋. 机械弹性储能用大型蜗卷弹簧力学特性研究[D]. 北京: 华北电力大学(北京), 2016.
[35] Luongo C A, Baldwin T, Ribeiro P, et al. A 100 MJ SMES demonstration at FSU-CAPS[J]. IEEE Transactions on Applied Superconductivity, 2003, 13(2): 1800-1805.
[36] 郭文勇, 蔡富裕, 赵闯, 等. 超导储能技术在可再生能源中的应用与展望[J]. 电力系统自动化, 2019, 43(8): 2-14.
[37] 李媛媛, 陈伟, 徐颖, 等. 超导电能存储技术及其发展前景[J]. 新材料产业, 2017, (7): 28-35.
[38] 肖谧, 宿玉鹏, 杜伯学. 超级电容器研究进展[J]. 电子元件与材料, 2019, 38(9): 1-12.
[39] Tian Q, Wang X X, Xu X Y, et al. A novel porous carbon material made from wild rice stem and its application in supercapacitors[J]. Materials Chemistry and Physics, 2018, 213: 267-276.
[40] Sun X Z, Zhang X, Zhang H T, et al. A comparative study of activated carbon-based symmetric supercapacitors in Li_2SO_4 and KOH aqueous electrolytes[J]. Journal of Solid State Electrochemistry, 2012, 16(8): 2597-2603.
[41] Joseph S, Kempaiah D M, Benzigar M R, et al. Highly ordered mesoporous carbons with high specific surface area from carbonated soft drink for supercapacitor application[J]. Microporous and Mesoporous Materials, 2019, 280: 337-346.
[42] Peng C, Yan X B, Wang R T, et al. Promising activated carbons derived from waste tea-leaves and their application in high performance supercapacitors electrodes[J]. Electrochimica Acta, 2013, 87: 401-408.
[43] Huang K J, Wang L, Zhang J Z, et al. One-step preparation of layered molybdenum disulfide/multi-walled carbon nanotube composites for enhanced performance supercapacitor[J]. Energy, 2014, 67: 234-240.
[44] Wu Y T, Liu S W, Xiong Y X, et al. Experimental study on the heat transfer characteristics of a low melting point salt in a parabolic trough solar collector system[J]. Applied Thermal Engineering, 2015, 89: 748-754.
[45] Raade J W, Padowitz D. Development of molten salt heat transfer fluid with low melting point and high thermal stability[J]. Journal of Solar Energy Engineering, 2011, 133(3): 91-96.
[46] Milián Y E, Gutiérrez A, Grágeda M, et al. A review on encapsulation techniques for inorganic phase change materials and the influence on their thermophysical properties[J]. Renewable & Sustainable Energy Reviews, 2017, 73: 983-999.
[47] 冷光辉, 曹惠, 彭浩, 等. 储热材料研究现状及发展趋势[J]. 储能科学与技术, 2017, 6(5): 1058-1075.

第8章 可再生能源电化学储能科学与技术

电池技术的发展是人类社会进步的“功臣”，它的快速发展和广泛应用充分丰富了人民群众的生活，提升了人们的幸福感，但是电池也有使用寿命，当达到一定循环次数后，为电子设备提供动力的电池会老化，将面临“退役”问题。

本章介绍以锂离子电池、钠基电池和铅酸电池等多种类型电池为代表的电化学储能电池以及其资源循环再利用技术。

科学之窗

冬天穿涤纶、锦纶等化学纤维面料的衣服很容易产生静电，这是因为这类材质不吸潮，导致衣服表面很干燥，人的肢体活动会带动衣服摩擦进而产生静电荷，静电荷在干燥的衣服表面很难被释放，就会形成静电，同样干燥的空气也会引起头发起静电，这是在生活中很容易观察到的一种电现象。

电现象最早是由 William Gilbert（公元 1540—1605 年）完成系统研究的，他研究了金刚石、水晶等物质在摩擦后出现的起电现象，并将物质具有摩擦起电的这种性质称为电性[1]。1731 年，英国牧师格雷发现某些材料摩擦产生的静电可以保留一段时间。后来在德国小镇莱顿城发明了一种能保存电荷的“容器”——莱顿瓶（图 8-1），莱顿瓶的发明使人类第一次有效地保存了电荷。

图 8-1　莱顿瓶：最原始的电容器[2]

1786年的一天，解剖学教授伽伐尼（Galvani）在认真地解剖青蛙的下肢神经，突然一个令人惊讶的现象发生了，青蛙的腿明显地抽搐起来，这一奇特的生物学现象引起了伽伐尼极大的兴趣，并开始研究产生这一现象的原因。经过多次实验，1793年，他在英国皇家学会会议上阐述了他的发现与见解，他认为青蛙大腿的体液中含有“生物电”，与不同性质的金属接触正好形成闭合电路，完成放电过程，这便是著名的“青蛙实验”，如图8-2所示。

然而，意大利物理学家伏打（Volta）在了解“青蛙实验”后却持不同意见，他决定沿着“生物电”的道路继续研究，终于在他的不懈努力下，将多组不同的金属片夹湿纸做成了第一个化学电源，即“伏打堆”（图8-3），这是人类最早使用的化学电源，也是人类第一次获得的可供使用的持续电源，也称为化学电源最原始的装置。

图8-2　伽伐尼露天测试青蛙腿[3]

图8-3　伏打亲手制作的电堆，现藏于意大利伏打博物馆[4]

伏打电堆的发明推动着人类文明慢慢走上电池的研发之路。1836年，英国科学家丹尼尔制造出第一个锌铜蓄电池。1887年，英国人赫勒森发明了最早的干电池。1890年，爱迪生发明了可充电的铁镍干电池，将电池文明推向一个新的阶段。

8.1　概　述

能源是人类社会可持续发展的物质基础。能源系统可以将从各种来源获取的能量转换为各种领域所需的电能。但是，大多数可再生能源发电具有明显的不连续、不稳定性和不可控的非稳态特征，因此大部分时间是无法实现负载跟随的，即在用电低谷发电过剩，用电高峰供电不足，因而需要配套高效储能系统来调整发电与供电之间的时差矛盾，减少自然条件的影响，并且抑制新能源电力系统中传输功率的波动性，保证可再生能源发电和供电的连续性和稳定性。此外，储能技术还可以实现负载均衡和调峰、调频、抑制能量振荡，提高可再生能源发电的电能质量和稳定性以及电网对可再生能源发电的接纳能力，并有效减少系统输电网络损耗。

如今，世界人口的快速增长和消费习惯的变化使人类对能源的需求量日益增加，造成化石能源日益匮乏和环境日趋恶化。节约化石能源、大规模利用可再生能源已成为世界各国能源安全和经济可持续发展的重要战略。储能技术作为解决可再生能源发电不连续性及不稳定性等瓶颈的关键技术，是可再生能源大规模普及应用的核心。

储能技术的发展已经历了多个世纪，目前已经相对成熟。电化学储能系统包含铅酸电池、锂离子电池、钠基电池、液流电池、新体系电池等。根据比能量和比功率，电化学储能技术又可分为高能量密度（W）储能和高功率密度（P）储能，其中能量密度是指每单位体积或质量所累积的能量，功率密度是指每单位体积或质量所传递的能量。当产生的能量长期不用时，需要依靠一种高能量密度设备来进行储存。当放电周期短时，对于在短时间内具有充电/放电波动的装置，需要高功率密度的装置。基于储存时间进行分类，储能技术可分为短期储能和长期储能。短期储能通常涉及数小时至数天的储能，而长期储能是指几个月至一个季节（3～6 个月）的储能。

8.2　电化学储能

8.2.1　锂离子电池

1. 锂离子电池的发展历程

锂作为自然界中质量最轻的金属，具有较低的电极电位（$E = -3.045$ V，相对于标准氢电极）和较高的理论比容量（C_0 = 3860 mAh · g^{-1}），以锂为负极的电池电压高、能量密度大，引起人们的重点关注。1958 年 Harris 等首次公开报道了将有机电解质作为金属原电池的电解质[5]，引起了人们对锂电池的浓厚兴趣，随即促进了 20 世纪 70 年代各种初级锂电池的开发和商业运用。20 世纪 80 年代，人们发现实现金属锂电池的充电非常困难，于是开始尝试开发可充电的锂离子电池（lithium ion battery）。锂离子电池在传统金属锂电池的基础上进行了改进，选择可以自由脱嵌 Li^+的复合材料作为正负极，其工作的本质就是实现 Li^+在正、负极材料之间直接嵌入和脱出，优点是拥有良好的可逆循环。1970 年日本松下电器公司和美国军方几乎同时独立合成出一种新型正极材料——碳氟化物。1971 年，斯坦福大学的研究人员发现了一系列能够实现电子的分子和离子在其中嵌入的层状卤族化合物，其代表性物质是二硫化钽[5]。图 8-4 显示了锂离子电池的发展简史，随着电池方面的研究不断地进步，1972 年，Steel 和 Armand 等在一次学术会议上介绍了“电化学嵌入”概念的理论基础。同年，Exxon 公司设计出一种以 TiS_2 为正极、金属锂为负极、$LiCl_4$/二噁茂烷为电解液的电池体系，该电池的电化学性能表现良好：循环超过 1000 次，每次循环的损失都低于 0.05%。1977～1979 年，Exxon 公司开始销售采用以 LiAl 为负极、TiS_2 为正极的纽扣电池作为电源的手表和一些其他小型设备[6]。1977 年，Exxon 在芝加哥的电动汽车展上展出的锂电池是当时世界上最大的锂电池，然而，该电池体系中存在锂枝晶生长的问题，会导致电池的循环性能、使用寿命和安全性能较差，阻止了其商业化。直到 1983 年，Peled 等提出固态电解质界面膜（SEI 膜）模型，并指出 SEI 膜能够直接影响锂电池的可逆性和循环使用寿命。此后，研究人员开始寻找新电解液及添加剂，尝试通过机械加工的手段来改变电极表面的性质，以达到抑制锂枝晶生长的目的。20 世纪 80 年代末期，Moil Energy 公司成功研发出 Li/MnO_2 锂金属二次电池，然而也并未完全解决锂枝晶引发的安全问题，最终相关的火灾事故使开发停滞。

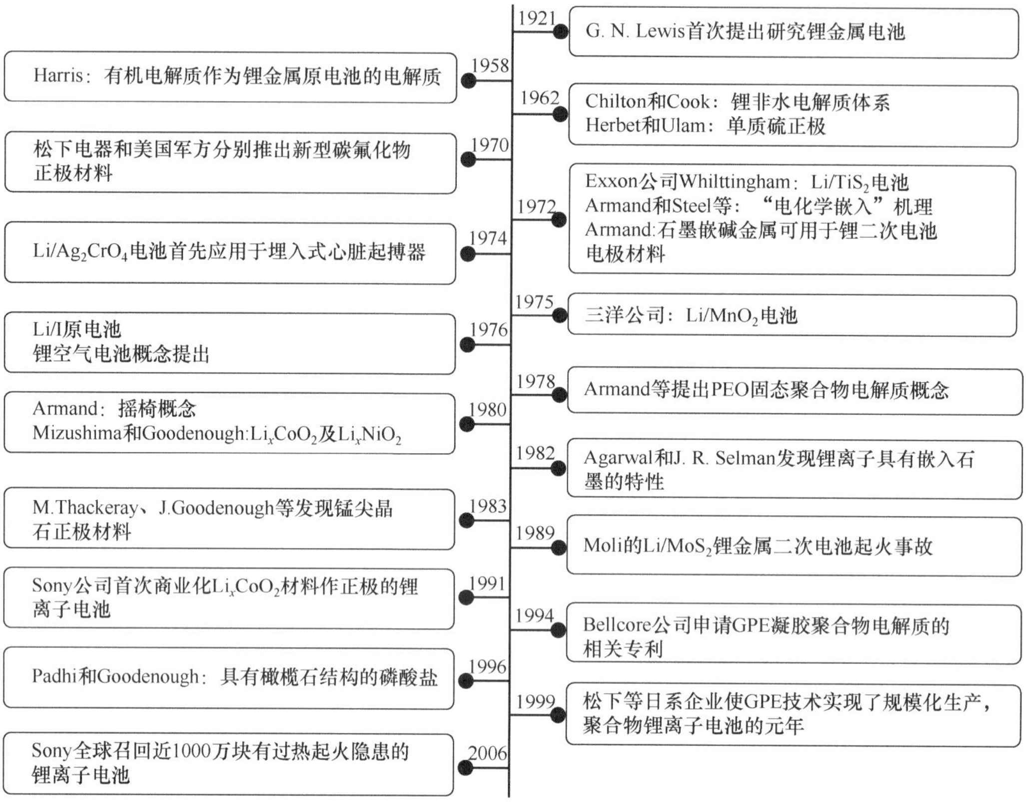

图 8-4 锂离子电池发展简史

鉴于各种改良方案都不太奏效，研究人员逐渐选用嵌入化合物代替金属锂。Armand 早在 20 世纪 80 年代初就开始研究石墨嵌入化合物，1977 年为嵌锂石墨化合物申请专利，1980 年提出摇椅式电池的概念[7]，并将嵌入化合物作为锂二次电池的正、负极。同年，Mizushima 和 Goodenough 提出 $LiCoO_2$ 或 Li_xNiO_2 可能的应用价值[8]，其中，随着碳酸酯类电解质的应用，$LiCoO_2$ 优先成为商业锂离子电池正极材料。1985 年，美国科学家发现碳材料可以作为锂二次电池的负极材料。1997 年，Goodenough 等开始了 $LiFePO_4$ 正极材料的研究工作[9]，橄榄石结构的 $LiFePO_4$ 正极材料凭借其稳定的氧化态、安全性能好、高温性能好、原料便宜等优点，成为新一代锂离子电池正极材料。2019 年，Whittingham、Goodenough 和吉野彰这三位科学家因为对锂离子电池发展事业做出的巨大贡献而获得诺贝尔化学奖。从此，锂离子电池一路“狂奔”，逐渐占领电子消费市场，并迅速拓展到各个领域。现阶段的锂离子电池已经成为重要的动力源，随着锂离子电池正、负极材料技术的日益成熟，更高能量密度的电芯技术正在从实验室走向产业化，将会应用到未来生活的更多场景中[10-14]。

2. 锂离子电池的工作原理和基本组成

1）工作原理

锂离子电池作为一种二次电池实际上也是一种 Li^+浓度差电池，主要是依靠 Li^+在正负极之间来回移动来工作（图 8-5）[15]。在充电过程中，Li^+从正极材料中脱嵌，经过电解质嵌入到负极材料，此时负极处于富锂状态，正极处于贫锂状态，同时电子由正极经过外电路移动到负极（外部电流由负极流向正极）以保持负极的电荷平衡，形成闭合回路；放电时则与之相反，Li^+从负极材料中脱嵌，经过电解质回到正极材料中，同时电子通过外电路从负极移动到正极（外部电流从正极流向负极）。人们把这种依靠 Li^+在正负极之间的转移来完成电池充放电工作，具有独特机理的锂离子电池形象地称为“摇椅电池”。锂离子电池的最终容量大小取决于材料能够容纳 Li^+的量，充电时嵌入负极材料的 Li^+越多则充电容量越大，放电时从负极材料脱出回到正极的 Li^+越多则放电容量越大。

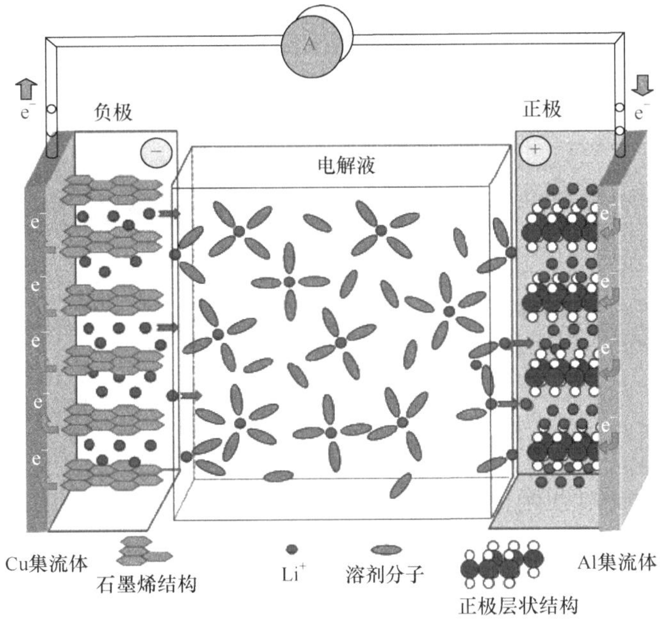

图 8-5　锂离子电池的工作原理示意图[16]

选用 $LiCoO_2$ 作为正极材料、层状碳材料作为负极材料时，锂离子电池工作的具体反应表达式如下：

$$(+)\ LiCoO_2\ |\ LiPF_6 - EC : DMC : DEC\ |\ Cn\ (-)$$

正极反应　$$LiCoO_2 \longrightarrow Li_{1-x}CoO_2 + xLi^+ + xe^-$$

负极反应　$$nC + xLi^+ + xe^- \longrightarrow Li_xC_n$$

总反应　$$LiCoO_2 + nC \rightleftharpoons Li_{1-x}CoO_2 + Li_xC_n$$

2）基本组成

为了满足不同领域实际应用的需求，人们通常将锂离子电池设计成圆柱形、纽扣形、方形和软包电池等多种形式，如图 8-6 所示[17]。但是无论什么系列、形状和大小的锂离子电池想要顺利实现能量的转换，都必须保证两个电极分开，并且在两个电极活性物质发生氧化还原反应的过程中，电子的传递必须通过外电路进行，因为正负极接触会导致剧烈的电化学反应，轻则电池遭到损坏，重则引发爆炸。一般来说，常见的锂离子电池主要包含以下必不可少的部分：电极（活性物质）、电解液、隔膜、黏结剂和电池外壳。

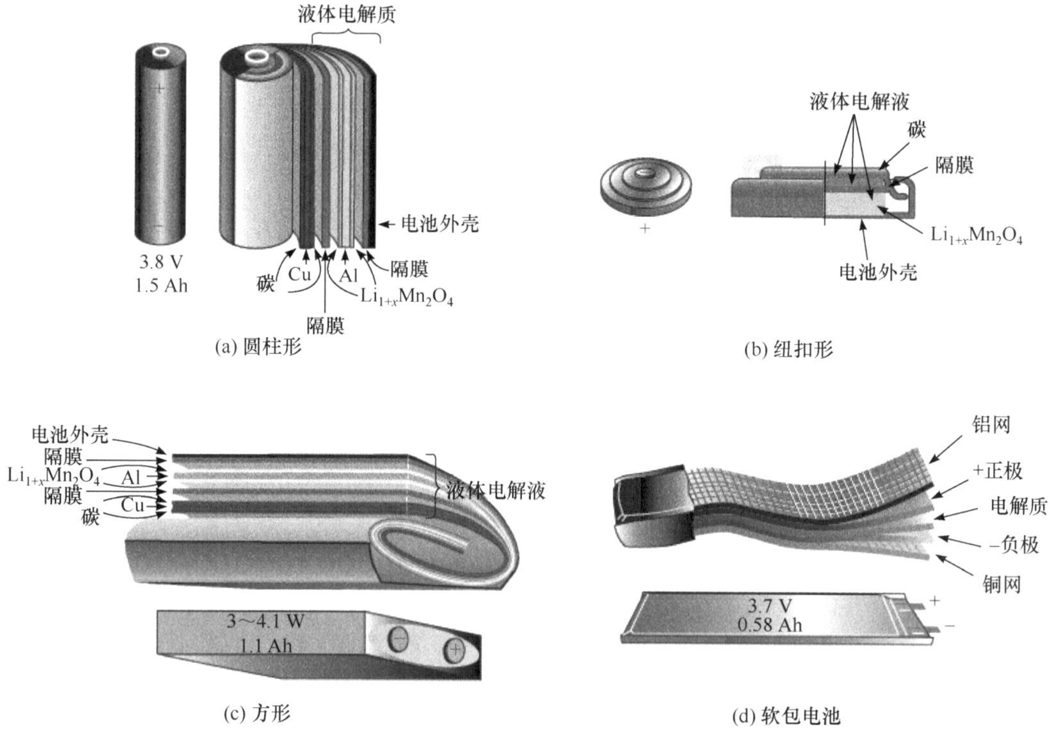

图 8-6 不同类型的商品化锂离子电池[17]

正极和负极是锂离子电池的核心部分，均由活性物质和导电骨架组成。正负极活性物质作为锂离子电池的锂源，一般是电势比较高的含锂过渡金属氧化物，它决定电池基本特性，是产生电能的源泉。将正极活性物质、黏结剂和导电剂按照一定的比例在合适的溶剂中混合均匀，然后涂覆在铝箔上即可得到正极材料。负极材料的活性物质一般是电势比较低且可逆脱嵌锂离子的材料，以石墨等碳基材料和一些非碳基材料为主，将负极活性物质、黏结剂和导电剂按照一定的比例在合适的溶剂中混合均匀，然后涂覆在铜箔上可以得到负极材料。

电解液在电池和电容器等装置中扮演传输离子的角色，与电池正负极之间联系密切，对电池容量、工作温度范围、循环性能及安全性能均有重要影响。

隔膜是一种由聚烯烃系树脂组成的多孔薄膜，包含单层或多层的聚丙烯或聚乙烯膜，是一种具有良好的化学和电化学稳定性，能对电解液保持高度浸润性的材料。

黏结剂是一种高分子化合物，主要是保证活性物质制浆时的均匀性和安全性，使活性物质内部与集流体紧密黏结在一起。

电池外壳是组成电池体系的关键部分之一，对固定和全密封电池内部的电化学系统起重要作用。电池外壳的结构强度和散热等性能是衡量电池好坏的重要指标。

3. 主要优缺点

锂离子电池在各个领域被广泛应用，可归因于以下优点：

（1）平均输出电压高。一般情况下，单体锂离子电池平均输出电压在 3.6 V 左右，是镍镉或镍氢电池的 3 倍。

（2）能量密度高。锂离子电池体积小、质量轻，因此具有更高的体积比能量和质量比能量，目前已达到 400～500 Wh · L^{-1} 和 150～200 Wh · kg^{-1}，是其他传统电池的 2～3 倍。

（3）低自放电。在 20℃左右的环境中以开路形式存储一个月以后，电池容量损失不到 10%。

（4）工作温度范围宽。具有良好的高低温充放电性能，能在−20～55℃的环境中正常工作。

（5）可快速充放电。以 1 C 倍率充电容量可达到标称容量的 80%以上。

（6）安全性能好。与金属锂电池相比，锂离子电池具有抗短路、抗过充放、抗冲击、抗振动、防机枪、防穿刺、难起火、难爆炸等特点，展现出良好的安全性能。

（7）循环寿命长。一般来说，锂离子电池具有超过 1000 次的循环寿命，在较低放电深度下甚至可以达到几万次循环充放电，超过其他的二次电池。

（8）环境友好。锂离子电池中不包含汞、镉、铅等有害重金属，使用过程中不会对人体造成伤害，电池报废后不会对环境造成污染，是一种清洁、绿色、环境友好的化学电源。

尽管锂离子电池具有上述诸多优点，但也存在以下不足：

（1）开发成本高。当选用含钴正极材料时，受钴原料价格波动影响，导致正极材料的制备成本占整个电池生产成本的 30%以上。但随着正极材料制备技术的发展，采用锰酸锂、磷酸铁锂以及三元材料等有望大幅降低锂离子电池生产成本。

（2）要求特殊保护电路。锂离子电池存在充满电还能继续充电（过充电）的现象，极易导致电池容量和循环寿命衰减，甚至发生漏液、产气、爆炸等安全隐患。因此，必须配备特殊保护电路，以减缓或防止过充电或过放电。

（3）与其他电池兼容性差。通常，严禁锂离子电池与其他类型电池混合使用。

4. 锂离子电池的应用

锂离子电池于 20 世纪 90 年代进入产业化阶段，随后便飞速发展，成为 20 世纪开发成功的新型二次电池。它凭借自身体积小、比能量高、无记忆效应、低自放电、循环寿命长和环境友好等优点受到各行各业的青睐，从手机、笔记本电脑等电子消费领域逐步迈向储能和新能源汽车等领域，甚至应用于国防军事领域。随着现代化科学技术的进步和新能源产业的发展，高容量型锂离子电池及相关产业发展非常迅速，成为国际主流。

1）锂离子电池在消费电子领域的应用

目前，手机锂离子电池市场的供给已经进入成熟期，但随着人们对手机上网、娱乐等各功能需求的增加导致全球智能手机数量生产量的发展。自 2006 年以来，因具有便携性及逐步下降的生产成本，笔记本电脑逐渐取代传统台式电脑成为市场上的主力产品，而笔记本电脑市场的快速发展也推动了锂离子电池市场的快速发展。手机、笔记本电脑和平板电脑等消费类电子产品存在的更新速度快、使用周期短等特征导致人们每年更换同类型的电子产品的需求较大，将进一步带动相关锂离子电池生产的持续快速增长，并且随着智能手机、笔记本电脑等电子产品功能增加，能耗变高，消费者对锂离子电池的容量和寿命也有了更高的要求。

2）锂离子电池在储能领域的应用

风能、水能、太阳能等新能源在使用过程中存在不连续、不稳定的缺点，储能系统能够缓和这些能源在使用过程中不均匀的现象，将新能源经过储能系统稳定后再接入电网可以提高能源的利用效率。目前，在储能电池领域，铅酸电池仍占据比较重要的市场，但是由于铅是一种重金属，会对环境造成一定的污染，为了缓解这种情况，锂离子电池成为很好的储能电池候选者，在目前电网储能装置领域中，用锂离子替代传统铅酸电池已经成为一种中长期的趋势。美国加利福尼亚州 Moss Landing 储能电站于 2020 年 12 月 11 日开始运营，建成时是全球最大的电池储能系统，包含 300 MW/1200 MWh 的锂离子电池。储能电站满负荷运行时，可为 22.5 万户家庭供电 4 h。

3）锂离子电池在新能源汽车领域的应用

随着全球汽车量的日益增加，燃油汽车不但会消耗不可再生的化石能源，排放的尾气还会造成严重的环境污染，使人类面临能源危机和环境保护双重压力，全球汽车工业的发展也会因此受到影响，开发无污染、高效能的新能源汽车已经成为全球汽车工业的必然趋势。以锂离子动力电池为代表的新能源汽车可以有效地解决交通过程中的能源消耗及环境问题，成为汽车工业发展的主要方向。

新能源汽车已经成为世界主要国家和汽车制造商的共同选择，发展新能源汽车已经成为未来汽车产业发展的方向和主流，甚至已经上升为国家战略层面。全球各国都在加大对新能源汽车领域的资金支持，以期在新兴高新技术产业竞争中抢占市场先机。国际上，美国推出 Free car 计划、智能电网计划；日本开展新能源产业技术综合开发机构（NEDO）计划。我国“十二五”规划和国家长期科技规划中表明了重点支持和发展新能源汽车，从 2008 年开始实施“十城千辆”计划，在全球范围内率先进行了新能源汽车的大规模推广与应用。2014 年，我国明确提出：发展新能源汽车是我国迈向汽车强国的必由之路。2021 年，我国新能源汽车产销量突破 300 万，实现了从政策驱动向市场拉动的转变。

4）锂离子电池在国防军事领域的应用

锂离子电池不但被广泛运用于生活的各个领域，更肩负起国家发展和国防军事的重要责任。在信息化的今天，越来越多的数字化武器装备在国家军事领域中崭露头角。军事中各种高性能的武器装备需要可靠性强、安全性好、环境适应性好和比能量高的军用储能设备来满足稳定运行的能源需求，锂离子电池由于特殊的技术优势成为军事作战中不可或缺的能量来源。军事基地储能、野战供电、高能武器电源、无人装备动力源、单兵电源、后勤保障、潜艇等军事装备都有锂离子电池的一席之地，未来锂离子电池技术将进一步与人工智能技术相融合，以期提升战场智能化程度。

8.2.2 钠基电池

1. 钠硫电池

钠是一种轻金属，可作为一种坚固、廉价且优良的化学燃料。钠元素多以岩盐和碱等多种矿物质的形式存在，是地壳中第六丰富和海洋中第四丰富的金属元素，在智利、中国、澳大利亚和阿根廷等国家都有分布。在电化学储能体系中，钠相对标准氢电极（SHE）的电极电位为 2.71 V。硫是化学工业最重要的原材料之一，在橡胶加工、化妆品和制药等许多工业过程中作为衍生物存在。硫的理论容量为 1670 mA h · g^{-1}，相对 SHE 的电极电位为 0.407 V。钠与硫分别作为负极和正极的活性材料的电池体系称为钠硫电池（sodium-sulfur battery），这种电池可以提供较高的输出电压和高比能，尤其是在中温和高温（100～350℃）条件下，当前高/中温钠硫电池和常温钠硫电池体系都获得了广泛的研究。

1）高温钠硫电池

（1）发展历史与应用现状。

在 20 世纪 60 年代中期，Kummer 等开发出高温钠硫电池技术应用于电动汽车中。1965 年陶氏化学公司 Levine 等使用毛细玻璃管作为电解质对高温钠硫电池进行了研究，但是由于没有使用与熔融钠和硫均兼容的固体电解质而失败。此后，除美国航空航天局针对卫星和军事航空航天应用继续开发钠硫电池系统外，英国广播公司（BBC）以及英国伯明翰铁路模拟实验室、德国的艾波比（ABB）集团、美国的 Mink 公司等都先后组装了基于高温钠硫电池的电动汽车，长期研究表明高温钠硫电池的安全问题仍然无法得到良好的解决，因此在车用能源方面的应用逐渐消失。现代钠硫电池技术在储能电池方面的应用是由东京电力公司与日本 NAGAKI 永木精械株式会社在日本共同开发的，并且这些技术现已投入商业生产，在日本、法国和美国作为电网存储和风能及太阳能的补充装置进行了广泛测试，目前商业化的高温钠硫电池的使用寿命可以长达 15 年，是具有广阔应用前景的电化学储能体系之一。图 8-7 为钠硫电池储能系统/电站的商业应用实例。

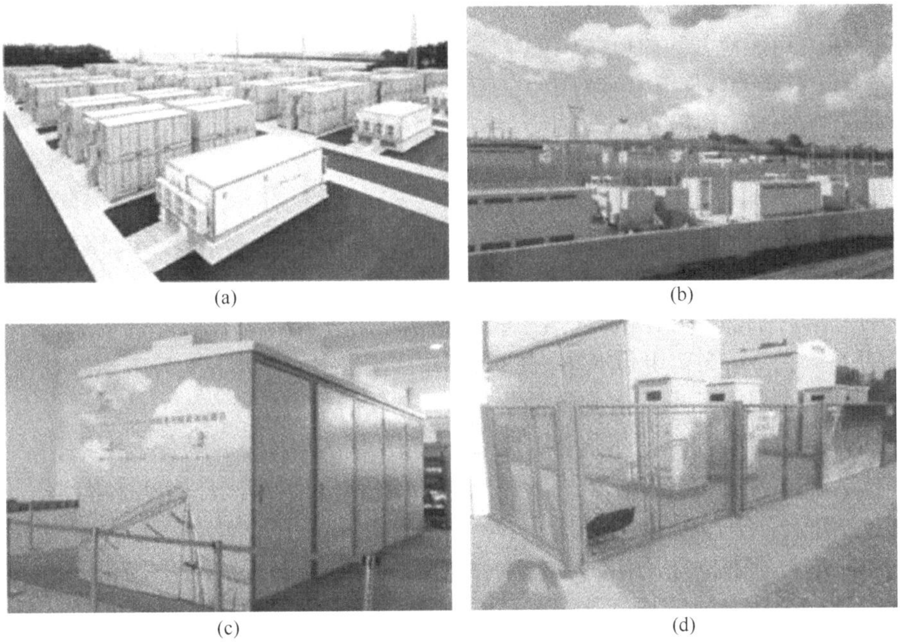

图 8-7 钠硫电池储能系统/电站的商业应用实例[18]

（a）日本 50 MW/300 MWh 钠硫电池储能系统；（b）意大利南部高压电网的 34.8 MW 钠硫电池储能电站；（c）2010 年上海世界博览会上展示的 100 kW/800 kWh 钠硫电池储能系统；（d）崇明岛风电场兆瓦时级的商业应用示范

自 1983 年开始，日本 NAGAKI 永木精械株式会社和东京电力公司合作开发高温钠硫电池，1992 年日本建造了第一个高温钠硫电池储能电站并运行至今，并在 2002 年进一步实现了高温钠硫电池的商业化。当前日本 NAGAKI 永木精械株式会社设有 200 余座 500 kW

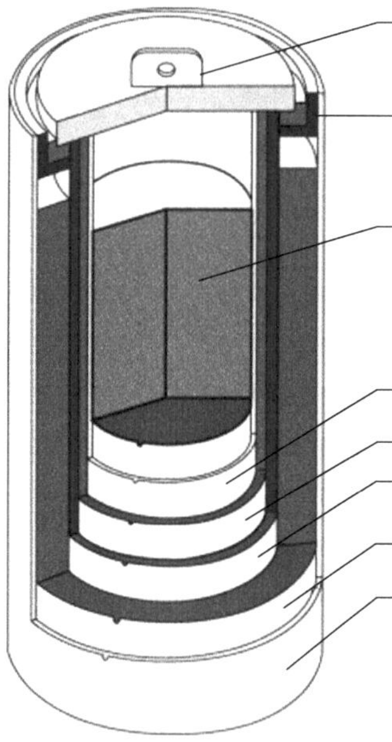

图 8-8　钠硫电池装置示意图[19]

以上功率的钠硫电池储能电站，并且成功应用于城市电网储能中。此外，高温钠硫电池技术还与可再生能源发电系统（如风力发电）联用，作为大规模储能电网投入使用。

中国科学院上海硅酸盐研究所于 20 世纪 60 年代首次开始研究钠硫电池，1977 年第一台 6 kW 货车原型机投入运行，2007 年容量为 650 Ah 的机组被成功用于大规模储能电站工作，2011 年上海钠硫公司成立并运用中国科学院上海硅酸盐研究所开发的钠硫技术。当前高温钠硫电池技术已经成功推广到全球多个国家和地区，如美国、加拿大等，以此为基础建设的储能电站应用于商业、学校、工业等多个场所，深入到生活的各个方面。

（2）高温钠硫电池的工作原理。

图 8-8 为钠硫电池的装置示意图，在高温钠硫电池中，液态钠（熔点为 98℃）和液态硫（熔点为 115℃）分别作为两个电极，固态β-氧化铝陶瓷（BASE）同时起隔膜和电解质的作用。在放电过程中，钠金属原子释放电子，形成钠离子，通过电解质移动到正极，从而产生电能。高温钠硫电池的比能量密度可达到 150 Wh · kg^{-1}，甚至更高。

钠硫电池的化学反应式如下：

负极反应　$$2Na \rightleftharpoons 2Na^+ + 2e^-$$

正极反应　$$xS + 2e^- \rightleftharpoons S_x^{2-}$$

总反应　$$2Na + xS \rightleftharpoons Na_2S_x,\ E = 2.08 \sim 1.78\ V$$

其中的反应产物多硫化钠（Na_2S_x）以液态共存，因此表现出高的电极反应活性。在电池反应的初期，在 2.075 V 电位时存在的是硫和多硫化钠（Na_2S_x）的两相区域，这是由于这两种液体在工作温度下不混溶导致的。

高温钠硫电池具有如下技术优势：①资源丰富、成本低廉、环保无污染；②能量密度高（理论能量密度高达 760 Wh · kg^{-1}）；③电池寿命长（通常超过 4500 次循环）；④电池效率高（高达 90%）；⑤高功率特性。

高温钠硫电池存在的问题：①钠硫电池的工作需要高温（350℃）使金属钠保持液态，大幅增加了高温钠硫电池的难度和运营成本；②多硫化物熔体在工作温度下具有极强的腐蚀性，这对正极、集流体和电池外壳的材料选择是巨大的挑战；③为保证安全性，液态的金属钠不能与空气中的水分接触；④如果在电池运行过程中固体电解质破裂，熔融硫化物会与熔融钠直接接触，造成剧烈反应，这种反应可能会导致火灾甚至爆炸。

因此，降低钠硫电池工作温度是当前该领域的重要研究方向之一。此外，钠硫电池的热管理对于保持其陶瓷隔板和电池的密封完整性是非常必要的。

（3）高温钠硫电池的研究热点。

金属钠对于 BASE 界面的浸润性差是高温钠硫电池存在的问题之一。这是由于 BASE 电解质表面吸收的水分会与钠反应形成氧化钠表面层，将会阻碍钠溶解和钠离子在钠阳极/BASE 界面的传输，电解质中的钙等杂质可能也会在长期循环过程中进一步降低钠的润湿性。研究人员已经开发出多种策略来改善钠阳极/BASE 界面的润湿性，如图 8-9 所示，如将铅、铋、锡等金属涂覆在电解质的表面[20]，或将钛和铝作为吸氧剂添加到钠阳极中以此来消除 300℃下的界面效应。为了解决在 150℃下工作的钠硫电池体系界面的润湿问题，Lu 及其同事在 BASE 作为固体电解质膜、四甘醇二甲醚作为正极硫分散溶剂的情况下，在负极钠中添加铯，显著提高了其在 BASE 表面的润湿性；在该电池体系中，工作温度高于 98℃，熔融状态的金属钠可以有效避免枝晶问题，同时固态电解质隔膜的存在也有效抑制了多硫化物的穿梭效应，该电池体系表现出了优异的功率性能和循环稳定性，并且其安全性也有望比室温电池表现得更出色。

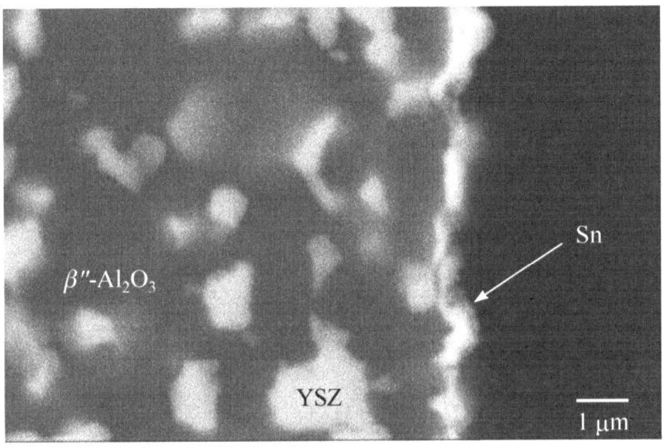

图 8-9 通过金属锡在表面的涂覆提升 BASE 界面浸润性[21]

高温钠硫电池的工作条件带来了许多安全隐患，如高温可能会造成集流体、电池壳及固体电解质膜的腐蚀，甚至可能会造成爆炸，高温运行环境下电池制造和维护成本也会增加。2011 年，日本三菱综合材料株式会社的筑波工厂发生了高温钠硫电池爆炸事故，随即引发了严重的火灾。过去几年出现的一些安全事故对这些技术商业化推广和实施造成了深远的负面影响。因此，研究人员致力于研究开发中温钠硫电池来避免这些问题。Zhang 等[22]研发了一种利用熔融钠金属和可流动硫基悬浮液作为电极的新型钠硫电池，与传统的高温钠硫电池不同，他们所提出的液流电池系统通过在不同温度下运行储罐（接近室温）和电源组（100～150℃）来分离能量和功率热管理。新型钠硫液流电池具有多种优点，如电极易制备与集成、温度维持的能效损失低、对金属负极体积变化的耐受性强及硫能够被有效利用。钠硫液流电池系统的成本在 50～100 美元 · kWh^{-1} 范围内，对电网规模的储能应用来说非常有竞争力。

2）室温钠硫电池

（1）发展历史。

由于室温工作环境可以显著减少由高反应性熔融钠和硫引起燃烧或爆炸等潜在安全问题，因此人们致力于开发室温钠硫电池。在室温钠硫电池电化学反应过程中，硫会转化成硫化钠（Na_2S），可以提供较高温钠硫电池更高的理论能量密度（理论能量密度高达 1274 Wh · kg^{-1}），且与高温及中温钠硫电池相比，室温钠硫电池的维护成本大幅降低。所有这些优点使得室温钠硫电池在大规模储能方面具有非常广阔的应用前景。

（2）室温钠硫电池的工作原理。

在室温钠硫电池中，硫向硫化钠的转变是一个复杂的反应过程。初始硫单质一般以环状 S_8 分子的形式存在，室温电池放电过程中，环状 S_8 分子会经历开环以及一系列长链（Na_2S_x，$4\leqslant x\leqslant 8$）和短链（Na_2S_x，$1\leqslant x\leqslant 4$）多硫化钠中间体的转化过程。此外，非水系电解质的溶剂种类也对室温钠硫电池的电化学转化过程有重要影响。室温下钠硫电池反应过程示意图如图 8-10 所示。

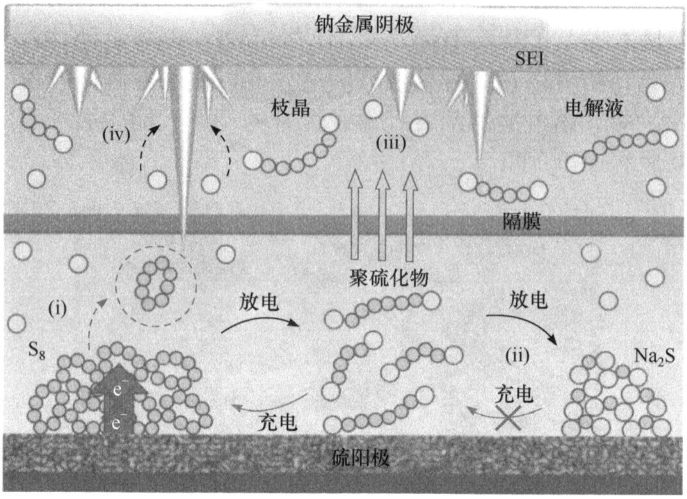

图 8-10　室温钠硫电池反应过程示意图[23]

在醚基电解质中，室温钠硫电池的 S 正极会发生如下反应过程：

固液转变：$S_8 + 2Na^+ + 2e^- \longrightarrow Na_2S_8$

液液转变：$Na_2S_8 + 2Na^+ + 2e^- \longrightarrow 2Na_2S_4$

液固转变：$3Na_2S_4 + 2Na^+ + 2e^- \longrightarrow 4Na_2S_3$

液固转变：$Na_2S_4 + 2Na^+ + 2e^- \longrightarrow 2Na_2S_2$

液固转变：$Na_2S_4 + 6Na^+ + 6e^- \longrightarrow 4Na_2S$

液固转变：$Na_2S_2 + 2Na^+ + 2e^- \longrightarrow 2Na_2S$

通常认为长链多硫化物在醚基电解质中具有高溶解度，而可溶性多硫化物参与的电化学过程可以促进液相中的快速多硫化物反应动力学。然而，多硫化物的高溶解度也会导致穿梭效应以及金属钠负极的严重腐蚀，造成室温钠硫电池有限的容量和较差的循环性能。

在碳酸酯基电解质中多硫化物和碳酸酯溶剂之间会发生亲核加成或取代反应，从而造成活性物质的流失，损害钠硫电池的循环性能，但当前的研究认为这种效应要比在锂硫电池中弱得多。此外，通过将硫限制在介孔/微孔主体材料中或通过化学键锚定硫来降低其副反应活性时，可以实现钠硫电池在碳酸酯基电解质中的稳定循环。

室温钠硫电池的优势如下：①钠和硫的元素丰度高、成本低；②高比能，理论比容量可以达到 1675 $mAh \cdot g^{-1}$，理论体积容量可以达到 3467 $mAh \cdot cm^{-3}$，理论能量密度可以达到 1274 $Wh \cdot kg^{-1}$；③元素具有环境友好性。

室温钠硫电池的劣势如下：①硫的电子导电性差（只有 5×10^{-30} S · cm^{-1}），导致电池容量和功率特性受到限制；②在钠化和脱钠过程中发生的巨大体积变化（170%）；③由于多硫化钠在液体或聚合物电解质中溶解引起循环过程中高自放电率和快速容量衰减；④充电过程中形成针状金属钠枝晶易造成短路。

（3）室温钠硫电池的研究热点。

室温钠硫电池的挑战关键在于硫正极和金属钠负极，主要障碍为多硫化钠的穿梭效应和绝缘硫正极缓慢的氧化还原动力学，对电池器件性能和使用寿命产生了显著影响。正极主体材料的合理设计、改性和优化能够实现硫正极的稳定、抑制穿梭效应，对最终提高钠硫电池的电化学性能具有重要意义。已有的研究报道了提升硫正极的电化学性能的多种策略，包含碳材料纳米结构限制、杂原子掺杂、共价键合和极性相互作用等，主要是通过固定多硫化钠来防止它们穿梭，这些物理/化学固硫策略有效地改善了由多硫化钠可溶性引发的问题，大幅提高了室温钠硫电池的电化学性能。

Xiao 及其团队[24]开发了一种利用 Zn-MOF 和聚多巴胺材料制备的 S、N 掺杂的管状多孔炭来封装活性硫，S、N 共掺杂碳主体不仅能提供高度多孔的结构来封装硫，而且还能降低多硫化钠的吸附能，从而确保对多硫化钠的有效捕获。其次，高温渗透法能够使共价 S 在碳基质中均匀分布，防止其在电化学反应过程中形成可溶性 Na_2S_8。此外，N 掺杂碳层的再次包裹能有效提升复合材料中的硫含量（质量分数 6%～37%）。因此，该设计通过提高硫的利用率有效解决了穿梭效应，所制备的复合材料表现出优异的循环稳定性和倍率性能。此外，Zhang 及其团队[25]报道了将过渡金属纳米团簇负载在空心碳纳米球上，将其作为硫的主体负载材料，目的是希望通过化学偶联作用来提高硫的反应活性以及抑制穿梭效应，结果表明金属纳米团簇可以作为电催化剂以催化长链多硫化物变成短链硫化物，从而防止穿梭效应，并且通过密度泛函理论（DFT）进一步计算得到过渡金属纳米团簇在室温钠硫电池中的作用。

2. ZEBRA 电池

1）发展历程与应用现状

ZEBRA 是“zero emission battery research activity”的缩写，又称熔岩蓄电池或斑马电池。ZEBRA 电池主要由液态钠负极、金属氯化物正极（$NiCl_2$、$FeCl_2$ 等）和β-Al_2O_3 作为电解质和隔膜而组成。其中，钠-氯化镍（Na-$NiCl_2$）体系被广泛研究应用于大规模储能，其商业应用实例如图 8-11 所示。ZEBRA 电池通常在 300℃或更高温度下运行，这是因为厚的 BASE 电解质具有高欧姆电阻，并且正极需要熔融二次电解质 $NaAlCl_4$，以便钠离子在 BASE 和固体正极材料之间传输。ZEBRA 电池因其高能量密度（120 Wh · kg^{-1}）、高电压、免维护操作、无放气和零自放电等特性而受到高度关注。

ZEBRA 电池在瑞士限量生产应用于电动汽车，是当今世界上唯一生产的电动汽车专用电池，该技术于 20 世纪 70 年代和 80 年代在南非开发，后由英国原子能研究机构与德国通用电器公司（AEG）联合进行了主要开发探索，目前，该技术仅由位于瑞士斯塔比奥的 MES-DEA 公司制造。在戴姆勒奔驰于 20 世纪 90 年代后期脱离 AEG 之后，MES-DEA 于 1999 年从 AEG 手中购买了该技术的专利，并在 2001 年耗资 6600 万美元建造了一座新工厂来

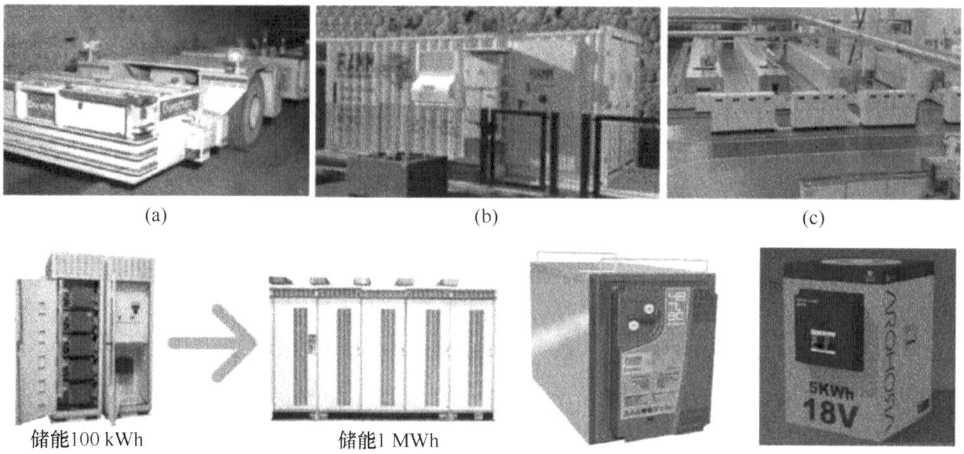

(d) (e) (f)

图 8-11 钠-金属氯化物电池储能产品及其商业应用实例

（a）Durathon ZEBRA 电池应用于矿车电源；（b）FZ SONICK ZEBRA 电池应用于微网储能；（c）上海奥能瑞拉能源科技有限公司 100 MWh ZEBRA 电池生产线；（d）Durathon 电池储能系统；（e）FZ SONICK 电池的储能单元；（f）奥能瑞拉第一代电池产品

制造该电池。此外，其安全特性也使 ZEBRA 电池特别适用于电动汽车和混合动力汽车，还可用于大型储能设备，辅助可再生能源的负载平衡。该技术已在日本、法国和美国的风能和太阳能等能源的电网存储方面进行了广泛尝试。为了使这些装置能够快速启动，ZEBRA 电池需要保持温度设备的辅助，在电池每次工作冷却至室温后，通常还需要 1～2 天才能运行。ZEBRA 电池技术是电力推进水面舰艇和潜水器/潜艇的理想应用后备电源，通常，单个电池模块的配置范围为 24～1000 V 和 2～50 kWh。基于此，1998 年，荷兰皇家海军对 AGE 公司的斑马电池进行了潜水艇装艇艇试性能测试，2005～2006 年英国海军也对斑马电池进行了测试。另外，研究人员还设计了应用于汽车的固体氧化物燃料电池和斑马电池的混合系统概念，这种混合动力系统可以利用燃料电池的热量来提高能源效率。图 8-12 为钠-金属氯化物电池储能产品及其商业应用的实例。

2）ZEBRA 电池的工作原理

ZEBRA 电池中发生的化学反应方程式为

$$2NaCl + Ni \longrightarrow NiCl_2 + 2Na$$

电池正极理论上是 Ni 和 $NiCl_2$ 的混合物，在电池运行过程中，液态盐 $NaAlCl_4$ 在固体电解质陶瓷表面和正极本体内部的反应区之间传导 Na^+，促使正极中的所有化学物质得到利用。由于陶瓷是一种非常脆的材料，经过振动、应力等多种触发因素的影响，可能会产生裂纹，此时液态盐 $NaAlCl_4$ 与液态钠接触，可形成盐和金属铝：

$$NaAlCl_4 + 3Na \longrightarrow 4NaCl + Al$$

电池结构示意图如图 8-12 所示，在β-氧化铝电解液外壳的外部，Na 电极在不锈钢镀镍的电池管中，$NiCl_2$ 和 $NaAlCl_4$ 在β-氧化铝管内，外电池壳是钠负极的集流体。

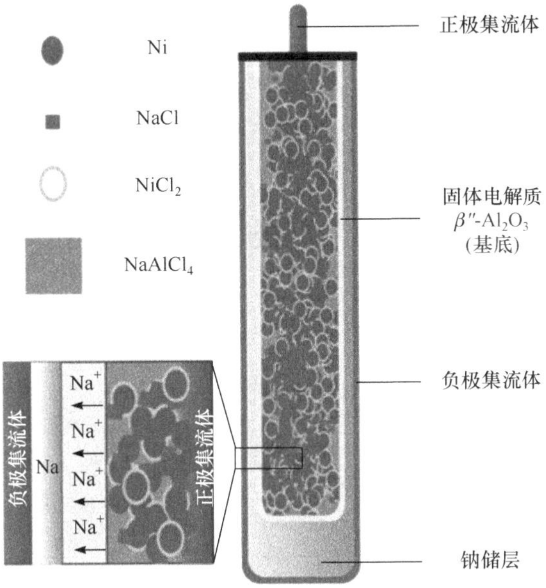

图 8-12　Na-NiCl$_2$ 电池示意图[26]

ZEBRA 电池具有以下优势：①能量密度（理论 790 Wh · kg^{-1}，实际 100 Wh · kg^{-1}）等于甚至高于锂离子电池；②开路电压高（300℃时为 2.58 V）；③是成本最低的现代电动汽车电池技术；④资源充足、成本低廉；⑤耐过充过放；⑥电池抗腐蚀能力增强（全密封结构）；⑦长循环寿命（储存>5 年，充放电循环>1000 次）；⑧低温性能保持率好，能承受反复多次冷热循环。

ZEBRA 电池具有以下劣势：①冷冻后 12～15 h 才能解冻；②闲置时能量损失 90 W；③有陶瓷管破裂的风险；④仅适用于大容量电池（>20 kWh）；⑤尺寸和容量的可用范围有限；⑥内阻高（R_i）；⑦工作温度高，需要预热；⑧需要配备热管理系统。

3）ZEBRA 钠硫电池的研究热点

正极中 Ni 和 NaCl 的颗粒生长是造成 Na-NiCl$_2$ 电池性能下降的重要原因之一。正极活性成分颗粒越大，其参与电化学反应的活性表面积越小。NaCl 颗粒在循环过程中的生长可以用奥斯特瓦尔德熟化理论解释，这是一个由热力学驱动的小颗粒自发生长为表面能降低的、能量上更稳定的较大的颗粒的过程。

Chang 等[27]开发了一种简单、低成本且可大规模生产的磁场辅助水热法来合成磁性镍（或 Fe、Co）纳米线，由制备的 Ni 纳米线构建的电极提供了大的比表面积和缺陷位点。由于其固有的优越电子传输途径和稳定的 3D 纳米线网络，用作 ZEBRA 电池的正极材料时，导电金属纳米线在 0.05 C 倍率下显示出 130 mAh · g^{-1} 的高比容量，即使在 1 C 的高倍率下，仍然可以显示出良好的倍率性能。此外，该电池在 0.05 C 下表现出稳定的循环性能，具有 360 Wh · kg^{-1} 的高能量密度。循环实验表明，由 Ni 纳米线构建的导电网络可以在长时间循环过程中保持完好并可限制 Ni 颗粒的过度聚集。

较低温度的工作条件也可以缓解 ZEBRA 电池正极颗粒生长的问题，另外，除提高循环寿命外，较低的工作温度也可以提高电池组件的抗热腐蚀能力。Wu 等[28]评估并优化了在平面型 Na-NiCl$_2$ 电池中使用各种传统聚合物作为密封材料时电池的性能，结果表明聚合物材料电池在超过 100 次循环中成功有效防止了空气泄漏，并且使用 PVDF 和 FEP 组合作为主要密封的电池获得了最稳定的电化学性能（＞300 次循环）(图 8-13)。这项工作可以为钠氢电池技术提供指导方案。

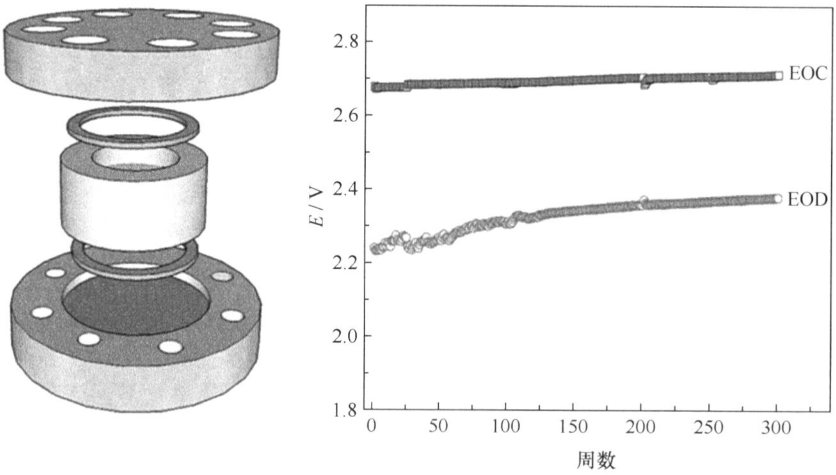

$2Na + NiCl_2 \rightleftharpoons 2NaCl + Ni(190℃)$
(充电状态)　(放电状态)

图 8-13　使用 PVDF 和 FEP 组合作为主要密封的 $Na\text{-}NiCl_2$ 电池[28]

较高的 Ni 金属成本是阻碍其商业化应用的主要因素，因此一些研究人员专注于减少 $Na\text{-}NiCl_2$ 电池所需的 Ni 含量。Lan 等[29]讨论了利用几种具有不同 Ni/NaCl 比（即 1.8、1.5、1.25、1.0 和 0.75）的正极材料应用于平面 $Na\text{-}NiCl_2$ 电池时电化学性能（中间温度为 190℃），发现当阴极中的 Ni/NaCl 比为 1.25 时，$Na\text{-}NiCl_2$ 电池的比能量密度最高（405 $Wh \cdot kg^{-1}$）。与传统的 $Na\text{-}NiCl_2$ 电池相比，“Ni-less”阴极（Ni/NaCl 比为 1.25）可以提供高于其 16%的能量密度，同时阴极中 Ni 含量减少 15%，生产成本降低 31%，循环测试结果表明，Ni/NaCl 比为 1.25 的电池在 300 次循环中较为稳定。Chang 等[30]展示了一种核壳微结构镀镍石墨（NCG），在这种独特的结构中，用电化学稳定和导电的石墨来代替多余的 Ni，同时还可保持电子导电性，该电池可在 190℃下运行，具有 133 $Wh \cdot kg^{-1}$ 的高能量密度，与传统的 $Na\text{-}NiCl_2$ 电池相比，使用 NCG 可以将 Na-NCG 电池正极中的 Ni 负载减少 40%，具有较低的材料成本和长循环稳定性。

Na 在 BASE 电解质表面的润湿性也是影响 ZEBRA 电池性能的重要因素。Chang 等[31]通过在不同热处理温度下使用三水合乙酸铅（LAT）处理 BASE，对其进行了系统的材料表征、Na 润湿性实验和电池测试，并研究了 Na 润湿与表面处理之间的相关性。结果发现 LAT 热处理基底的形貌随着处理温度的不同显示出截然不同的表面形态。如图 8-14 所示，该研究认为由微米级 Pb 颗粒组成的独特表面结构有利于提升 BASE 表面的 Na 的润湿性，从而提升电池的性能，这对于在相对较低温度（＜200℃）下运行的 ZEBRA 电池至关重要。

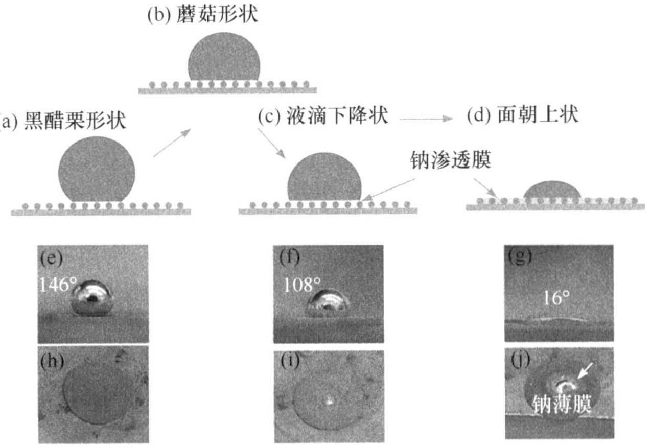

图 8-14　微米级 Pb 颗粒改性优化 BASE 电解质润湿性示意图及接触角测试[31]

3. 钠离子电池

1）发展历程与应用现状

钠离子电池（sodium-ion battery）是在 20 世纪 80 年代后期开发的，与锂离子电池研发时间段大致相同。然而，在 90 年代，电池技术的研究主要聚焦在锂离子电池的工艺开发与商业化推广，而钠离子电池领域的发展较为缓慢。到了 21 世纪第一个十年，人们开始担忧未来锂供应不足以及其储量和资源在世界范围内分布不均的问题，于是，钠离子的研究重新进入人们的视线。钠离子电池的嵌入化学性质与工作原理与钠离子电池十分相似，因此在制造方面，生产锂离子电池的行业可以轻松调整为钠离子电池制造产业线。钠离子电池虽然比锂离子电池同类产品进入市场晚了大约 20 年，但是技术人员可以直接借鉴锂离子电池的设备和设施，以此来促进钠离子电池的快速发展。

由于地壳中钠资源丰富且成本低廉，钠离子电池因此被认为可以用于大规模储存可再生能源和替代电动汽车中锂离子电池。然而，由于钠离子半径较大（0.102 nm），钠离子在电极材料中的嵌入/脱出动力学更加缓慢，钠离子电池通常表现出较差的比容量和较差的循环稳定性。基于此，美国 Aquion Energy 公司于 2009 年开发出一种采用低成本活性炭阳极、氧化钠锰阴极和水性钠离子电解质组成的非对称混合超级电容器。

2）钠离子电池的工作原理

钠离子电池与锂离子电池具有相似的工作原理（图 8-15）：在钠离子电池放电期间，Na^+ 从阳极脱出并通过电解质向阴极移动，而电子则从阳极通过外电路到达阴极。

钠离子电池的优势：①原料储量丰富、分布广泛、成本低廉、环境友好；②功率特性较好；③温度范围适应性宽；④性能安全、无过放电问题；⑤由于钠离子不与铝形成合金，负极可采用铝箔作为集流体，进一步降低了 8%左右的成本，质量下降 10%左右。

钠离子电池的劣势：①能量密度较低；②充放电速率慢；③初期成本高于锂电池。

3）正极材料

钠离子电池正极材料主要包括层状过渡金属氧化物、聚阴离子化合物（磷酸盐、氟磷酸盐、混合磷酸盐等）、普鲁士蓝衍生物和有机化合物（共轭羰基或氧化还原活性聚合物）。其中，层状过渡金属氧化物和聚阴离子化合物是当前研究最多的正极材料。各典型钠离子电池正极材料性能对比如图 8-16 所示。

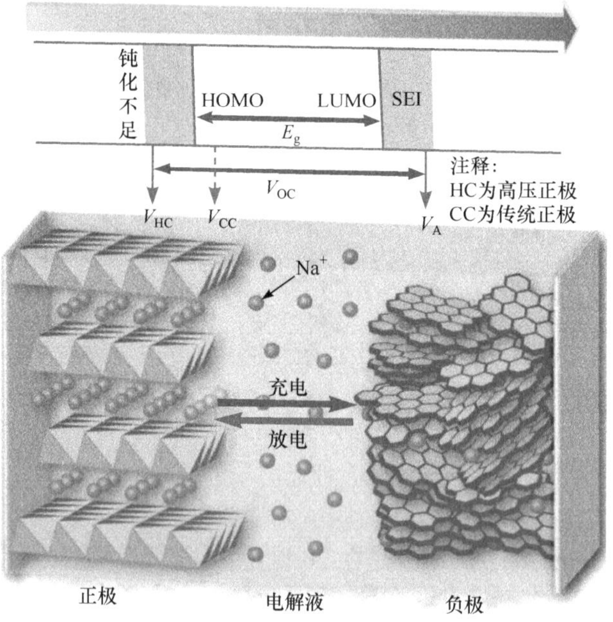

图 8-15　钠离子电池工作原理示意图[32]

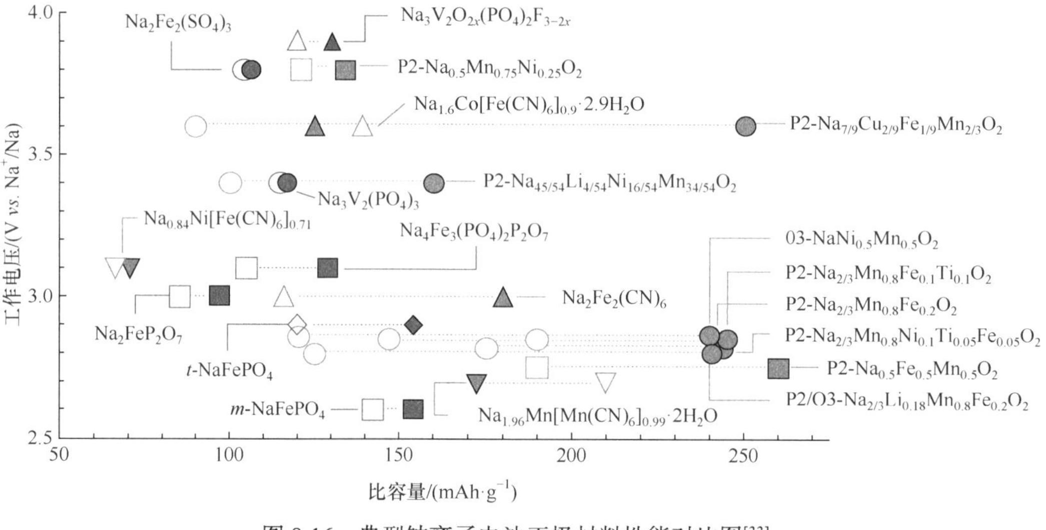

图 8-16　典型钠离子电池正极材料性能对比图[33]

（1）过渡金属氧化物：不同晶型过渡金属氧化物及其钠离子迁移路径示意图如图 8-17 所示。钠层状氧化物的主要内在缺点之一是其在储钠过程中会发生相变造成材料体积发生较大变化，从而导致较差的容量保持和循环性能，尤其是在 Mn 基钠层状氧化物中，由于姜-泰勒（Jahn-Teller）效应，Mn^{3+}阳离子的存在会导致结构扭曲，进而导致循环性能退化。解决办法是通过掺杂/取代不同的元素，以达到稳定其结构、限制 Mn^{3+}的目的。例如，Yabuuchi 等 [34]设计了二亚乙基三胺五乙酸盐（DTPA-5Na）作为牺牲钠供应源与缺钠隧道型 $Na_{0.44}MnO_2$ 的复合材料，并报道了 DTPA-5Na 对缺钠正极的预沉淀作用。将 DTPA-5Na

添加到 $Na_{0.44}MnO_2$ 电极中后，其充电容量从约 58 mAh · g^{-1} 增加到约 128 mAh · g^{-1}。因此推断氧化反应期间 DTPA-5Na 结构中的五个钠离子提供了额外的容量（约 70 mAh · g^{-1}）。此外，所组装的全电池表现出接近 100%的高库仑效率和长期循环性能。Rui 等[35]报道了通过球磨的方法合成钠基合金和其他插入型化合物，这种方法同样适用于调整插入电极中 Na 的含量。该工作发现 Na_3P—Na 基化合物的容量（804 mAh · g^{-1}）与金属钠（1165 mAh · g^{-1}）最接近。

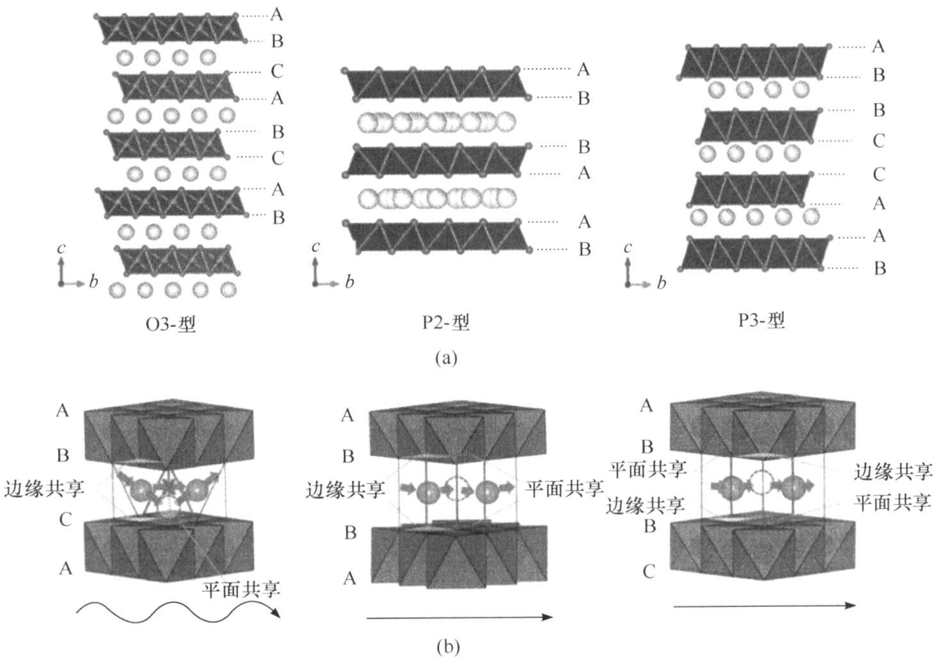

图 8-17　不同晶型过渡金属氧化物及其钠离子迁移路径示意图[36]

（2）聚阴离子化合物：聚阴离子基团具有诱导效应及稳定坚固的结构框架，且其比层状氧化物的氧化还原电位更高，可以使电池具有长循环寿命、高热稳定性和安全性。然而，聚阴离子材料存在离子和电子传导性低及比容量较低等问题，现代研究一般通过控制粒径、引用碳涂层以及引入掺杂元素等手段来缓解这些问题。Lee 等[37]提出了一种将 3D 分层介孔/大孔磷酸钒钠与无定形碳、还原氧化石墨烯纳米片复合的混合正极材料，该材料为超快充放电中 Na 离子/电子提供了传输路径，原因在于该材料中小纳米颗粒缩短了固态钠离子扩散的长度，而大/中孔网络能够实现快速离子传输并在重复的 Na^+嵌入/脱出过程中缓冲应变以保持结构完整性，另外，高导电的无定形涂层炭和石墨烯纳米片也能促进快速的电子转移，因此所设计的正极显示出优异的倍率性能（100 C 时为 86 mAh · g^{-1}）和出色的循环稳定性（100 C 下 10000 次循环后保留 64%）。

（3）普鲁士蓝衍生物：普鲁士蓝及其类似物（PBA）的分子式为 $Na_2M[Fe(CN)_6]$（其中 M＝Fe、Co、Mn、Ni、Cu 等），结构为呈现开放式框架，具有丰富的氧化还原活性位点和较强的结构稳定性，该材料可以通过低温方法合成。以此为基础的电池正极材料具有高可逆容量、高能量密度（500～600 Wh · kg^{-1}）的特点，但同时存在需要大量导电炭、库仑效率较低及含有一定量的配位水或间隙水等问题。Zhang 等[38]通过了一种简便的共沉淀法合成具有核壳结构的六氰基铁酸钠@六氰基镍酸钠（Fe-HCF@Ni-HCF）作为钠离子电池正极材料，主要制备过程是将厚度为 20 nm 的 Ni-HCF 涂覆在 Fe-HCF 立方体上。该材料综合了 Fe-HCF 和 Ni-HCF 的优点，具有高比容量、优异的循环稳定性和提升的倍率性能，在 800 次循环后，仍保持 78%的容量，并在循环期间能够提供大约 100%的平均库仑效率。另外，研究结果还表明 Ni-HCF 涂层可以极大地抑制 Fe-HCF 与 $NaClO_4$ 电解液的副反应，提高表面电导率，带来优异的储钠性能。

（4）有机化合物：有机材料具有成本低、摩尔质量低、资源丰富、结构通用、安全灵活等优点，被运用到钠离子电池正极材料中。对有机钠离子电池的研究主要集中在可再生和环境友好型的有机电池的开发上。当前研究的主要材料有导电聚合物、有机硫化合物、有机自由基化合物、羰基化合物等。当前，有机材料面临的主要问题是正极在电解质中的溶解导致容量快速衰减、低电子电导率导致较差的倍率性能等。Simone 等[39]在研究中发现循环过程中 $Na_2C_6O_6$ 氧化还原活性的恶化源于不可逆的相变，同时将活性颗粒粒径和电解质条件确定为在脱钠过程中完成相变的关键因素，以此实现了四钠存储时电池容量为 484 mAh · g^{-1}，效率高于 87%，以及良好的循环保持性。此外，他们还发现了第一个γ-到α-相变过程中自发形成纳米结构，使得后续循环中的相变易于发生，这不仅为实现钠存储提供了空间，也为实现高倍率性能钠离子电池提供了可能。

4）负极材料

传统的用于锂离子电池负极的材料（如石墨和硅）储存钠的能力有限，因此寻找合适的钠离子电池负极成为本领域的重要课题之一。金属钠易形成枝晶且低熔点（97.7℃）的特点，可能会导致安全问题，使其不适合作为电池负极。当前，钠离子电池负极材料主要为嵌入类、转化类和合金类材料，包括有机化合物，如羰基化合物或醌衍生物；无机氧化物，如 TiO_2、$Na_2Ti_3O_7$、Fe_2O_3、Co_3O_4 等；与钠合金化的 Sn、P、Sb、Bi 和 Ge 等；以及碳材料。不同钠离子电池负极材料的性能对比如图 8-18 所示。

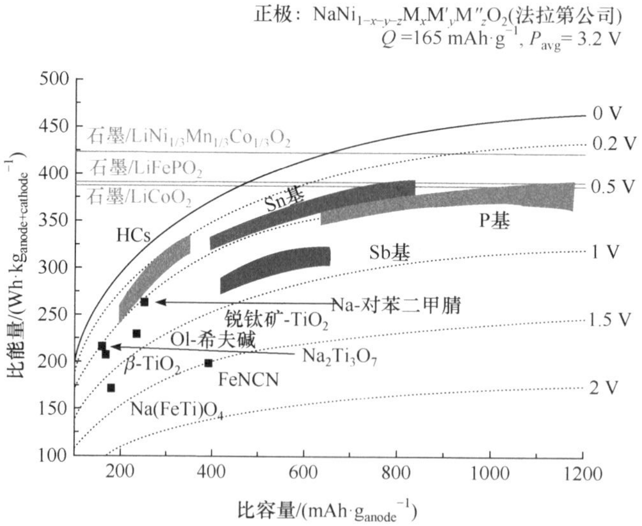

图 8-18 钠离子电池负极材料性能对比[40]

（1）嵌入类材料：软碳和硬碳材料相对于石墨具有扩大的层间距，常被用来作为钠离子电池的负极材料（图 8-19）。例如，2000 年，Stevens 和 Dahn 首次报道了在 1000℃下碳化得到的硬碳能够在室温下储存 Na^+，其比容量可以达到 300 mAh · g^{-1}。Tan 等[41]在不同热解温度下将纤维素热解合成了硬碳材料，同时观察到温度带来的局部石墨化，并证实了微孔尺寸随温度增加而数量减少，在 1600℃下获得的硬碳拥有良好的电化学性能，其可逆容量为 310 mAh · g^{-1}，初始库仑效率为 84%，平均容量损失为 0.047%。

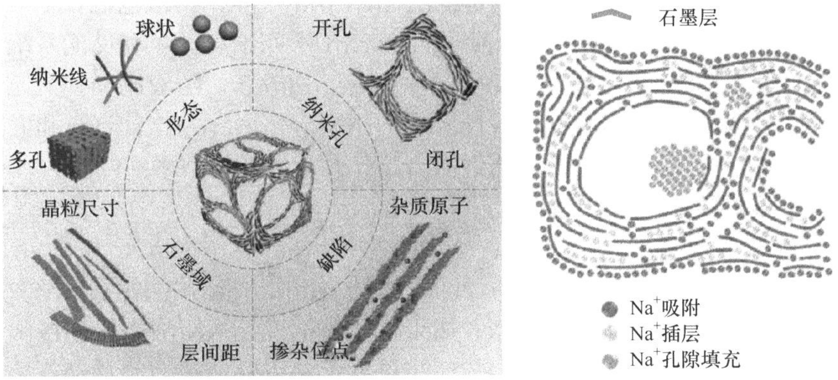

图 8-19　碳材料结构及硬碳材料储钠位点示意图[41]

（2）转化类材料：过渡金属氧化物和硫属化物（M_xO_y 或 M_xS_y，其中 M = Fe、Co、Cu、Mn、Ni、Mo）以及过渡金属氮化物和磷化物（Cu_3N、Fe_2N、Mo_2N 等）等转化类材料，可以为电池提供高比容量，但可逆电化学过程中巨大的体积变化会造成活性材料粉化和电极内电接触的丧失，从而导致容量快速衰减。Vangapally 及其课题组[42]为了提高转化反应的可逆性，基于 Ni 和 Co 的相似性，选择并研究了 Ni-Co 双金属硫化物，设计出具有 3D 多级结构和高质量负载的双金属中心 Ni@$NiCo_2S_4$ 化合物。与单金属硫化物相比，Ni@$NiCo_2S_4$ 电极在 100 次循环后还显示出 4.90 mAh · cm^{-2} 的高可逆容量和 90.65%的保持率和优异的倍率性能。当电极的质量负载量增加到 5.03 mg · cm^{-2} 时，表现出高稳定性和 7.42 mAh · cm^{-2} 的高可逆容量。对钠储存机制和结构演变的研究表明，由于 Ni 的协同作用，在循环过程中 Ni@$NiCo_2S_4$ 电极在放电状态下形成 Ni-Co 合金。

（3）合金类材料：ⅣA 和ⅤA 族元素（Sn、Sb、Bi、Si、Ge 和 P）能够与 Na^+ 形成二元合金。虽然合金化阳极可以提供高比容量，但研究人员需要解决与合金化机制相关的一些挑战，比如严重的体积变化会导致活性材料破碎和粉化，由于体积变化而产生的应力和应变对合金阳极的机械性能产生连锁反应，从而引发一系列不利影响，如不稳定的电解/电解液界面膜的形成、界面处的电荷转移受阻以及结构变形引起的电压滞后等。

8.2.3　铅酸电池

1. 发展历程和应用现状

铅酸电池（lead-acid battery）是一种以稀硫酸为电解液，分别以二氧化铅和铅为正极和负极的蓄电池。铅酸电池是最古老的充电电池体系之一，自法国物理学家加斯顿·普兰特于 1859 年发明以来，铅酸电池的结构发生了显著变化。起初电池由螺旋缠绕的铅板制成，并用布条或橡胶条隔开，电池被密封在一个装满硫酸的玻璃容器中。这些容器串联或并联放在木架上，后来将木架更换为硬橡胶。现在，铅酸电池的外壳和隔板都主要由塑料制成，如聚丙烯或聚乙烯。目前大多数铅酸电池极板是由铅合金集流体和涂覆活性物质组成。

铅酸电池因成本低、技术成熟、储能容量大等特点，主要应用于电力系统储能、频率控制、恒功率系统等。它存在能量密度低、充放电次数少以及制造过程中产生污染等缺点。但由于原材料易获得、价格低廉、可靠性高，适用于大电流放电及宽环境温度范围等优点，自发明后在化学电源中一直占有绝对优势。过去的 160 年间，铅酸电池在全球范围内已被广泛应用于 SLI（发动机启动、照明、点火）、UPS（不间断电源）和储能系统。经过十多年的快速发展，我国拥有全球最大的铅酸电池产业。近年来，随着汽车、交通、电网储存和电信行业的快速发展，铅酸电池在我国的应用越来越多。作为电动汽车和混合动力汽车中电源的候选者之一，铅酸电池的性能仍需要提高或者发展新技术。

2. 铅酸电池的工作原理

铅酸电池的工作原理如图 8-20 所示，在铅酸电池中，当硫酸电解质溶解时，其分子分解为氢离子和硫酸根负离子并自由移动。如果将两个电极浸入溶液中并连接到直流电源，则氢离子带正电并向电极移动，带负电的硫酸根离子向正极端移动。每个氢离子从阴极带走一个电子，每个硫酸根离子从阳极带走两个负离子。在此过程中产生的氧气会与氧化铅反应形成过氧化铅（PbO_2），因此在充电期间，铅阴极仍为铅，但铅阳极会转化为过氧化铅，变成深棕色。当电池完全放电时，阳极为过氧化铅，阴极为金属铅，氢离子移动到阳极并从阳极接收一个电子并变成氢原子，PbO_2 会形成硫酸铅（$PbSO_4$）。

反应方程式如下：

放电过程

负极　$Pb(s) + HSO_4^- + H_2O(l) \longrightarrow 2e^- + PbSO_4(s) + H_3O^+(aq)$

正极　$PbO_2(s) + HSO_4^-(aq) + 3H_3O^+(aq) + 2e^- \longrightarrow PbSO_4(s) + 5H_2O(l)$

充电过程

阴极　$2e^- + PbSO_4(s) + H_3O^+(aq) \longrightarrow Pb(s) + HSO_4^- + H_2O(l)$

阳极　$PbSO_4(s) + 5H_2O(l) \longrightarrow PbO_2(s) + HSO_4^-(aq) + 3H_3O^+(aq) + 2e^-$

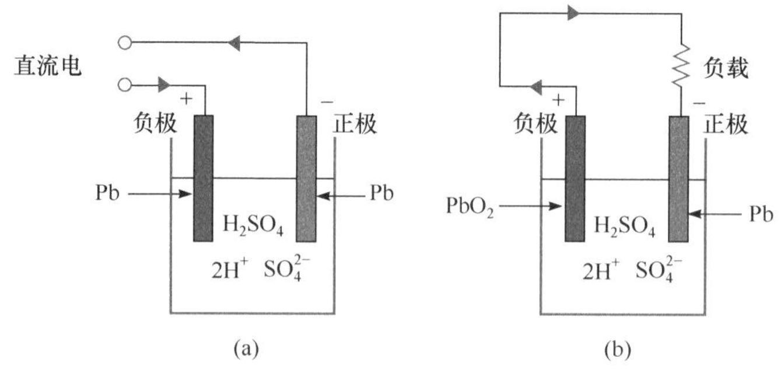

图 8-20　铅酸电池的充电过程（a）和放电过程（b）示意图[43]

铅酸电池的优势：①成本低；②工艺流程简单；③几乎可 100%有效回收；④波动的充电条件下可长时间运行；⑤自放电小。

铅酸电池的劣势：①低比能量；②完全充电/放电循环次数有限；③需要在充电状态下

储存；④产业链存在铅污染风险。

3. 铅酸电池研究热点

为了避免铅酸电池负极的不可逆硫酸化，提高铅酸电池的电化学性能，近年来人们进行了大量研究，其中铅碳电池是改良电池中的典型代表。铅碳电池是一种电容型铅酸电池，是由传统铅酸电池演变而来的技术，实现途径是在铅酸电池负极中加入比表面积大且导电性优异的碳材料，如石墨、炭黑（CB）、活性炭（AC）、碳纳米管或它们的混合物，从而阻止负极硫酸盐化现象，达到避免传统铅酸电池的失效因素，以及显著提高铅酸电池的寿命的目的。

研究发现，具有高比表面积的高导电纳米化碳[多壁/单壁碳纳米管（MWCNT/SWCNT）、石墨烯等]是性能最好的碳添加剂，可以明显提升铅酸电池的性能参数（循环寿命、比电容、放电电流等）。Aurbach 等[44]分别优化了正极板和负极板（图 8-21）中的 SWCNT 负载水平，证明了在铅酸电池电极中使用 SWCNT 作为添加剂的优势，研究表明 0.01%和 0.001%的 SWCNT 负载值应用于有更长寿命需求的铅酸电池正负极板是足够的。虽然单壁碳纳米管的负载较低，但与标准电池与多壁碳纳米管相比，单壁碳纳米管修饰的电池具有出色的生命周期。与具有高 MWCNT 掺杂量（正极 0.05%和负极 0.01%）铅酸电池的电极相比，低量的 SWCNT 负载于电极上可以更加有效地抑制电极的硫酸盐化，这是因为 SWCNT 比 MWCNT 有更高的电导率和更高的体积分数。Saravanan 等[45]将 MWCNT 用作铅酸电池的碳材料添加剂，观察到多壁碳纳米管与活性物质粒子连接，所有粒子交织在一起形成有效的网络渗透。以 MWCNT 作为负极碳材料添加剂的铅酸电池的活性材料利用率和电化学性能明显增强，这是由于 MWCNT 导电网络的形成显著增加了电活性区域，同时能够抑制 $PbSO_4$ 晶体在负极区域的团聚。

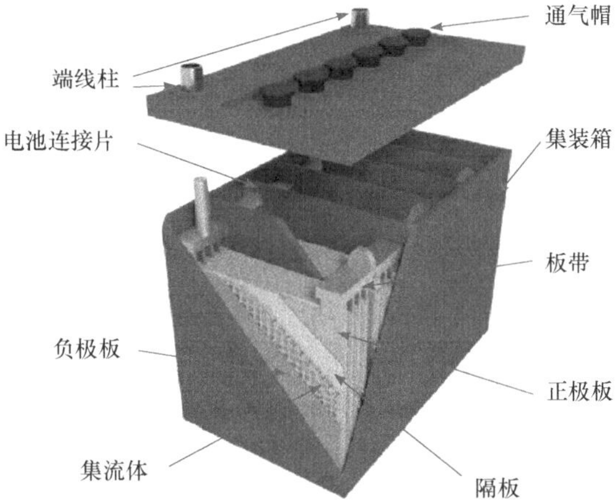

图 8-21　铅酸电池及其结构示意图[46]

8.2.4　液流电池

1. 发展历程与应用现状

氧化还原液流电池（flow battery）于 1976 年首次被 Thaller 提出，已经有 40 多年的研究历史。NASA Lewis 研究分析中心开发了第一个完整的氧化还原储能系统，分别基于Fe(Ⅲ)/Fe(Ⅱ)和 Cr(Ⅲ)/Cr(Ⅱ)氧化还原对作为正极和负极活性物质，从此氧化还原液流电池得到显著发展，生成了各种系统。根据电解液中使用的溶剂，氧化还原液流电池可以定义为水性体系和非水性体系。水性氧化还原液流电池使用水作为电解质溶剂，尽管水性电池比非水性系统更便宜且更安全，但它们的工作电位受到水的电化学电位窗口（通常低于 2.0 V，取决于溶液的 pH）的限制。对于非水氧化还原液流电池，有机电解质溶剂提供了更高的电位窗口，可以得到更高的功率和能量输出。

氧化还原液流电池的优势可以概括为四个特点：成本适中、模块化、可运输和操作灵活，模块化设计使得其构建和维护成本相较于其他储存系统可能是最低的。氧化还原液流电池非常适合输配电应用，电池的模块化特性可以简化它们的维护，充电/放电循环期间的灵活性是该电池的主要优势，可以使电池可以完全放电而不会受到损坏，这是其优于铅酸技术的决定性优势。正在开发的氧化还原液流电池储能系统是应用于独立乡村电力应用和电力公用事业服务的分布式能源装置（图 8-22）。在前一种应用中，太阳能光伏阵列或风力涡轮机提供初级电源，电化学系统能在发电过剩时储存能量，在发电不足时输送能量，电力公司可以依据此每天或每周使用分布式能源储存，为大型中央发电厂均衡负载。

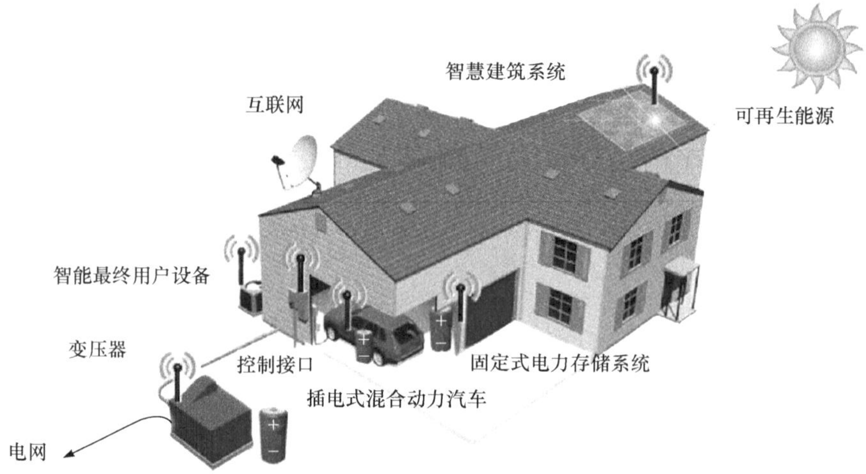

图 8-22 集成各种系统的未来智能电网示意图，包含从能量转换和存储设备到便携式电子设备、电动汽车和家庭规模的能量储存[47]

与传统电池（如锂离子电池）相比，氧化还原液流电池可以拓展其功率和容量，这种灵活性源于其独特的功率转换堆（类似于燃料电池）和独立储能电解液罐设计。因此，液流电池可用于储存来自国家电网的电力，在这种情况下，使用更大量的电解液即可简便且经济高效地实现电池容量增加。氧化还原液流电池还具有持续运行时间长、循环寿命长、稳定性好、电解液易于回收再生和电池单元不易燃等优点，少数缺点之一是（体积、质量）能量密度低。

迄今，基于不同正负氧化还原物质（如铁-锡、锌-溴，金属配合物在水性或非水性溶剂中）的组合，多种氧化还原液流电池已经被探索。其中，由于优越的长循环寿命和较少的缺点，钒基电池是目前市场上最畅销的氧化还原液流电池。然而，其能量和功率密度仍无法与其他一些氧化还原液流电池替代品竞争，且其重金属基电池材料面临着材料稀缺和环境污染问题。因此，研究人员一直在努力研究希望提高其能量和功率输出，减轻环境影响，降低成本，以实现氧化还原液流电池的推广应用。

2. 液流电池的工作原理

液流电池工作原理示意图如图 8-23 所示，氧化还原液流电池储存系统使用两个可溶性氧化还原电对作为电活性物质，用来氧化或还原以储存或传递能量。在分离模式中，电极被离子交换膜隔开，而包含在单独储罐中的反应物通过氧化还原流通池进行再循环，并发生电化学反应（还原和氧化）。氧化还原液流电池的容量由氧化还原反应中涉及的浓度和电荷转移数控制；电池电压来自正极和负极活性材料之间的电位差；电流密度受物质的反应动力学、电极结构和膜的离子电导率的影响；效率、循环寿命和成本由所有采用的组件决定。氧化还原液流电池的基本原理：反应器由两个离子交换膜隔开的隔间组成，每个隔间通过电解液回路连接到一个储罐和一个泵。在实际使用中，这样的单元电池可以成倍增加并形成 10～200 个电池的堆叠。

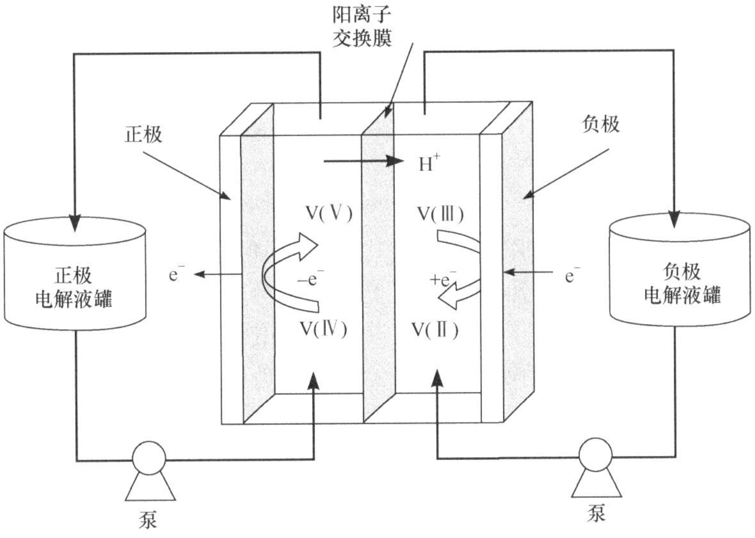

图 8-23　液流电池工作原理示意图[48]

全钒液流电池的工作原理为

$$V^{3+} + VO^{2+} + H_2O \rightleftharpoons V^{2+} + VO_2^+ + 2H^+$$

全钒液流电池的优势为：①安全性好，电池的电解液为水溶液，反应场所和活性物质储存场所分开，不会出现着火、爆炸等事故，比较适合大规模储能；②目前在电池中寿命最长，循环次数大于 13000 次；③放电深度可达 100%，对电池性能不会造成任何伤害；④容量和功率可独立配置；⑤充放电响应速度比较快；⑥电解液可循环使用。

全钒液流电池的劣势为：①比能量较低；②石墨极板易被正极液刻蚀；③钒电池成本过高，且属于剧毒化学品；④液流电池的研究热点。

尽管钒基液流电池表现出优于其他氧化还原液流电池系统的特点，但存在钒化学成本高、热稳定性差、钒物种混合和氧化还原反应动力学有限等问题，其发展仍具有严重挑战性。因此，当前研究工作重点致力于改善其电解质组成、膜性能和电极材料。先进的液流电池设计策略如图 8-24 所示。

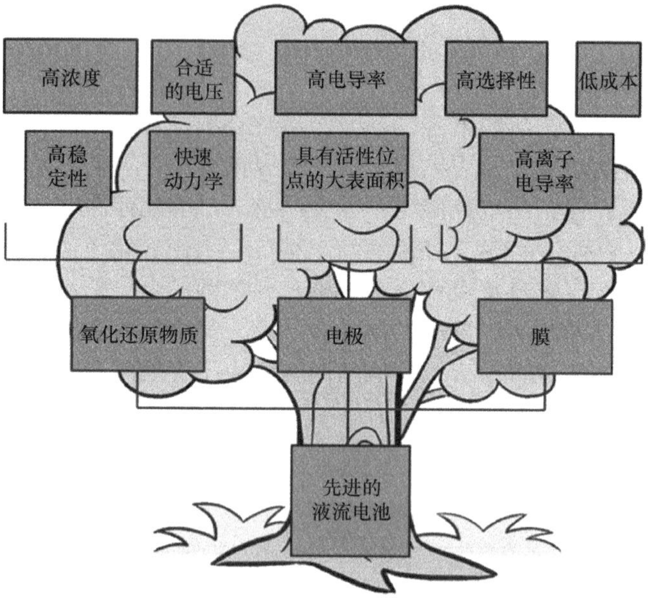

图 8-24　先进的液流电池设计策略示意图[49]

3. 电解质改性策略

Machado 等[50]报道了一种使用混合硫酸盐和氯化物电解质的液流电池系统。该混合电解质系统比目前的硫酸盐系统提升了 70%以上的能量容量，并将工作温度范围从 10～40℃拓宽到–5～50℃，从根本上消除了对电解质温度控制的需求。由于能够在较高的温度下形成稳定的 $VO_2Cl(H_2O)_2$，硫酸钒和氯化物混合电解质被证明在–5～50℃的温度范围内具有高达 2.5 mol · L^{-1} 的钒含量。混合电解质中的钒氧化还原电对表现出良好的反应动力学，同时具有与硫酸盐系统一样的高度可逆性。并且具有混合电解质的液流电池系统能够在更宽的温度范围内表现出与硫酸盐系统相同的高效率。

4. 电极材料优化策略

由于涉及多个步骤和 H_2O 分子重排，钒基液流电池中的阴极电解液反应动力学缓慢，通过石墨毡的表面处理使碳材料功能化可以提升氧化还原动力学及抑制副反应。例如，Deng 团队[51]设计了一种通过简便的水热法制备的由还原氧化石墨烯-石墨毡（rGO-GF）组成的复合电极，基于此组装的钒电池中 V^{2+}/V^{3+}和 VO^{2+}/VO_2^+氧化还原电对表现出优异的氧化还原可逆性。与原始石墨毡（GF）电极相比，rGO-GF 复合电极具有丰富的氧官能团、高电子电导率和出色的稳定性，在 150 mA · cm^{-2} 的高电流密度下，其相应的能量效率和放电容量分别显著提高 20%和 300%。此外，即使在 200 mA · cm^{-2} 的大电流密度下，也能获得 20 Ah · L^{-1} 的放电容量，并具有更高的电压效率（74.5%）和能量效率（72.0%）。

质子交换膜是氧化还原液流电池的重要组成部分之一，它可以调节库仑效率、电流密度和循环寿命。当前应用最广泛的 Nafion 膜是一种基于磺化四氟乙烯的含氟聚合物，具有优异的质子传导性和高选择性，约占电池堆总成本的 40%。理想的隔膜应具备低成本、高稳定性、离子电导率和选择性，并能够有效抑制氧化还原物质的混合。选择性质子交换膜示意图如图 8-25 所示。

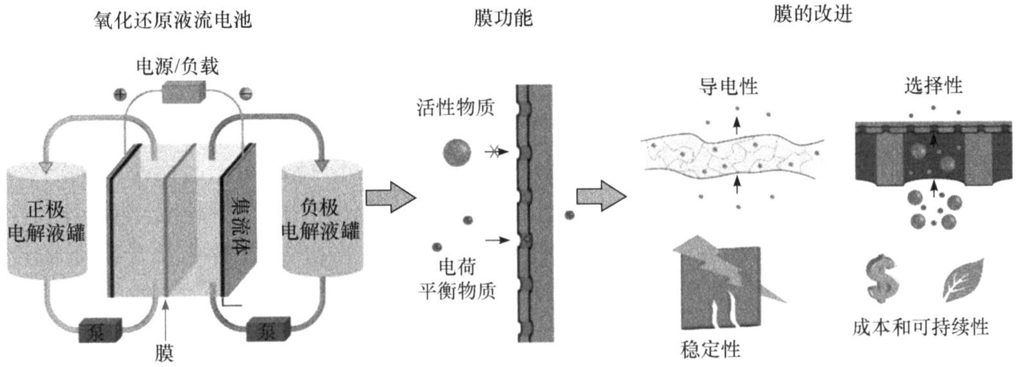

图 8-25　选择性质子交换膜示意图，允许特定离子通过的同时维持氧化还原活性物质分离[51]

Zhang 等[52]报道了一种将氧化石墨烯（GO）膜作为隔膜的大型氧化还原液流电池储能技术（图 8-26）。GO 层压膜表现出具有可调层间距的微结构，其浸入水中后，水合过程可以进一步增加层间空间，GO 膜层可仍然充当分子或离子筛以防止大尺寸氧化还原物种的混合。由于氧化还原物质和电荷载流子之间较大的尺寸差异，作为氧化还原液流电池隔膜的

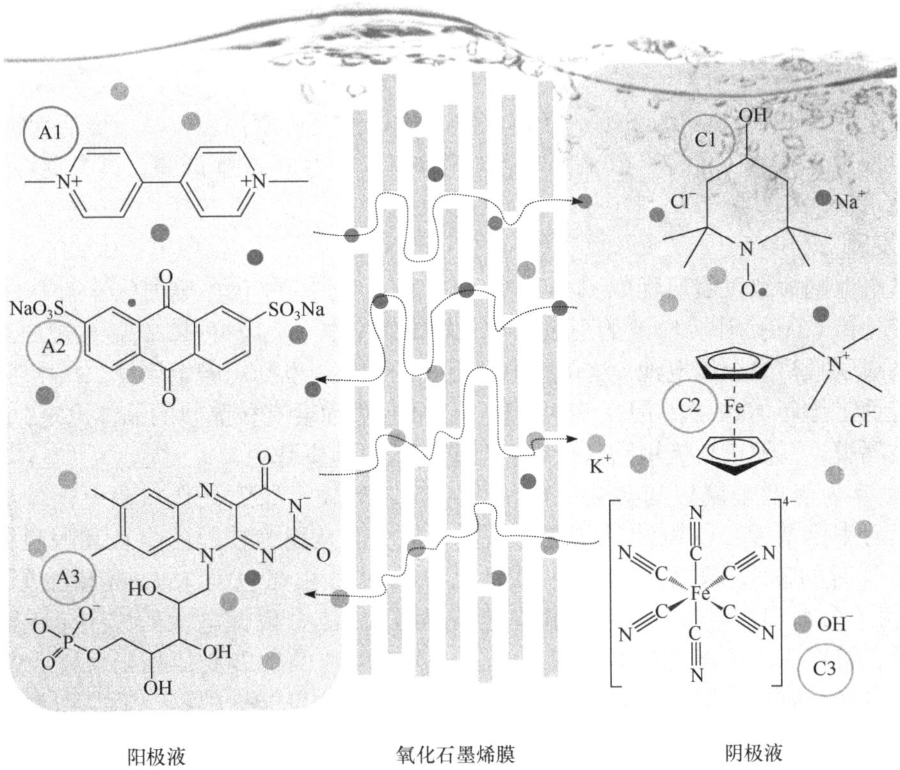

图 8-26　氧化石墨烯膜用于氧化还原液流电池示意图[52]

GO 膜基于尺寸排阻和电荷排斥实现了大分子或离子作为活性物质的高截留率和高离子电导率。此外，改变氧化程度或使用细菌纤维素作为额外的填充成分可以进一步调整其微观结构、机械稳定性和离子传输行为，使得该 GO 膜在实际电化学条件下可以保持其结构稳定性和可靠性。

陶瓷的高弹性模量有利于其在恶劣环境中的应用，因此一些无机陶瓷也被用作新型氧化还原液流电池的隔膜。Peng 及其团队[53]通过在具有梯度密度的多孔聚合物膜中原位合成金属有机骨架（MOF）设计了一种坚韧、柔性的膜，增强了对非水氧化还原液流电池的选择性。由于 MOF 的 3D 通道结构及其在膜中的梯度分布，保持高离子电导率的同时，可以减小孔径并且缓解活性物质的混合，使电池表现出优秀的高倍率能力和增强的循环稳定性。与原始 Celgard 膜相比，复合膜实现了更慢的容量衰减率（300 次循环中每个循环 0.09%）。

8.2.5 新体系电池

近年来锂离子电池飞速发展，其性能和成本持续得到改善，使其成为各类电子产品的首选电源。但是随着电气化运输和电网等大型应用的发展，锂离子电池很难完全满足能量储存所要求的性能、成本和其他扩展目标，这就加速了人们对下一代新体系电池的技术研究。锂硫电池能量密度高、成本低廉，在未来很多领域中有很大的应用潜力；金属空气电池结合了能量密度高的金属负极与具备开放结构的活性空气正极材料，成为新一代电子产品、电力交通和电能储存中有广阔应用前景的能源器件。

本部分主要介绍锂硫电池、金属空气电池、钾离子电池等新体系电池。

1. 锂硫电池

锂硫电池（lithium-sulfur battery）是新型二次电池的典型代表，其主要活性物质是硫，硫的储量极其丰富、质量轻、价格便宜且对环境无害，生产成本低廉，具有良好的应用前景和商业价值。

1）发展历程

锂硫电池的大致发展历程如图 8-27 所示。20 世纪 70 年代，美国化学家 Whittingham 采用二硫化钛（TiS_2）作为电池的正极材料，金属锂片作为负极材料，高氯酸锂/二噁茂烷为电解液构成了最初的金属电池。这是锂电池最初的构型，也标志着金属锂二次电池的诞生，该电池能稳定循环 1000 次，但在使用过程中金属锂表面会有枝晶状的晶体出现，该枝晶有可能刺破隔膜，引发正负极短路，最终有可能导致电池爆炸。

1989 年发生的金属锂与硫化铝电池体系起火事故，导致大众对该电池体系失去信任，虽然后来金属锂二次电池的研究也缓慢开展，但是因为枝晶的生长和隔膜材料的选择受限于当时的技术，该电池体系在 20 世纪 80 年代除由以色列 Tadiran 和加拿大 Hydro Quebee 两个公司仍在继续研究外，基本处于停滞状态，金属锂电池的应用也仅局限于军用。之后，随着锂离子电池研究热潮的到来，锂硫电池的发展变得相当缓慢。直到 2009 年《自然材料》期刊刊登了一篇纳米材料用于锂硫电池可能性的探讨[54]，引发了新一轮对于锂硫电池研究的回归，随后材料领域和化学领域顶级期刊都开始刊登关于锂硫电池的最新研究进展。

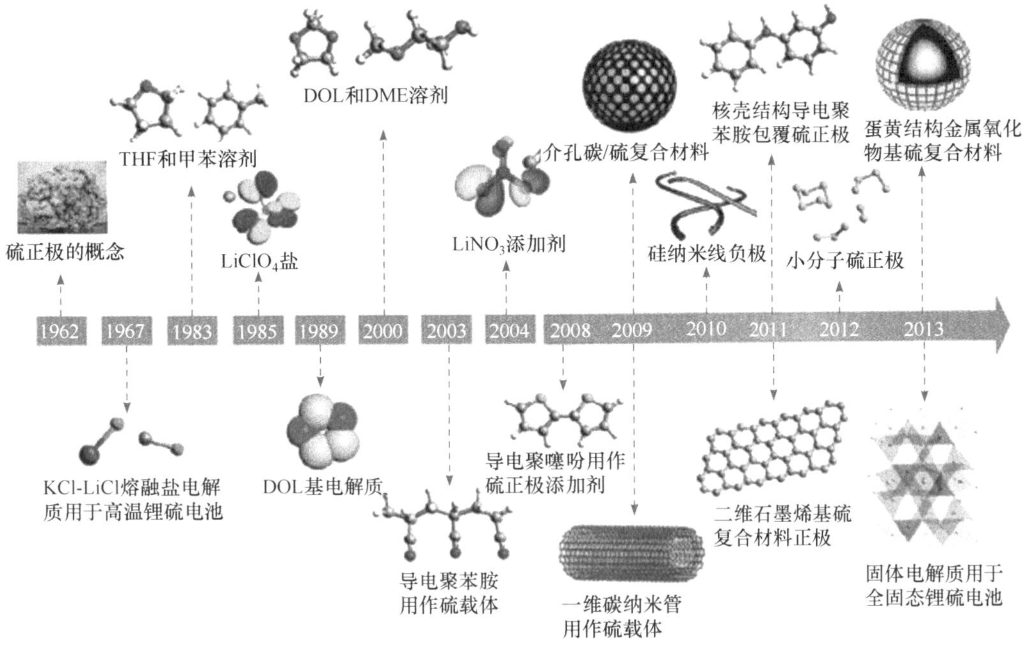

图 8-27　锂硫电池发展历程[55]

2）工作原理

锂硫电池正极材料主要使用单质硫或硫基化合物，负极主要使用金属锂，通过 S—S 键的断裂/生成来实现电能与化学能之间的相互转换，其电池的形象化结构示意图如图 8-28 所示。

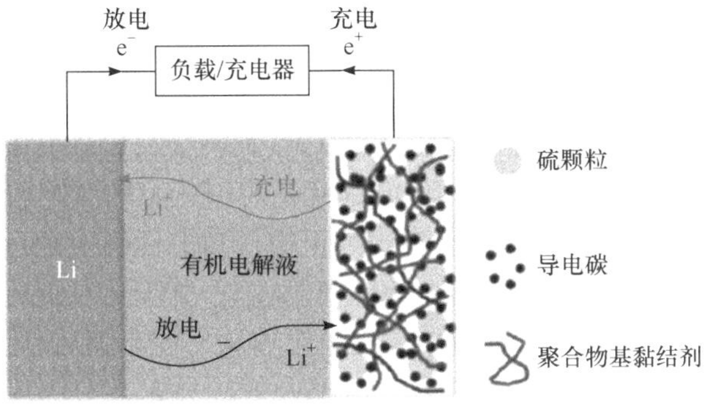

图 8-28　锂硫电池的结构示意图[56]

以正极材料为单质硫计算，其理论比容量达到 1675 mAh · g^{-1}，理论放电电压为 2.287 V，理论能量密度为 2600 Wh · kg^{-1}。充放电时，锂负极和硫正极的电极反应如下所示：

正极

$$S_8(s) + 2e^- + 2Li^+ \rightleftharpoons Li_2S_8$$

$$Li_2S_8 + 2e^- + 2Li^+ \rightleftharpoons 2Li_2S_4$$

$$Li_2S_4 + 2e^- + 2Li^+ \rightleftharpoons 2Li_2S_2(s)$$

$$Li_2S_2(s) + 2e^- + 2Li^+ \rightleftharpoons 2Li_2S(s)$$

负极

$$Li \rightleftharpoons Li^+ + e^-$$

总反应 $$S_8(s) + 16e^- + 16Li^+ \rightleftharpoons 8Li_2S(s)$$

在锂硫电池中，正极材料的反应是一个多电子、多步骤的逐级反应，硫放电的过程可以分为两个阶段，分别对应两个电压平台，锂硫电池的充放电平台如图 8-29 所示。首先是固态单质硫 S_8 得到两个 e^- 结合两个 Li^+ 生成液态的 Li_2S_8；随着放电程度的深入，Li_2S_8 经过可溶性 Li_2S_6 最终生成可溶性 Li_2S_4，对应电压平台 2.4～2.1 V，此时贡献的容量是 419 mAh · g^{-1}。随着进一步地放电，在 2.1 V 的电压平台处，可溶性 Li_2S_4 转化成不溶性的固相 Li_2S_2；最后再进一步生成固相的终产物 Li_2S，由于这一阶段中固体开始生成，离子扩散速度减慢，因此此阶段反应速率较缓。可溶性 Li_2S_4 转化成不溶性的固相 Li_2S_2 和生成终产物 Li_2S 的反应对应充放电曲线中 2.1～1.8 V 附近比较长的放电平台，该平台是锂硫电池的主要放电区域，此时贡献的容量约为 1256 mAh · g^{-1}，是理论容量的 75%。

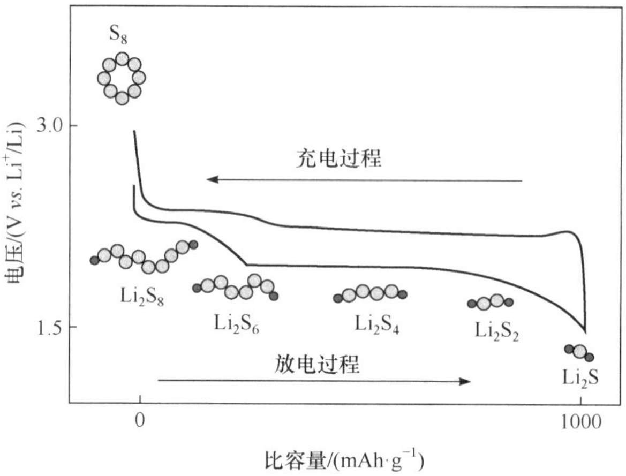

图 8-29 锂硫电池的充放电平台示意图[57]

不同于锂离子电池材料，锂硫电池充放电时单质硫和硫化锂中间经过多硫化锂 Li_2S_x（$x = 2$～8）的转变，并不是通过锂离子在正极材料和负极材料之间的往返嵌入和脱出来实现充放电，因此锂硫电池性能受正极材料的锂离子脱嵌能力的影响较小。

锂硫电池的优势：①理论容量高，硫作为正极材料的锂硫电池理论比容量和理论比能量较高，分别能达到 1675 mAh · g^{-1} 和 2600 Wh · kg^{-1}；②安全性能好，材料中没有氧，不会发生析氧反应，安全隐患较低；③价格便宜，全球硫资源丰富且单质硫的价格非常低廉；④环境友好，硫的毒性很小，是一种绿色、环境友好的元素。

锂硫电池的劣势：①导电性和导锂性差，单质硫中硫分子是以 8 个 S 相连而成的冠状 S_8，属于典型的电子、离子绝缘体，室温下其电导率仅为 5×10^{-30} S · m^{-1}。而且反应产物 Li_2S_2 和 Li_2S 也都是电子绝缘体，导致活性物质利用率不高、倍率性能不佳。目前主要通过制备小尺寸的硫碳复合材料来解决锂硫电池正极材料的导电性和导锂性问题。②多硫化锂穿梭效应，在锂硫电池充放电过程中，长链多硫化锂 Li_2S_x（$4 < x \leqslant 8$）会溶解在电解液中，穿过隔膜，到达负极并被还原成短链的多硫化锂 Li_2S_x（$2 < x \leqslant 4$）和不可溶的 Li_2S_2、Li_2S，它们会腐蚀负极。其中可溶性的多硫化锂还会穿过隔膜重新回到正极，这种来回穿梭的现象被称为多硫化锂的穿梭效应，此效应将导致锂硫电池的活性物质自放电，造成材料库仑效率不高。③体积膨胀问题，硫在完全充电转化为硫化锂时，体积膨胀高达 76%，容易引

起正极材料形貌和结构的破坏，影响活性物质的稳定性，造成容量衰减。④安全隐患，由于硫本身不含锂原子，因此必须使用金属锂单质作为负极材料，但这样会不可避免地产生锂金属的枝晶问题，带来安全隐患。

尽管锂硫电池目前存在一些问题，但是近年来科学家对锂硫电池的研究在不断地深入，通过减小硫颗粒尺寸、对硫材料进行包覆、制备硫碳复合材料、对多硫化锂吸附、改进电解液等多种措施，都在提高硫材料的容量和循环性方面取得了重要影响。

3）锂硫电池的研究热点

目前，无论是在科研界还是工业界，锂硫电池都受到了国内外研究人员的广泛关注。例如，美国 Sion Power 公司一直致力于开展锂硫电池的研发工作，并将其应用于大型无人机，打破了锂离子电池无法实现飞行的纪录。

我国也更加重视并大力支持锂硫电池的研发与推广，2017 年四部委制定的《促进汽车动力电池产业发展行动方案》中就特别指出，要积极推动锂硫电池等新体系电池的研发与工程化开发，目标为 2020 年单体电池的比能量达到 400 $Wh \cdot kg^{-1}$ 以上、2025 年达到 500 $Wh \cdot kg^{-1}$。不难看出，锂硫电池的发展仍任重道远。

围绕高性能锂硫电池系统的关键基础问题，相关研究学者们开展了锂硫电池系统关键材料、电池充放电机制、电池结构的设计与优化等相关方面的研究（图 8-30），在微观层面和分子尺度上理解反应界面的电子离子传输、界面稳定性及关键调控因素，体现了物理化学、电化学、材料化学、表面化学、固态物理学等多学科的交叉和融合。

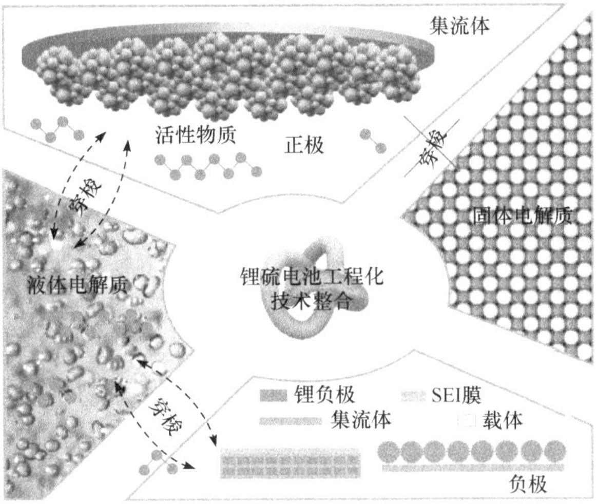

图 8-30 锂硫电池工程化发展的关键材料及技术[58]

基于反应界面和机制，可将硫正极的研究方法大致分为两大类：

（1）溶解-沉积机制。当使用 S_8 为正极材料时，电池放电情况下，S_8 分子与锂结合并开环，形成可溶性长链多硫化锂，随后硫链逐渐缩短形成不溶性的 Li_2S_2，最后生成 Li_2S，充电过程则相反。在该机制下，采用常规的物理限域、化学吸附和催化加速三类手段很难彻底解决多硫化物的溶出问题。由于表面溶剂分子的渗透和溶剂化过程，一旦产生可溶性的多硫化物，物理限域将无法彻底阻挡多硫化物的溶出；相对电场作用力下，化学吸附力较弱，无法完全吸附可溶物，不能实现固硫；动力学加速虽然能加速多硫化物的转化，但无法同时降低所有可溶性中间体的浓度，在加速消耗一种长链多硫化锂的同时，会催生更多其他种类的可溶性多硫化锂。因此，采用 S_8 分子作为正极材料时，在溶解-沉积机制下，基本无法彻底解决多硫化锂的溶出问题，也就无法充分固硫。

（2）准固相机制。准固相机制在充放电过程中不涉及可溶性多硫化物，主要包括三类方法：①采用小硫分子 S_2 作为正极材料，反应只会产生不溶的 Li_2S_2 和 Li_2S；②原位生成 SEI 膜或原子层沉积包覆复合硫正极颗粒，阻挡电解液的渗透，实现固相转化反应；③采用高浓锂盐的电解液，降低电解液体系的溶剂化能力，使多硫化物完全不溶解。然而准固相机制的传质完全是在固相界面中进行，因此本征反应活性差，倍率性能不佳，且对材料的孔结构和形貌要求较高。

因此，普遍认为溶解-沉积机制下的反应动力学要优于准固相机制，在溶解-沉积机制下杜绝多硫化锂的溶出，将有利于实现高比能、长寿命的硫正极。基于此，研究人员开发出硒/碲掺杂的热解硫化聚丙烯腈（S@pPAN）新型硫正极材料[59]，将硫粉、硒粉或碲粉和丙烯腈（PAN）在高温下通过一步热解制备。制备的 S@pPAN 正极材料中，硫、硒/碲以分子级别通过化学键的方式分散在热解碳的导电网络中，在充放电过程中调控反应路径，仅产生溶解度较低的短链 $Li_2S_{3\sim4}$，并且可一步快速转化得到不溶产物，实现了在溶解沉积机制下杜绝多硫化物的溶出。通过极少量的硒/碲掺杂，在提高容量的同时，大幅度提升了电池的反应活性，在酯类电解液和醚类电解液中均表现出优异的充放电性能。另外，从准固相机制出发也能够较好地解决多硫化物的溶出问题。例如，袁利霞等采用有序介孔碳（CMK-3）封装硫，在高浓度的碳酸酯类电解液中，通过首周放电就可以原位形成 SEI 膜，整个过程属于准固相转化机制，无多硫化物的溶出，不存在穿梭效应，循环稳定性大幅度提升[58]。这两种方法都是通过解决多硫化物的溶出来大幅提升硫正极的电化学性能。

为了解决锂金属负极在充放电过程中出现的问题，主要从以下几个方面进行改性：①对锂负极表面进行预处理，形成保护性的人造 SEI 膜；②采用稳定的宿主材料，减少体积变化；③构建三维集流体，使锂沉积更均匀，体积膨胀更小；④选择合适的电解液添加剂以此来调控锂负极表面 SEI 膜的生长，控制 SEI 的成分与结构；⑤导向性地实现金属锂有序沉积；⑥采用固态电解质，阻止锂枝晶的生长和锂金属的副反应等。

随着研究的深入，锂硫电池在循环稳定性和能量密度方面均获得了巨大的提升，但其商业化发展仍面临巨大的挑战。在今后的研究工作中，更加有效地提高活性物质的负载量、降低电解液的用量、提升金属锂负极的循环稳定性和安全性依然是提升锂硫全电池性能的关键，这关乎锂硫电池能否在不久的将来得到大规模的应用[60]。

2. 金属空气电池

1） 金属空气电池概述

金属空气电池（metal-air battery）作为一种特殊的燃料电池，是新一代绿色二次电池的典型代表之一。该电池生产成本低、比功率高、比能量高、毒性小、对环境无污染，资源丰富且可再生利用，是一种具有应用前景的新能源。

金属空气电池是以活泼金属为负极、空气（氧气）为正极、以碱性或中性盐溶液为电解液的化学电池，发生的基本化学反应与普通化学电池相同。这种电池最显著的特点和优势就是正极活性物质来源于空气中的氧气，在空气电极正常工作的情况下，该电池的容量仅取决于金属量。为达到电池使用时性能的要求，需要根据金属特定性质对其进行加工处理。

在金属空气电池中，负极为活泼金属 M，放电时金属 M 被氧化成相应的金属离子 M^{n+}；正极为空气中的 O_2，放电时被还原成 OH^-，其电极反应式如下：

负极　$$M + nOH^- \longrightarrow M(OH)_n + ne^-$$

或　$$M + (m + n)OH^- \longrightarrow M(OH)_{(m+n)} + (m+n)e^-$$

正极　$$O_2 + 2H_2O + 4e^- \longrightarrow 4OH^-$$

总反应　$$4M + nO_2 + 2nH_2O \longrightarrow 4M(OH)_n$$

根据负极金属材料的不同，金属空气电池可分为锂空气电池、锌空气电池、铝空气电池和镁空气电池等类型，下面将以锂空气电池和锌空气电池为例分别介绍金属空气电池。

2）锂空气电池

（1）发展历程。

锂空气电池[61]（lithium-air battery）是一种用金属锂作负极、空气中氧气作正极的电池。锂空气电池的概念最早在 20 世纪 70 年代提出，核心原理是金属锂与空气中的氧气进行化学反应，随后将反应过程中产生的化学能直接转变成电能。金属锂与氧气之间的直接反应能够带来极高的能量释放，根据计算，锂空气电池的能量密度可以达到 12000 $Wh \cdot kg^{-1}$，几乎是锂离子电池的 10 倍，甚至接近汽油的能量水平（13000 $Wh \cdot kg^{-1}$）。

2009 年，美国 IBM 推出“Battery 500”计划，希望能开发出一种能让电动汽车行驶 500 km 的锂空气电池，该项目原计划在 2013 年造出原型机，在 2020 年实现商业化生产，但在 2012 年之后终止了。2012 年，牛津大学的化学家用一种名为二甲基亚砜（DMSO）基电解液替换聚碳酸酯，换上新电解液后成功地让锂空气电池稳定循环了 100 次。但该电解液在科学家眼里可信度不高，于是来自阿贡国家实验室的研究团队将一种名为离子液体的材料与二甲基亚砜混合，增强了锂空气电池电解液的稳定性。此外，他们还通过纳米技术在原有电极表面镀上一层保护膜，这两种手段在很大程度上降低了副反应的发生，成功将锂空气电池的循环记录提高到 750 次。然而，阿贡国家实验室对锂空气电池的改进也只是缓解了强氧化剂腐蚀电极的速率，锂空气电池 Li_2O_2 的存在仍然使电池存在安全隐患。近期，*Science* 杂志报道了一位来自加拿大的科学家使用熔盐作为电解液以解决这一安全隐患，将 $LiNO_3$ 和 KNO_3 两种硝酸盐混合并加热到 150℃，此时混合物熔化成液态，使用这种液态熔盐作为电解液的同时配合上新设计的电极材料可以成功规避 Li_2O_2，反应中间产物是较为温和的 Li_2O，这使得锂空气电池得以平稳运行。但是混合盐转变成液态时 150℃的加热温度使其很难投入实际应用。

（2）工作原理。

锂空气电池以金属锂为负极，以空气（氧气）为正极，其中，氧气通过多孔材料中的氧化剂从空气中获取。放电过程中，金属锂在负极失去电子成为锂离子，电子通过外电路达到多孔正极，随后，电子将空气中的氧气还原，该反应的持续进行使得锂空气电池可以不断地向外提供电能。充电过程则正好相反，在外加电压的作用下，放电过程中产生的放电产物首先在多孔正极被氧化，重新放出氧气，锂离子回到负极被还原成金属锂。整个反应是一个绿色零污染的过程，没有产生对环境有害的物质。锂空气电池工作原理示意图如图 8-31 所示[62]。

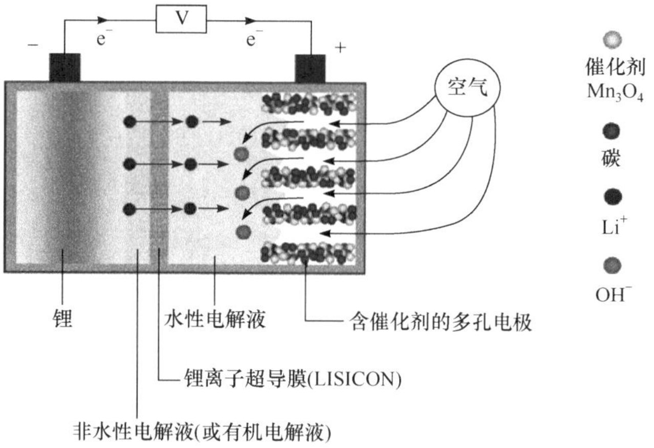

图 8-31 锂空气电池工作原理示意图[63]

（3）电解液体系。

锂空气电池按电解质体系主要可分为水性电解液体系、有机电解液体系（非水性电解液体系）、混合电解液体系和全固态电解质体系。

在水性电解液体系中，氧气在空气电极上发生氧化还原反应，生成氢氧化物，其反应方程式为

$$4Li + O_2 + 2H_2O \longrightarrow 4LiOH$$

此放电过程会消耗金属 Li、O_2 和 H_2O，在 Li 表面生成一层保护膜而阻碍电化学反应的快速进行。在开路或低功率的状态下，锂的自放电率很高，伴随着 Li 腐蚀反应的发生，反应式如下：

$$Li + H_2O \longrightarrow LiOH + 1/2H_2$$

该反应在一定程度上降低了电池负极的库仑效率，且在水系电解液中，金属锂极易与水发生腐蚀反应，因此该电池对锂离子隔膜的阻水性有很高的要求。综合考虑安全性和实用性，目前还没有水系电解液锂空气电池相关的商业化产品。

有机电解液体系的锂空气电池使用的是含有可溶性锂盐的有机电解液，其工作反应方程式为

$$4Li + O_2 \longrightarrow 2Li_2O$$
$$4Li + 2O_2 \longrightarrow 2Li_2O_2$$

有机电解液体系有效避免了负极锂与水之间发生的副反应，但是弊端在于其反应产物 Li_2O_2 不溶于电解液，会逐步堵塞空气负极的孔隙，导致反应界面面积减小，阻碍反应物扩散至反应界面，影响反应的进一步进行，这会使实际比容量低于其理论值，同时还可能引起锂空气电池循环性能差等不良结果。

全固态电解质体系的锂空气电池具有稳定性强、循环性能好和能够避免锂枝晶形成等优点，但是其导电性低，容量和能量密度限制了其进一步发展。

电解质、空气电极和催化剂是锂空气电池未来着力开展研究的三个方面：目前所使用的电解液包括传统酯类、醚类、砜类和离子液体等，在高电位下存在不同程度的变质问题；空气电极面临着电极材料选择以及电极结构设计的问题；催化剂主要面临催化效率的问题。

3）锌空气电池

（1）发展历史。

1878 年，Maiche 使用中性氯化铵水溶液作为电解液，在锌锰电池中使用含铂多孔炭电极替代二氧化锰炭包，发明了首个锌空气电池（zinc-air battery）。1932 年，Heise 和 Schumadcher 开发出使用碱性电解液的锌空气电池。1973 年，Jindra 等研究了氯化铵水系中性电解液在锌空气中的应用。碱性电解液（如氢氧化钾、氢氧化钠和氢氧化锂水溶液）具有较高的离子电导率，可以基于此得到更高能量密度的电池，因此被广泛应用于商用一次性锌空气电池。氧化还原反应和析氧反应中常用的催化剂在碱性电解液中能表现出更高的催化活性，但碱性电解液的使用会带来很多难以解决的问题，因此研究人员还是坚持关注和研究中性电解液。

（2）工作原理。

锌空气电池又被称为锌氧电池，以金属锌为负极、活性炭吸附空气中的氧或纯氧为正极、氯化铵或苛性碱溶液为电解质，其工作原理如图 8-32 所示[64]。

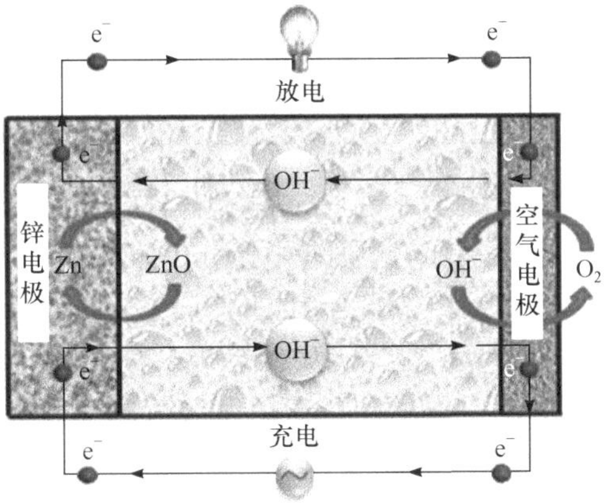

图 8-32　锌空气电池工作原理示意图[64]

金属锌作为负极被氧化，产生的电子经由外电路到达正极，氧气在正极获得电子与水反应生成 OH^-扩散至负极形成闭合回路。其化学反应式如下：

负极　$Zn + 2OH^- \longrightarrow ZnO + H_2O + 2e^-$

正极　$O_2 + 2H_2O + 4e^- \longrightarrow 4OH^-$

总反应　$2Zn + O_2 \longrightarrow 2ZnO$

锌空气电池的优势：①电池容量大。在空气电极正常工作的前提下，锌空气电池的理论容量是由负极活性物质量决定的。锌负极位于电池内部，空气正极紧接着电池壳内部，且正极活性物质来自于空气中的氧，所以空气正极占据电池的空间很小。因此，与传统电池相比，相同体积和质量的情况下，锌空气电池可以装载更多的负极活性物质，从而具有更高的容量。②比能量高。锌空气电池的理论比能量是 1320 Wh · kg^{-1}，实际比能量可达到

340 Wh · kg^{-1}。③放电曲线平稳。放电时，空气正极只发生氧气的还原反应而电极本身不发生变化，只有负极的锌被氧化从而产生一定损耗。锌电极的电压平稳，放电时电池电压变化小，放电曲线较平稳，在 1.3 V 附近会出现一个较长的电压平台。④自放电少，储存时间长。在储存时保持电池的入气孔密封，空气电极与外界隔绝，由此可有效地阻碍空气进入电池内部，即可保证锌空气电池的电化学反应无法进行，从而减少电池容量损失，延长保存时间。⑤生产成本低。负极活性物质锌的来源丰富、价格低廉，正极活性物质是空气中的氧气。⑥绿色环保无污染。摒弃了传统电池中的有毒物质，规避了传统电池的环境污染问题，且电池使用后的反应产物是氧化锌，易于回收利用。

锌空气电池的劣势：①电池密封问题。圆柱形锌空气电池未得到广泛发展的原因之一是电池密封难。为了保证锌空气电池正常使用，会在电池组装时预留一个或多个小孔，因此电池无法做到完全密封。如果空气电极尤其是防水透气膜的制作没有达到一定的标准，电池就会漏液，电解液会因此蒸发干涸或者吸潮变稀，空气中的 CO_2 也会进入电池内部与电解液反应生成碳酸盐，会严重影响电池的性能和质量。②空气电极中的催化剂有待改进。③电池类型问题。目前商业化的锌空气电池主要分为方形和纽扣形两种，而市场大量需求的是圆柱形电池，特别是小圆柱形的电池，但是小圆柱形的锌空气电池结构复杂且不能满足大量生产的需求，国内外研究一直没有突破性的进展。

4）金属空气电池的应用现状

锂空气电池、锌空气电池、铝空气电池和镁空气电池等几大类型的金属空气电池技术还未全部具备大规模商业化生产的条件，有些技术还停留在实验室阶段。

美国加利福尼亚州已将铝空气电池用于电动汽车，该汽车更换一次铝电极就能够实现续驶 1600 km 里程。中国动力集团与 Phinergy 成立合资公司，计划在全中国的大巴车及运动型多用途汽车等电动车中推广使用铝空气电池。我国一家公司生产使用水作为电解液的镁空气电池，可以支撑 LED 灯持续照明时间长达 90～100 h，能同时为 20 部智能手机充电，还可以作为应急电源使用。在我国，“车用锌空气电池项目”已被列入国家 863 重大科技专项，并且锌空气电池也成功应用于微型助听器和无线消息收发设备等医疗或通信领域。

3. 钾离子电池

1）工作原理

钾的标准氧化还原电位（–2.93 V 相对于标准电极电位）接近于锂，因此钾离子电池（potassium-ion batteries）也具有相对较高的能量密度；其次，钾在地壳中分布广泛、储存量相对丰富，钠资源的含量（质量分数）达到 1.5%，而锂资源含量（质量分数）仅为 0.0017%，因此钾离子电池的成本更加低廉；钾离子具有更小的斯托克斯半径 $r(K^+)$（3.6 Å）$<r(Na^+)$（4.6 Å）$<r(Li^+)$（4.8 Å），导致 K^+在碳酸亚丙酯中具有更高的离子电导率。这些优点引起了研究人员对钾离子电池的广泛关注。

钾离子电池的工作原理与锂离子电池相似，充电时，钾离子从正极材料中脱出，经过电解液嵌入负极材料，同时电子通过外电路转移到负极以保持电荷平衡；放电时则与之相反，其工作原理如图 8-33 所示。

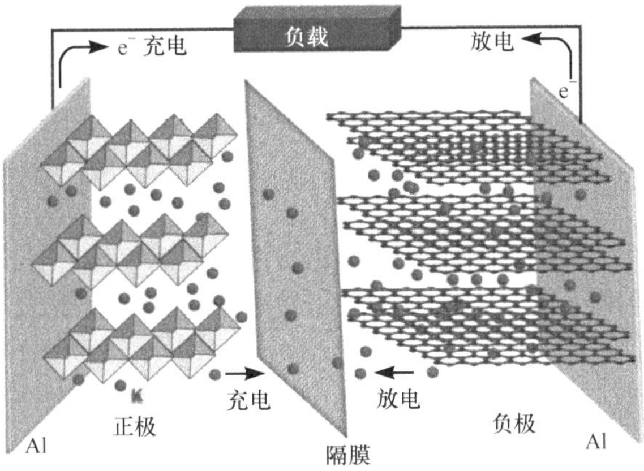

图 8-33　钾离子电池的工作原理图[65]

钾离子电池的优势：①标准电位低，使其具有更高的工作电压和能量密度；②钾元素在地壳中的储量高、资源丰富，因此钾离子电池生产成本低。

钾离子电池的劣势：①钾离子电池在充放电过程中体积膨胀现象比其他碱金属电池更严重，容易导致电极材料晶体结构坍塌和电极粉化；②钾离子在电极材料体相扩散率较低，在一定程度上限制其倍率性能；③K^+/K 氧化还原的高电压会导致钾离子电池中电解质产生严重的分解和其他副反应。

2）研究现状

目前关于钾离子电池的研究主要集中在正负极材料、电解质等方面。正极材料主要包括普鲁士蓝及其类似物、过渡金属氧化物（K_xMO_2）、聚阴离子及其他有机材料；负极材料主要包括碳基材料、钛基材料、合金类材料、金属氧化物、金属硫化物、有机物等材料。目前钾离子电池的研究尚在初期阶段，还有诸多问题需要解决。例如：①正极材料的比容量较低，限制了电池的比容量，通过掺杂其他物质和表面改性来制备结构稳定的高容量正极材料是提高电池比能量的有效途径；②钾离子电池的充电机理尚不明确，有待进一步深入研究；③电解液的电化学窗口比较窄，限制了钾离子电池的工作电压；④非水基钾离子电池存在一定的安全问题。

优化电池的制备工艺和电解质体系，选取合适的正极材料和负极材料，是实现大容量、长寿命、大功率和高安全性的钾离子电池生产的主要途径。

8.3　电化学储能电池资源循环再利用

随着储能电池技术不断进步、电力系统需求增加、市场机制不断完善，储能电池市场进入迅猛发展阶段，同时储能电池的退役规模不断增加、退役速度不断加快。如对退役后的电池处置不当，一方面，电池中含有的大量重金属化合物、有机物等难以降解的污染物会对环境造成不同程度的污染，如重金属污染、有机物及氟污染以及破碎焚烧产生的粉尘污染等；另一方面，还会造成资源的极大浪费，尤其是电池中有价值的金属离子，如 Li、Fe、Ni、Mn、Co、Al、Cu、Pb、Cr 和 Ti 等。因此，对退役储能电池的回收与资源化再利用势在必行。

一般地，退役电池的循环再利用途径主要存在两种方式：一种是电池梯次利用，首先是将电池组拆包，对模块进行测试筛选，然后再修复组装，重新利用到储能等领域；另一种是电池的资源化处理，将电池拆解后，提炼金属资源或者回收利用正负极材料。当电池容量耗损严重无法进行梯次利用时，就选择资源化处理回收电池材料。

8.3.1 退役电池的梯次利用

退役电池梯次利用对象包括电池包、电池模组和电池单体，梯次利用流程见图 8-34。由于面临复杂性高、拆解不便、一致性差、品质不高、回收拆解成本高和经济性欠佳等问题，梯次利用困难重重。

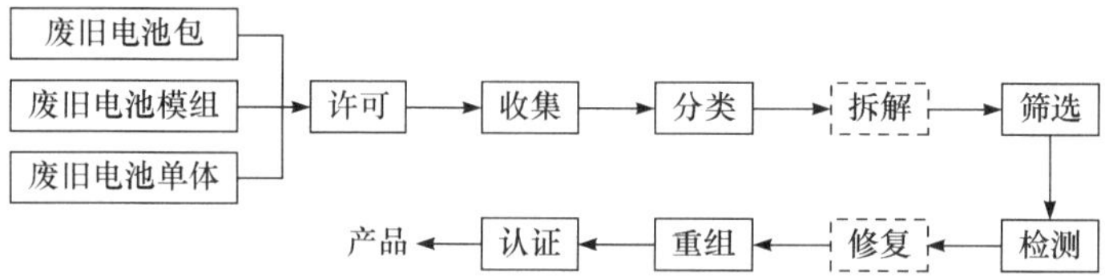

图 8-34 退役电池梯次利用流程

首先，退役电池梯次利用最大的问题在于成本。以一个 3 MW×3 h 的储能系统为例，综合考虑投资成本、运营费用、充电成本、财务费用等因素，将梯次利用的动力电池作为储能系统电池则系统的全生命周期成本在 1.29 元 · kWh^{-1}，而采用新生产的锂电池作为储能系统的电池，系统的全生命周期成本在 0.71 元 · kWh^{-1}。由此可见，梯次利用退役电池成本明显高于新电池。

其次，退役电池拆解复杂性高。各类退役电池的内部复杂程度很高，不同储能方式决定了不同的电池设计，它们的内外部结构设计、模组连接方式和集成形式都各不相同，因此不能采用同一套流水线模式来拆解所有的电池包和内部模组，这就提高了拆解不同类型电池时的困难程度。拆解作业时，如果将电池进行自动化拆解，对生产线的柔性配置要求比较高，这也会导致处置成本过高。

最后，退役电池不一致性主要表现为电压、电阻和容量的不同。电压的不一致性是指，同类型电池在循环充放电过程中，单体电池的电压差异会随着工况加载显现出来，个别电池电压过低或过高，无法保证其使用安全；电阻的不一致性是指，串联电池组在循环充放电过程中，个别电池随电流的变化，电压显现出不同于其他电池的波动，电阻增大后温度升高，造成电池工作环境不一致；容量的不一致性是指，同类型同批次的电池，因为工艺和材质的问题，可用容量不一定相同，造成充放电深度不同，放电深度越大，容量衰减越快，电池寿命越短。故退役蓄电池再利用前必须经过品质检测，包括安全性评估、循环寿命测试等，将电芯分选分级，再重组后才可以被回收再利用。但是如果蓄电池在服役期间没有完整的数据记录，再利用过程进行电池寿命预测时，准确度可能会下降，电池的一致性无法保障，同时测试设备、测试费用、测试时间、分析建模等成本都会增加。

综上所述，动力电池梯次利用的经济效益不明显，主要因为行业发展处于早期，存在技术标准不统一、行业监管缺乏和规模不够等问题。但从长远来看，随着储能电池生产标准化提升，储能系统的发展和退役电池规模的攀升，再加上国家对于储能电池监管越来越完善，上述问题都将一一得到解决。

8.3.2 退役电池的资源化处理

退役电池资源化处理是指回收退役电池中有价值的金属元素，由此得到的金属或者合金既可以被用作同类型电池的材料，也可以被制备成新电池材料或前驱体。锂离子电池从生产到回收的闭环过程如图 8-35 所示。

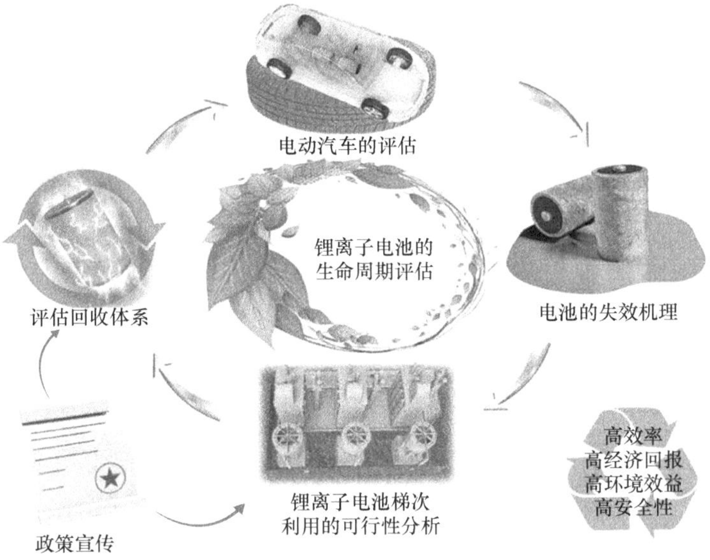

图 8-35 锂离子电池从生产到回收的闭环过程[66]

回收步骤基本包括预处理（放电、剥离金属外壳、电极材料粉碎与筛选等）及元素回收两部分。一般来说，退役电池元素回收方法主要可分为物理法、化学法和生物法。其中，物理法多为浮选法，化学法包含火法冶金法、湿法冶金法及火法-湿法联合工艺。

物理法操作简单，但通常产物纯度不够高、回收效率低。生物法的耗酸量少、对环境影响小，但存在周期长、后期金属离子分离提纯难度大的问题。化学法回收工艺有可控度高、回收率高以及产物纯净度高的优点，因此应用得最为广泛。工业上，通过化学法回收废旧锂离子电池的工艺流程如图 8-36 所示。其中，火法冶金是将退役电池经过机械和热处理等预处理后经过高温煅烧，以此来将金属离子熔炼分离。火法冶金工艺简单、易实现工业化，但难以精细化调控回收过程，致使回收效率低，且该过程易产生二次污染。湿法冶金是将电极材料预处理后，使用溶液（无机酸、有机酸、铵盐溶液等）将金属离子浸出，随后通过氧化、还原、水解、配位、萃取、沉淀等过程得到金属或其化合物。湿法冶金工艺过程相对复杂，但回收产品纯度高、回收率高，因此湿法冶金在学术研究和工业应用两方面都得到了广泛的应用。北京理工大学李丽教授团队针对锂离子电池具有环境潜在危害及资源价值的双重属性，从经济可行性、环境效益及工业应用等角度出发，提出了锂离子电池金属多离子扩散/络合反应机制，设计了基于多离子扩散/络合机制的二次电池高效回收新研究思路，为绿色高效回收技术新体系构筑和新材料设计提供理论支撑；并提出了实现二次电池绿色高效回收新体系技术路线和发展新思路，从全生命周期评估角度提出了可满足未来新型二次电池可持续应用的 3R 新策略：再设计（redesign）、再使用（reuse）和再循环（recycle），这对化学储能体系的循环利用有指导性意义[67]。在火法-湿法联合冶金中，首先采用火法焙烧正极材料，以此来消除阴极活性粉末中的乙炔黑和聚偏氟乙烯等有机物质或通过化学反应改变正极材料成分，以提高后续湿法浸出中金属离子的浸出率。这种工艺可快速除去电池中的黏结剂和其他有机物，分离活性物质与集流体，并且利于后续金属离子的浸出萃取。但湿法冶金与火法-湿法联合冶金的工艺复杂，由此产生的废水废气处理较为麻烦，因此，后续相关研究应向着工艺简单、绿色环保和低成本的方向发展。

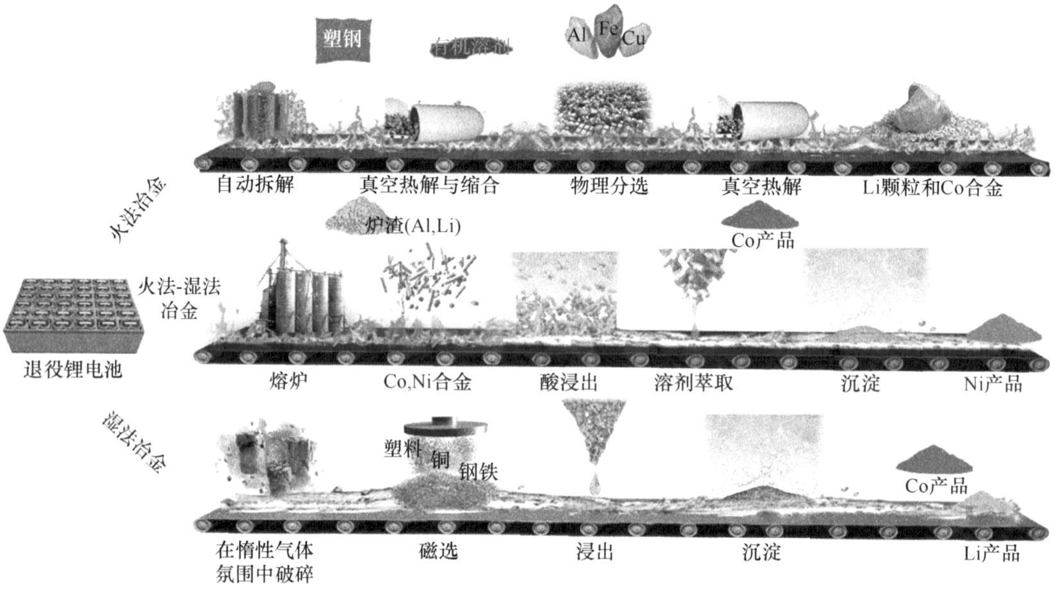

图 8-36 废旧锂离子电池工业回收工艺流程图[68]

8.3.3 国外电化学储能电池资源循环再利用现状

目前，欧美日发达国家不仅是储能电池的消费使用大国，同时也是储能电池回收利用的重要市场，建立了完善的储能电池回收利用的法律规范和制度体系，一直在积极培育储能电池的回收利用市场。

欧盟于 2014 年实施了《49312012 号委员会条例》，这是全球范围内有关于电池回收利用最为严格和完善的法规，该法规适用于所有类型退役电池的回收过程。同时，该法规明确规定电池生产企业和第三方销售企业不能以任何理由拒绝承担回收电池的责任，所有收集的废旧电池必须进行资源循环再生，禁止随意填埋；在电池资源循环再生效率方面，铅蓄电池不得低于 65%，包括锂离子电池在内的其他电池不得低于 50%；电池系统必须易于拆卸，并在电池系统中明显的地方标识出电池的化学组分和拆卸方法。欧盟严苛的电池回收利用规范和要求造就了一批具有先进技术和较高环保标准的电池回收企业，对锂离子电池、镍氢电池、碱性电池等各种电池体系都实现了较好的回收。如今，欧盟已建立起便携式电池回收网络，并且正在对利用该网络回收车用动力电池以及储能电池的可行性进行评估。

美国现有废旧电池回收法律分别为《含汞电池和可充电电池管理法》和《电池产品管理法》。其中，《含汞电池和可充电电池管理法》规范了废旧二次电池（涵盖了铅蓄电池，但尚未包括锂离子电池）的生产、收集、运输、储存等过程的技术标准。《电池产品管理法》则采用生产者责任延伸加消费者押金制度。美国纽约州和加利福尼亚州在颁布的《电池产品管理法》中覆盖了锂离子电池产品，2005 年和 2011 年，加利福尼亚州和纽约州先后发布《可充电电池回收与再利用法案》和《纽约环境保护法》，均要求电池制造商制定电池收集和回收计划，但同时要求电池制造商不能牺牲消费者和零售商的利益。对于车用及储能电池的回收，美国的法律规范和回收体系尚在构建中，现阶段的回收业务主要是在国家项目的支持下，由国家实验室及部分资源回收企业主导开展，如美国阿贡国家实验室、美国国家可再生能源实验室及橡树岭国家实验室合作建立的锂离子电池回收中心。

日本的储能电池回收利用工作走在了世界前列，作为资源贫乏型国家，日本非常重视资源回收利用，尤其是在储能电池方面。日本相关法律不仅明确了电池回收再利用的责任和义务，还从规范生产环节着手，保证电池回收再利用工作顺利开展。日本规定电池制造商应负责镍氢和锂离子电池的回收再利用；电池生产企业应当与电池经销商及电池用户合作开展废旧电池的收集工作；二次电池在生产之初就应该做出有利于回收的设计考虑。目前，日本没有制定针对车用动力电池和储能电池的法规，但在《资源有效利用促进法》《节能法》《再生资源法》等环保法规的监管促进下，退役电池回收已形成产业化，“蓄电池生产-销售-回收-再生处理”的电池回收利用体系已被初步建立，实现了铅蓄电池的 100%回收，其他电池回收率达到 20%。此外，日本采用“终极回收拆解商”模式构建电池回收利用体系，开展废旧电池的回收工作。日本便携式电池回收中心是一个义务回收电池企业法人机构，扮演着终极回收拆解商的角色，便携式电池首先被收集到各回收点，然后统一送至该中心，经过分选送至厂家进行资源再生处理。

8.3.4 国内电化学储能电池资源循环再利用现状

储能电池回收利用政策体系是一个庞大复杂的系统，我国在政策体系建设方面，应注重加强以下几方面：

（1）进一步发挥宏观政策监督引导作用。我国已经制定了适用于退役电池处理领域的综合性法律文件，包括《循环经济促进法》《固体废物污染环境防治法》等，这些法律法规政策从宏观层面规范了退役电子产品回收和资源化利用。目前，应进一步加大以上法律法规对储能电池产业的监督、规范和引导作用，使法律政策落实落地，推动储能电池产品生产、资源化回收利用的发展。

（2）进一步完善储能电池回收利用专项政策。除宏观层面的废电池污染防治政策外，国家发改委和工信部等部委还专门针对储能电池的回收利用出台专项政策，指导相关企业合理开展退役电池的生产及回收利用工作，建立行业规范、构建上下游企业联动的储能电池回收利用体系。从目前国内的储能电池回收利用现状看，回收利用技术仍有升级空间、锂电池回收率有待进一步提高、多重电池回收处理兼容性有待进一步加强。因此，相关专项政策有待进一步完善和聚焦，以达到精准发力的目的。

（3）进一步加强储能电池回收利用技术标准建设。从标准建设方面看，我国废旧铅酸电池回收利用标准滞后于产业发展，《废铅酸蓄电池回收技术规范》《电化学储能系统溯源编码规范》等储能电池回收利用的相关标准正在编制，以此来补齐技术标准滞后产业发展的局面。

我国在储能电池回收利用产业发展上应进一步发挥法律规范、政策保障、资金引导的作用，加大培育和扶持储能回收利用专业化公司的力度，着重培养一批区域性专业化公司，提高储能电池回收利用的技术含金量和规模效益，同时加强国际交流合作，引进国外先进技术，鼓励电池回收企业在废旧锂离子电池收集、储存、运输以及最终的回收利用方面寻求创新的解决方案。

8.4 电化学储能技术的未来发展趋势与技术挑战

长期以来，可再生能源被视为可持续发展的重要选择，但可再生能源存在的不连续、不稳定性和不可控的非稳态特征等问题严重限制了其大规模快速发展。因此，需要储能系统的介入来提高可再生能源发电的稳定性和可控性，并通过储能系统的峰值负载补偿实现负载均衡，保证可再生能源发电系统输电的连续性和稳定性，减少系统输电网络的损耗。基于此，储能系统的易管理性、可控制性、可预测性和灵活性对于新能源的开发利用至关重要。

以锂离子电池、钠基电池、铅蓄电池以及液流电池为代表的电池储能系统因其较高效率在独立系统中备受欢迎，在太阳能和风能系统的应用中也非常出色。电池储能的各个方面都在被广泛而大量地研究，储能材料的发展及开发在很大程度上决定储能单元的功率和能量密度，所以电池储能研究的重点是引入新的储能材料并探索其在多种储能需求中的适用性，而开发高级储能材料的手段主要有纳米结构和孔结构控制、构型设计、表面改性以及成分优化等。锂电池在便携式电化学储能技术中发挥极其重要的作用，但它的性能和成本成为在各个能量储存应用领域的限制因素。钠离子电池作为一种低成本的选择，商业化进程也在被快速地推动，正极和负极材料的优化改性以及新的电解质的开发是钠离子电池成功的关键。对于大规模的电能储存（如来自可再生能源的能量），铅炭电池和液流电池可能是最合适的选择。其中，铅炭电池成本较低，且具有能量密度高、充放电速度快、循环寿命长的优点，解决负极活性物质充电时的析氢问题是提高其充电效率的关键；液流电池具有功率输出高、响应快、能量转换率高、充放电性能好、自放电低、易于维护、安全稳定等优点，并且液流电池配置灵活，能实现规模化储能、深度放电和大电流放电且无须保护，非常适用于大规模储能，但其成本和电解质的开发仍然是极大的挑战。在新体系中，锂硫电池、锂空气电池拥有的极高理论比能量使它们成为高比能储能热点，但仍然有技术难题需要解决，如对锂空气电池而言，寻找真正可逆循环的稳定电解液是技术突破的关键点，而锂硫电池氧化还原反应过程和不同种类电解质与电极材料的作用机制等尚不明确，也需要通过更深入的探究来寻求合适的电解质材料。

如今，随着化石燃料的预期价格上涨以及未来可能更高的 CO_2 排放量罚款，使得可再生能源成为更加经济的选择，这也将进一步推动其开发和利用。储能技术作为解决可再生能源间歇性问题的有效手段之一在未来将进一步得到快速的发展。并且随着越来越多可再生能源系统与储能系统的集成，能源结构将得到更加环保且可持续的设计和开发。

文献导读

1. 用于高能固态锂电池的弹性电解质

在固态电池中使用锂金属负极，已成为替代传统锂离子电池最有前途的技术之一。固态电解质可抑制锂枝晶不受控制地生长，是锂金属电池安全运行的关键技术。然而，目前固态电解质的机械性能和电化学性能还不能满足锂金属电池实际应用的需求。Lee 等报道了一类具有三维互连塑料晶相的弹性固态电解质，该类电解质表现出出色的机械强度、高离子电导率、低界面电阻和高锂离子迁移数。此外，在锂源有限、电解质薄和高负载 $LiNi_{0.83}Mn_{0.06}Co_{0.11}O_2$ 正极的情况下，弹性体电解质使全电池在室温于 4.5 V 的高电压时能够稳定运行，并且其比能量超过 410 Wh · kg^{-1}。

【参考文献】Lee M J, Han J, Lee K, et al. 2022. Elastomeric electrolytes for high-energy solid-state lithium batteries[J]. Nature, 601（7892）: 217-222.

2. 快充/高压/低温/不易燃电解液设计

能够广泛使用于 $LiNi_{0.8}Mn_{0.1}Co_{0.1}O_2$ ||石墨锂离子电池的理想电解质有望具有更高电压（≥ 4.5 V）、快速充电（≤ 15 min）、能在宽温度范围（± 60℃）内充电/放电以及不可燃性的能力。现有的电解质中没有一种能同时满足所有这些要求，电解质的设计也因为缺乏有效的指导原则来解决电池性能、溶剂化结构和固体电解质界面化学之间的关系而受到阻碍。Xu 等报告并验证了一种基于一组软溶剂的电解质设计策略，该策略在弱 Li^+-溶剂相互作用、充分的盐解离和理想的电化学之间取得平衡，以解决上述所有问题。由此组装的纽扣电池在–50℃下以 0.1 C 速率充电和放电时，可以保持其室温容量的 75%；软包电池可在–30℃下实现稳定循环，平均库仑效率超过 99.9%。这种电解液设计原理可以推广到其他在极端条件下工作的碱金属离子电池。

【参考文献】Xu J J, Zhang J X, Pollard T P, et al. 2023. Electrolyte design for Li-ion batteries under extreme operating conditions[J]. Nature, 614（7949）: 694-700.

3. 多肽有机自由基电池

使用有机基氧化还原活性材料来开发可充电电池是当前较有前景的研究方向之一，该电池源自可持续发展材料，并能够按需解构和重建。但是这种电池的制造具有挑战性，因为活性材料必须在运行期间保持稳定，在使用寿命结束时应该可被降解。此外，降解产物应对环境无害或可回收以重构成新电池。作者展示了一种无金属、基于多肽的电池，其中紫精和氮氧自由基作为氧化还原活性基团在多肽骨架中掺入，分别用作阳极和阴极材料。这些氧化还原活性多肽作为活性材料，在电池运行期间稳定工作，电池失效后可在酸性条件下按需降解，从而产生氨基酸、其他构件和降解产物。这是向着未来循环经济寻求绿色可持续电池的替代化合物的第一步。

【参考文献】Nguyen T P, Easley A D, Kang N R, et al. 2021. Polypeptide organic radical batteries[J]. Nature, 593（7857）: 61-66.

知识拓展

2019年10月9日，瑞典皇家科学院宣布2019年诺贝尔化学奖授予三位科学家，他们分别是约翰·B. 古迪纳夫（John B. Goodenough）、M. 斯坦利·威廷汉（M. Stanley Whittingham）和吉野彰（Akira Yoshino），以表彰他们对锂离子电池发展作出的贡献。

1. 约翰·B. 古迪纳夫

约翰·B. 古迪纳夫是美国固体物理学家，美国得克萨斯大学奥斯汀分校的机械工程和材料学科教授，获诺贝尔奖时已97岁。古迪纳夫1922年出生于德国耶拿，在耶鲁大学学习数学后，于第二次世界大战期间，是美国陆军的气象预报专家。1952年，他在芝加哥大学学习，获得物理学博士学位。随后，他在麻省理工学院和英国牛津大学工作。自1986年以来，他一直担任得克萨斯大学奥斯汀分校的教授。1980年，古迪纳夫开发了一种以氧化钴为正极的锂电池，其具有在分子水平上可以容纳锂离子的空间，比早期的电池提供了更高的电压。

2. M. 斯坦利·威廷汉

M. 斯坦利·威廷汉是纽约州立大学宾汉姆顿分校材料研究所和材料科学与工程专业教授。1941年出生于英国，就读于牛津大学，并于1968年获得博士学位。他在美国斯坦福大学从事博士后研究工作后，在埃克森美孚和斯伦贝谢石油公司工作，于1988年成为纽约州立大学宾汉姆顿分校的教授。20世纪70年代，他开始研究超导体并发现了一种高能量材料，在锂电池中开发了一种创新的由二硫化钛制成的阴极。

3. 吉野彰

吉野彰是日本化学家，1948年出生于日本吹田，是旭化成研究员和名城大学教授，是现代锂离子电池的发明者，曾获得工程学界最高荣誉全球能源奖与查尔斯·斯塔克·德雷珀奖。在京都大学学习技术后，他于1972年开始在旭化成化学公司工作，他的非学术生涯一直与该公司联系在一起。自2005年以来，他在Asahi Kasei拥有了自己领导的实验室。吉野彰于2005年在大阪大学获得博士学位，自2017年起担任名城大学教授。以古迪纳夫发明的正极为基础，吉野彰用石油焦于1985年创造了第一个商业上可行的锂离子电池。

2019年诺贝尔化学奖奖励了锂离子电池的发展。这种轻巧、可充电且功能强大的电池现在被用于手机、笔记本电脑和电动汽车等产品中。它还可以储存大量来自太阳能和风能的能量电力，使无化石燃料社会成为可能。

思考题

1. 锂离子电池的工作原理是什么？常见的锂离子电池主要由几部分组成？
2. 钠离子电池可以取代锂离子电池体系吗？
3. ZEBRA电池与高温钠硫电池相比，其优缺点分别是什么？
4. 锂硫电池实现真正的推广应用还需要克服哪些难关？

5. 铅酸电池的优缺点和适合的应用场景是什么?

6. 对不同电化学储能电池体系的电化学性能进行比较，如理论比容量、实际比容量、循环稳定性、倍率性能、安全性等。

7. 多种电池体系中都涉及高容量的转化类材料和合金类材料，它们的优势和劣势分别是什么? 有什么解决策略?

8. 水系电池当前的发展障碍是什么? 前景如何?

9. 退役电池的资源循环再利用方式有哪些? 各有什么优点?

10. 哪些储能技术更适合应用于可再生能源系统? 为什么?

参考文献

[1] 侯前进. 电化学发展历程[J]. 中学化学教学参考, 2014, (16): 53-54.

[2] 蔡斌. 莱顿瓶: 最原始的电容器[J]. 供用电, 2014, 31(7): 74-76, 4.

[3] 宗禾. 从蛙腿“生物电”到人类历史上第一个电池[J]. 科学大众(中学生), 2021, Z1: 66-68.

[4] Harris W S. Electrochemical Studies in Cyclic Esters[M]. Berkeley: University of California Radiation Laboratory, 1958.

[5] Gamble F R, Osiecki J H, Cais M, et al. Intercalation complexes of Lewis bases and layered sulfides: a large class of new superconductors[J]. Science, 1971, 174(4008): 493-497.

[6] Rao B M L, Francis R W, Christopher H A. Lithium-aluminum electrode[J]. Journal of the Electrochemical Society, 1977, 124(10): 1490-1492.

[7] Armand M B. Intercalation electrodes[J]. Materials for Advanced Batteries, 1980, 2: 145-161.

[8] Mizushima K, Jones P C, Wiseman P J, et al. Li_xCoO_2 ($0 < x \leqslant 1$): A new cathode material for batteries of high energy density[J]. Solid State Ion, 1981, 3-4: 171-174.

[9] Padhi A K, Nanjundaswamy K S, Goodenough J B. Phospho-olivines as positive-electrode materials for rechargeable lithium batteries[J]. Journal of the Electrochemical Society, 1997, 144(4): 1188-1194.

[10] Goodenough J B. How we made the Li-ion rechargeable battery[J]. Nature Electronics, 2018, 1(3): 204.

[11] Cao Z, Yamamoto K, Matsunaga T, et al. Revealing the unusual mechanism of mixed cationic and anionic redox in oxyfluorosulfide cathode for all-solid-state fluoride-ion batteries[J]. Chemistry of Materials, 2024, 36(4): 1928-1940.

[12] Wachsman E D. 30 Years of pearls from electrochemical society journals[J]. The Electrochemical Society Interface, 2021, 30: 4.

[13] Wang L, Wu Z, Zou J, et al. Li-free cathode materials for high energy density lithium batteries[J]. Joule, 2019, 9(3): 2086-2102.

[14] Padhi A K, Nanjundaswamy K S, Goodenough J B. Phospho-olivines as positive-electrode materials for rechargeable lithium batteries[J]. Journal of the Electrochemical Society, 1997, 144: 1188-1194.

[15] Xu K. Nonaqueous liquid electrolytes for lithium-based rechargeable batteries[J]. Chemical Reviews, 2004, 104(10): 4303-4418.

[16] Tarascon J M, Armand M. Issues and challenges facing rechargeable lithium batteries[J]. Nature, 2001, 414(6861): 359-367.

[17] 胡英瑛, 吴相伟, 温兆银, 等. 储能钠电池技术发展的挑战与思考[J]. 中国工程科学, 2021, 23(5): 94-102.

[18] Breeze P. Power Generation Technologies[M]. Kidlington: Newnes, 2019.

[19] Reed D, Coffey G, Mast E, et al. Wetting of sodium on β''-Al_2O_3/YSZ composites for low temperature planar sodium-metal halide batteries[J]. Journal of Power Sources, 2013, 227: 94-100.

[20] Manthiram A, Yu X W. Ambient temperature sodium-sulfur batteries[J]. Small, 2015, 11(18): 2108-2114.

[21] Babiker D M D, Usha Z R, Wan C X, et al. Recent progress of composite polyethylene separators for lithium/sodium batteries[J]. Journal of Power Sources, 2023, 564: 232853.

[22] Goikolea E, Palomares V, Wang S, et al. Na-ion batteries: approaching old and new challenges[J]. Advanced Energy Materials, 2020, 10(44): 2002055.

[23] Zhan X W, Li M M, Weller J M, et al. Recent progress in cathode materials for sodium-metal halide batteries[J]. Materials, 2021, 14(12): 3260.

[24] Xiao F, Yang X, Wang H. et al. Covalent encapsulation of sulfur in a MOF-Derived S, N-doped porous carbon host realized via the vapor-infiltration method results in enhanced sodium-sulfur battery performance[J]. Advanced Energy Materials, 2020, 10(23): 2000931.

[25] Zhang B W, Sheng T A, Wang Y X, et al. Long-life room-temperature sodium-sulfur batteries by virtue of transition-metal-nanocluster-sulfur interactions[J]. Angewandte Chemie International Edition, 2019, 58(5): 1484-1488.

[26] Chang H J, Lu X, Bonnett J F, et al. “Ni-Less” cathodes for high energy density, intermediate temperature Na-$NiCl_2$ batteries[J]. Advanced Materials Interfaces, 2018, 5(10): 1701592.

[27] Chang H J, Lu X C, Bonnett J F, et al. Development of intermediate temperature sodium nickel chloride rechargeable batteries using conventional polymer sealing technologies[J]. Journal of Power Sources, 2017, 348: 150-157.

[28] Wu T, Zhang S, Ao X, et al. Enhanced stability performance of nickel nanowire with 3D conducting network for planar sodium-nickel chloride batteries[J]. Journal of Power Sources, 2017, 360: 345-352.

[29] Lan T, Graeber G, Sieuw L, et al. Planar sodium-nickel chloride batteries with high areal capacity for sustainable energy storage[J]. Advanced Functional Materials, 2023: 2302040.

[30] Chang H J, Canfield N L, Jung K, et al. Advanced Na-$NiCl_2$ battery using nickel-coated graphite with core-shell microarchitecture[J]. ACS Applied Materials & Interfaces, 2017, 9(13): 11609-11614.

[31] Chang H J, Lu X C, Bonnett J F, et al. Decorating β''-alumina solid-state electrolytes with micron Pb spherical particles for improving Na wettability at lower temperatures[J]. Journal of Materials Chemistry A, 2018, 6(40): 19703-19711.

[32] Jo J H, Choi J U, Park Y J, et al. A new pre-sodiation additive for sodium-ion batteries[J]. Energy Storage Materials, 2020, 32: 281-289.

[33] Zhang B, Dugas R, Rousse G, et al. Insertion compounds and composites made by ball milling for advanced sodium-ion batteries[J]. Nature Communications, 2016, 7(1): 10308.

[34] Yabuuchi N, Kubota K, Dahbi M, et al. Research development on sodium-ion batteries[J]. Chemical Reviews, 2014, 114(23): 11636-11682.

[35] Rui X H, Sun W P, Wu C, et al. An advanced sodium-ion battery composed of carbon coated $Na_3V_2(PO_4)_3$ in a porous graphene network[J]. Advanced Materials, 2015, 27(42): 6670-6676.

[36] Wan M, Tang Y, Wang L L, et al. Core-shell hexacyanoferrate for superior Na-ion batteries[J]. Journal of Power Sources, 2016, 329: 290-296.

[37] Lee M, Hong J, Lopez J, et al. High-performance sodium-organic battery by realizing four-sodium storage in disodium rhodizonate[J]. Nature Energy, 2017, 2(11): 861-868.

[38] Zhang J Y, Song K M, Mi L W, et al. Bimetal synergistic effect induced high reversibility of conversion-type Ni@ $NiCo_2S_4$ as a free-standing anode for sodium ion batteries[J]. The Journal of Physical Chemistry Letters, 2020, 11(4): 1435-1442.

[39] Simone V, Boulineau A, De Geyer A, et al. Hard carbon derived from cellulose as anode for sodium ion batteries: Dependence of electrochemical properties on structure[J]. Journal of Energy Chemistry, 2016, 25(5): 761-768.

[40] Zhao L F, Hu Z, Lai W H, et al. Hard carbon anodes: fundamental understanding and commercial perspectives for Na-ion batteries beyond Li-ion and K-ion counterparts[J]. Advanced Energy Materials, 2021, 11(1): 2002704.
[41] Tan H T, Chen D, Rui X H, et al. Peering into alloy anodes for sodium-ion batteries: current trends, challenges, and opportunities[J]. Advanced Functional Materials, 2019, 29(14): 1808745.
[42] Vangapally N, Penki T R, Elias Y, et al. Lead-acid batteries and lead-carbon hybrid systems: A review[J]. Journal of Power Sources, 2023, 579: 233312.
[43] Yang Z G, Liu J, Baskaran S, et al. Enabling renewable energy—and the future grid—with advanced electricity storage[J]. JOM, 2010, 62(9): 14-23.
[44] Aurbach D, McCloskey B D, Nazar L F, et al. Advances in understanding mechanisms underpinning lithium-air batteries[J]. Nature Energy, 2016, 1(9): 16128.
[45] Saravanan M, Sennu P, Ganesan M, et al. Multi-walled carbon nanotubes percolation network enhanced the performance of negative electrode for lead-acid battery[J]. Journal of the Electrochemical Society, 2013, 160(1): A70-A76.
[46] Banerjee A, Ziv B, Shilina Y, et al. Single-wall carbon nanotube doping in lead-acid batteries: a new horizon[J]. ACS Applied Materials & Interfaces, 2017, 9(4): 3634-3643.
[47] Watt-Smith M J, Wills R G A, Walsh F C. Encyclopedia of Electrochemical Power Sources[M]. Amsterdam: Elsevier Science, 2013.
[48] Ding Y, Zhang C K, Zhang L Y, et al. Pathways to widespread applications: development of redox flow batteries based on new chemistries[J]. Chem, 2019, 5(8): 1964-1987.
[49] Li L Y, Kim S, Wang W, et al. A stable vanadium redox-flow battery with high energy density for large-scale energy storage[J]. Advanced Energy Materials, 2011, 1(3): 394-400.
[50] Machado C A, Brown G O, Yang R D, et al. Redox flow battery membranes: improving battery performance by leveraging structure-property relationships[J]. ACS Energy Letters, 2020, 6(1): 158-176.
[51] Deng Q, Huang P, Zhou W X, et al. A high-performance composite electrode for vanadium redox flow batteries[J]. Advanced Energy Materials, 2017, 7(18): 1700461.
[52] Zhang L Y, Ding Y, Zhang C K, et al. Enabling graphene-oxide-based membranes for large-scale energy storage by controlling hydrophilic microstructures[J]. Chem, 2018, 4(5): 1035-1046.
[53] Peng S S, Zhang L Y, Zhang C K, et al. Gradient-distributed metal-organic framework-based porous membranes for nonaqueous redox flow batteries[J]. Advanced Energy Materials, 2018, 8(33): 1802533.
[54] Ji X L, Lee K T, Nazar L F. A highly ordered nanostructured carbon-sulphur cathode for lithium-sulphur batteries[J]. Nature Materials, 2009, 8(6): 500-506.
[55] Chen Y, Wang T, Tian H, et al. Advances in lithium-sulfur batteries: from academic research to commercial viability[J]. Advanced Materials, 2021, 29(33): 2003666.
[56] Manthiram A, Fu Y Z, Su Y S. Challenges and prospects of lithium-sulfur batteries[J]. Accounts of Chemical Research, 2013, 46(5): 1125-1134.
[57] 张凯. 锂硫电池正极改性，结构设计及电化学性能研究[D]. 长沙：中南大学, 2014.
[58] 陈人杰. 多电子高比能锂硫二次电池[M]. 北京：科学出版社, 2020.
[59] Yang H, Chen J, Yang J, et al. Prospect of sulfurized pyrolyzed poly (acrylonitrile) (S@pPAN) cathode materials for rechargeable lithium batteries[J]. Angewandte Chemie International Edition, 2020, 132(19): 7374-7386.
[60] Li Z, Yuan L X, Yi Z Q, et al. Insight into the electrode mechanism in lithium-sulfur batteries with ordered microporous carbon confined sulfur as the cathode[J]. Advanced Energy Materials, 2014, 4(7): 1301473.
[61] 秦海超，燕映霖，杨蓉，等. 高性能锂硫电池正极复合材料研究现状[J]. 电源学报, 2018, 16(6): 179-185.

[62] Girishkumar G, McCloskey B, Luntz A C, et al. Lithium-air battery: promise and challenges[J]. The Journal of Physical Chemistry Letters, 2010, 1(14): 2193-2203.

[63] 王芳，梁春生，徐大亮，等. 锂空气电池的研究进展[J]. 无机材料学报, 2012, 27(12): 1233-1242.

[64] Wang Y G, Zhou H S. Alithium-air battery with a potential to continuously reduce O_2 from air for delivering energy[J]. Journal of Power Sources, 2010, 195(1): 358-361.

[65] Pei P C, Wang K L, Ma Z. Technologies for extending zinc-air battery's cyclelife: A review[J]. Applied Energy, 2014, 128: 315-324.

[66] Rajagopalan R, Tang Y G, Ji X B, et al. Advancements and challenges in potassium ion batteries: a comprehensive review[J]. Advanced Functional Materials, 2020, 30(12): 1909486.

[67] Fan E S, Li L, Wang Z P, et al. Sustainable recycling technology for Li-ion batteries and beyond: challenges and future prospects[J]. Chemical Reviews, 2020, 120(14): 7020-7063.

[68] Zhang X X, Li L, Fan E S, et al. Toward sustainable and systematic recycling of spent rechargeable batteries[J]. Chemical Society Reviews, 2018, 47(19): 7239-7302.

附录 1 主要符号表

符号	意义	常用单位	对应章节
E	电子能量	eV	2.2
E_A	受主能级	eV	2.2
E_C	导带能级	eV	2.2
E_D	施主能级	eV	2.2
E_F	费米能级	eV	2.2
E_F^n	n 型半导体费米能级	eV	2.2
E_F^p	p 型半导体费米能级	eV	2.2
E_g	禁带宽度	eV	2.2
E_V	价带能级	eV	2.2
I_d	暗电流	$mA \cdot cm^{-2}$	2.2
I_{ph}	光生电流	$mA \cdot cm^{-2}$	2.2
I_m	最大功率点电流	$mA \cdot cm^{-2}$	2.2
I_{SC}	短路电流密度	$mA \cdot cm^{-2}$	2.2
k	玻耳兹曼常量	$J \cdot K^{-1}$	2.2
R_s	串联电阻	Ω	2.2
γ	温度系数	$℃^{-1}$	2.2
R_{sh}	并联电阻	Ω	2.2
T	温度	K	2.2
V_m	最大功率点电压	V	2.2
V_{OC}	开路电压	V	2.2
E	动能	J	7.2.3
J	飞轮的机械转动惯量	$kg \cdot m^2$	7.2.3
W	机械转动角速率	$rad \cdot s^{-1}$	7.2.3
e	飞轮的储能密度	$Wh \cdot kg^{-1}$	7.2.3
K_s	飞轮形状系数		7.2.3
ρ	材料的密度	$kg \cdot cm^{-3}$	7.2.3

续表

符号	意义	常用单位	对应章节
σ	材料的许用应力	MPa	7.2.3
E	电感中储存的能量	J	7.3.2
L	电感	H	7.3.2
I	电流	A	7.3.2
C	比电容	$\mu F \cdot cm^{-2}$	7.3.2
ε	介电常数		7.3.2
S	电极有效比表面积	$m^2 \cdot g^{-1}$	7.3.2
d	双电层的厚度	mm	7.3.2
Q	系统储存热量	J	7.3.3
m	物体质量	g	7.3.3
R_{sh}	并联电阻	Ω	7.3.3
ΔT	温差	℃	7.3.3
T_{pc}	相变的温度差	℃	7.3.3
ΔH_s	熔化热	$J \cdot kg^{-1}$	7.3.3
C_s	相变材料在固态的比热容	$J \cdot kg^{-1} \cdot ℃^{-1}$	7.3.3
C_l	相变材料在液态时的比热容	$J \cdot kg^{-1} \cdot ℃^{-1}$	7.3.3
W	能量密度	$Wh \cdot kg^{-1}$	8.1
P	功率密度	$W \cdot kg^{-1}$	8.1
E	电位	V	8.2
C_0	理论比容量	$mAh \cdot g^{-1}$	8.2
R_i	电池内阻	Ω	8.2

附录2

太阳能资源领域标准的分类汇总

标准分类	标准编号	标准名称	实施日期
名词术语类	GB/T 31163—2014	太阳能资源术语	2015-01-01
	GB/T 12936—2007	太阳能热利用术语	2007-10-01
测量仪器类	GB/T 19565—2017	总辐射表	2017-12-01
	GB/T 33704—2017	标准总辐射表	2017-12-01
	GB/T 33903—2017	散射辐射测量用遮光球式全自动太阳跟踪器	2018-02-01
	GB/T 37468—2019	直接辐射表	2020-01-01
	GB/T 33692—2017	直接辐射测量用全自动太阳跟踪器	2017-12-01
	GB/T 33706—2017	标准直接辐射表	2017-12-01
	GB/T 34048—2017	紫外辐射表	2018-05-01
	GB/T 35139—2017	光合有效辐射表	2018-07-01
	GB/T 33702—2017	光电式日照传感器	2017-12-01
测量方法类	GB/T 31156—2014	太阳能资源测量 总辐射	2015-01-01
	GB/T 33698—2017	太阳能资源测量 直接辐射	2017-12-01
	GB/T 33699—2017	太阳能资源测量 散射辐射	2017-12-01
	GB/T 35231—2017	地面气象观测规范 辐射	2018-07-01
	GB/T 35232—2017	地面气象观测规范 日照	2018-07-01
	NB/T 32012—2013	光伏发电站太阳能资源实时监测技术规范	2014-04-01
	GB/T 30153—2013	光伏发电站太阳能资源实时监测技术要求	2014-08-01
	GB/T 33872—2017	太阳能资源观测站分类指南	2018-02-01
	GB/T 35220—2017	地面基准辐射站建设指南	2018-07-01
数据处理类	QX/T 93—2017	气象数据归档格式 地面气象辐射	2018-03-01
	QX/T 117—2020	气象观测资料质量控制 地面气象辐射	2020-08-01
	GB/T 34325—2017	太阳能资源数据准确性评判方法	2018-04-01
评估方法类	GB/T 42766—2023	光伏发电太阳能资源评估规范	2023-05-23
	GB/T 31155—2014	太阳能资源等级 总辐射	2015-01-01
	GB/T 33677—2017	太阳能资源等级 直接辐射	2017-12-01

续表

标准分类	标准编号	标准名称	实施日期
评估方法类	GB/T 37526—2019	太阳能资源评估方法	2020-01-01
	GB/T 37525—2019	太阳直接辐射计算导则	2020-01-01
	QX/T 397—2017	太阳能光伏发电规划编制规定	2018-03-01
	QX/T 368—2016	太阳常数和零大气质量下太阳光谱辐照度	2017-05-01
预报预测类	QX/T 244—2014	太阳能光伏发电功率短期预报方法	2015-03-01
	NB/T 32011—2013	光伏发电站功率预测系统技术要求	2014-04-01
防灾减灾类	QX/T 263—2015	太阳能光伏系统防雷技术规范	2015-05-01
	GB/T 32512—2016	光伏发电站防雷技术要求	2016-09-01
环境评价类	NB/T 32001—2012	光伏发电站环境影响评价技术规范	2012-12-01

附录3

生物质能源国家标准

标准编号	标准名称	实施日期
GB/T 30366—2024	生物质术语	2024-10-01
GB/T 43220—2023	固体生物质燃料中砷的测定方法	2024-04-01
GB/T 42985—2023	生物质基泡沫材料中生物基含量检测方法	2024-04-01
GB/T 42679—2023	农业废弃物资源化利用 生物质资源综合利用	2023-09-01
GB/T 40508—2021	生物质燃气中焦油和灰尘含量的测定方法	2022-03-01
GB/T 40511—2021	农林生物质原料收储运通用技术规范	2022-03-01
GB/T 40113.1—2021	生物质热解炭气油多联产工程技术规范 第1部分：工艺设计	2021-12-01
GB/T 27424—2020	合格评定 非可溯源生物质控品质量控制规范	2021-06-01
GB/T 36055—2018	林业生物质原料分析方法 含水率的测定	2018-10-01
GB/T 36056—2018	林业生物质原料分析方法 可溶性糖的测定	2018-10-01
GB/T 36057—2018	林业生物质原料分析方法 灰分的测定	2018-10-01
GB/T 36058—2018	林业生物质原料分析方法 不可溶性糖测定	2018-10-01
GB/T 35808—2018	林业生物质原料分析方法 纤维素酶活性测定	2018-09-01
GB/T 35809—2018	林业生物质原料分析方法 蛋白质含量测定	2018-09-01
GB/T 35811—2018	林业生物质原料分析方法 淀粉测定	2018-09-01
GB/T 35812—2018	林业生物质原料分析方法 预处理后不溶固体含量测定	2018-09-01
GB/T 35814—2018	林业生物质原料分析方法 样品处理方法	2018-09-01
GB/T 35816—2018	林业生物质原料分析方法 抽提物含量的测定	2018-09-01
GB/T 35818—2018	林业生物质原料分析方法 多糖及木质素含量的测定	2018-09-01
GB/T 35820—2018	林业生物质原料分析方法 取样方法	2018-09-01
GB/T 35821—2018	生物质/塑料复合材料生物质含量测定方法	2018-09-01
GB/T 35905—2018	林业生物质原料分析方法 总固体含量测定	2018-09-01
GB/T 35564—2017	生物质清洁炊事炉具	2018-07-01

附录 4

锂离子电池国家标准

标准编号	标准名称	实施日期
GB 21966—2008	锂原电池和蓄电池在运输中的安全要求	2009-07-01
GB 31241—2022	便携式电子产品用锂离子电池和电池组 安全技术规范	2024-01-01
GB 8897.4—2008	原电池 第 4 部分：锂电池的安全要求	2010-03-01
GB/T 28164—2011	含碱性或其它非酸性电解质的蓄电池和蓄电池组 便携式密封蓄电池和蓄电池组的安全性要求	2012-07-01
GB/T 30426—2013	含碱性或其它非酸性电解质的蓄电池和蓄电池组 便携式锂蓄电池和蓄电池组	2014-08-15
GB/T 28163—2011	含碱性或其它非酸性电解质的蓄电池和蓄电池组 便携式密封蓄电池和蓄电池组的机械试验	2012-07-01
GB 19521.11—2005	锂电池组危险货物危险特性检验安全规范	2006-05-01
GB/T 18287—2013	移动电话用锂离子蓄电池及蓄电池组总规范	2013-09-15
GB/T 31484—2015	电动汽车用动力蓄电池循环寿命要求及试验方法	2015-05-15
GB 38031—2020	电动汽车用动力蓄电池安全要求	2021-01-01
GB/T 31486—2015	电动汽车用动力蓄电池电性能要求及试验方法	2015-05-15
GB/T 31467—2023	电动汽车用锂离子动力电池包和系统电性能试验方法	2023-11-27
GB 18384—2020	电动汽车安全要求	2021-01-01